超精密加工と表面科学
原子レベルの生産技術

大阪大学グローバル COE プログラム
高機能化原子制御製造プロセス教育研究拠点／
精密工学会超精密加工専門委員会　編

大阪大学出版会

はじめに

　人類社会の繁栄は物を作る技術，すなわち製造技術によって支えられてきたといっても過言ではない．多くの企業は製造技術の開発にしのぎを削り，より良い製品や他社に真似のできない製品を生み出している．しかし，開発現場では，すでに使われている原理や技術をベースに製造装置を改良して高精度化していく方法，すなわち「装置精度型」の開発が続けられている．現在，超精密加工の寸法精度はナノテクノロジーの領域に突入し，半導体デバイスの高集積化や薄型ディスプレイの大型化も進行し続けているが，到達精度や製造プロセスの環境調和性には限界が見え始めている．従来法の改良では不可能なレベルの高精度を実現し，さらに優れた環境調和性を獲得するためには「装置精度型」から，自然現象の精緻さをその極限まで利用する「現象精度型」の新しい製造技術へと，物づくりのパラダイムをシフトする必要があると考えられる．表面を舞台とする原子レベルでの現象精度型製造技術，すなわち本書で取り扱う「原子制御製造プロセス」を実現するには，表面科学・量子計算物理学といった基礎科学をベースに，製造技術に応用できる精緻な物理・化学現象を探索することが基本的に重要である．

　本書は，以上のような観点から「原子制御製造プロセス」の開発のために必要な学問分野，すなわち表面科学や計算物理学といった基礎科学分野と物づくりの3本柱となる材料学・加工学・計測学の各分野が一体となった「ナノ表面科学」について体系化を試みたものである．これまでの「表面科学」や「表面物理」分野は，主に超高真空技術を元にして得られた結果に基づいて基礎科学として体系化されている．近年の超高真空技術，表面分析技術，固体電子論の発展に伴って，超高真空中で作製された清浄表面や規整表面については広範な理解が得られており，膨大な基礎データが蓄積されている．それらは，半導体デバイスや固体触媒の開発などに活かされているが，今後は，より一般的な物づくりへの応用も期待されている．本書では，広領域での原子制御製造プロセスを可能にする脱超高真空の実環境プロセスを中心として，高能率製造のための大気圧および溶液中でのラジカル表面反応プロセス，自己組織化プロセス，ならびに表面機能・プロセスデザインのための計算物理学等を重視し，生産技術志向の観点から「表面科学」を体系化することを目指した．

本書の編集方針として，まず，これまで基礎科学として体系化された表面科学の分野から，原子制御製造プロセスに必要な要素を取り上げ，物づくり分野（材料学・加工学・計測学）との融合を図った．すなわち，従来の物づくり分野に対し，材料分野ではナノ表面物性，加工分野では表面反応プロセス，計測分野では表面量子計測を中心として融合・展開し，原子レベルの議論を行うために必須の計算分野として表面デザインを最初に据えた．それにより，本書は「表面ナノデザイン」，「薄膜・ナノマテリアル創成プロセス」，「表面創成プロセス」，「表面計測の新手法」の4部構成となっている．各部は3つの章により構成され，各章とも基礎から応用へと進むように配置されている．基礎の項ではその分野共通の原理原則を解説し，応用の項では研究成果のレビューを含むトピックスを取り上げている．また，応用の項においても，初学者の理解を助けるため，最初の部分で原理や一般的方法の解説を行うように工夫している．本書が，今後の新しい原子制御製造プロセス開発の糸口となり，一人でも多くの読者の研究に役立つことになれば幸甚である．

　最後に，出版にあたって一方ならぬお世話を賜った大阪大学出版会の栗原佐智子氏に心からお礼を申し上げる次第である．

2014年1月

山内和人
安武　潔

執筆者一覧（五十音順）

大阪大学　大学院工学研究科

赤井　　恵	（あかい・めぐみ）	第2部3章4
有馬　健太	（ありま・けんた）	第3部1章1，第3部2章3
稲垣　耕司	（いながき・こうじ）	第1部3章3
遠藤　勝義	（えんどう・かつよし）	第2部1章1，第4部1章1・2
大参　宏昌	（おおみ・ひろまさ）	第2部2章3
押鐘　　寧	（おしかね・やすし）	第3部3章1，第4部3章3
小野　倫也	（おの・ともや）	第1部2章1・2
垣内　弘章	（かきうち・ひろあき）	第2部2章1・2
川合　健太郎	（かわい・けんたろう）	第2部3章1
桑原　裕司	（くわはら・ゆうじ）	第4部3章1
後藤　英和	（ごとう・ひでかず）	第1部3章2
齋藤　　彰	（さいとう・あきら）	第4部3章2
佐野　泰久	（さの・やすひさ）	第3部3章2
志村　考功	（しむら・たかよし）	第4部2章1・3
高橋　幸生	（たかはし・ゆきお）	第4部2章2
中野　元博	（なかの・もとひろ）	第4部1章3
細井　卓治	（ほそい・たくじ）	第2部3章3
松山　智至	（まつやま・さとし）	第3部1章3
森川　良忠	（もりかわ・よしただ）	第1部1章1・2，第1部3章1
森田　瑞穂	（もりた・みずほ）	第3部2章2
※安武　　潔	（やすたけ・きよし）	第2部1章2
※山内　和人	（やまうち・かずと）	第3部2章1
山村　和也	（やまむら・かずや）	第3部1章2，第3部3章3
渡部　平司	（わたなべ・へいじ）	第2部3章2

（※は編集幹事）

目　次

はじめに　i
執筆者一覧　iii

第1部　表面ナノデザイン　1

第1章　コンピュータによるマテリアルデザイン　3
1. 究極の理論による産業革命　3
2. 密度汎関数理論による第一原理シミュレーション　7

第2章　表面界面物性シミュレーション　19
1. 基礎理論　19
2. 半導体表面界面物性　26

第3章　表面反応過程シミュレーション　33
1. 表面構造・反応シミュレーション　33
2. 多体系量子状態計算手法の開発　42
3. 超精密研磨における界面反応過程　55

参考文献　63

第2部　薄膜・ナノマテリアル創成プロセス　69

第1章　表面構造と物性制御　71
1. 表面の原子構造と電子状態（基礎・原理）　71
2. 半導体表面パッシベーション　83

第2章　新機能薄膜創成技術　93
1. 大気圧プラズマ成膜技術（基礎・原理）　93
2. 大気圧プラズマCVD法　102
3. 大気圧プラズマ化学輸送法　114

第3章　ナノデバイス創成技術　125
1. MEMS微細加工による三次元構造形成　125
2. 最先端ULSIのゲートスタック技術　136
3. SiC-MOSパワーデバイス　145
4. 有機ナノデバイス　154

参考文献　168

第3部　表面創成プロセス　179

第1章　ウェットプロセス　181
1. 固液界面の電子移動と化学（基礎・原理）　181
2. 高精度光学素子・半導体基板の作製　188
3. X線ミラーデバイス創成プロセス　198

第2章　半導体ウェットプロセス　209
1. 触媒表面基準エッチング法によるワイドギャップ半導体の原子スケール平坦化　209
2. 半導体三次元形状制御　219
3. 半導体表面の不動態化構造制御　227

第3章　大気圧気相プロセス　237
1. 大気圧エッチングプラズマの分光計測　237
2. 半導体ウエハの超精密加工　253
3. フッ素樹脂表面の高機能化　262

参考文献　272

第4部　表面計測の新手法　279

第1章　形状計測　281
1. 表面計測法の基礎　281
2. 高速ナノ形状測定法　289
3. 点光源回折球面波干渉計　299

第2章　光プローブによる高機能計測　307
1. 放射光X線トポグラフィによる次世代半導体ウエハ評価　307
2. 高分解能コヒーレントX線回折イメージング　316
3. Talbot–Lau干渉計によるX線位相イメージング　324

第3章　ナノプローブによる高機能計測　331
1. マルチ探針走査トンネル顕微鏡法　331
2. 放射光走査トンネル顕微鏡　347
3. プラズモン共鳴の高機能フィルタへの応用　355

参考文献　369

索引　377

第1部

表面ナノデザイン

第1章
コンピュータによるマテリアルデザイン

1. 究極の理論による産業革命

1.1 はじめに

　近年，電子計算機と計算アルゴリズムは目覚ましく発展してきている．世界のトップ500のスーパーコンピューターを見てみると，過去20年間に計算機の速度はおよそ10万倍，すなわち，4年に10倍のペースで速くなってきていることが分かる[1]．また，現在我々が日常使うパソコンは，約20年前の世界最速スパコンとほぼ同程度の計算速度を持つことも分かる．現在では，銀河の衝突や天気予報，地震波，津波の伝播等の自然現象から，飛行機，列車の空気抵抗，自動車の衝突実験，経済の動向までさまざまな現象が計算機シミュレーションによって予測されている．日本の主要産業である自動車産業では，計算機シミュレーションによって自動車の衝突を正確に再現できるようになってきたため，新型車の開発段階で試作車を作成する必要性が従来の5分の1程度まで減らすことが可能になってきたという．2011年の東日本大震災の際には，計算機シミュレーションを用いて放射性物質の拡散を即座に予測するSPEEDI（緊急時迅速放射能影響予測ネットワークシステム）が開発されていると，報道されていた[2]．大地震の際の津波や被害の予測も行われていることなどからも，計算機シミュレーションが社会的にも非常に重要であることが分かる．2013年春にはプロの将棋棋士とコンピューターとの対戦が行われ，プロ棋士が敗退するというニュースが話題になった．チェスの世界では1997年に世界チャンピオンがコンピューターに敗退したが，より複雑な将棋でもコンピューターが人間に追いついてきた．囲碁は現在のところプロ棋士には及ばないが，いずれコンピューターに追いつかれると考えられている．

1.2 第一原理シミュレーションの発展と期待

このように，今後，計算機シミュレーションの果たす役割はますます大きくなっていくと考えられる．物質科学においても，この20年ほどの間に計算機シミュレーションの果たす役割は格段に重要になってきており，物理学の基礎原理に基づく計算機シミュレーションによって物質の性質を正確に予測することが現実的に可能になりつつある．実験的には調べることが困難な原子や電子の振る舞いを計算機の中で再現し，詳細に調べることが可能な段階にあり，物質科学では欠かせない手法となってきている．

従来，物理学では理論と実験の二本柱の研究によって発展してきたが，計算機シミュレーションは第三の柱としての地位を持つようになった．特に物質科学の分野では，物理学の第一原理（量子力学，電磁気学，熱統計力学）に基づいて物質の構造や安定性，反応過程等を精密に計算する第一原理シミュレーションが発展してきている．この手法は物理学の基礎原理にのみ立脚したシミュレーション手法なので，あらゆる物質を対象として物質中の原子や電子の振る舞いを精密にシミュレーションすることが可能であり，究極の理論（Theory of Everything）といえる．従来の理論物理学では対象とする系を記述するために簡略化したモデルが提案されて来た．第一原理シミュレーションは，物理学の第一原理に基づいているため，あらゆる物質に対して適用が可能である．また，実験的に物質中の原子や電子の振る舞いを調べることは困難な場合が多いが，第一原理シミュレーションを用いれば，計算機の中で微視的な世界の現象を再現する事が可能であり，超高性能の顕微鏡ともいえる．最近では収差補正の電子顕微鏡によって，物質中の原子配列像が得られるようになってきている．しかしながら，これらの原子が10^{-13}秒のオーダーで振動したり拡散したりしているダイナミクスの電子顕微鏡を用いた実時間での観測は今のところ不可能である．電子はさらに高速で10^{-16}秒のオーダーで物質中を原子から原子へと運動している．このような超ミクロでの世界の超高速な現象を実験的に観測することは不可能であるが，精密な第一原理シミュレーションによって観測が初めて可能となる．この究極の理論は，実験的には見ることが困難な原子や電子の振る舞いを計算機の中で再現することによって，現象の背後にある物理的要因を解明する大きな役割を果たすようになってきている．そのため，基礎物質科学においては欠かせない手法としてさまざまな分野に適用されつつある．

基礎分野のみならず，産業界からも今後の発展が期待されている．第一原理シミュレーションによって物理的機構の解明が可能になり，それによって，より望ま

しい性質を持つ物質を設計する指針を与えられるようになり，計算機シミュレーションによって望みの物質を自在に作り出すことが，将来は可能になると期待されている．従来，実験によって試行錯誤的な研究を重ねて新物質の開発が行われてきたが，将来的には実験を行わなくとも，第一原理シミュレーションによって，より有用な新物質の組成や構造，さらには作成方法まで提案することが可能になり，計算機シミュレーションに基づく物質設計によってあらたな産業革命がもたらされると非常に期待されている．

第一部では，量子力学に基づく第一原理シミュレーション手法を概説し，さらに，超精密加工に関連した物質科学の研究について現状と今後の展望を述べる．物質の計算機シミュレーションと一口にいっても，空気や水の流れや自動車の破壊など，大きなスケールの現象を対象にしたものから，分子の反応や電子の伝導等ミクロなスケールの現象を対象にしたものまで非常に幅広いものがある．それぞれのスケールの階層に応じて計算手法を使い分ける必要がある．また，いくつかの階層のシミュレーション手法を組み合わせたマルチスケールシミュレーションも，計算の精度と効率を高めるためには重要である．原子レベルで加工を行う超精密加工過程では，物質と物質が接触する界面での反応過程が重要になってくる．このような過程の正確なシミュレーションを行うには，精度の良い電子状態計算に基づくシミュレーションが重要となってくる．

1.3 物質の電子状態を求める二つの計算手法

物質の性質を物理学の基本原理から予測するには，物質の電子状態，特に価電子の状態を精度よく計算する必要がある．物質の電子状態を求める計算手法としては，大きく分けて「経験的手法」と「非経験的手法」の二つの種類がある．「経験的手法」では，物質の電子状態を比較的簡単な数式で表現し，この数式は物質による違いを表す，いくつかのパラメーターを含んでいる．これらのパラメーターは，実験的に求められた物質の平衡結合長や固有振動数，電子準位等を再現するように調節して決める．このようにして経験的に決めたパラメーターを用いた電子状態計算手法は，計算負荷が小さく，複雑な物質の電子状態も通常のパソコン等を用いて容易に計算可能である．また，パラメーターを決める際に用いた物質と近い状態の物質については，比較的信頼性の高い計算結果を得ることができる．そのため，この「経験的電子状態計算手法」は従来から，実験結果の解釈や，定性的な理解のために良く用いられてきた．しかしながら，たとえばシリコン単体の物性値を用いて

決めたパラメーターを，電子状態がかなり異なる酸化シリコンに用いたとすると，信頼性の高い結果が得られるとは言えなくなってくる．このように，実験的な結果がある物質に近い物質については信頼性の高い計算が可能であるが，これらのパラメーターは適用限界があることに注意して使用する必要がある．これは，特に，実験結果がないような新しい物質に適用する際に障害となる．

　これに対して，「非経験的手法」と呼ばれる電子状態計算手法では，原子番号以外の実験的パラメーターを用いず，物理学の第一原理，すなわち，古典力学，量子力学，電磁気学，統計力学に基づいて計算を行う．これら，物理学の第一原理は20世紀までにほぼ確立された原理であり，すべての物質に適用可能である．この点は，特に未知の物質に適用する際に，信頼性の高い計算が可能である．しかしながら，計算負荷はかなり重く，結果を得るのに時間がかかる点がデメリットとなる．電子の状態を記述するシュレーディンガー方程式を正確に解くことは難しく，正確に解けるのは電子の数がせいぜい十数個程度含む系に限られてくる．電子数が増えると計算負荷は急速に増えるため，さまざまな興味深い物質に適用することは不可能である．そこで，通常，多様な近似を用いて電子状態を求める．数多くの近似法が提案されているが，それぞれの近似法にはメリットとデメリットがあり，適用限界もある．そのため，物質の電子状態を計算する際には，用いる近似法の傾向や適用限界を良く理解して適用して行く必要がある．そういう点で「非経験的手法」といえども実際に使いこなしていくには経験が必要である．本章では代表的な「非経験的電子状態計算手法」である「密度汎関数理論」の基礎とその具体的な適用例を紹介する．より詳しい手法の解説はいくつかの参考書が出版されている[3〜8]．

2. 密度汎関数理論による第一原理シミュレーション

2.1 量子力学による多電子状態の記述

固体や分子等の物質中にある多くの電子の状態は，量子力学におけるシュレーディンガー方程式を解くことによって知ることが原理的には可能である．

$$i\hbar \frac{\partial}{\partial t} \Psi(x_1, x_2, \cdots, x_N) = \hat{\mathcal{H}} \Psi(x_1, x_2, \cdots, x_N) \tag{1.1}$$

$$\hat{\mathcal{H}} = \hat{T} + \hat{U} + \hat{V} \tag{1.2}$$

$$\hat{T} = \sum_{i=1}^{N} \left(-\frac{\hbar^2}{2m} \nabla_i^2 \right) \tag{1.3}$$

$$\hat{U} = \frac{1}{2} \sum_{i \neq j}^{N} \frac{e^2}{4\pi\varepsilon_0} \frac{1}{|\vec{r}_i - \vec{r}_j|} \tag{1.4}$$

$$\hat{V} = \sum_{i=1}^{N} v(\vec{r}_i) \tag{1.5}$$

ここで，$\hbar$はプランク定数を2πで割った量，Ψは多電子系の波動関数，$x_i (i=1, \cdots, N)$はi番目の電子の空間座標$\vec{r}_i$とスピン座標ξ_iを合わせた座標，$\hat{\mathcal{H}}$はN電子系のハミルトニアンで$\hat{T}, \hat{U}, \hat{V}$はそれぞれ運動エネルギー，電子間相互作用，外場の演算子である．波動関数が求められれば，ある物理量（たとえば運動量やエネルギー）を表す演算子を$\hat{A}$とすると，この物理量を観測したときに得られる観測値の期待値は

$$\langle A \rangle \equiv \langle \Psi | \hat{A} | \Psi \rangle = \int dx_1 \int dx_2 \cdots \int dx_N \Psi^*(x_1, x_2, \cdots, x_N) \hat{A} \Psi(x_1, x_2, \cdots, x_N) \tag{1.6}$$

で与えられる．$N=1$である水素原子の波動関数は，量子力学の教科書を見ると解析的な解が載っているが，電子が二つになるヘリウムの波動関数は解析的な解はなく，正確に求めるには数値計算を行う必要がある．正確な多電子系の波動関数を計算するための計算量は，電子数Nに対して指数関数的（e^N）に増大する．ましてや10^{23}のオーダーの数の原子が含まれるマクロな物質の波動関数を求めることは不可能である．そこで，近似を用いる必要がある．近似を行う出発点としては大きく分けて「波動関数理論」と「密度汎関数理論」がある．「波動関数理論」では，ハー

トリー・フォック近似を出発点として波動関数の近似を高めていく理論であり，主として分子を取り扱う量子化学の分野で発展してきている．それに対して「密度汎関数理論」は，多電子系の状態を記述する基本的な関数として波動関数を用いるのではなく，密度の空間分布を基本的な関数としてエネルギーや物理量を記述する理論である．密度汎関数理論は，提案された当初は固体の電子状態計算に用いられたが，近年，計算の近似精度が格段に進歩し，分子や固体表面・界面，生体分子等複雑な系にも多く適用され，物質科学において非常に重要な手法となってきている．そこで，本節では密度汎関数法の基本について解説する．

2.2 Hohenberg-Kohn の定理

通常の量子力学では上に述べたように，多電子系のシュレーディンガー方程式を解いて波動関数を求めることにより，物理的観測量の期待値を計算することが可能である．しかしながら，N 個の電子の空間座標とスピン座標の $4N$ 次元の関数である波動関数は，N が増えるにしたがって急激に複雑になってくる．それに対して，3 次元空間座標の関数である電子密度 $\rho(\vec{r})$ は遥かに簡単である．密度汎関数理論ではこの電子密度を基本的な関数として物理量を記述する．密度汎関数理論の創始者である Hohenberg と Kohn は次の基本定理を与えた．

定理 1 基底状態に縮退のない N 電子系の空間電子密度 $\rho(\vec{r})$ が与えられたとする．この密度を基底状態として持つ外場 $v(\vec{r})$ は，定数の不定性を除いて唯一に決まる．

[証明] 基底状態の電子密度として $\rho(\vec{r})$ を与える外場が $v(\vec{r})$ と $v'(\vec{r})$ の二つ存在するとする．これらの外場の差は定数でないとする．また，これらの外場に対応するハミルトニアン，基底状態の波動関数，および，エネルギーをそれぞれ $\mathcal{H}, \mathcal{H}',$ Ψ, Ψ', E_0, E_0' とする．量子力学における変分原理より，次式が成り立つ．

$$E_0 = \langle \Psi | \mathcal{H} | \Psi \rangle < \langle \Psi' | \mathcal{H} | \Psi' \rangle = E_0' + \int \rho(\vec{r}) \{v(\vec{r}) - v'(\vec{r})\} d\vec{r}$$

同様にして以下の式も成り立つ．

$$E_0' = \langle \Psi' | \mathcal{H}' | \Psi' \rangle < \langle \Psi | \mathcal{H}' | \Psi \rangle = E_0 + \int \rho(\vec{r}) \{v'(\vec{r}) - v(\vec{r})\} d\vec{r}$$

これら両式を加えると次式となる．

$$E_0 + E_0' < E_0 + E_0'$$

これは矛盾であり，「基底状態の電子密度として $\rho(\vec{r})$ を与える外場が $v(\vec{r})$ と $v'(\vec{r})$ の二つ存在する」という前提が正しくないことを示している．（証明終）

通常の量子力学では，電子に対する外場 $v(\vec{r})$ が与えられると，シュレーディンガー方程式を解くことにより，多電子系の波動関数が決まり，さらに，密度も決めることができる．Hohenberg と Kohn の第一の定理では，通常の量子力学とは逆に，電子密度 $\rho(\vec{r})$ が決まれば外場 $v(\vec{r})$ が唯一に決まることを示した．これは，次のように考えると直感的に理解しやすい．たとえば図1に示すように二原子分子の電子密度があったとする．一見して，電子密度が尖っている場所に原子核があることがわかる．さらに，この尖った場所での電子密度の勾配を調べてやることにより（カスプ条件），原子核の電荷が分かり，原子配置が分かることになる．原子核の配置が分かると，それらの原子核の作るクーロンポテンシャルを計算することにより，全空間でのポテンシャルが分かることになる．こう考えると，電荷密度からポテンシャルを知ることは自明なことと納得できる．

電子密度 $\rho(\vec{r})$ から外場 $v(\vec{r})$ が唯一に決まるならば，シュレーディンガー方程式を解くことにより，基底状態の波動関数の縮退がないならば唯一に決まる．そして，あらゆる物理量の基底状態における期待値も決まる．すなわち，基底状態のエネルギーは電子密度 $\rho(\vec{r})$ から唯一に決まる量であり，電子密度の汎関数 $E[\rho(\vec{r})]$ であると言える．さらに運動エネルギーと電子間相互作用エネルギーもエネルギーの汎関数であるので，

$$E_v[\rho(\vec{r})] = T[\rho(\vec{r})] + U[\rho(\vec{r})] + \int \rho(\vec{r})v(\vec{r})\mathrm{d}\vec{r} \tag{1.7}$$

と書くことができる．ここで右辺の第一項と第二項は運動エネルギー，および，電子間相互作用エネルギーであり，これらは，あらゆる外場でのあらゆる電子数での基底状態に対応する密度に対して決まる汎関数である．このエネルギー汎関数に対して Hohenberg-Kohn はさらに次の第二定理を示した．

図1　二原子分子の電子密度の模式図

定理 2 式(1.7)のエネルギー汎関数 $E_v[\rho(\vec{r})]$ に対して，外場 $v(\vec{r})$ と電子数は変えずに密度を正しい基底状態の電子密度 $\rho(\vec{r})$ から別の外場 $\tilde{v}(\vec{r})$ の基底状態の密度 $\tilde{\rho}(\vec{r})$ に変えたとする．そうするとエネルギー汎関数に関して変分原理が成り立つ．

$$E_v[\tilde{\rho}(\vec{r})] \geq E_0 = E_v[\rho(\vec{r})]$$

[証明] 密度 $\tilde{\rho}(\vec{r})$ を基底状態の密度として与える外場，ハミルトニアン，および，波動関数をそれぞれ $\tilde{v}, \tilde{\mathcal{H}}, \tilde{\Psi}$ とする．

$$\langle \tilde{\Psi} | \mathcal{H} | \tilde{\Psi} \rangle = T[\tilde{\rho}] + U[\tilde{\rho}] + \int \tilde{\rho}(\vec{r}) v(\vec{r}) \mathrm{d}\vec{r} = E_v[\tilde{\rho}] \geq E_v[\rho] \qquad (1.8)$$

(証明終)

すなわち，ある外場のもとでの基底状態のエネルギーおよび，電子密度分布を求めるために，シュレーディンガー方程式を解く必要は無く，式(1.8)の変分原理に基づき，さまざまな密度のなかから最低のエネルギーを与える密度を探すことによって真の基底状態の密度やエネルギーを求められる可能性がある．しかしながら，現実に実行するには困難がある．まず，密度の汎関数としての T や U の具体的な値が分からない．これらの汎関数は，原理的に存在することは Hohenberg と Kohn によって示されたわけであるが，具体的な形は示されていない．

さらに，試行密度 $\tilde{\rho}(\vec{r})$ を基底状態の密度として持つ外場 $\tilde{v}$ が存在しなければならない．ある物理的な外場の基底状態として与えられる密度を v-representable な密度と呼ぶ．変分原理を実行するには v-representable な試行密度 $\tilde{\rho}(\vec{r})$ を持ってきて式(1.7)のエネルギー汎関数に入れる必要があるが，v-representability の必要十分条件は知られていない．適当な関数 $\tilde{\rho}(\vec{r})$ を作ると，必ずしも v-representable であるとは限らなくなってしまい，v-representable でない密度を式(1.7)に入れると，変分原理が成り立たなくなる．v-representability に関する原理的な困難は Levy によって解決された．Levy は電子密度を v-representable から N-representable な密度に拡張しても変分原理が成り立つことを示した．N-representable な電子密度とは，N-電子系の反対称波動関数 Ψ から導かれる電子密度のことである．v-representable な密度は必ず N-representable であるが N-representable な密度は必ずしも v-representable であるとは限らない．いたる所正で，全空間で積分すると電子数 N を与える試行電子密度 $\tilde{\rho}(\vec{r})$ はたいてい N-representable になるため，変分原理を用いた基底状態の探索が可能となる．

2.3 Kohn-Sham 方程式

$T[\rho(\vec{r})]$ や $U[\rho(\vec{r})]$ の汎関数を具体的に比較の精度よく計算する方法については Kohn と Sham が重要な提案を行った．まず，電子密度を相互作用していない N 電子系の波動関数を用いて表す．

$$\rho(\vec{r}) = \int \sum_{i=1}^{N} |\psi_i(x)|^2 \, d\xi \tag{1.9}$$

ここで，$\psi_i(x)$ は一電子スピン軌道を表し，和は占有軌道についてとる．また，一電子スピン軌道は規格直交条件を満たす．

$$\int \psi_i^*(x) \psi_j(x) \, dx = \delta_{ij} \tag{1.10}$$

スピン座標に関しては積分をしてある．さらに，エネルギー汎関数 $E[\rho(\vec{r})]$ を以下の項に分ける．

$$E[\rho(\vec{r})] = T_S + E_H + E_{xc}[\rho(\vec{r})] + \int v(\vec{r}) \rho(\vec{r}) \, d\vec{r} \tag{1.11}$$

$$T_S = \int \sum_{i=1}^{N} \psi_i^*(x) \left(-\frac{\hbar^2 \nabla^2}{2m} \right) \psi_i(x) \, dx \tag{1.12}$$

$$E_H[\rho(\vec{r})] = \frac{1}{2} \frac{e^2}{4\pi\varepsilon_0} \iint \frac{\rho(\vec{r}) \rho(\vec{r}')}{|\vec{r} - \vec{r}'|} \, d\vec{r} d\vec{r}' \tag{1.13}$$

$$E_{xc}[\rho(\vec{r})] = T[\rho(\vec{r})] - T_s + U[\rho(\vec{r})] - E_H[\rho(\vec{r})] \tag{1.14}$$

ここで，T_S は相互作用しない N 電子系の運動エネルギー，E_H は古典的な電子間相互作用（ハートリー・エネルギー），$E_{xc}[\rho(\vec{r})]$ は交換相関エネルギーと呼ばれ運動エネルギーと電子間相互作用の多体効果による補正を含んでいる．全エネルギーに対して交換相関エネルギーの寄与は比較的小さく，この項を近似することによって精度の良い計算が可能となる．

規格直交条件式(1.10) を満たしながら全エネルギー式(1.11) を最小化することで基底状態の密度 $\rho(\vec{r})$ と一電子スピン軌道 $\psi_i(x)$ を求めるための方程式が得られる．

$$\left\{ -\frac{\hbar^2 \nabla^2}{2m} + V_{eff}(\vec{r}) \right\} \psi_i(\vec{r}) = E_i \psi_i(\vec{r}) \tag{1.15}$$

$$V_{eff}(\vec{r}) = V_H(\vec{r}) + V_{xc}(\vec{r}) + v(\vec{r})$$

$$V_H(\vec{r}) = \frac{e^2}{4\pi\varepsilon_0} \int \frac{\rho(\vec{r}')}{|\vec{r} - \vec{r}'|} d\vec{r}' \tag{1.16}$$

$$V_{xc}(\vec{r}) = \frac{\delta E_{xc}}{\delta \rho(\vec{r})} \tag{1.17}$$

式(1.15)はSchrodinger方程式に似ているが，ポテンシャルに交換相関エネルギーに由来するポテンシャルV_{xc}が含まれており，Kohn–Sham方程式と呼ばれる．この微分方程式を解くことによって一電子スピン軌道が求まる．しかし，この微分方程式を解くにはハートリーポテンシャルV_H（式(1.16)）と交換相関ポテンシャルV_{xc}（式(1.17)）を与える必要があるが，これらは電子密度の汎関数である．電子密度は式(1.9)に示されるように，一電子スピン軌道から計算できる．ということは，Kohn–Sham方程式は一電子スピン軌道に関して自己無撞着に解く必要がある．すなわち，計算を始める際に，試行電子密度を適当な関数で与える必要がある．通常，孤立原子の電子密度の足し合わせから出発することが多い．そうして，Kohn–Sham方程式(1.15)を解いて一電子スピン軌道$\psi_i(x)$を求める．それらを用いて式(1.9)から新たな電子密度を計算する．すると，最初に与えた電子密度とは異なるので，新しい電子密度を用いてもう一度Kohn–Sham方程式(1.15)を立てて解く．これを繰り返して，Kohn–Sham方程式を作るときに用いた電子密度と，Kohn–Sham方程式を解いて得た一電子スピン軌道から計算した電子密度が一致して無撞着（Self-consistent）になるまで計算を繰り返す．

さて，Kohn–Sham方程式の固有値に対応するE_iは，一電子スピン軌道の規格直交条件を満足させるために導入されたLagrange未定乗数である．物理学においてLagrange未定乗数はしばしば重要な意味を持つ．ハートリー・フォック方程式を導く際にも同様なLagrange未定乗数が導入されるが，これはクープマンスの定理により，一電子エネルギー準位としての意味を持つ．つまり，占有軌道の一電子エネルギーは，一つ電子を取り出して無限遠に持っていく際に必要になるエネルギー，すなわち，電子の結合エネルギーに負符号を付けた値に対応する．非占有軌道の場合は，無限遠にある電子をもってきて分子や固体に付け加える際に得られるエネルギー，すなわち，電子親和力に負符号を付けた値に対応する．電子を系から取り去ったり付け加えたりすると，他の電子の状態が変わってしまうが，クープマ

ンスの定理は，他の電子の一電子スピン軌道は不変であるとの近似の下（凍結軌道近似）で成り立つ．Kohn-Sham 方程式における一電子エネルギーに関しては，ヤナックの定理が成り立つ．ヤナックの定理では系の無限小の電子数を取り去ったり，付け加えたりする際の一電子あたりに換算したエネルギーに対応する．

2.4 局所密度近似と一般化密度勾配近似

密度汎関数理論の精度を決めるポイントは，交換相関相互作用にある．最も基本的な近似としては，局所密度近似（Local Density Approximation：LDA）と呼ばれるもので，空間を小さい部分に分けて，各部分空間内では電子は一様だとして，一様電子ガスから求められた交換相関エネルギーで近似する．

$$E_{xc}^{LDA} = \int \varepsilon_{xc}^{LDA}(\rho(\vec{r}))\rho(\vec{r})\,d\vec{r} \tag{1.18}$$

ここで $\varepsilon_{xc}^{LDA}(\rho)$ は電子密度が ρ の一様電子ガスの交換相関エネルギー密度である．一様電子ガスの交換エネルギー密度については，ハートリー・フォック方程式を解くことにより以下のように与えられる．

$$\varepsilon_x^{LDA}(\rho) = -\frac{m_e e^4}{(4\pi\varepsilon_0 \hbar)^2}\frac{3}{4}\left(\frac{3\rho}{\pi}\right)^{\frac{1}{3}} \tag{1.19}$$

ここで，ε_0 は真空の誘電率である．相関エネルギー密度 $\varepsilon_c^{LDA}(\rho)$ については，量子モンテカルロ法と呼ばれる方法で一様電子ガスの正確なエネルギーが数値的に計算されており，その結果を関数にフィッティングしたものが用いられている．この LDA は一様電子密度に近い系には良い近似であると考えられるが，分子や固体中の電子密度はかなり激しく変化している．特に原子核の近くではとがった電子密度分布をしている．それにもかかわらず，LDA 近似は思った以上に良い近似で，特に固体電子状態の分野でよく使われてきた．LDA によるバンド構造は実験と比較的良く合い，また，固体の安定性についても比較的良く実験と整合した結果を与える．

LDA 近似が比較的良い近似である理由は大きく二つある．一つは，交換相関エネルギーを電子と交換相関ホールとの相互作用であると考えると，

$$E_{xc} = \frac{1}{2}\iint \frac{\rho_{xc}(\vec{r_1},\vec{r_2})\rho(\vec{r_1})}{r_{12}}\,d\vec{r_1}d\vec{r_2}$$

と表されるが，この交換相関ホール $\rho_{xc}(\vec{r_1}, \vec{r_2})$ は，厳密な理論によるとちょうど一個分の電子の孔（ホール）に相当する．すなわち，全空間で積分すると

$$\int \rho_{xc}(\vec{r_1}, \vec{r_2}) d\vec{r_2} = -1$$

となる．これが LDA を用いた場合も厳密に成り立っている．

　もう一つ重要な要因として，交換相関ホールは，一様電子ガスの場合は一つの電子の周りに等方的に分布しているが，原子や固体中では原子核付近に主として分布しており，各電子から見た場合，非等方的に分布しており，LDA を用いた場合とかなり異なった分布となる．しかしながら，エネルギーへの寄与は交換相関ホールの角度方向で平均した量のみが寄与し，角度方向の依存性はエネルギーには直接寄与しない点である．角度平均した厳密な交換相関ホールは LDA による交換相関ホールと良く似た分布になり，エネルギーに関しては精度がよくなる．

　このように固体電子論の計算に予想以上に成功をおさめた局所密度近似であるが，欠点もいくつかある．代表的な欠点としては，以下のようなものがある．

(1) 原子間の結合エネルギーを 20～30% 過大評価する．この欠点は，化学結合や化学反応過程の計算を行う際に大きな問題となる．そのため，密度汎関数理論は化学の分野ではあまり使われていなかった．しかしながら，後に述べる一般化密度勾配近似，ハートリー・フォック法の交換エネルギーとのハイブリッド汎関数の開発によって原子間の結合エネルギーの計算精度が向上し，ハートリー・フォック近似と同程度の計算量でも計算精度が遥かに良くなったため，化学の分野でも幅広く用いられるようになった．
(2) 半導体や絶縁体のバンドギャップを半分程度に過小評価する．特に強相関電子系と呼ばれる遷移金属酸化物の 3d 電子や希土類の 4f 電子のように空間的に局在した電子軌道を含む系の場合はバンドギャップがほとんどゼロになってしまう．

　(1) の問題点を大幅に改善する方法として，一般化密度勾配近似（Generalized Gradient Approximation：GGA）が提案された．局所密度近似の補正として，電子密度の空間座標に関する一階微分の寄与を考慮する密度勾配展開補正（Gradient Expansion Approximation：GEA）は LDA が提案された当初から研究されていたが，LDA の欠点を改良することは出来なかった．これは，通常の GEA は交換相関ホールの積分値が -1 になるという sum rule が破れるため，LDA よりも悪い結果を与える．交換相関ホールの sum rule を満たすように GEA を修正したのが GGA であ

る.これによって原子間の結合エネルギーの精度が大幅に向上し,分子化学分野の化学反応過程の研究にも幅広く使用されるようになった.

2.5 断熱接続公式とハイブリッド汎関数

LDA,GGA を超える近似を導くために,出発点として断熱接続公式が用いられる.式(1.4)の電子間相互作用を ξ 倍したハミルトニアンを定義する.

$$\widehat{\mathcal{H}}(\xi) = \widehat{T} + \xi\widehat{U} + \widehat{V} \tag{1.20}$$

ここで ξ は 0 から 1 まで変化するとする.さらに,電子間相互作用が ξ 倍にスケールされても電子密度 $\rho(\vec{r})$ が $\xi=1$ の場合から変わらないように外場 $W[\rho,\xi]$ を加えたハミルトニアンを定義する.

$$\widehat{\mathcal{H}}'(\xi) = \widehat{\mathcal{H}}(\xi) + W[\rho,\xi] \tag{1.21}$$

この $\widehat{\mathcal{H}}'(\xi)$ の固有値と固有状態を $E(\xi)$,$\Psi(\xi)$ とすると次式が成り立つ.

$$E(\xi) = \langle \Psi(\xi) | \widehat{\mathcal{H}}'(\xi) | \Psi(\xi) \rangle \tag{1.22}$$

式(1.22)を ξ で微分し,ヘルマン・ファインマンの定理を用いると,

$$\begin{aligned}\frac{dE(\xi)}{d\xi} &= \left\langle \Psi(\xi) \left| \frac{d\widehat{\mathcal{H}}'(\xi)}{d\xi} \right| \Psi(\xi) \right\rangle \\ &= \left\langle \Psi(\xi) \left| \frac{dW[\rho,\xi]}{d\xi} \right| \Psi(\xi) \right\rangle + \langle \Psi(\xi) | \widehat{U} | \Psi(\xi) \rangle\end{aligned} \tag{1.23}$$

式(1.23)を ξ で積分すると次式が得られる.

$$E(\xi) = E(0) + \int_0^\xi \left\langle \Psi(\xi) \left| \frac{dW[\rho,\xi]}{d\xi} \right| \Psi(\xi) \right\rangle d\xi + \int_0^\xi \langle \Psi(\xi) | \widehat{U} | \Psi(\xi) \rangle d\xi \tag{1.24}$$

ここで,

$$\begin{aligned}\int_0^1 \left\langle \Psi(\xi) \left| \frac{dW[\rho,\xi]}{d\xi} \right| \Psi(\xi) \right\rangle d\xi &= \int_0^1 d\xi \int d\vec{r} \frac{dW[\rho,\xi](\vec{r})}{d\xi} \rho(\vec{r}) \\ &= \int d\vec{r} \{W[\rho,1](\vec{r}) - W[\rho,0](\vec{r})\}\rho(\vec{r}) = -\int d\vec{r} W[\rho,0](\vec{r})\rho(\vec{r})\end{aligned}$$

よって

$$E(1) = E(0) - \int d\vec{r} W[\rho, 0](\vec{r}) \rho(\vec{r}) + \int_0^1 \langle \Psi(\xi) | \hat{U} | \Psi(\xi) \rangle d\xi \quad (1.25)$$

一方，

$$E(0) = T_S + \int d\vec{r} \{ W[\rho, 0](\vec{r}) + v(\vec{r}) \} \rho(\vec{r}) \quad (1.26)$$

であるので，

$$E(1) = T_S + \int_0^1 \langle \Psi(\xi) | \hat{U} | \Psi(\xi) \rangle d\xi + \int v(\vec{r}) \rho(\vec{r}) d\vec{r} \quad (1.27)$$

これは基底状態のエネルギーであるから式(1.11)と一致する．したがって次式を得る．

$$E_{xc}[\rho(\vec{r})] = \int_0^1 \langle \Psi(\xi) | \hat{U} | \Psi(\xi) \rangle d\xi - E_H[\rho(\vec{r})] \quad (1.28)$$

式(1.28)式は相互作用の無い($\xi=0$)と相互作用する電子系($\xi=1$)とを結びつけているので，断熱接続公式と呼ばれる．式(1.28)は式(1.14)とは異なり運動エネルギーの項を含まず，$\xi=0$と$\xi=1$の電子間相互作用の内挿によって交換相関エネルギーが与えられること示している．$\xi=0$では固有状態，$|\Psi(0)\rangle$はKohn-Shamの一電子軌道を用いたスレーター行列式であるので，$\xi=0$での電子間相互作用はKohn-Shamの一電子軌道を用いた厳密交換エネルギーに他ならない．そこで，GGAを超える近似として，厳密交換エネルギーとLDAあるいはGGAをある割合で組み合わせたハイブリッド汎関数法が分子科学の分野では良く用いられている．

2.6 むすび

本章では計算機マテリアルデザインの中心的手法となる密度汎関数法の基礎的事項について解説した．LDA，GGA，ハイブリッド汎関数等，具体的な汎関数はかなり精度の良い結果を与えるように改良されてきているが，未だ，精度に問題がある場合もある．大きく分けて，主として分子系に適した汎関数と，主として金属等の固体に適した汎関数があり，計算したい物質に応じて汎関数を選ぶ必要もある．今後，両方の物質群に対して精度が高い汎関数の開発が望まれている．さらに，長距離電子相関に起因する分散力を精度よく記述する汎関数の開発や励起状態の研究も活発になってきており，それに応じて，密度汎関数法の適用範囲はますます拡大している．

大阪大学ではCMDワークショップと名付けられたチュートリアル・コースが年2回開催され，そこでは第一原理シミュレーション手法の基礎原理と，プログラムを使用して計算を行う実習がセットで受講できる．理論研究者のみならず，実験グループや企業からの参加者も多く[2]，第一原理シミュレーションが身近に行えるようになってきている．将来的には計算機シミュレーションで手軽に物質設計が効率的に広く行われるようになると予想されるが，現在のところ，計算手法にはまだ精度や規模的に限界があり，計算手法の特徴を良く理解し，計算モデルを吟味して使用していくことが重要である．

第2章

表面界面物性シミュレーション

1. 基礎理論

1.1 はじめに

近年の実験技術の向上に伴い,ナノスケール構造体の電子状態や電気伝導に対する興味が高まってきている.電子デバイスの大規模集積回路はもとより,ナノワイヤー,ナノチューブ,フラーレンなど,さまざまなナノスケール構造体が生み出されてきた.従来,物質科学の研究は,バルクとしての固体を対象としてきた.前節で紹介された密度汎関数理論[1]に基づく第一原理電子状態計算は,二つに大別され,量子化学から発展してきた原子波動関数展開法と,固体物性を源流とする平面波展開法がある.前者は,分子・クラスターなどの孤立系モデル,後者はバルクに代表される周期系モデルの電子状態計算に使われてきた.一方,表面や界面に対する電子状態計算は,結晶層と真空層が交互に繰り返されるスラブモデルで模擬し,周期系モデルの類縁として扱われてきた.この方法は,表面や界面の電子状態については概ね良好な結果を与える.しかし,この方法の延長線上には,対向する2つの表面を接合し,一方の表面から他方に流れる電気伝導を厳密に取り扱う手段はない.本節では,表面接合系に対する電気伝導に関する基礎理論について述べる.

1.2 ナノ構造体における電気伝導の基礎理論―ランダウアー公式―

金属や半導体のナノ細線における電気伝導の基礎理論は,久保亮吾[2]およびランダウアー[3]によってほぼ同時期(1957年)に発表された.前者の方は,数学的な技巧を駆使した難解な理論であるが,幅広い対象に適用可能である.これに対し,後者の方は単純明快であるが,応用できる範囲は限られている.ナノスケールの電気伝導特性解析に限れば,ランダウアーの公式の方が使い勝手がよい.

ランダウアーの公式を導くために,図1のような理想化された1次元導体のモデ

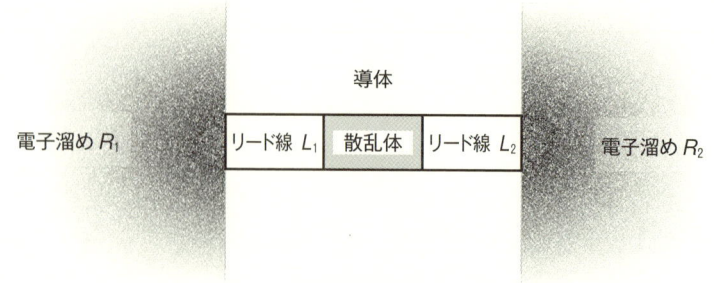

図1 ランダウアーの公式を導くためのモデル

ルを考えよう[4]. 図の中央にある散乱体が測定されるべき試料であり,リード線 L_1, L_2 によって左右の電子溜め(電極)R_1, R_2 につながっている.電流を駆動するのはこれら電子溜めのフェルミ準位(化学ポテンシャル)E_1^F, E_2^F の差であって,この差を電子の電荷 $-e$ で割ったものが電極の電位差 V であるとみなす.ここでは $E_1^F > E_2^F$ とする.E_1^F と E_2^F の間のエネルギーをもつ電子が左の電子溜め R_1 からリード線 L_1 を通じて散乱体に流れ込む.流れ込んだ電子は散乱体で弾性散乱を受け,確率 R で反射し,確率 $T(=1-R)$ で透過する.反射した電子は電子溜め R_1 に,透過した電子は電子溜め R_2 にそれぞれ達してそこで吸収される.電子溜めは十分に大きく,その内部ではすみやかに非弾性散乱が起こり常に熱平衡が保たれると仮定する.よって,フェルミ準位 E_1^F, E_2^F の値はリード線を通じての電子の出入りによって変わることはない.また,リード線は理想的なものであり,その中では電子の散乱は起こらず,電子をただそのまま通すだけの役割をすると考える.

リード線 L_1 中の波数が k の状態のエネルギーを $E(k)$ とすると,その状態の運ぶ電流の大きさは

$$I_1(k) = -e\frac{dE(k)}{\hbar dk} \tag{2.1}$$

である.ここで,$dE(k)/\hbar dk$ はこの状態の群速度である.この電流のうち T だけが散乱体を透過して電子溜め R_2 に達するのであるから,正味の電流は

$$I_2(k) = -eT\frac{dE(k)}{\hbar dk} \tag{2.2}$$

で与えられる．そこで，E_1^F, E_2^F に等しいエネルギーをもつ状態の波数をそれぞれ k_1, k_2 とすると，散乱体を透過する全電流は

$$
\begin{aligned}
I_{total} &= 2\int_{k_2}^{k_1} I_2(k)\frac{\mathrm{d}k}{2\pi} \\
&= -\frac{2e}{h}T\int_{E_2^F}^{E_1^F}\mathrm{d}E(k) \\
&= -\frac{2e}{h}T(E_1^F - E_2^F)
\end{aligned}
\quad (2.3)
$$

となる．ここで，右辺の因子 2 はスピンの縮重度である．また，透過確率 T は k に依存しないと仮定した．左右の電子溜めの間の電位差は $V = (E_1^F - E_2^F)/(-e)$ なので，結局，コンダクタンスは

$$
G = \frac{I_{total}}{V} = \frac{2e^2}{h}T \quad (2.4)
$$

となる．これがランダウアーの公式と呼ばれる式の最も簡単な形である．(2.4)式は，導体中にまったく散乱がなくて完全透過（$T=1$）の場合に，系がコンダクタンスの量子化［$G = 1.0\,G_0$, ここに $G_0 = 2e^2/h \approx 1/(12.9\,\mathrm{k\Omega})$］を示すことを意味している．透過確率 $T(0 \leq T \leq 1)$ の値は散乱体としてどのようなナノ構造体をとってくるかによる．次節で第一原理計算に基づいて T を求める計算方法を述べる．なお，$E_1^F - E_2^F$ が十分に小さいとき，T はフェルミ準位における値と考えてよい．

(2.4)式は散乱体がただひとつのチャンネルをもつ場合の公式であるが，この公式は複数のチャンネルをもつ一般の場合に容易に拡張できる．散乱体において電子がモード j からモード i へと透過する確率振幅を t_{ij} とすると，モード j の全透過確率は $T_j = \sum_i |t_{ij}|^2$ となるから，コンダクタンスは T_j の総和をとることにより，

$$
G = G_0 \sum_j T_j = G_0 \sum_{i,j} |t_{ij}|^2 \quad (2.5)
$$

によって与えられる．この式はランダウアー・ビュッティカーの公式[3]とも呼ばれている．

1.3 グリーン関数法

透過確率を計算する方法は2つに大別され,ひとつは散乱波動関数を計算する方法[5],もうひとつは非平衡グリーン関数法[6]である。前者の方法は,すでに別の書籍で解説してある[8]ので,ここでは後者の方法について紹介する.

輸送計算では,図2に示されたような左側電極,散乱領域,右側電極からなるモデルを用いる.電極は,表面から深部に向かって半無限に結晶が続くものとする.ここでは,表面に平行な方向には周期境界条件を仮定するが,必須ではない.全系のグリーン関数は,半無限に続く電極を含んだ全系のハミルトニアン $\widehat{H}(\boldsymbol{k}_\parallel)$ の逆行列で与えられる.密度汎関数理論に基づく第一原理計算では,この $\widehat{H}(\boldsymbol{k}_\parallel)$ はコーン・シャムハミルトニアンであり,図2のように3つの領域に分割した全系のハミルトニアンを次のように表す.

$$\widehat{H}(\boldsymbol{k}_\parallel) = \begin{bmatrix} \widehat{H}_L(\boldsymbol{k}_\parallel) & \widehat{B}_{LT} & 0 \\ \widehat{B}_{LT}^\dagger & \widehat{H}_T(\boldsymbol{k}_\parallel) & \widehat{B}_{TR} \\ 0 & \widehat{B}_{TR}^\dagger & \widehat{H}_R(\boldsymbol{k}_\parallel) \end{bmatrix} \quad (2.6)$$

部分行列 $\widehat{H}_T(\boldsymbol{k}_\parallel)$ は,散乱領域のハミルトニアンを表し,$\widehat{H}_L(\boldsymbol{k}_\parallel)$ と $\widehat{H}_R(\boldsymbol{k}_\parallel)$ は,それぞれ左側電極と右側電極のハミルトニアンである.また,$\widehat{B}_{LT}$ と $\widehat{B}_{TR}$ は,散乱領域と左側電極または右側電極の相互作用を表す行列であり,領域間の相互作用を表す一部の領域を除けば,行列要素はの値は零である.一般に,零でない部分行列の次元は,実空間グリッドを用いた方法[7]では接合界面 ζ_L, ζ_R での x, y 方向のグリッド数,原子波動関数展開法では接合界面での基底関数の数に対応し,以下ではその次元を N とする.全系のグリーン関数は,次のように表される.

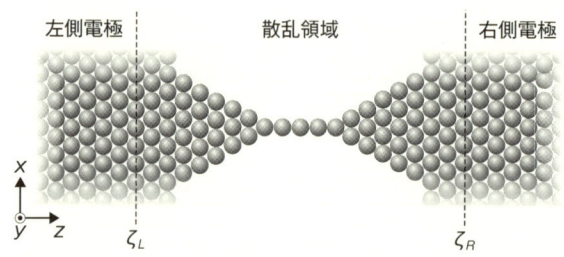

図2　半無限に続く2つのバルク電極に挟まれたナノスケール構造体のモデル

$$\hat{G}(Z, \boldsymbol{k}_\parallel) = [Z - \hat{H}(\boldsymbol{k}_\parallel)]^{-1}$$

$$= \begin{bmatrix} \hat{G}_L(Z, \boldsymbol{k}_\parallel) & \hat{G}_{LT}(Z, \boldsymbol{k}_\parallel) & \hat{G}_{LR}(Z, \boldsymbol{k}_\parallel) \\ \hat{G}_{TL}(Z, \boldsymbol{k}_\parallel) & \hat{G}_T(Z, \boldsymbol{k}_\parallel) & \hat{G}_{TR}(Z, \boldsymbol{k}_\parallel) \\ \hat{G}_{RL}(Z, \boldsymbol{k}_\parallel) & \hat{G}_{RT}(Z, \boldsymbol{k}_\parallel) & \hat{G}_R(Z, \boldsymbol{k}_\parallel) \end{bmatrix} \quad (2.7)$$

ここで，$Z(=E+i\eta)$ は複素数で定義されたエネルギーである．(2.7)式を行列表示すると，

$$\begin{bmatrix} Z - \hat{H}_L(\boldsymbol{k}_\parallel) & -\hat{B}_{LT} & 0 \\ -\hat{B}_{LT}^\dagger & Z - \hat{H}_T(\boldsymbol{k}_\parallel) & -\hat{B}_{TR} \\ 0 & -\hat{B}_{TR}^\dagger & Z - \hat{H}_R(\boldsymbol{k}_\parallel) \end{bmatrix} \begin{bmatrix} \hat{G}_{LT}(Z, \boldsymbol{k}_\parallel) \\ \hat{G}_T(Z, \boldsymbol{k}_\parallel) \\ \hat{G}_{RT}(Z, \boldsymbol{k}_\parallel) \end{bmatrix} = \begin{bmatrix} 0 \\ I \\ 0 \end{bmatrix} \quad (2.8)$$

すなわち

$$\hat{G}_{LT}(Z, \boldsymbol{k}_\parallel) \hat{G}_T(Z, \boldsymbol{k}_\parallel)^{-1} = [Z - \hat{H}_L(\boldsymbol{k}_\parallel)]^{-1} \hat{B}_{LT}$$
$$-\hat{B}_{LT}^\dagger \hat{G}_{LT}(Z, \boldsymbol{k}_\parallel) + [Z - \hat{H}_T(\boldsymbol{k}_\parallel)] \hat{G}_T(Z, \boldsymbol{k}_\parallel) - \hat{B}_{TR} \hat{G}_{RT}(Z, \boldsymbol{k}_\parallel) = I \quad (2.9)$$
$$\hat{G}_{RT}(Z, \boldsymbol{k}_\parallel) \hat{G}_T(Z, \boldsymbol{k}_\parallel)^{-1} = [Z - \hat{H}_R(\boldsymbol{k}_\parallel)]^{-1} \hat{B}_{TR}^\dagger,$$

と表せる．これより，散乱領域での全系のグリーン関数は，次式のように与えられる．

$$\hat{G}_T(Z, \boldsymbol{k}_\parallel) = \left[Z - \hat{H}_T(\boldsymbol{k}_\parallel) - \hat{\Sigma}_L(Z, \boldsymbol{k}_\parallel) - \hat{\Sigma}_R(Z, \boldsymbol{k}_\parallel) \right]^{-1} \quad (2.10)$$

(2.10)式は，ダイソン方程式

$$\hat{G}_T(Z, \boldsymbol{k}_\parallel) = \hat{\mathcal{G}}_T(Z, \boldsymbol{k}_\parallel) + \hat{\mathcal{G}}_T(Z, \boldsymbol{k}_\parallel) \left[\hat{\Sigma}_L(Z, \boldsymbol{k}_\parallel) + \hat{\Sigma}_R(Z, \boldsymbol{k}_\parallel) \right] \hat{G}_T(Z, \boldsymbol{k}_\parallel) \quad (2.11)$$

と等価である．ここで，$\hat{\Sigma}_L(Z, \boldsymbol{k}_\parallel)$ と $\hat{\Sigma}_R(Z, \boldsymbol{k}_\parallel)$ は電極の自己エネルギーと呼ばれるものである．自己エネルギーは，電極の表面グリーン関数

$$\hat{\mathcal{G}}_L(Z, \boldsymbol{k}_\parallel) = [Z - \hat{H}_L(\boldsymbol{k}_\parallel)]^{-1}$$
$$\hat{\mathcal{G}}_R(Z, \boldsymbol{k}_\parallel) = [Z - \hat{H}_R(\boldsymbol{k}_\parallel)]^{-1} \quad (2.12)$$

を用いて次のように定義される．

$$\widehat{\Sigma}_L(Z, \boldsymbol{k}_\parallel) = \widehat{B}_{LT}^\dagger \, \widehat{\mathcal{G}}_L(Z, \boldsymbol{k}_\parallel) \, \widehat{B}_{LT}$$

$$\widehat{\Sigma}_R(Z, \boldsymbol{k}_\parallel) = \widehat{B}_{TR} \, \widehat{\mathcal{G}}_R(Z, \boldsymbol{k}_\parallel) \, \widehat{B}_{TR}^\dagger \tag{2.13}$$

また，$\widehat{\mathcal{G}}_T(Z, \boldsymbol{k}_\parallel)$ は切り出した（電極の相互作用のない）散乱領域のハミルトニアン $\widehat{H}_T(\boldsymbol{k}_\parallel)$ に対するグリーン関数

$$\widehat{\mathcal{G}}_T(Z, \boldsymbol{k}_\parallel) = [Z - \widehat{H}_T(\boldsymbol{k}_\parallel)]^{-1} \tag{2.14}$$

である．ここで，大文字の $\widehat{\mathcal{G}}$ は，切り出したハミルトニアンに対するグリーン関数を表し，(2.7)式で定義された相互作用のあるハミルトニアンに対するグリーン関数 $\widehat{G}_A (\equiv [Z-\widehat{H}_A]^{-1})$ (A は，L, T, または R) と区別する．(2.10)式と (2.11)式より，$\widehat{\mathcal{G}}_T(Z, \boldsymbol{k}_\parallel)$ と $\widehat{G}_T(Z, \boldsymbol{k}_\parallel)$ は，自己エネルギー $\widehat{\Sigma}_{\{L,R\}}(Z, \boldsymbol{k}_\parallel)$ を用いて関連づけされることが分かる．

　散乱領域の電子密度分布を求める場合，エネルギーの低い方からフェルミ準位まで，エネルギー積分を行う．この場合，複素平面上で積分を行う方が有利であるため，一般的に複素数のエネルギーが用いられている．しかし，散乱波動関数や透過率など実数のエネルギーで議論すべきものは，次式で表されるエネルギー虚部の零極限をとった遅延グリーン関数を用いて議論する．

$$\widehat{\mathcal{G}}_L^r(E) = \lim_{\eta \to 0^+} \widehat{\mathcal{G}}_L(E + i\eta) \tag{2.15}$$

自己エネルギーも同様に

$$\widehat{\Sigma}_{\{L,R\}}^r(E) = \lim_{\eta \to 0^+} \widehat{\Sigma}_{\{L,R\}}(E + i\eta) \tag{2.16}$$

と書ける．

　散乱波動関数は，遅延グリーン関数と領域間の相互作用の強さを表すカップリング行列

$$\Gamma_{\{L,R\}}(E) = i \left[\sum_{\{L,R\}}^r (E) - \sum_{\{L,R\}}^r (E)^\dagger \right] \tag{2.17}$$

を用いて，

$$\Psi_j(\zeta; E) = i G_T^r(\zeta, \zeta_L; E) \Gamma_L(E) \Phi_j^{in}(\zeta_L; E) \qquad (\zeta_L \leq \zeta \leq \zeta_R), \tag{2.18}$$

と記述される．ここで，$\overset{\approx}{\Sigma}{}^r$ は $\overset{\sim}{\Sigma}{}^r$ の零でない部分行列を取り出してきたものである．

一方，散乱波動関数は，右側電極で電極の波動関数の線形結合で表される．

$$\Psi_j(\zeta_R; E) = \sum_{i=1}^{N} t_{ij} \Phi_i^{tra}(\zeta_R; E) \tag{2.19}$$

そこで，j 番目の散乱波動関数と電極の波動関数の内積 $\langle \Phi_i^{tra} | \Psi_j(\zeta_R; E) \rangle$ を用いて，t_{ij} に関する N 元の連立方程式を解けば，透過係数が得られる．

また，群速度は次式で与えられることが分かっている．

$$v_j = L_z [\Phi_j^{in}(\zeta_L; E)^\dagger \Gamma_L(E) \Phi_j^{in}(\zeta_L; E)]$$
$$v'_i = L_z [\Phi_i^{tra}(\zeta_R; E)^\dagger \Gamma_R(E) \Phi_i^{tra}(\zeta_R; E)] \tag{2.20}$$

ここで，L_z は電極の最小周期の長さ，Φ^{in} は入射波，Φ^{tra} は透過波である．

これらをランダウアー・ビュティカーの公式に代入すると，コンダクタンスが得られる．しかし，陽に散乱波動関数を用いない非平衡グリーン関数法では，本節で紹介した関係式を変形して得られるフィッシャー・リーの公式[9]

$$G = \frac{2e^2}{h} \text{Tr} [\Gamma_L(E) G_T^r(\zeta_R, \zeta_L; E)^\dagger \Gamma_R(E) G_T^r(\zeta_R, \zeta_L; E)] \tag{2.21}$$

を用いることが多い．

1.4 むすび

本節では，ナノスケール構造体の輸送特性を計算する方法のひとつである非平衡グリーン関数法について紹介した．非平衡グリーン関数法では，散乱波動関数をあらわに扱うことはないが，著者らの研究により数学的に厳密に関連づけることができることが証明されている[10]．散乱波動関数の空間変化は，電気伝導現象に対して直観的な理解を与える利点があるのに対し，非平衡グリーン関数法は，複素エネルギーの利用により，電子密度の計算が容易に行えるという利点を持つ．これらの長所をうまく組み合わせ，ナノデバイスのシミュレーションに利用して行くべきである．

また，本節では，電気伝導特性計算法についてきわめて簡略化して説明したが，(2.18)式，(2.20)式，(2.21)式などの導出については，文献 10) に記述してあるので参考にされたい．

2. 半導体表面界面物性

2.1 はじめに

電子デバイスのダウンサイジングは著しく，電界効果トランジスタに用いられるゲート絶縁膜の厚さはナノメートルスケールになっている．さらなるデバイスの高性能化に向けて，リーク電流の少ないゲート絶縁膜材料やキャリア移動度の高い材料をチャネルに用いたデバイスの開発が進められている．今後もデバイスの集積度を上げていくためには，絶縁膜/半導体界面のリーク電流特性や欠陥によるキャリアの散乱を理解することがひとつの重要課題である．ところが，このようなレベルの物理現象は実験方法や実験条件に左右されるため，いまだ解明されていない部分が多い．また，このようなナノスケールにおける電子状態や電気伝導は，バルクと同じように古典的な法則のみを用いて説明することは難しく，トンネル効果など量子論的効果を考慮した議論が必要である．したがって，正確な物理現象解明のためには，実験による解析に加えて理論計算による解析も必要である．本節では，密度汎関数理論[1]に基づく第一原理計算コードRSPACE[11]を用いてSi/SiO_2界面の界面欠陥とリーク電流の相関を調べた研究と，Ge基板表面の欠陥が電子散乱について調べた例を紹介する．

2.2 Si/SiO_2界面の界面欠陥とリーク電流

図3にSi/SiO_2界面の界面欠陥とリーク電流の相関を調べるために用いられた界面モデルを示す．ここでは，界面部分にさまざまな欠陥を導入したモデルを用い，欠陥とリーク電流の相関について話を進める．計算方法の詳細に興味のある読者は，文献12)を参考にされたい．一般に熱酸化によるSi/SiO_2界面作成では，水素雰囲気中で滅処理を行いモデル(e)や(f)のようにダングリングボンドを水素原子で終端化する．しかし，Si原子とH原子の結合力はあまり強くなく，デバイス動作中に熱電子によって容易にH原子が脱離し，モデル(b)，(c)，(d)のようなダングリングボンドができる．したがって，図3に示すような原子構造は，実デバイス中で存在が予想され得る界面欠陥構造である．

表1に，リーク電流量を示す．リーク電流量は，欠陥がないモデル(a)のリーク電流量を1とした場合の各モデルのリーク電流量の比で示す．モデル(b)，(c)，(d)はダングリングボンドの影響により劇的にリーク電流が増加するのに対し，ダング

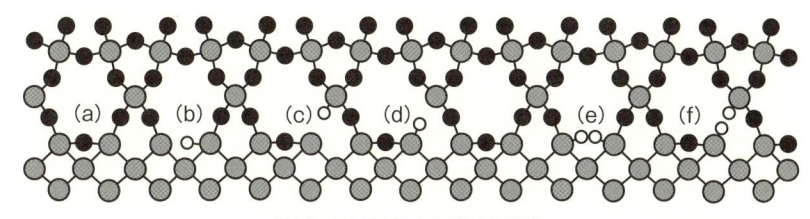

図3 Si/SiO₂界面欠陥構造

灰丸はSi原子,黒丸はO原子,白丸はH原子.(a)欠陥のない界面モデル.(b)-(d)は欠陥を導入した界面モデル.(e),(f)は欠陥によるダングリングボンドをH原子で完全に終端化した界面モデル.文献12)より転載.

表1 リーク電流量の比

モデル	リーク電流比
(a)	1
(b)	3.9
(c)	12.6
(d)	534.3
(e)	0.9
(f)	1.6

モデルは,図3に対応する.リーク電流量は,モデル(a)に対する比である.

リングボンドのないモデル (a),(e),(f) はリーク電流量の有意な増加がほとんど見られない.これは,水素による欠陥の減処理が有効に機能している証拠である.

次に,ダングリングボンドが存在する場合におけるリーク電流量の違いについて調べた.図4に界面の局所状態密度(Local Density of States;LDOS)を示す.LDOSは下記の式にしたがって界面に平行な面上で積分した.

$$\rho(z, E) = \int \phi^*(\boldsymbol{r}_\parallel, E) \phi(\boldsymbol{r}_\parallel, E) \mathrm{d}\boldsymbol{r}_\parallel. \tag{2.22}$$

モデル (b) の場合,ダングリングボンドが界面に平行な方向を向いているので,欠陥準位の電子密度空間分布が酸化膜領域への侵入する割合が少ない.また,モデル (c) の場合は,ダングリングボンドが界面に垂直な方向を向いているにも関わらず,ダングリングボンドを持つSi原子が基板側に沈み込んでいるため,欠陥準位の酸化膜領域への侵入がほとんどない.一方,モデル (d) の場合,ダングリングボンドが界面に垂直な方向を向いており,かつ酸化膜中に存在するため,酸化膜中に欠陥準位を形成する.したがって,トンネル障壁が短くなりリーク電流が増大する.

図4 LDOS の空間分布

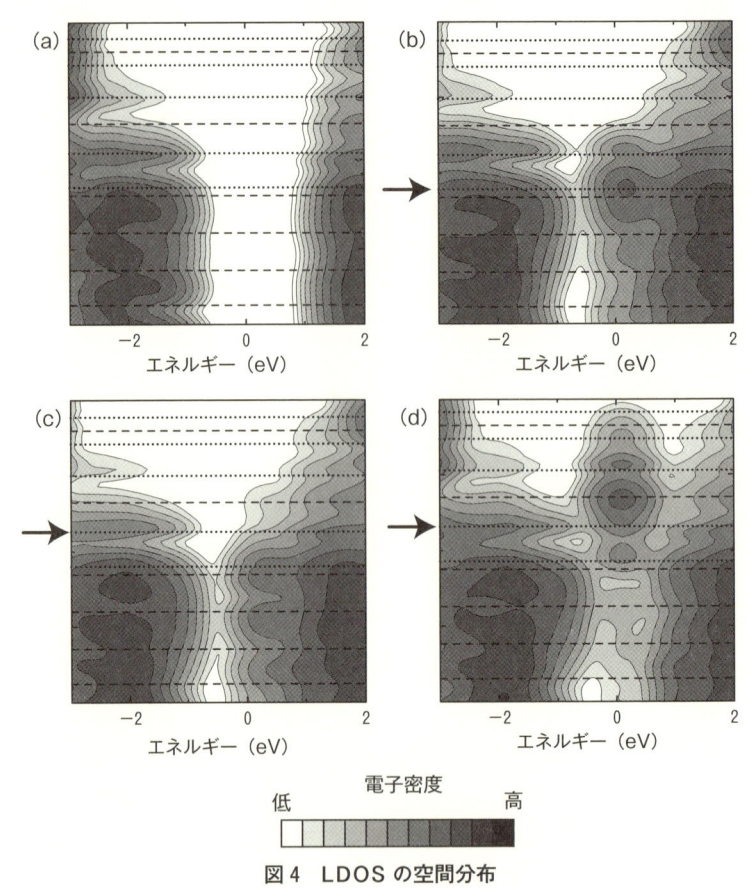

エネルギーの原点は,フェルミ準位に対応する.各等密度線は,隣接する線より2倍もしくは半分の密度を表す.最低密度の線は,1.39×10^{-5} e/eV/Å である.(a),(b),(c),(d)は,それぞれ図4のモデル (a),(b),(c),(d) に対応する.破線と点線は,Si 原子面と O 原子面を表し,矢印は O 原子を引き抜いた O 原子面を指す.文献12より転載.

このように 500 倍以上のリーク電流の増加は,絶縁特性の劣化に深刻な影響を与えることが予想され,この計算結果は,界面原子構造の設計に重要な指針を与える.

2.3 Ge 基板表面上の不純物原子による電子散乱

走査型トンネル電子顕微鏡や機械的制御破断接合は,ナノ構造の輸送特性を測定する方法として広く使われている.しかし,この方法はナノ構造を流れる電流を測

定するため，局所的な化学結合が電子散乱に及ぼす影響を調べる目的には適していない．一方，走査型トンネル分光顕微鏡により得られる局所状態密度の空間分布は，化学結合が電子散乱に与える影響を明らかにする手がかりを与える．

當松ら[13]が行った走査型トンネル分光顕微鏡観察により，Ge(001)表面の表面原子のひとつをSiやSnに置き換えると，表面での伝導帯状態密度の空間分布に振動が観察されることが報告された[1]．この振動の位相は，置換した原子の種類や位置により異なった振る舞いをする．本研究では，密度汎関数理論に基づく第一原理輸送特性計算により，Ge(001)表面電子状態の振動のシフトと欠陥原子の散乱ポテンシャルを調べた．フリーデル振動に代表されるこのような振動は，規則正しく並んだ物質中に埋め込まれた欠陥での電子散乱によって引き起こされるため，従来の平面波展開法で用いられる欠陥が周期的に並んだモデルでは正確に扱えない．ここでは，密度汎関数理論[1]に基づく第一原理計算コードRSPACE[11]を用いて，半無限に続く無欠陥のGe(001)表面上にひとつだけ埋め込まれた欠陥原子による散乱を調べた．計算方法の詳細について興味のある読者は，文献14)を参考にされたい．

計算モデルを図5に示す．散乱領域は，Ge(001)表面のひとつのダイマーの一方の原子を，SiやSnの不純物原子に置き換えた表面で構成される．ダイマー上側の

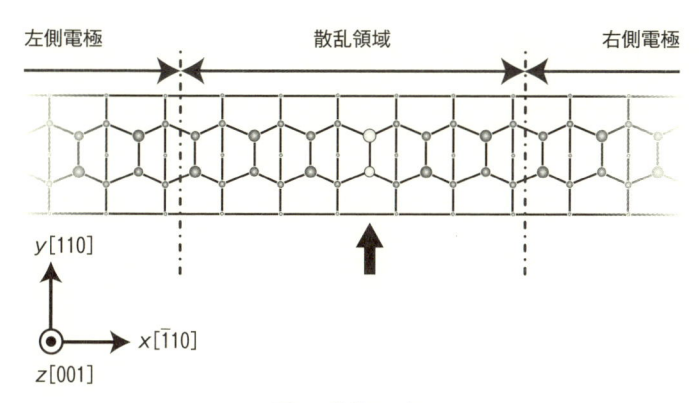

図5　計算モデル

濃色丸がGe原子，薄色丸が不純物を導入したダイマーの原子．矢印で指したダイマーに不純物が導入されている．原子の大きさは表面からの距離によって変えている．文献14)より転載．

1　状態密度のエネルギー積分が電子密度分布であり，欠陥近傍で見られる電子密度分布の振動はフリーデル振動と呼ばれる．

Ge原子をSi原子に置き換えたものをSiUダイマーとし,その他の場合も同様に名付ける.計算で得られた伝導帯の局所状態密度の表面空間分布を,ダイマー列方向に沿ってプロットしたものを図6に示す.状態密度の空間分布には,原子の存在により細かな振動がみられ,状態密度の振動を調べるには適していない.これは,実験によるトンネル分光の空間プロファイル[13]も同様の状況である.そこで,実験結果の取り扱いと同様,下記の式にしたがい,ダイマー原子上の局所状態密度の値を用いてフィッティングした.

$$a(x) = A \cos(2k_x x + \phi) \quad (2.23)$$

フィッティングにより得られた a を図5に破線で,位相シフトの値を表2に示す.実験により観察が行われたSiU, SiL, SnLダイマーの計算結果は,実験結果

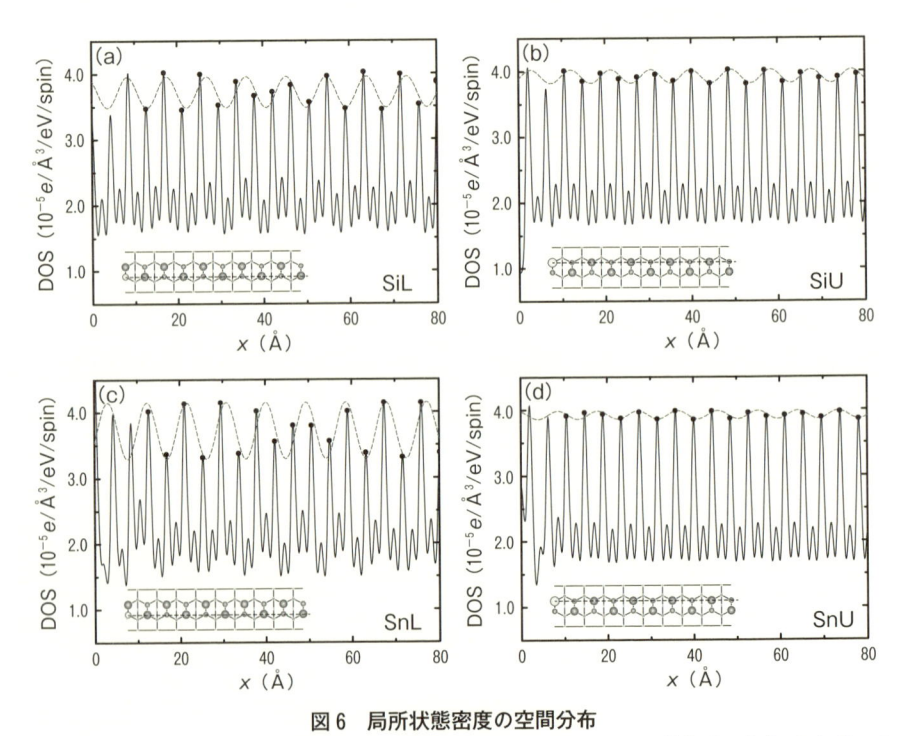

図6 局所状態密度の空間分布

不純物原子を含むダイマー原子上の値を示す.破線はダイマー下側の原子上の値を(2.23)式にしたがってフィッティングしたもの,点線はダイマー上側の原子上の値をフィッティングしたものである.文献14より転載.

表2 定在波の位相シフト（πrad）

Model	SiL	SiU	SnL	SnU
本計算	0.221	−0.602	−0.650	0.142
実験結果	0.4	−0.6	−0.7	

実験結果は，文献 13) のグラフより読み取ったものである.

とよく一致している.

次に，電子の散乱を一次元箱型ポテンシャルの透過問題に置き換えることにより，散乱ポテンシャルの形状を調べた．一次元箱型ポテンシャルの散乱波の反射係数 c^{ref} は，次のように与えられる．

$$c^{ref} = \frac{(k^2 - K^2)(1 - e^{4iKa}) e^{2ika}}{(k + K)^2 - (k - K)^2 e^{4iKa}}, \qquad (2.24)$$

ここで，$k = v/\hbar$，$K = \sqrt{(v^2 - 2mV)}/\hbar$，$\hbar$ はプランク定数，m は電子質量，v は電子の群速度である．計算で得られた反射係数 c^{ref} に一致するように，ポテンシャル障壁 V と長さ a を決定する．得られたポテンシャル障壁の高さを表 3 に示す．SiU，SnL ダイマーは散乱ポテンシャルが土手型に，SiL，SnU ダイマーは井戸型になる．不純物原子による散乱ポテンシャルの振る舞いの違いは，Ⅳ族原子のマリケン電気陰性度の違いによって説明できる．Ge(001) 表面では，表面再構成により，ダイマー上側原子に電子が集まり，π と π* 準位の間にバンドギャップが開く [図 7 (a)]．ダイマー上側原子の電気陰性度が大きい場合，上側原子により多くの電子が集まりギャップが広がる [図 7 (b)]．一方，上側原子の電気陰性度が小さい場合，下側原子に電子が戻りギャップが狭まる [図 7 (c)]．ここでは伝導体の電子を考えているので，ギャップが広がれば散乱ポテンシャルは土手型，狭まれば井戸型になる．電気陰性度が Si，Ge，Sn の順に小さくなることを考慮すると，SiU

表3 ポテンシャル障壁の高さ（V）

Model	SiL	SiU	SnL	SnU
本計算	−0.509	−1.186	0.275	−0.201
実験結果	−0.4〜0	0.4〜1.2	1.3〜2.5	

実験結果も，定在波を一次元箱型ポテンシャルの透過問題に置き換えてフィッティングしている．

(a) $X_M^L = X_M^U$　　(b) $X_M^L < X_M^U$　　(c) $X_M^L > X_M^U$

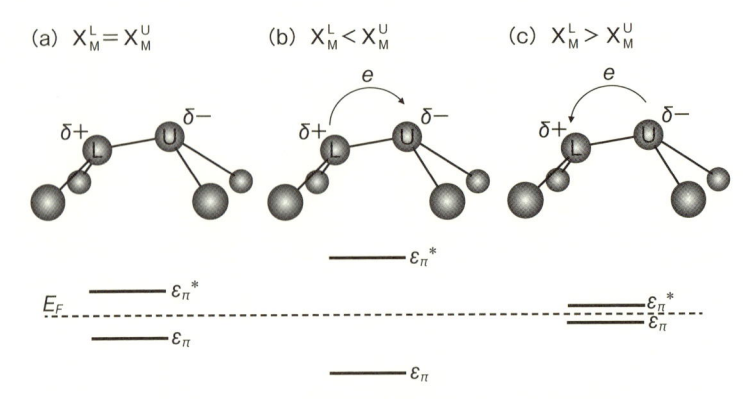

図7　Ge(001)表面ダイマー最高性と不純物原子による電荷移動のメカニズム
文献14より転載.

と SnL の場合は土手型，SiL と SnU の場合は井戸型になると説明できる．

2.4　むすび

　第一原理計算を用いた半導体の表面界面特性に関する2つの事例を紹介した．このように量子力学の第一原理に基づいた計算機シミュレーションは，実験ではアクセスが難しいナノの世界での原子や電子の振る舞いを明らかにできる強力なツールである．本節で紹介した Ge 基板表面のシミュレーションの例は，顕微鏡観察が可能な表面欠陥の散乱ポテンシャル評価であったが，ここで紹介した方法は，顕微鏡観察が困難な界面欠陥の散乱ポテンシャルの評価にも応用できる．今後，計算機の性能向上に伴い，半導体/絶縁膜界面でのキャリア散乱の評価やキャリア散乱の少ない界面原子構造のデザインへの応用が期待される．

　最後に，計算科学手法の視点から論ずると，RSPACE は平面波基底関数の代わりに実空間グリッドを用いた計算方法[7]であり，従来の固体電子状態計算に用いられてきた平面波展開法のように高速フーリエ変換を用いないため，界面の電子状態や伝導特性計算に適している．ここで紹介したリーク電流や散乱ポテンシャルの計算は，実空間計算手法やその類縁計算手法を用いて実現されるものであり，今後計算科学的手法を用いたデバイス開発の分野で利用されることが期待される．

第3章

表面反応過程シミュレーション

1. 表面構造・反応シミュレーション

1.1 はじめに

　表面科学は第一原理シミュレーションの主要な題材として，多くの研究に取り上げられてきた．初期の表面科学は，表面組成や構造を良く規定することが大きな課題であったが，現在では原子レベルで平坦な固体表面を作り出すことはもちろん，操作型プローブ顕微鏡と極低温技術を組み合わせて，原子・分子一つ一つの観測・制御が可能となりつつあり，原子レベルの第一原理シミュレーションと実験結果とを詳細に対応させる格好の舞台を提供している．現在では，精密に制御された表面科学的実験と高精度な第一原理シミュレーションとの相性は非常に良く，両者の結果は細部まで見事に一致するレベルに達している．

1.2　Ge/Si(105)面の構造と安定化機構

　本章ではまず，第一原理シミュレーションを知る第一の例として，実験的には解明することが困難であった半導体表面構造を予測し，理論的予測が表面科学的実験によって確固たるサポートがなされた研究について述べる．GeとSiは同じダイヤモンド構造を取る半導体であるが，Siの格子定数がGeの格子定数より約4%小さい．そのため，GeをSi(100)表面に蒸着していくと3層程度までは層状に成長するが，3層を超えたあたりで三次元的クラスター成長に変わり，いわゆるストランスキー・クラスタノフ（Stranski-Krastanov）成長する．この，GeがSi(100)表面上に形成するクラスターは比較的サイズがそろった量子ドットとなり，量子ドットの自己組織化形成機構や，これを利用した光電子デバイスへの応用に興味が持たれて非常に多くの研究がなされてきた．特に三次元クラスター成長が開始する初期段階で図1に示すような特徴的なハット・クラスターと呼ばれる構造が見られる．この

図1 Ge/Si(100)で出現する三次元ハット・クラスターのSTM像
文献1)から転載.

ハット構造はGe(105)面によって囲まれたピラミッド,あるいは,寄せ棟屋根の形をしている.純粋なSi(105)面やGe(105)面は安定ではなく,たとえ単結晶を(105)面方向に切り出したとしても不規則な表面構造しか観測されない.GeをSiに蒸着すると4%の格子不整合のため圧縮的な表面応力が働いているが,このような状況では(105)面が非常に安定化する.Ge(105)表面の原子構造と圧縮応力による安定化機構は多くの研究者の関心を惹いた.

Moら[1]によってSTMによる詳細な研究が行われ,図2(a)に示すようなジグザグの輝点を観測した.彼らはこの輝点をGeダイマーが二つならんだPaired Dimerに帰属し,これらがステップを挟んで交互にジグザグ構造で並んだPaired Dimer構造モデルを提案した.この原子構造を図2(b)に示す.この構造に基づいて第一原理シミュレーションにより占有状態のSTM像を計算すると,図2(b)に示すように確かに輝点がジグザグに並んだ像が浮かび上がり,実験と一致しているように思える.このPaired Dimer構造ではダングリングボンドの密度がかなり高く,とても安定な表面構造とは考えられない,という問題があったにもかかわらず,1990年に提案されたこの構造モデルはGe(105)表面の標準構造モデルとして10年以上受け入れられていた.

しかしながら,2002年になってHashimotoら[2]は表面のダングリングボンド密度がはるかに少なく,より安定な構造を探索し,Rebonded S_B ステップモデルと名付けた構造モデルを新たに提案した.この構造モデルは従来提案されていたPaired Dimerモデルよりも,はるかに安定であることを示した.さらに,占有状態のSTM像を第一原理計算から求めたところ,図2(c)に示すようにやはり輝点がジグザグに並んだ像が得られ,よく見ると明るい輝点の間に暗い輝点があるが,このような詳細まで実験結果と一致した像が得られた.さらに,非占有状態につい

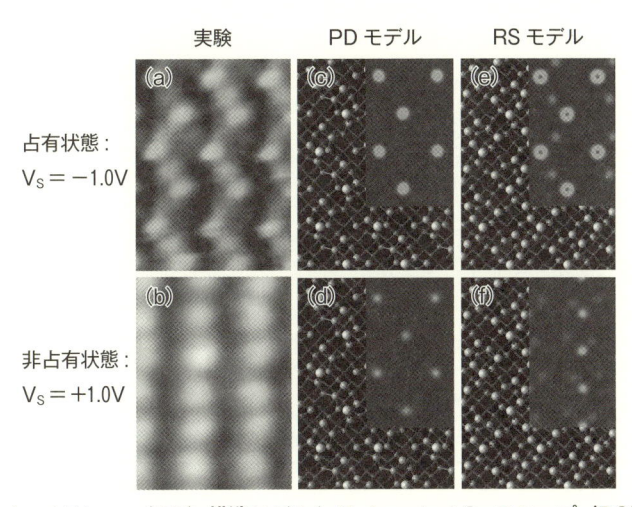

図2 Paired Dimer (PD) 構造モデルと Rebonded S_B ステップ (RS) モデル
(a), (d)：Ge/Si(100) の占有状態，非占有状態の STM 像．(b), (e)：Paired dimer モデルの原子構造と第一原理シミュレーションによって計算した占有状態および非占有状態の STM 像．(c), (f)：Rebonded S_B ステップモデルの原子構造と第一原理シミュレーションによって計算した占有状態および非占有状態の STM 像．文献2) から転載．

ても STM 像を計算したところ，図2 (f) に示すように明るい輝点がほぼ直線状に並んだ像が得られ，これは Fujikawa ら[3]によって実験的に得られた非占有状態の STM 像（図2 (b) に示す）と非常に良く一致することが分かった．さらに，従来の Paired Dimer モデルでは非占有状態の STM 像がまったく再現されないことが分かり，この結果によって Rebonded S_B ステップモデルの妥当性が確実だと考えられるようになった．新たな構造モデルが妥当であることがはっきりすると次に問題となるのが，なぜ，圧縮的な応力のもとで Ge(105) 面が安定化されるかである．

この謎についてはさらに Hashimoto ら[4]によって明快な解答が与えられた．Hashimoto らが第一原理シミュレーションによって表面エネルギーを精密に計算したところ，平衡格子定数においては Ge(105) 面は Ge(100) 面より不安定になるが，4％圧縮した格子定数を用いて表面エネルギーを計算すると，Ge(105) 面の方が Ge(100) 面より遥かに安定になることが示され，実験的な傾向を見事に再現した．次に，これら両表面構造における原子間距離を比較したところ，大きな違いがあることを発見した．図3 (a) および (b) にそれぞれ Ge(105) 面，および，Ge(100) 面の隣接原子間距離を示す．縦軸は表面深さを示し，横軸は隣接原子間距離を表

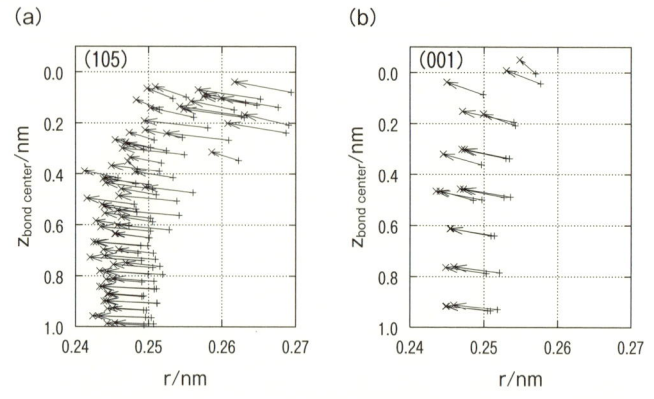

図3 (a) Ge(105)，および，(b) Ge(100) 表面付近での Ge 原子間結合距離
横軸は結合距離，縦軸は Ge 表面からの深さを示す．文献3) から転載．

す．また，平衡格子定数での距離を「＋」で示し，4%圧縮した際の原子間距離を「×」で示す．図3(a) をみると Ge(105) 表面ではバルク中での Ge 原子間結合距離に比較して最大で8%程度長くなっていることが分かる．これは表面のダングリングボンドをできる限り減らすために多少無理をして結合を作っているためと考えられ，これは，程度の差こそあれ Ge(100) 表面にも見られることである．図3(b) を見ると，Ge(100) 表面付近での Ge 原子間結合距離の伸びは最大3%程度であり，Ge(105) 面に比較してはるかに小さい．格子定数を4%圧縮すると，Ge(100) 面ではこれら長い原子間距離は平衡格子定数での結合距離に近づくが，逆に平衡結合長から短くなる結合の方がかなり多いことが分かる．しかし，Ge(105) 面では多くの結合が平衡結合距離に近づき，劇的な安定化を引き起こすことが分かる．

このように，実験的に原子レベルでの表面構造や安定化機構を解明することは困難な場合においても，第一原理シミュレーションは大きな威力を発揮することが分かる．

上記の例をはじめとして，超高真空下での表面科学的実験と第一原理シミュレーションとの相補的な研究は近年ますます増えてきている．もはや第一原理シミュレーションは表面科学的研究に必要不可欠と言える地位を確立しており，超高真空下の清浄表面上での実験と第一原理シミュレーションは一致して当然というレベルに達している．今後，応用を考えると重要な課題となってくるのは，現実環境下での実用触媒や実用デバイスの表面との対応をとることである．現実の触媒は高圧の

反応ガスにさらされ，また，しばしば高温度で用いられるため，超高真空中の清浄表面とは異なった組成や構造をとる．そのために表面での反応も超高真空下とはかなり異なってくる．これは「プレッシャー・ギャップ」と呼ばれる問題で，このギャップを埋めることは表面科学における重要な課題の一つであった．第一原理シミュレーションにおいても，触媒や実デバイスに対するマテリアルデザインを行っていくには，有限圧力，温度の環境下での反応や，複雑な構造を持つ酸化物表面上での触媒反応，さらには，固液界面での反応など，反応が起こる環境を出来る限り現実に近くすることが重要となってくる．これら，現実表面・界面に関する第一原理シミュレーションの寄与については参考文献 5, 6) に例が紹介されており，興味ある読者はこれらの文献を参照してほしい．

1.3 GaN 結晶成長における GaNa 合金液体中への窒素溶解促進機構

第一原理シミュレーションがその威力を大いに示した二番目の例として，Na フラックス法における窒素溶解度の促進機構の解明に関する研究を紹介する．GaN は青色発光ダイオードやレーザーダイオードとして非常に重要な物質であり，さらには，パワーデバイスの材料として利用も期待されている．これらのデバイスの性能は用いる結晶の品質によって大きく左右される．通常，サファイヤ基板に成長させた結晶が用いられるが，転位を減らした高品質な結晶を得るには GaN 基板上にホモエピタキシャル成長させた結晶が理想的である．

この基板となる高品質で大きなサイズの GaN バルク結晶を成長させる技術として Na フラックス法は期待されている．純粋な Ga 液体への窒素溶解度は非常に低いため，純粋の Ga に窒素を溶解させて GaN 結晶を成長させるには 1,800–2,300 K の高温と 1,000–1,500 MPa の高圧という非常に過酷な条件が必要となる．ところが Na と Ga の合金液体への窒素溶解度は桁違いに高くなるため，1,000–1,100 K で 3–5 MPa という遥かにマイルドな条件下で結晶成長が可能であることが実験的に発見された．

しかしながら，Ga の Na との合金化による窒素溶解度の促進機構には大きな謎があった．すなわち，純粋な液体 Na への窒素溶解度は液体 Ga と同様に非常に低いが，Na に少量の Ga を混ぜて合金化すると窒素溶解度が劇的に上昇する．この高温かつ高圧下での金属液体中での Ga と Na の協力的作用による窒素溶解度促進機構を解明するには，高温・高圧下での GaNa 合金液体中にごく微量溶解している窒素原子まわりの構造を明らかにする必要がある．このような複雑液体で，さら

に，過酷な温度・圧力，さらに，溶解している窒素がごく微量であるので，実験的に原子レベルでの窒素溶解機構を明らかにするのはきわめて困難な問題である．

第一原理シミュレーションにおいても，このような複雑な構造のシミュレーションは難しいが，Kawahara ら[7,8]はこの問題に果敢に挑戦し，GaNa 合金液体中に溶解した窒素原子の状態について第一原理分子動力学法シミュレーションを用いて詳細に研究を行い，この謎に対して非常に明快な解答を与えることに成功した．Kawahara らは Ga：Na 組成比が 4：1，1：1，および，1：4 の合金液体に溶解した窒素原子の状態について 1,000 K での第一原理分子動力学法シミュレーションを，大阪大学で開発されている Simulation Tool for Atom Technology（STATE）と名付けられた非常に高精度，かつ，高性能な第一原理計算プログラムを駆使し，世界最大級のスーパーコンピューターを潤沢に用いることによって遂行した．

図 4 にそのスナップショットを示す．Ga：Na が 4：1 および 1：1 の GaNa 合金中では Ga 同士の金属的結合ネットワークが発達し，Ga と Na はミクロなスケールでは分離していることが分かる．そして窒素原子は Ga と Na の界面に存在している．一方，Na リッチな合金中では Ga の金属結合的ネットワークはもはや存在せず，Ga は Na 液体中で孤立原子，あるいは，ダイマーやトライマー等，数原子の小さなクラスターで存在している．そして窒素は Ga の小さいクラスターに結合し

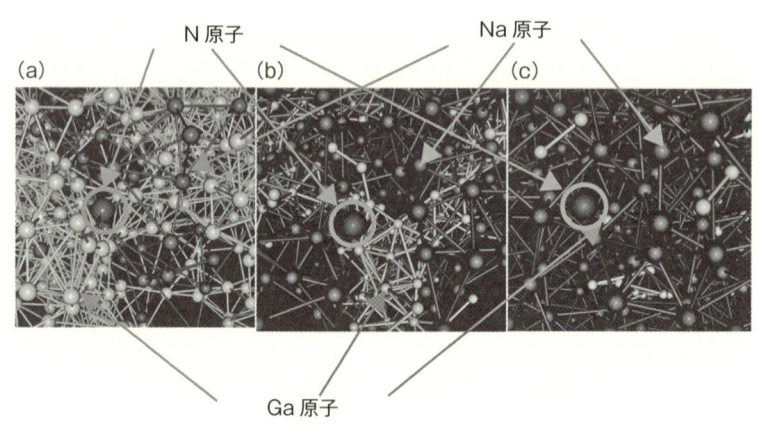

図 4　GaNa 合金液体中に溶解した窒素原子の様子
1,000 K の第一原理分子動力学法シミュレーションから得られたスナップショットを示す．
（a）Ga：Na ＝ 4：1，（b）Ga：Na ＝ 1：1，（c）Ga：Na ＝ 1：4 の場合をそれぞれ示す．明るい灰色が Ga 原子，暗い灰色の小さい球が Na 原子，暗い灰色の大きい球が N 原子を示す．
文献 7) から転載

ている様子がはっきりと見て取れる．すなわち，窒素溶解度が低い Ga リッチ GaNa 合金液体中では Ga の金属的結合ネットワークが発達し，微視的には Na と Ga の相分離がみられ，窒素原子はその界面に吸着している．一方，窒素溶解度が高い Na リッチ GaNa 合金液体中では Ga は小さいクラスターとして存在し，窒素はそれら小さい Ga クラスターに結合していることが明らかとなった．

このように微視的な構造が明らかになったので，この構造をもとに，窒素原子の GaNa 合金中への溶解の際のエクセス・グランド・ポテンシャルの GaNa 組成依存性を求め，さらに，窒素溶解度を計算した結果をそれぞれ図 5 (a)，(b) に示す．図を見て分かることは，Ga リッチ GaNa 合金中，および，純粋な Na への窒素の溶解の際のエクセス・グランド・ポテンシャルは高く，Na リッチ GaNa 合金へは非常に低くなっており，それに応じて，Ga リッチ GaNa 合金中，および，純粋 Na 中への窒素溶解度はきわめて低い一方，Na リッチ GaNa 合金中への窒素溶解度は 5 桁程度上昇しており，第一原理シミュレーションは実験結果を完璧といえる程度に再現している．

さらに重要なのは，電子状態の解析によってこの結果の物理機構が明らかになることである．すなわち，局所状態密度と呼ばれる電子状態解析により，次のことが明らかとなった．

Ga リッチ合金中では Ga は発達した金属的ネットワークにより Ga は幅の広いバンドを形成しており，Ga–Ga 同士の結合で安定化した Ga へは窒素原子は弱くしか結合できない．一方，純粋な Na は比較的価電子密度が低く広がった金属的な電子状態をしており，窒素分子中の強い三重結合に比較して Na と窒素原子間の結合は弱く，窒素溶解度はやはり低い．Na リッチ GaNa 合金中では孤立 Ga や Ga ダイマー等非常に小さい Ga クラスターが分布しており，それらは，他の原子との軌道混成が不十分な鋭い状態密度を持っており，非常に活性であることが分かる．この活性な Ga と窒素原子との間には強い結合性の軌道が生じる．

1.4 むすび

このように，第一原理シミュレーションは理想的な表面科学的実験のみならず，現実に重要な系の原子レベルでの現象解明に大いに力を発揮する時代が訪れてきた．実験家の人たちも使いやすいコードが開発され手軽にシミュレーションすることも可能になってきており，第一原理シミュレーションが活躍する分野は今後ますます広がってくると予想され，社会的に大きな影響を与えるようになると考えられ

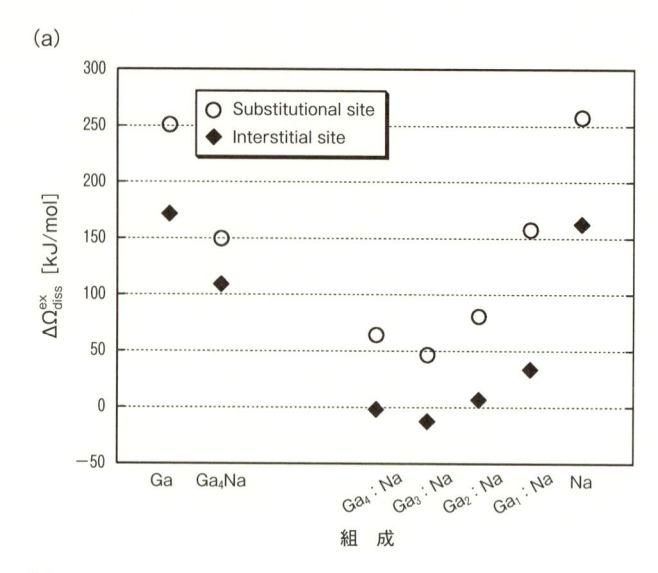

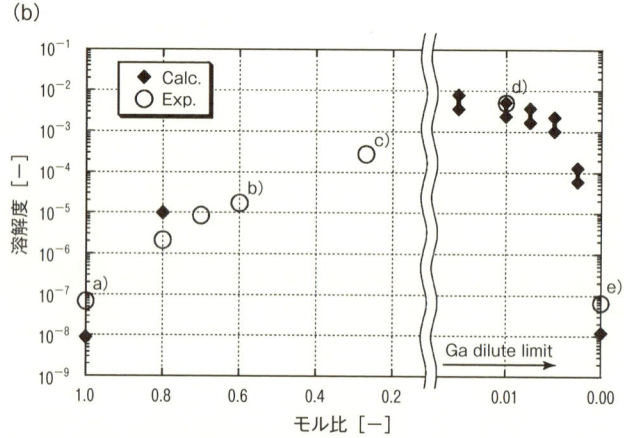

図5 (a) GaNa合金中への窒素原子の溶解の際のエクセス・グランド・ポテンシャルと (b) GaNa合金液体中への窒素溶解度の第一原理シミュレーションによる計算結果
文献7) から転載

る．また，理論的側面については，まだまだ第一原理シミュレーションで取り扱うことが困難な課題が存在する．たとえば，複雑な界面での反応を調べる際には反応サイトや反応経路を自動的に求められる手法が望ましい．現在のところ，反応過程は人間の化学的知識によってある程度予測した範囲でしか求めることができていな

い．そのため，化学反応シミュレーションの結果の成否は，計算を行う研究者自身の力量に大きく依存する．社会的に幅広く普及していくためには，計算アルゴリズムによって自動的に反応経路を求めることが可能になることが望まれる．しかし，現在のところ，反応経路の自動探索は非常に自由度が小さい系に限られている．また別の問題として，光触媒や太陽電池等で重要な励起状態のダイナミクスはまだまだ精密に計算することは困難である．社会的にインパクトが大きく，応用上重要な界面での反応過程を解明していくには，新たな手法開発もまだまだ重要である．このように第一原理シミュレーション分野は基礎分野から応用分野まで，工夫とアイディア，そして，不断の努力を惜しまなければ優秀な研究者が活躍する場が大きく広がっており，今後の着実な発展と社会的に重要な問題への貢献が多いに期待されている分野である．

2. 多体系量子状態計算手法の開発

2.1 電子状態計算手法について

多数の原子と電子によって構成されている物質の性質や，物質の表面で起こっているさまざまな化学反応・物理現象を正確に解明し予測するためには，原子・電子の状態を記述することができる量子力学を用いて解析・探索することが求められる．しかし，よく知られているように，量子力学によって厳密な電子状態を求めることが可能な現実の物質は，水素原子だけである．たとえば，原子が M 個，電子が N 個含まれる系における波動関数の次元は $3(M+N)$ 次元であり，この波動関数を直接求めることは困難である．原子は電子に比べて質量が大きいことから，原子による波動関数を考慮しないボルン-オッペンハイマー（Born-Oppenheimer）近似を用いることができるが，それでも $3N$ 次元の波動関数を取り扱う必要があり，物質を取り扱う際の現実的な方法とは考えられない．

一方，電子密度を基本量にとる密度汎関数理論（DFT：Density Functional Theory）[1]を用いると3次元の波動関数を取り扱うだけでよいため，計算負荷が比較的小さく，また現象を一定の精度で説明することが可能であることが数々の例により明らかにされており，現在，物性科学分野で最も利用されている電子状態計算理論・手法となっている．ところが，現状の密度汎関数法では，用いるエネルギー汎関数の中に近似的に定義された交換・相関エネルギー汎関数を用いる必要があり，電子間の相関エネルギーに高精度な計算が必要とされる場合には，無視できない誤差の要因となっている．たとえば，有機分子同士の吸着・解離といった現象は非常に弱い相互作用であり，それゆえに高精度なエネルギー評価が出来なければ現象をうまく説明できないことが知られている[2]．また，用いる交換・相関エネルギー汎関数に依存して異なった構造が安定構造となる例も指摘されている[3]．

現在の量子化学計算手法の基礎であるハートリー-フォック法（Hartree-Fock（HF）method）[4,5]では，1個の電子に注目し，その電子は原子核と他の電子の作る平均場の中を運動していると考える近似を行う．さらに，複数の電子が同じ軌道を占有することができないというパウリの排他原理を満たすように，1電子波動関数から成るスレーター行列式を用いて多電子波動関数を表現する．ハートリー-フォック法で分子の全エネルギーを計算したとき，通常は厳密な値の99％程度を見積もることが可能と言われている．しかしながら，化学反応の行方を左右する2状態間の相

対的なエネルギー差は，この誤差程度であることが多い．この誤差を相関エネルギーと呼んでおり，したがって相関エネルギーを精度よく計算しなければ，反応や構造を正確に予測することはできないのである．

電子の相関エネルギーをなるべく正確に評価する方法は，量子化学や物性物理の分野において種々考案されてきており，量子化学分野では，摂動近似を用いた MP2 (second order Møller-Plesset) 法や，波動関数のクラスター展開に基づく CCSD (T) (Coupled-Cluster theory with Singles and Doubles plus perturbative Triples) 法といった近似理論に基づく手法が確立されており，実用計算に用いられている[4,5]．これらの手法は比較的電子数が多くても高精度な計算が可能であるが，変分原理に基づいていないため，厳密解よりも低いエネルギー解を求めてしまう場合がある[6]．また，MP2法では系のサイズ（基底関数の数）の5乗，CCSD(T)では7乗に比例して計算負荷が増加し，特別な工夫をしない限り，その適用範囲は少数電子系に限られている[7]．

配置間相互作用（CI：Configuration Interaction）法は，ハートリー–フォック法[4,5]で得られた互いに直交する1電子軌道による電子配置（Configuration）の線形結合によって波動関数を表現する．なかでも，すべての電子配置を考慮する Full CI 法[4,5]は，基底関数の与える空間における厳密解を求めることが可能な優れた手法である．しかし，配置間相互作用を計算する際に必要な電子配置数は，系が大きくなるにつれて爆発的（階乗）な勢いで増加するため，計算できる対象は，やはり少数電子系に限られている．例を挙げると，6-31G** ガウス基底関数セット[4,5]を用いた場合，水素分子の波動関数は，100個のスレーター行列式の線形結合で表現できる．この程度ならば計算可能な範囲であるが，水分子ではおよそ29億個必要であり，ベンゼン分子になると 1.9×10^{46} 個必要である．

2.2　非直交基底を用いる計算手法の概要

前章で述べたように，厳密解を与えることが可能な唯一の方法である Full CI 法において現実計算上問題となるのは，必要な行列式の数が膨大なことである．一方，福留により提案された共鳴ハートリー–フォック（Resonating Hartree-Fock）法は，複数の非直交なハートリー–フォック解の線形結合で多体波動関数を構成することで行列式の数を劇的に削減し，1電子波動関数を最急降下法により繰り返し更新することで多体波動関数を基底状態に収束させてゆく手法である[8〜13]．この手法では行列式の数を劇的に減らすことが出来るが，複数のハートリー–フォック解をあら

かじめ探し出す作業が必要になり，系が複雑な場合には困難な作業になる．

　筆者は，非直交基底を用いることで，実質的な厳密解を得るために必要なスレーター行列式の数を劇的に削減できる事実に着目した．そして，非直交基底を自動的かつ効率的に作成しながら，1電子波動関数を基底状態に向かって速やかに収束させる方法を提案し，配置間相互作用法では計算不可能な電子系に対する実質的に厳密な解を得ることが可能な計算コードを開発することを目的として研究を始めた[14〜19]．さらには，開発した計算コードを用いて，現在高精度計算が求められているさまざまな問題に対する理論的な解決策を提供することを最終的な目標としている．

　この計算手法では，多体波動関数をスレーター行列式の線形結合で表し，変分原理に基づき各1電子波動関数を基底状態に向かって繰り返し更新してゆく．重要なポイントは二つある．第一は，波動関数に直交・規格化条件を課さずに更新を行うことで，非直交な1電子波動関数系が自動的に生成される点である[20〜23]．非直交基底系を用いることで，1個のスレーター行列式で複数の配置関数を効果的に取り込むことが可能であり，直交基底を用いてすべての配置関数を用いる配置間相互作用法よりも少ない数のスレーター行列式で基底状態を表現できることが指摘されている[8〜13,24〜29]．1電子波動関数を空間グリッドで表現する方法[30,31]の開発も行っているが，ここでは計算時間の短縮を目的としてガウス関数基底セット[4,5]を導入した場合の結果について述べる．ガウス関数基底セットを用いれば，グリッドを利用する方法で多大な時間を要する電子間相互作用エネルギーの数値積分にガウス関数の積分公式を使用することが可能となり，大幅な計算時間の短縮が可能となる．第二のポイントは，1電子波動関数の更新において複数の修正関数を用いることで，収束の効率化と低コスト化を図っていることである．通常，再急降下方向を正しく求めるための計算コストは高いため，探索空間を余すことなく張るような複数の線形独立な修正関数を乱数により作成し，各修正関数の重み係数を全エネルギーに関する変分原理によって決定する方法を採用した．以下に計算方法の概要を述べる．

　N電子系の波動関数$\Psi(\tau_1, \tau_2, \cdots, \tau_N)$を次式のようにスレーター行列式の線形結合で表す．

$$\Psi(\tau_1, \tau_2, \cdots, \tau_N) = \sum_{A=1}^{L} C_A \begin{vmatrix} \phi_1^A(\tau_1) & \phi_2^A(\tau_1) & \cdots & \phi_N^A(\tau_1) \\ \phi_1^A(\tau_2) & \phi_2^A(\tau_2) & \cdots & \phi_N^A(\tau_2) \\ \vdots & \vdots & \ddots & \vdots \\ \phi_1^A(\tau_N) & \phi_2^A(\tau_N) & \cdots & \phi_N^A(\tau_N) \end{vmatrix}$$

$$\equiv \sum_{A=1}^{L} C_A \parallel \vec{\phi}_1^A \vec{\phi}_2^A \cdots \vec{\phi}_N^A \parallel \equiv \sum_{A=1}^{L} C_A |\Phi_A\rangle \tag{3.1}$$

ここに

$$\phi_i^A(\tau_j) \equiv \phi_i^A(\mathbf{r}_j) \, \gamma_i(\sigma_j) \tag{3.2}$$

は1電子波動関数であり，$\mathbf{r}_j$, σ_j はそれぞれ j 番目の電子の位置座標とスピン座標, $\phi_i^A(\mathbf{r})$, $\gamma_i(\sigma)$ は，それぞれ i 番目の1電子波動関数の空間部分とスピン部分である．

1電子波動関数の空間部分 $\phi_i^A(\mathbf{r})$ は，次式のようにガウス基底関数 $\chi_s(\mathbf{r})$ の線形結合で表す．ここに $D_{i,s}^A(\mathbf{r})$ は展開係数, M は基底関数の数である．

$$\phi_i^A(\mathbf{r}) = \sum_{s=1}^{M} D_{i,s}^A \chi_s(\mathbf{r}) \tag{3.3}$$

ここで，1電子波動関数を基底状態へ向かって更新するための線形独立な修正関数

$$\xi_\mu(\mathbf{r}) = \sum_{s=1}^{M} G_{\mu,s} \chi_s(\mathbf{r}) \tag{3.4}$$

を N_c 個導入し，次式のように A 番目のスレーター行列式の p 番目の1電子軌道関数を修正する．

$$\phi_p^{A(new)}(\mathbf{r}) = \phi_p^{A(old)}(\mathbf{r}) + \sum_{\mu=1}^{N_c} C_{L+\mu} \xi_\mu(\mathbf{r}) \tag{3.5}$$

上記のような修正を行うと，N 電子波動関数は次式のように $L+N_c$ 個のスレーター行列式の線形結合で表される．

$$
\begin{aligned}
&\Psi(\tau_1, \tau_2, \cdots, \tau_N)^{(new)} \\
&= \sum_{B=1}^{L} C_B \Phi_B(\tau_1, \tau_2, \cdots, \tau_N)^{(new)} \\
&= \sum_{B \neq A}^{L} C_B \| \vec{\phi}_1^B \vec{\phi}_2^B \cdots \vec{\phi}_N^B \|^{(old)} + C_A \left\| \vec{\phi}_1^A \cdots \vec{\phi}_{p-1}^A \left(\vec{\phi}_p^A + \sum_{\mu=1}^{N_c} C_{L+\mu} \vec{\Xi}_\mu \right) \vec{\phi}_{p+1}^A \cdots \vec{\phi}_N^A \right\| \\
&= \sum_{B=1}^{L} C_B \| \vec{\phi}_1^B \vec{\phi}_2^B \cdots \vec{\phi}_N^B \|^{(old)} + \sum_{\mu=1}^{N_c} C_A C_{L+\mu} \| \vec{\phi}_1^A \cdots \vec{\phi}_{p-1}^A \vec{\Xi}_\mu \vec{\phi}_{p+1}^A \cdots \vec{\phi}_N^A \| \\
&\equiv \sum_{j=1}^{L+N_c} \tilde{C}_j \tilde{\Phi}_j,
\end{aligned}
\tag{3.6}
$$

ここに,

$$
\Xi_\mu(\mathbf{r}, \sigma) = \xi_\mu(\mathbf{r}) \gamma_i(\sigma) \tag{3.7}
$$

はスピン軌道を含む修正関数である.

係数 $\tilde{C}_j$ は,全エネルギーに変分原理を適用することで得られる一般化固有値方程式により求めることができ,A 番目のスレーター行列式の p 番目の1電子波動関数は式(3.5)により修正される.この修正をすべてのスレーター行列式のすべての1電子波動関数について行うことで1回の更新作業が終了する.そして,この更新を繰り返すことで基底状態を表す互いに非直交な1電子波動関数が形成される.

式(3.3)と(3.4)に示されたように,1電子波動関数とその修正関数は,M 個の基底関数で張られる空間内で定義される関数である.しかしながら,M 個の自由度のうち,系の電子数で決まる N 個の自由度はすでに1電子波動関数で占められている.したがって,修正関数に残された自由度は $M-N$ であり,線形独立な修正関数の数 N_C には上限値 $M-N$ が存在する.式(3.5)で1電子波動関数が修正されることを考えると,線形独立であれば $N_C \leq M-N$ 個の修正関数はどのような関数でもよく,式(3.5)により必ず最適な1電子波動関数が得られることになる.そこで,筆者は乱数を用いて修正関数を作成している.乱数を用いることで,修正関数が互いに線形従属となることを避け,かつ計算コストを低く抑えることができる.

図6に本計算手法の流れと主な計算コストを示す.初期波動関数としては,ハートリーフォック解または乱数を採用する.ここで,このアルゴリズムにおける主要計算コストについて考察しておく.図6における外側ループの繰り返し回数は設定した最大行列式数 L であり,その内側のループの繰り返し数は更新回数 N_{iter} で

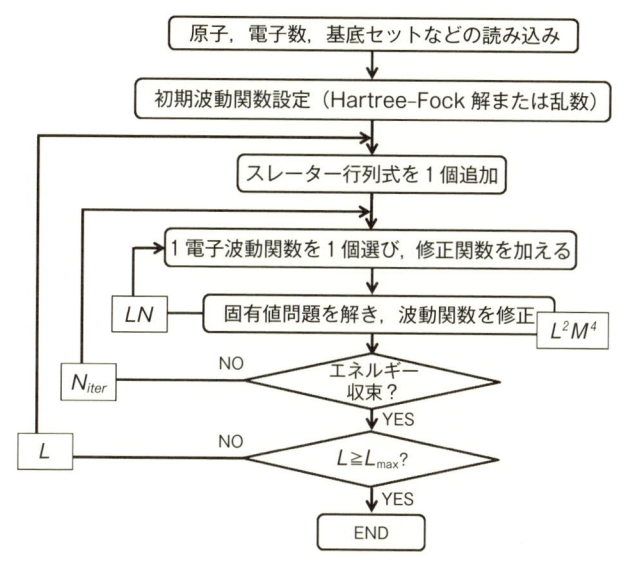

図6 計算の流れと主な計算コスト

ある.また,最内側ループの繰り返し数は$L \times N$である.また,主要コストは,ハミルトニアン行列要素のうち電子相関項の計算に必要な$(L+N_c)^2 \times M^4$と固有値問題に必要な$(L+N_c)^3$である.したがって,主要計算コストは,仮に$N_c \sim 10$, $L <100$, $M > 100$とすると,$L^4 \times N \times N_{iter} \times M^4$と見積もることができる.また,比較的小さな系においては,更新回数$N_{iter} = 1$とした場合に計算コストが小さくなることが経験的にわかっている.

すでに述べたように,1電子波動関数を更新する際には,固有値方程式を解く必要があり,行列要素を計算する必要がある.ここで,ハミルトニアン行列要素の更新手続きの効率化について考えてみる.前述したように,ハミルトニアン行列要素のうち電子相関項の主要計算コストは,おおよそ$L^2 \times M^4$である.実質的厳密解に必要なスレーター行列式数Lは,システムの大きさに対して穏やかに増加するためほぼ定数とみなしてもよいことが,後で述べるように,これまでの研究で明らかになっている.しかし,基底数Mはシステムの大きさに比例して増加するため,計算コストはM^4にしたがって増加することになる.計算原理をよく見ると,一部のハミルトニアン行列要素については,更新前の行列要素を用いて計算可能であることがわかる.いま,A番目のスレーター行列式のp番目の1電子軌道を式(3.5)

2. 多体系量子状態計算手法の開発

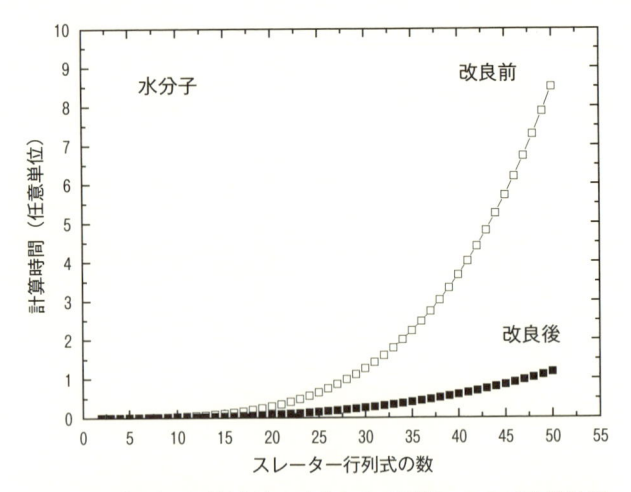

図7 行列要素の更新方法の改良による計算コストの改善結果
水分子モノマー OH ボンド角度 107.6 度基底関数：3-21G　修正関数の数：$N_c = 3$
更新回数：$N_{iter} = 1$ 計算機：Intel Xeon X5690 (6core) 3.46 GHz

にしたがって更新するとき，

$$\langle \Phi_{B(\neq A)} | \widehat{H} | \Phi_{C(\neq A)} \rangle^{(new)} = \langle \Phi_{B(\neq A)} | \widehat{H} | \Phi_{C(\neq A)} \rangle^{(old)} \tag{3.8}$$

$$\langle \Phi_{B(\neq A)} | \widehat{H} | \Phi_A \rangle^{(new)} = \langle \Phi_{B(\neq A)} | \widehat{H} | \Phi_A \rangle^{(old)} + \sum_{\mu=1}^{N_c} C_{L+\mu} \langle \Phi_B | \widehat{H} | \Phi_A^{p \to \xi_\mu} \rangle^{(old)} \tag{3.9}$$

$$\langle \Phi_A | \widehat{H} | \Phi_A \rangle^{(new)} = \langle \Phi_A | \widehat{H} | \Phi_A \rangle^{(old)} + \sum_{\mu=1}^{N_c} \sum_{\nu=1}^{N_c} C_{L+\nu} C_{L+\mu} \langle \Phi_A^{p \to \xi_\nu} | \widehat{H} | \Phi_A^{p \to \xi_\mu} \rangle^{(old)} \tag{3.10}$$

となる．以上の関係を用いて行列要素の更新方法を改良すれば，計算コストは M^4 以下にすることができる．計算時間の比較を行った結果を図7に示す．基底関数は 3-21G，修正関数の数：$N_c = 3$，更新回数：$N_{iter} = 1$ とした．スレーター行列式数 $L = 50$ のとき，約7倍の計算速度向上がみられる．

2.3 少数多体系への適用試験

炭素原子の全エネルギーの計算例を図8に示す．厳密解を与える配置間相互作用法の 1/2000 分の数（100個以下）のスレーター行列式で，誤差 0.003 ％の基底エネ

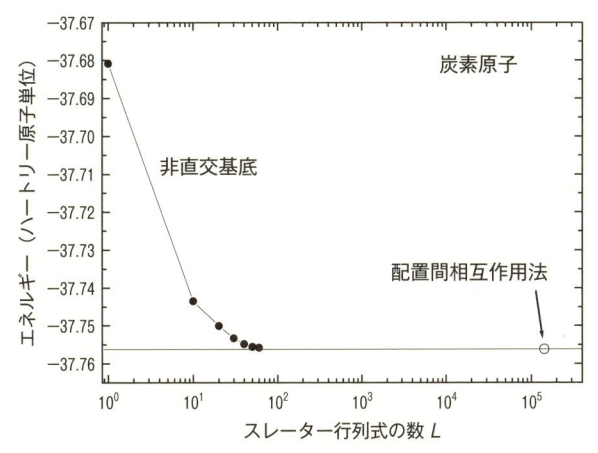

図8 C原子におけるスレーター行列式の数とエネルギーとの関係
ガウス基底セット：6-31G* 修正関数の数 $N_c = 8$

ルギーが得られた．前項までで述べた計算手法で作成された非直交基底が，効率よく電子励起配置を取り込んでいるものと思われる．以上のような計算を種々の原子に対して行い，基底エネルギーを得るために必要であったスレーター行列式の数を図9に示した．配置間相互作用法では原子番号の増加とともにスレーター行列式の数が爆発的に増大するが，非直交基底を用いた場合には激しい増加は見られないことがわかる．図10はいくつかの簡単な分子についての結果を示しており，図9と同様穏やかな増加傾向を示している．

次に，1電子波動関数の更新プロセスにおけるパラメーターである修正関数の数 N_c（式(3.5)参照）と全エネルギーの収束性との関係について検討した．ガウス基底セットを 6-31G* として Be 原子の基底状態を求めた結果を図11に示す．修正関数の数 N_c が多いほど探索空間の次元が大きくなるため，基底状態への収束性が向上することがわかる．

図12は，HF分子についてスレーター行列式数と相関エネルギー取込率との関係を示したものであり，この場合も多修正関数の効果が表れている．図には示していないが，12本の修正関数を用いたときは収束性が若干悪くなり，修正関数の数 N_c には，前節で述べた上限値 $M-N$ ではない最適値が存在する可能性がある．100個以下のスレーター行列式で相関エネルギーの99%以上が計算できており，2億個以上必要な配置間相互作用法に比べて劇的に削減できている．これは，非直交ス

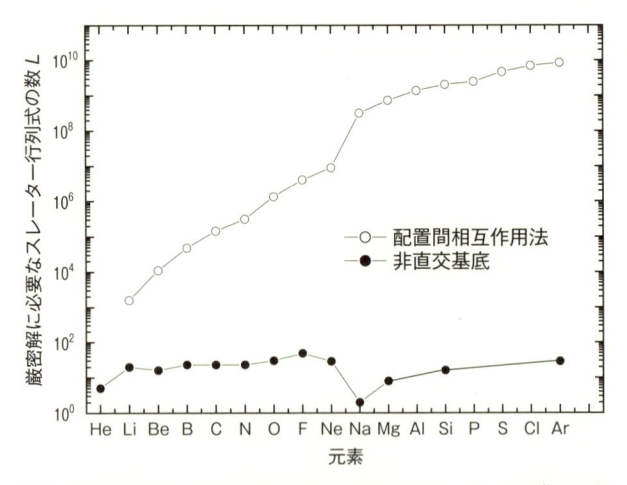

図9 各種原子における基底状態に必要なスレーター行列式の数

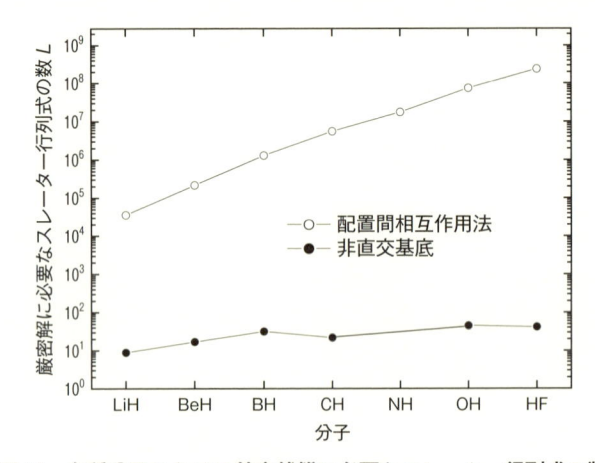

図10 各種分子における基底状態に必要なスレーター行列式の数

レーター行列式を用いたことによる効果である.

図13, 14, 15に, HF分子, CH_4分子, H_2O分子のポテンシャルエネルギー曲線の計算結果を示す. 比較として, FCI法, CCSD法, CCSD(T)法による結果も示した[6]. CH_4分子については, 1本のCHボンド長のみを変化させている. H_2O分子については, 2本のOHボンドが成す角度を107.6°に固定したまま2本のボンド長を同時に変化させている. どの分子の場合も, 結合長が長い領域において,

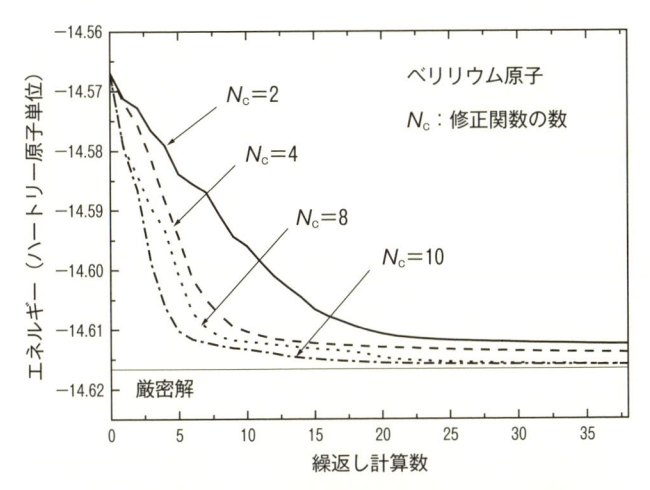

図11 Be 原子における更新回数とエネルギーとの関係

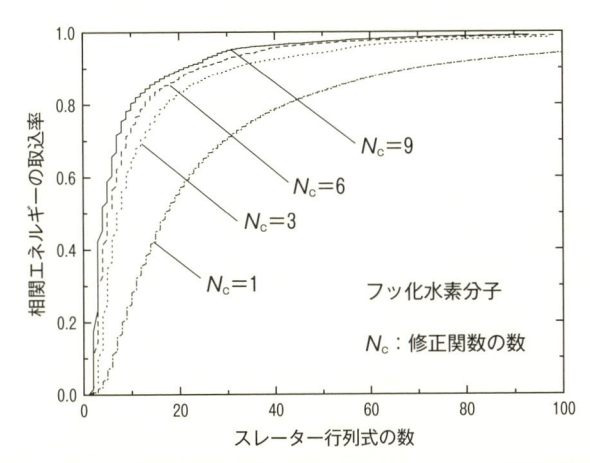

図12 多修正関数の数を変化させた場合のスレーター行列式数と相関エネルギーの取込率との関係（HF 分子 6-31G**）

CCSD や CCSD(T) の計算精度が落ちているが，非直交基底を用いる方法では，配置間相互作用法と同様の計算精度が達成できている．これは，非直交スレーター行列式から成る基底が配置間相互作用法で用いられるすべての電子配置による電子相関エネルギーを効果的に取り込んでおり，実質的には配置間相互作用法と同様の計算を行っているためであると考えられる．

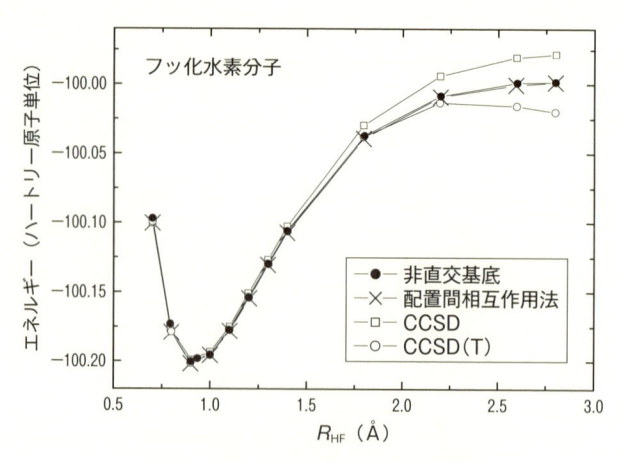

図13　HF分子のポテンシャル曲線
修正関数の数 $N_c = 6$　基底関数 6-31G**

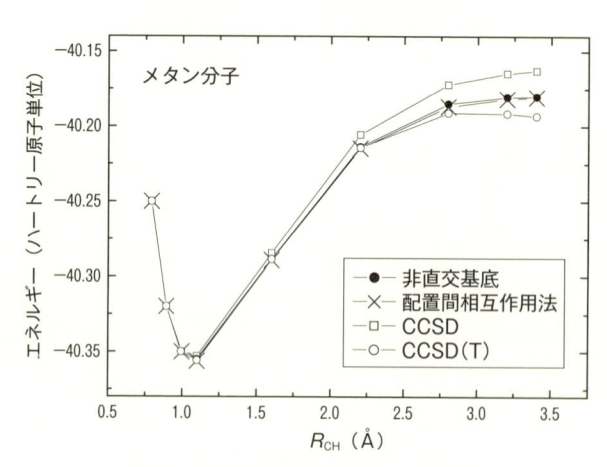

図14　CH₄分子のポテンシャル曲線
修正関数の数 $N_c = 13$　基底関数 6-31G*

2.4　むすび

　非直交基底を用いて多体系の量子状態を高精度に求める計算手法の概略，および簡単な元素や分子に適用した場合の結果について解説した．

　計算方法の第一のポイントは，直交・規格化条件を課さずに1電子波動関数の更新を行うことで，非直交な基底セットを生成することである．非直交基底系を用い

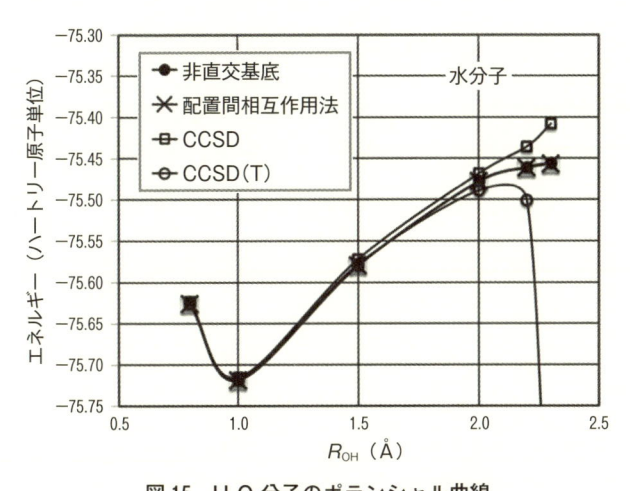

図 15　H_2O 分子のポテンシャル曲線
OH ボンド角度 107.6 度　修正関数の数 $N_c = 5$　基底関数 3-21G**

ることで，1 個のスレーター行列式で複数の配置関数を効果的に取り込むことが可能であり，直交基底を用いてすべての配置関数を用いる配置間相互作用法よりも少ない数のスレーター行列式で基底状態を表現できる．具体例として，6-31G* ガウス関数基底セットを用いて炭素原子の基底エネルギー計算に適用した場合，厳密解を与える配置間相互作用（Full CI）法の 1/2000 分の数のスレーター行列式で，誤差 0.003％の基底エネルギーが得られることを示した．また，少数電子系については，実質的な厳密解を得るために必要なスレーター行列式の数は，システムサイズの増加に対して配置間相互作用法のように激しく増加せず，緩やかに増加するため，おおよそ 100 個以下に削減できるという優れた特徴を有していることも示した．

　第二のポイントは，1 電子波動関数の更新において，複数の修正関数を用いることで，収束計算の効率化と低コスト化が可能なことである．通常，再急降下方向を正しく求めるための計算コストは高い．そこで，探索空間を余すことなく張るような複数の線形独立な修正関数を乱数により用意し，各修正関数の重み係数を全エネルギーに関する変分原理によって決定する．簡単な分子の基底状態計算を例に，複数の修正関数による収束性能の向上を示した．

　また，計算手法の応用例として，簡単な分子のポテンシャル曲線の計算についても取り上げ，原子間距離の大きな領域においても，実質的な厳密解を得ることができることを示した．

今後の研究開発課題は，計算コストの削減である．本節では，その一例として，計算コストの大きいハミルトニアン行列要素の更新方法の改良について述べた．システムの大きさの増加に対する計算コストの増加率は，他の汎用的な量子化学計算手法に比較して有利な特性を備えているが，分割計算手法[32]の導入など，まだまだ開発・改善の余地は残されている．今後，周期境界条件の設定による固体や表面の高精度電子状態計算や，複数のプロトンを含むような多成分系への適用が可能となるものと考えている．

3. 超精密研磨における界面反応過程

3.1 はじめに

原子レベルの表面粗さや形状精度を持ち，しかもダメージのない表面を実現するためには，化学的作用を活用し，原子間の化学結合の形成・切断により原子を一つひとつ取り除いていく化学反応現象を積み重ねるしかない．このような原子レベルの現象は実験的手法だけでは観察ができないことも多く，その理解に基づいて超精密加工法を効率的に開発するためには，同時に理論計算手法を用いて解析することが不可欠である．

理論計算手法には，古典分子動力学法や第一原理分子動力学法などがあるが，原子レベルの除去過程を解析するためには，原子間の化学結合の生成・消滅を精度よく評価する必要があり，結合の実態である電子（密度）分布の変化を高精度に計算することのできる第一原理計算手法が適している[1,2]．最近では密度汎関数法に基づく第一原理計算手法の開発が進んでおり，電子状態だけならば原子数千程度，分子動力学解析では数百個のモデルの解析が可能になりつつあり，200個程度までのモデルを用いた計算がよく行われている．

3.2 化学反応過程を評価するための物理量
3.2.1 電荷密度分布，差電荷密度分布

密度汎関数法に基づく第一原理計算では電子分布を高精度に計算することが可能である．波動関数 $\Psi_i(\vec{r})$ から定義される電荷密度分布 $\rho(\vec{r}) = \sum_i |\Psi_i(\vec{r})|^2$ により，物質の原子構造のどの部分に電子が集まって結合を形成しているかが分かる．

また，研磨剤やエッチャントなどの物質が加工対象物表面に作用することによって生じる表面電子分布変化を，差電荷密度分布 $\Delta\rho(\vec{r}) = \rho_{bind}(\vec{r}) - \rho_{surface}(\vec{r}) - \rho_{adsobate}(\vec{r})$ により評価することもできる．$(\rho_{bind}(\vec{r}), \rho_{surface}(\vec{r}), \rho_{adsobate}(\vec{r})$：相互作用した状態，表面のみ，エッチャント等の電子密度分布）2次元断面表示や3次元立体グラフィック表示により，化学結合の強さの変化を感覚的に理解することができる．

3.2.2 結合エネルギー評価

上記電荷分布による評価は直観に訴えるが定量的比較が難しい．結合エネルギーや反応エネルギー障壁は，定量的な結合強度評価ができる指標である．結合エネルギー ΔE_{bind} は次式のように定義されることが多い．

$$\Delta E_{\text{bind}} = (E_{\text{surface}} + E_{\text{adsobate}}) - E_{\text{interact}}$$

E_{surface}, E_{adsobate}, E_{interact} はそれぞれ表面モデル, 研磨剤など表面に作用する物質のモデル, 表面と物質が結合したモデルの全エネルギーである.

3.2.3 電子状態密度と局所状態密度

電子状態密度（DOS：Density of States）は, エネルギー値の関数として電子準位の密度を示す数値で,

$$\eta(E) = \int_{\text{BZ}} \sum_i \delta(E - E_i^{\vec{G}}) \, d\vec{G}$$

で定義される. i はバンドに関する和であり, $\vec{G}$ の積分範囲はブリルアンゾーン(BZ), δ はディラックのデルタ関数である. $E_i^{\vec{G}}$ は i, $\vec{G}$ でのエネルギー固有値である. 計算機による数値解析では, BZ の積分は離散点のサンプリングで実行されるため, δ 関数をガウシアン関数で置き換えた次式が用いられる.

$$\eta(E) \cong \sum_{\vec{G}}^{\text{BZ}} \sum_i e^{-\frac{(E - E_i^{\vec{G}})^2}{\Delta E^2}}$$

局所状態密度（LDOS：Local DOS）はさらにそれを原子や場所ごとに分解したものである. 原子ごとへの分解は, 通常, 電荷密度分布を局在基底関数の重ね合わせで展開することにより行われる.

$$\eta(E) = \int_{\text{BZ}} \sum_{i,j} \left| \Psi_i^{\vec{G}}(\vec{r})^\dagger \Phi_{i,j}^{\vec{G}}(\vec{r}) \right|^2 \delta(E_i^{\vec{G}} - E) \, d\vec{G} \cong \sum_{\vec{G}}^{\text{BZ}} \sum_j \sum_i \left| \Psi_i^{\vec{G}}(\vec{r})^\dagger \Phi_{i,j}^{\vec{G}}(\vec{r}) \right|^2 e^{-\frac{(E_i^{\vec{G}} - E)^2}{\Delta E^2}}$$

ここで $\Phi_{i,j}^{\vec{G}}(\vec{r})$ は, $\Psi_i^{\vec{G}}(\vec{r}) \cong \sum_j \Phi_{i,j}^{\vec{G}}(\vec{r})$ と各原子の成分に展開された関数である. この展開関数を得る方法としては, 原子波動関数を局在基底関数として最適な展開係数を求める方法や, 元の波動関数の線形結合で得られる関数の局在度を最大化する条件により求まるワニエ関数を局在基底関数として用いる方法がある. j に関する和をとらずに得られる値を $\eta_j(E)$ とし, アトミックポピュレーションとして定義する. $\Psi_i^{\vec{G}}(\vec{r})^\dagger$ についても同様に展開し, $\sum_{ijk} \left| \Phi_{i,k}^{\vec{G}}(\vec{r})^\dagger \Phi_{i,j}^{\vec{G}}(\vec{r}) \right|^2$ の j, k に関する和をとらずに得られる値を $\eta_{jk}(E)$ とし, 原子対 i, j 間のボンドポピュレーションとして定義する. ポピュレーション解析は原子への分解は若干あいまいなところがあるが, 原子電荷や結合強度の変化の相対的指標として用いられる.

3.2.4 反応活性化障壁

障壁のある反応経路の探索には，原子構造の特定の自由度に対して制約を加え，それ以外の自由度に対しては通常の構造最適化を行うことが必要になる．原子構造の一部について強制的に位置を変え，その制約の下で構造最適化する簡単な方法や，NEB（Nudged Elastic Ban）法[3,4]のように，いくつかのレプリカ（反応経路に沿った構造）で表された反応経路に対し，垂直な方向にのみ構造最適化する方法などがある．

3.3 研磨加工における酸化物と加工物材料との相互作用の解析 ——EEM 加工を例に[5]

EEM（Elastic Emission Machining）は，微粒子と加工物表面間の化学反応を利用した超精密加工法である[6,7]．超純水の流れによって加工物表面に微粒子が供給され，加工物と微粒子の両表面間で化学結合が生じた後，流れでこの微粒子が再び取り除かれる際に，原子単位の加工が進むと考えられている．図 15 の実験結果から加工速度が微粒子の材料に強く依存していることが分かる．ここでは，理論計算によって，原子除去過程を解析し，加工速度の材料依存性の考察について述べる．

反応プロセスをモデル化したものを図 16 に示す．計算量を減らし効率的な解析を実行するためには，反応始・終構造や反応プロセスを，表面科学・化学反応に関する知識・技能（過去に得られている実験的・理論計算的知見の知識や化学反応の基本的知識に基づいて反応経路を想定する能力）に基づいてモデル化することが欠かせない．表面終端構造は実験研究や第一原理計算により詳しく調べられているものも多いが，液中での表面（固液界面）構造は現在でも不明な点も多く，精力的に研究され

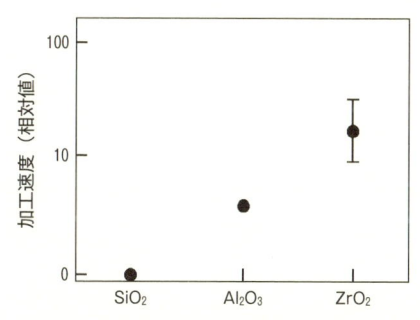

図 15 Si(001) 表面の EEM 加工速度の微粒子材料依存性（実測値）[5]

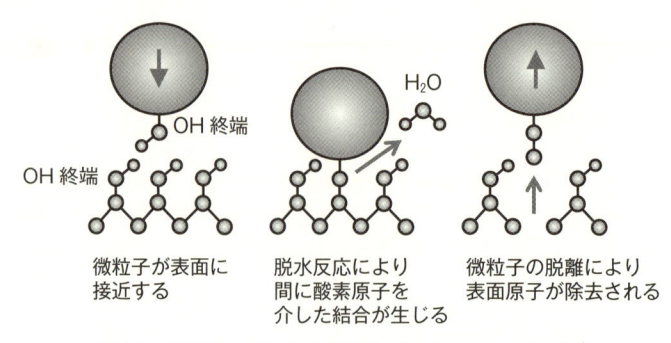

図16 EEM加工における反応プロセスのモデル化[5]

ている．この例では，微粒子が酸化物であるため表面のOH終端を反応サイトとして仮定することになる．微粒子が表面に接近すると，図に示すようにH_2O分子を放出し，微粒子と加工物の表面原子間に酸素原子を介した化学結合が生じることが，脱水を伴う化学反応の知識から予測される．ここでは微粒子と表面が結合した状態から原子がひとつだけ除去されるような過程が，起こりうるかどうかを調べる解析の例について示す．

図17は，微粒子とSi(001)表面間のいろいろな断面の結合エネルギーを評価した結果である．化学結合した微粒子と加工物表面が分離する際，結合エネルギーの最も小さい結合が切れると考えられることから，SiO_2およびZrO_2のいずれの場合も，結合エネルギーが最も小さい表面Siのバックボンドが切れ，加工物表面の原子が除去されることが確認できる．また，このエネルギーはZrO_2の方が小さくZrO_2を用いた方が加工され易いことを示している．これは実験結果（図15）と合致する．さらに，拘束付き分子動力学計算を実行し，表面原子除去過程を観察した

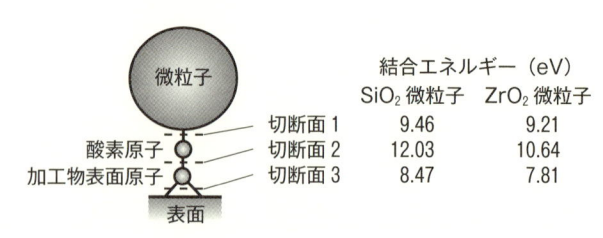

	結合エネルギー（eV）	
	SiO_2微粒子	ZrO_2微粒子
切断面1	9.46	9.21
切断面2	12.03	10.64
切断面3	8.47	7.81

図17 結合エネルギーの評価[5]

いずれの微粒子の場合も切断面3の結合エネルギーが最も低く，表面原子除去が起こることが分かる．また，ZrO_2のほうがSiO_2よりもエネルギーが低く，原子除去が起こりやすいことが分かる．

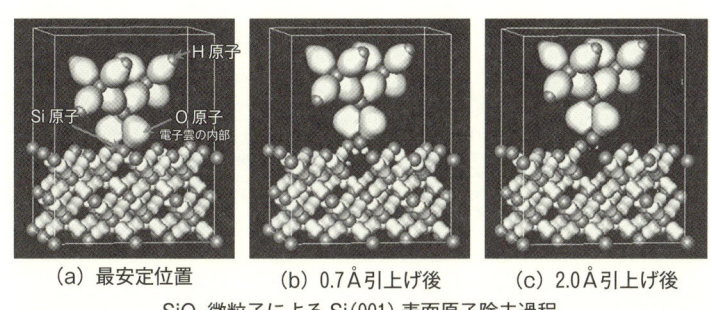

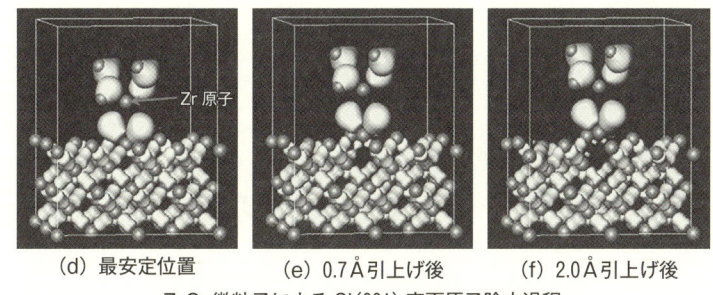

(a) 最安定位置　　(b) 0.7Å引上げ後　　(c) 2.0Å引上げ後
SiO$_2$ 微粒子による Si(001) 表面原子除去過程

(d) 最安定位置　　(e) 0.7Å引上げ後　　(f) 2.0Å引上げ後
ZrO$_2$ 微粒子による Si(001) 表面原子除去過程

図18 微粒子クラスターの引き上げによる加工物表面原子の除去過程シミュレーションの結果[5]
(a),(d) に示すように Si 表面に吸着した微粒子クラスターを強制的に (b),(c) および (e),(f) のように引き上げていき，界面での原子の動きを第一原理分子動力学法で計算した．微粒子と結合した Si 表面原子のバックボンド強度に関係する電子密度が徐々に小さくなり，この原子が微粒子クラスターに結合したまま引き上げられる様子が見て取れる．

結果を図18に示す．この例では表面と結合した微粒子の原子のうち表面との結合に関与している数個の原子を除いた全原子を強制的に表面から少しずつ引き離すとともに，界面での原子構造を緩和する手続きを繰り返すことによって，微粒子が表面から分離する際に界面で生じる現象を解析している．これにより表面の Si 原子が微粒子に結合したまま引き上げられ，原子を単位とする除去が進行することが明らかとなった．図19は微粒子引き上げに要するエネルギー上昇とその微分で求まる引き上げに要する力を示したものである．通常の化学反応ではエネルギー上昇は熱的になされるため，障壁高さとプロセスの温度から反応確率を求めることになる．室温静止環境での反応としては (a) からわかる 2.5 eV 以上の障壁は非常に高く，反応はまったく起こらないといえる．しかし，本対象の場合，微粒子には水の流れ（多数の水分子の流れの運動エネルギー）によるマクロな力が加わるため，反応は

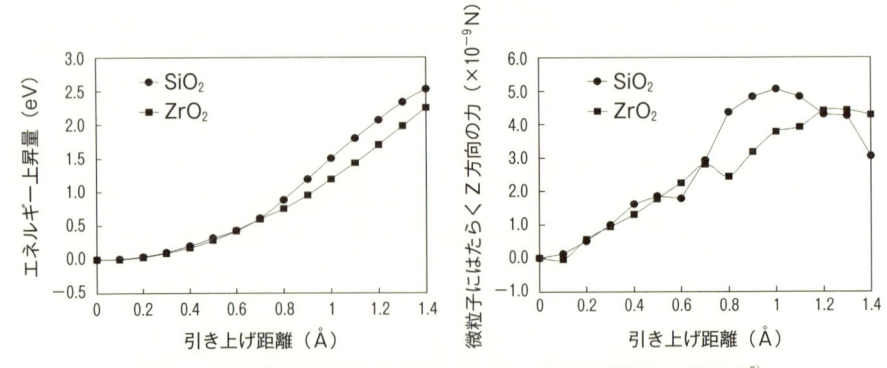

図19 反応プロセスにおけるエネルギーの上昇と微粒子に働く力[5]
5 nN 程度の上向きの力が微粒子に働くことにより結合が切れることが分かる.

起こりうる．図19(b)から微粒子上向きに働く力が 5 nN を越えた時点で切断に到ることが分かる．図20はバックボンドのボンドポピュレーションである．微粒子が引き上げられることによって，結合を形成する電子のエネルギーが上昇し，最終的に結合電子が消失して結合が切断されることが分かる．以上のように，実験研究者により微粒子と表面の結合界面にある電気陰性度の大きいO原子により加工物表面原子のバックボンドの結合に関与する価電子が奪われ，これによって表面原子と下層の原子との結合が弱体化し，微粒子脱離に伴って除去され加工が進むものと想像されてきたが，それが第一原理計算で裏付けられた．

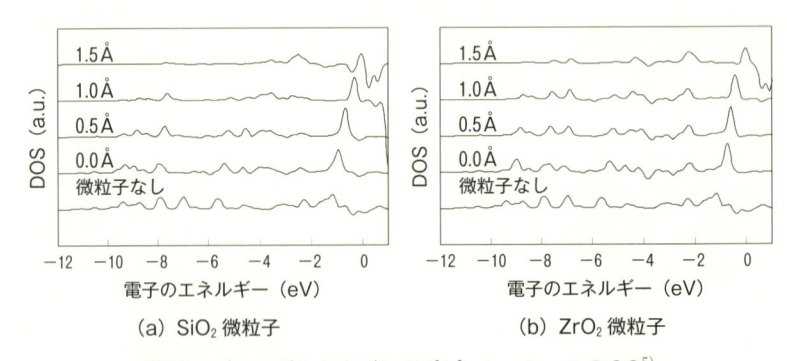

(a) SiO_2 微粒子

(b) ZrO_2 微粒子

図20 バックボンドのボンドポピュレーションDOS[5]
エネルギー 0 eV はフェルミ準位を表す．図中の数字は微粒子引き上げの距離．微粒子が結合するとフェルミレベル近傍（−1 eV 付近）に準位が現われ微粒子の引き上げとともにそのエネルギーが上昇し，遂にはフェルミレベルを超えて，その軌道から電子が消失し，結合が切断される様子がみてとれる．

3.4 最新の成果

最近の成果[8]として，CARE 加工法における GaN の H_2O によるエッチング加工プロセスの解析例について述べる．図 21 は，CARE における主反応と考えられる GaN 表面への水分子の解離吸着過程を解析した結果である．2 つの H_2O 分子が表面ステップエッジに次々解離吸着することにより Ga 原子が表面から脱離していく様子を見て取ることができる．図 22 のように，終状態は始状態より 0.17 eV エネルギーが低いが，反応経路中には 1.54 eV の障壁がある．室温雰囲気下でこの反応が起こらないことは GaN が水に溶けないことに対応している．CARE では触媒の作用により障壁が低下して反応が進行するものと考えられ，研究が進められている．この解析において用いられた手法のうち重要な 3 つについて述べる．

(1) GaN 構造は六方晶系のウルツ鉱型であるが，ここではモデルが小さく計算

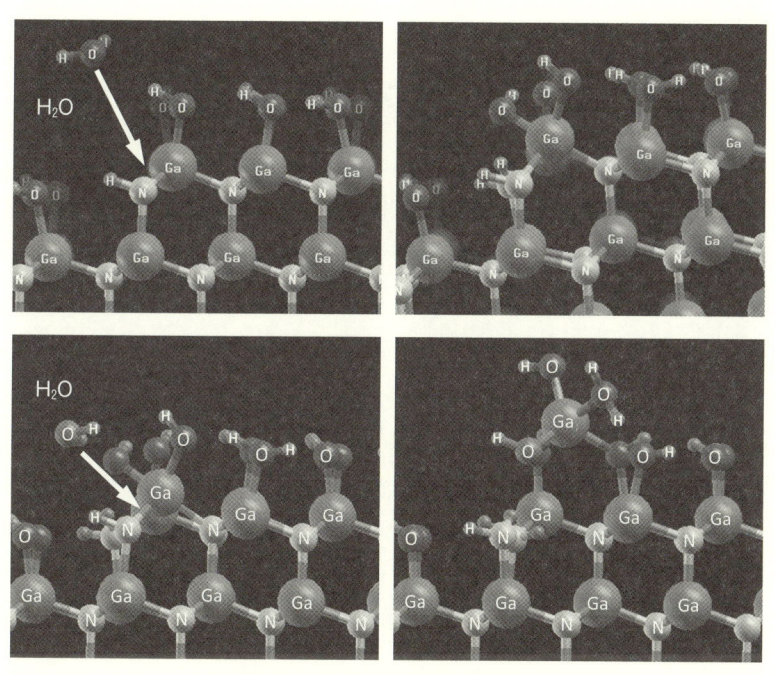

図 21　GaN 表面への水和反応

CARE 加工法中での主反応と考えられる．上：一つめの水分子の解離吸着反応．下：二つめの水分子の解離吸着反応．二つの水分子が解離吸着することによって Ga 原子が表面から離れ，エッチングの初期過程が観察された．

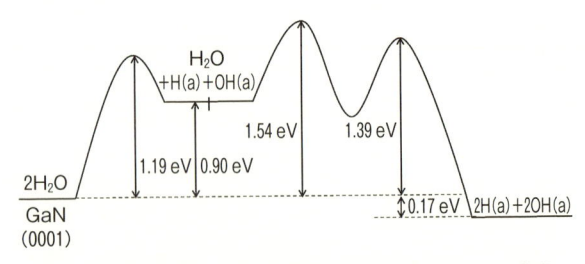

図22 GaN 表面への水和反応におけるエネルギー変化
二つめの水分子が解離吸着するプロセスに存在する障壁 1.54 eV を経て最終状態に移る．
触媒の存在によりこの障壁が下げられ，室温で反応が進行するようになると考えられる．

コストの小さい立方晶系の閃亜鉛鉱型を採用した．これらの構造では第二近接原子まで同じ位置であり，表面の局所構造には違いがない．(2) GaN が III - V 族半導体であることにより，表面終端の電子数バランスが複雑になる．このため，表面の OH 終端のうち四つに一つが H_2O となる．(3) エネルギー障壁を有する過程を解析するため，初期構造と終構造の両方を構造最適化し，それらの間をつなぐいくつかの原子構造を作成，NEB 法で最適化することにより反応経路を求めた．

液体の水の場合，H_2O や H_3O^+ の H 原子が隣接した H_2O 分子に受け渡される現象が生じる．プロトンリレーはこれが繰り返し起こる現象で，これにより表面での解離吸着の反応障壁が下がることも示されつつある．液体や固液界面などの解析は構造が複雑で統計的な処理を必要とするなど，計算コストが大きく，計算機と計算手法の発展によってようやく手がつけられるようになってきた分野で，今後の発展が期待される．

3.5 むすび

計算機の発展により第一原理計算手法が実用的になり，これにより実験と計算の協調により問題を解析することができるようになってきた．今後も計算機の発展が見込まれるため，よりシミュレーションの重要性が増すものと確信する．ただし，課題もある．現状ではモデルサイズの三乗に比例する計算時間が必要であるため，計算機の計算速度が 10 倍になっても扱えるモデルサイズは 2 倍程度にしか大きくできない．したがって，モデルサイズに比例する計算量ですむ計算手法（オーダーN 法）などの開発・適用が不可欠であろう．

参考文献

1章1節

1) http://www.top500.org
2) http://www.bousai.ne.jp/vis/torikumi/index0301.html
3) 金森順次郎 他『固体―構造と物性』岩波書店，2001.
4) 笠井秀明 他編『計算機マテリアルデザイン入門』大阪大学出版会，2005.
5) R. M. マーチン 著，寺倉清之 他訳『物質の電子状態 上・下』シュプリンガー・ジャパン，2010.
6) 赤井久純，白井光雲 編著『密度汎関数法の発展 マテリアルデザインへの応用』丸善，2012.
7) 森川良忠，表面の計算科学，表面科学会 編『表面科学の基礎』共立出版，p. 175, 2013.
8) ザボ A.，オストランド N. S. 著，大野公男 他訳『新しい量子化学―電子構造の理論入門 上』東京大学出版会，1987.

1章2節

1) Parr R. G. and Yang W., *Density-Functional Theory of Atoms and Molecules*, Oxford Univ. Press, 1989.
2) http://phoenix.mp.es.osaka-u.ac.jp/CMD/

2章1節

1) Hohenberg P. and Kohn W., "Inhomogeneous Electron Gas," *Phys. Rev.* **136**, B864 (1964).
2) Kubo R., "Statistical-Mechanical Theory of Irreversible Processes. I. General Theory and Simple Applications to Magnetic and Conduction Problems," *J. Phys. Soc. Jpn.* **12**, 570 (1957).
3) Landauer R., "Spatial Variation of Currents and Fields Due to Localized Scatterers in Metallic Conduction," *IBM J. Res. Dev.* **1**, 223 (1957).
   Büttiker M. *et al.*, "Generalized Many-Channel Conductance Formula with Application to Small Rings," *Phys. Rev. B* **31**, 6207 (1985).
4) 川畑有郷，電気伝導の理論―ランダウアーの公式―，日本物理学会誌 **55**, 56 (2000).
   川畑有郷『メゾスコピック系の物理学』培風館，1997.
   家泰弘『量子輸送現象』岩波書店，2002.
5) たとえば Fujimoto Y. and Hirose K., "First-Principles Treatments of Electron Transport Properties for Nanoscale Junctions," *Phys. Rev. B* **67**, 195315 (2003).
6) Keldysh L. V., "Diagram Technique for Nonequilibrium Processes," *Sov. Phys. JETP* **20**, 1018 (1965). *Zh. Eksp. Teor. Fiz.* **47**, 1515 (1964).

7) Chelikowsky JR. et al., "Finite-Difference-Pseudopotential Method: Electronic Structure Calculations without a Basis," *Phys. Rev. Lett.* **72**, 1240 (1994).
Ono T. and Hirose K., "Timesaving Double-Grid Method for Real-Space Electronic-Structure Calculations," *Phys. Rev. Lett.* **82**, 5016 (1999).
Ono T. et al., "Real-Space Electronic-Structure Calculations with a Time-Saving Double-Grid Technique," *Phys. Rev.* B **72**, 085115 (2005).
Ono T. et al., "Real-Space Electronic Structure Calculations with Full-Potential All-Electron Precision for Transition Metals," *Phys. Rev.* B **82**, 205115 (2010).
8) 広瀬喜久治, 小野倫也, RSPACE-04―ナノ構造体の伝記伝導特性―, (笠井秀明 他 編) 『計算機マテリアルデザイン入門』大阪大学出版会, p. 176, 2005.
9) Fisher D. S. and Lee P. A., "Relation between Conductivity and Transmission Matrix," *Phys. Rev.* B **23**, R6851 (1981).
10) Ono T. et al., "First-Principles Transport Calculation Method Based on Real-Space Finite-Difference Nonequilibrium Green's Function Scheme," *Phys. Rev.* B **86**, 195406 (2012).

2章2節

1) Hohenberg P. and Kohn W., "Inhomogeneous Electron Gas," *Phys. Rev.* **136**, B864 (1964).
2) Hirose K. et al., *First-Principles Calculations in Real-Space Formalism —lectronic Configurations and Transport Properties of Nanostructure—*, Imperial College Press, London, 2005.
3) Ono T., "First-Principles Study of Leakage Current through a Si/SiO_2 Interface," *Phys. Rev.* B **79**, 195326 (2009).
4) Tomatsu K. et al., "Scattering Potentials at Si-Ge and Sn-Ge Impurity Dimers on Ge(001) Studied by Scanning Tunneling Microscopy and Ab Initio Calculations," *Phys. Rev.* B **78**, 081401 (2008).
5) Ono T., "First-Principles Calculation of Scattering Potentials of Si-Ge and Sn-Ge Dimers on Ge(001) Surfaces," *Phys. Rev.* B **87**, 085311 (2013).

3章1節

1) Mo Y.-W. et al., "Kinetic Pathway in Stranski-Krastanov Growth of Ge on Si(001)," *Phys. Rev. Lett.* **65**, 1020 (1990).
2) Hashimoto T. et al., "Rebonded SB Step Model of Ge/Si(105) 2×1: A First-Principles Theoretical Study," *Surf. Sci. Lett.* **513**, L445 (2002).
3) Fujikawa Y. et al., "Origin of the Stability of Ge(105) on Si: A New Structure Model and Surface Strain Relaxation," *Phys. Rev. Lett.* **88**, 176101 (2002).
4) Hashimoto T. et al., "Stability and Electronic Structure of Ge(105) 1×2: A First-Principles

Theoretical Study," *Surf. Sci.* **576**, 61 (2005).
5) 森川良忠, 不均一触媒反応過程の第一原理シミュレーション, (赤井久純, 白井光雲 編)『密度汎関数法の発展』丸善, p. 311, 2012.
6) 森川良忠, 表面の計算科学, (日本表面科学会 編)『表面科学の基礎』共立出版, p. 175, 2013.
7) Kawahara M. *et al.*, "A First-Principles Investigation on the Mechanism of Nitrogen Dissolution in the Na Flux Method," *J. Appl. Phys.* **101**, 066106 (2007).
8) Kawahara M. *et al.*, "A First-Principles Study on Nitrogen Solubility in Na Flux toward Theoretical Search for a Novel Flux for Bulk GaN Growth," *J. Cryst. Growth* **303**, 34 (2007).

3章2節

1) Parr R. G. and Yang W., *Density-Functional Theory of Atoms and Molecules*, Springer, New York, 1989.
2) たとえば Dion M. *et al.*, "Van der Waals Density Functional for General Geometries," *Phys. Rev. Lett.* **92**, 246401 (2004).
3) たとえば Grossman J. *et al.*, "Structure and Stability of Molecular Carbon: Importance of Electron Correlation," *Phys. Rev. Lett.* **75**, 3870 (1995).
4) Szabo A. and Ostlund N. S., *Modern Quantum Chemistry*, Dover, New York, 1982.
5) 中島隆人『量子化学—分子軌道法の理解のために—』裳華房, 2009.
6) たとえば Knowles P. J. and Cooper B., "A Linked Electron Pair Functional," *J. Chem. Phys.* **133**, 224106 (2010).
7) 川添良幸, 池庄司『ナノシュミレーション技術ハンドブック』共立出版, 2006.
8) Fukutome H., "Theory of Resonating Quantum Fluctuations in a Fermion System: Resonating Hartree-Fock Approximation: Condensed Matter and Statistical Physics," *Prog. Theor. Phys.* **80**, 417 (1988).
9) Ikawa A. *et al.*, "Orbital Optimization in the Resonating Hartree-Fock Approximation and Its Application to the One Dimensional Hubbard Mode," *J. Phys. Soc. Jpn.* **62**, 1653 (1993).
10) Igawa A. *et al.*, "A method of Calculation of the Matrix Elements between the Spin-Projected Nonorthogonal Slater Determinants," *Int. J. Quantum Chem.* **54**, 235 (1995).
11) Tomita N. *et al.*, "Ab Initio Molecular Orbital Calculations by the Resonating Hartree-Fock Approach: Superposition of Non-Orthogonal Slater Determinants," *Chem. Phys. Lett.* **263**, 687 (1996).
12) Ten-no S., "Superposition of Nonorthogonal Slater Determinants towards Electron Correlation Problems," *Theor. Chem. Acc.* **98**, 182 (1997).
13) Okunishi T. *et al.*, "Resonating Hartree-Fock Approach for Electrons Confined in Two Dimentional Square Quantum Dots," *Jpn. J. Appl. Phys.* **48**, 125002 (2009).

14) Goto H. *et al.*, "Direct Minimization of Energy Functional for Few-Body Electron Systems," *J. Comput. Theor. Nanosci.* **6**, 2576 (2009).
15) Goto H. and Hirose K., "Total-Energy Minimization of Few-Body Electron Systems in the Real-Space Finite-Difference Scheme," *J. Phys. Condens. Matter.* **21**, 064231 (2009).
16) Goto H. and Hirose K., "Electron-Electron Correlations in Square-Well Quantum Dots: Direct Energy Minimization Approach," *J. Nanosci. Nanotechnol.* **11**, 2997 (2011).
17) Sasaki A. *et al.*, "Real-Space Finite-Difference Approach for Multi-Body Systems: Path-Integral Renormalization Group Method and Direct Energy Minimization Method," *J. Phys. Condens. Matter.* **23**, 434001 (2011).
18) Sasaki A. *et al.*, "Electron-Electron Correlation Energy Calculations by Superposition of Nonorthogonal Slater Determinants," *Curr. Appl. Phys.* **12**, Suppl. 3, S96 (2012).
19) Goto H. *et al.*, "Essentially Exact Ground-State Calculations by Superpositions of Nonorthogonal Slater Determinants," *Nanoscale Res. Lett.* **8**, 200 (2013).
20) Mauri F. *et al.*, "Orbital Formulation for Electronic-Structure Calculations with Linear System-Size Scaling," *Phys. Rev.* B **47**, 9973 (1993).
21) Mauri F. and Galli G., "Electronic-Structure Calculations and Molecular-Dynamics Simulations with Linear System-Size Scaling," *Phys. Rev.* B **50**, 4316 (1994).
22) Hirose K. and Ono T., "Direct Minimization to Generate Electronic States with Proper Occupation Numbers," *Phys. Rev.* B **64**, 085105 (2001).
23) Sasaki T. *et al.*, "Order-N First-Principles Calculation Method for Self-Consistent Ground-State Electronic Structures of Semi-Infinite Systems," *Phys. Rev.* E **74**, 056704 (2006).
24) Imada M. and Kashima T., "Path-Integral Renormalization Group Method for Numerical Study of Strongly Correlated Electron Systems," *J. Phys. Soc. Jpn.* **69**, 2723 (2000).
25) Kashima T. and Imada M., "Path-Integral Renormalization Group Method for Numerical Study on Ground States of Strongly Correlated Electronic Systems," *J. Phys. Soc. Jpn.* **70**, 2287 (2001).
26) Noda Y. and Imada M., "Quantum Phase Transitions to Charge-Ordered and Wigner-Crystal States under the Interplay of Lattice Commensurability and Long-Range Coulomb Interactions," *Phys. Rev. Lett.* **89**, 176803 (2002).
27) 渡辺真仁 他, 経路積分繰り込み群法, 固体物理 **39** [**9**], 1 (2004).
28) Kojo M. and Hirose K., "Path-Integral Renormalization Group Treatments for Many-Electron Systems with Long-Range Repulsive Interactions," *Surf. Interface Anal.* **40**, 1071 (2008).
29) Kojo M. and Hirose K., "First-Principles Path-Integral Renormalization-Group Method for Coulombic Many-Body Systems," *Phys. Rev.* A **80**, 042515 (2009).
30) Chelikowsky JR. *et al.*, "Higher-Order Finite-Difference Pseudopotential Method: An

Application to Diatomic Molecules," *Phys. Rev. B* **50**, 11355 (1994).
31) Hirose K. *et al.*, *First-Principles Calculations in Real-Space Formalism —Electronic Configurations and Transport Properties of Nanostructure—*, Imperial College Press, London, 2005.
32) Kobayashi M. and Nakai H, *Linear-Scaling Techniques in Computational Chemistry and Physics: Methods and Applications*, Springer, New York, p. 97, 2011.

3章3節

1) 稲垣耕司, 精密工学における第一原理計算―超精密加工プロセスへの応用を中心に―, 精密工学会誌 **79**, 836 (2013).
2) 稲垣耕司, 精密工学における第一原理計算―活用と今後の発展―, 精密工学会誌 **79**, 917 (2013).
3) Jónsson H. *et al.*, *Nudged Elastic Band Method for Finding Minimum Energy Paths of Transitions, Classical and Quantum Dynamics in Condensed Phase Simulations*, World Scientific, Singapore, p. 385, 1998.
4) Henkelman G. *et al.*, "A Climbing Image Nudged Elastic Band Method for Finding Saddle Points and Minimum Energy Paths," *J. Chem. Phys.* **113**, 9901 (2000).
5) 山内和人 他, Elastic Emission Machiningにおける表面原子除去過程の解析とその機構の電子論的な解釈, 精密工学会誌 **68**, 456 (2002).
6) 森勇藏 他, 極限精密加工技術, 精密工学会誌 **57**, 36 (1991).
7) 山内和人 他, SPV (Surface Photo-voltage) スペクトロスコピーによる超精密加工表面評価法の開発, 精密工学会誌 **66**, 630 (1999).
8) Oue M. *et al.*, "First-Principles Theoretical Study of Hydrolysis of Stepped and Kinked Ga-Terminated GaN Surfaces," *Nanoscale Res. Lett.* **8**, 232 (2013).

第2部

薄膜・ナノマテリアル創成プロセス

第 1 章

表面構造と物性制御

1. 表面の原子構造と電子状態（基礎・原理）

1.1 はじめに

　次世代の半導体電子デバイスやナノテクノロジーによるナノマテリアル，ナノスケール新機能デバイスの製造を実現するためには，原子レベルで平坦，なおかつ欠陥や汚染物（有機物，金属）がなく，材料本来の性質を発現する完全表面を作製することが不可欠である．したがって，このような次世代の電子デバイスやナノマテリアルの基板表面の原子構造と電子状態を知ることが強く望まれている[1]．

　表面の原子構造の計測手段としては，逆格子空間で原子配列の周期構造を計測する反射高速電子回折法（Reflection High Energy Electron Diffraction：RHEED）や低速電子回折法（Low Energy Electron Diffraction：LEED）がある．また，従来格子像しか観察できなかった透過電子顕微鏡（Transmission Electron Microscope：TEM）は，50 pm分解能の収差補正透過電子顕微鏡（Spherical Aberration Corrected Transmission Electron Microscope）の開発によって，実空間で原子像を観察するまでに至っている[2]．とはいえ，基板表面の原子構造の解明には，実空間で原子像を観察することができる走査型トンネル顕微鏡（Scanning Tunneling Microscopy：STM）[3]が最も適している．また，表面電子状態の計測は，一般にはX線光電子分光法（X-ray Photoelectron Spectroscopy：XPS）が用いられる．一方，表面の原子構造と同時に計測するには，走査型トンネル分光法（Scanning Tunneling Spectroscopy：STS）が有力になるが，充分に確立された計測技術ではない．そこで，STMによる原子像のバイアス電圧依存性を観察するとともに，第一原理分子動力学に基づくSTM像シミュレーションから，表面の電子状態を解明する方法が有効である[3]．

　さて，Si単結晶ウエハは現在の半導体デバイス基板として主流であり，将来のナノマテリアル・デバイスにとっても平坦であるがゆえに有望な基板である．ここ

ではまず STM の原理について述べ，STM 像の第一原理シミュレーションについて説明する[4]．また，湿式洗浄後の水素終端化 Si(001) ウエハ表面の原子構造を観察するとともに[5~7]，湿式洗浄後の水素終端化 Si(110) ウエハ表面の原子構造を STM 観察する．さらに，湿式洗浄した水素終端化 Si(001) 表面の昇温過程における原子構造と電子状態を STM 観察と第一原理シミュレーションから明らかにする．

1.2 STM の原理と STM 像の第一原理シミュレーション

STM は，導電性の試料と金属探針との間にバイアス電圧を加えながら，両者の距離を 1 nm 程度まで接近させると試料と探針から染み出した電子の波動関数の重なりにより 1nA 程度のトンネル電流 I_t が流れる．トンネル電流の大きさは，次式のように試料と探針間の距離に指数関数的に強く依存し，0.1 nm の距離の減少によってトンネル電流は，約 1 桁増加する．

$$I_t \propto e^{-2kd} \tag{1.1}$$

$$k = \frac{\sqrt{2m(U-E)}}{h} \tag{1.2}$$

試料表面を走査する X,Y ピエゾ素子と垂直方向に動作する Z ピエゾ素子からなる走査機構に探針を搭載する．そして，X,Y ピエゾ素子を用いて探針を走査し，トンネル電流を一定に保つように，Z ピエゾ素子の電圧をフィードバック制御する．Z ピエゾ素子にかけた電圧は，試料表面の高さの情報を持っているので，これを X,Y 走査と同期して画像化すれば，試料表面の原子像を観察できる．

また，STM では，STM 像は表面の原子構造のみを反映しているとは限らず，電子状態にも依存している．STM 像の解釈には，近似的ではあるが Tersoff と Hamann らの理論が用いられ，トンネル電流は試料表面の電子状態に支配される[8]．すなわち，フェルミレベル E_F 近傍では，トンネル電流 I_t は，

$$I_t(x, y, V) \propto \int_0^{eV} \rho_s(x, y, z, E_F - eV + \varepsilon) d\varepsilon \tag{1.3}$$

として試料表面の局所状態密度 ρ_s に比例する．したがって，STM 像を解析する場合は，局所状態密度すなわち電子構造を明らかにする必要があり，第一原理シミュレーションが不可欠である．

1.3 湿式洗浄 Si(001) 水素終端化表面の原子構造

これまで，Si 表面の STM による原子構造観察は，超高真空中での 1200 ℃程度の加熱をした再構成表面に限られていた．しかし，半導体デバイス作製では，まず Si ウエハ表面を超精密加工により平坦化し，ウエハ表面の汚染物除去のために湿式洗浄プロセスを経た後，デバイスプロセスに移行する．その後，熱酸化やエピタキシャル成長等の多くのプロセスでは，所定の温度にウエハを昇温した後に本来のプロセスを実行する．このとき，湿式洗浄後および昇温時の表面構造が，作製したデバイスの特性に大きな影響を与える．したがって，デバイスプロセス直前の湿式洗浄や昇温過程でのプロセス表面の原子構造をそのままの状態で観察することが重要である．

そこで，まず STM 用いて湿式洗浄後の Si(001) ウエハ実用表面の原子構造を明らかにする．すなわち，Si ウエハ製造プロセスの最終工程であり，表面の汚染と原子構造を決定する最も重要な希 HF (Dilute Hydrofluoric Acid：DHF) 洗浄と，それに続き超純水リンスを施したそれぞれの表面の原子構造を解明する．

図1に，0.5％の希 HF 溶液に1分間浸した直後の Si(001) 表面の STM 観察結果を示す．テラス内は，理想的な 1×1 構造になっており，ステップ高さも単原子ステップと一致する．図1の一部を拡大したのが図2である．中央付近に6つの輝点から成るテラスが存在し，それを取り囲むようにして1原子層下のテラスが広がる．さらに，上下の層において，輝点同士が連なる方向に相違がある．このように，

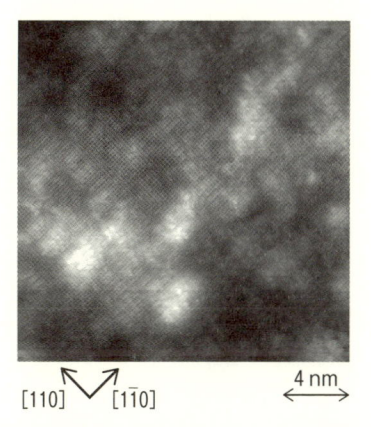

図1 希 HF 洗浄直後の水素終端化 Si(001) 表面の STM 像
走査範囲：9.86×9.86 nm^2, $V_S = -2.0$ V

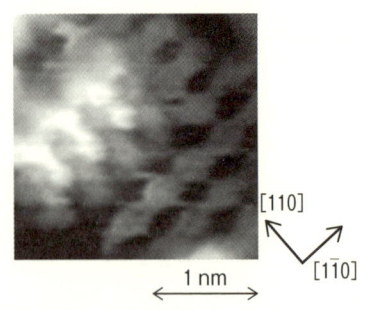

図2 希HF洗浄直後の水素終端化Si(001)表面の拡大STM像
図1の一部拡大，走査範囲：3.0×3.0 nm^2, $V_S = -2.0$ V

希HF洗浄直後のSi(001)水素終端化表面は，ダイハイドライド1×1構造と結論づけられる．

ところで，Si(001)ダイハイドライド1×1構造は，H原子の電気陰性度がSi原子のそれより大きいことから，H原子は負に帯電し，近接するH原子同士のクーロン反発力によって不安定である．そのため，対称ダイハイドライドより，傾斜ダイハイドライドが安定である[9]．第一原理分子動力学シミュレーションを行った結果，交互傾斜の構造が最も安定であり，対称ダイハイドライド構造と比較して表面Siの1原子当たり53 meVのエネルギーが減少つまり安定化する．室温では交互傾斜ダイハイドライドが，熱によって振動していると考え，試料バイアス電圧$V_S = -2.0$ Vで第一原理分子動力学によるSTM像をシミュレーションした結果を図3

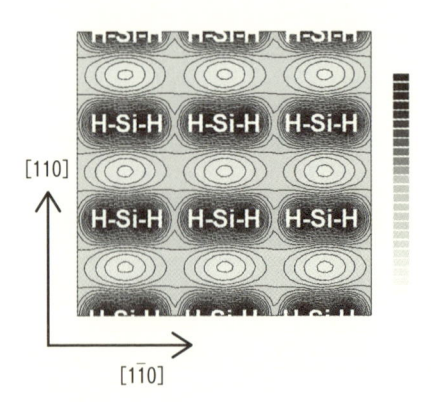

図3 HF洗浄直後のSi(001) 1×1ダイハイドライ構造のSTM像シミュレーション結果

に示す．このシミュレーション結果は，図2のSTM像の表面原子構造を支持する．

希HF洗浄に続いて超純水リンスを施したSi(001)水素終端化表面の原子構造を明らかにする．超純水リンス後のSi(001)表面のSTM観察結果を図4，5に示す．それぞれ[110]と[1-10]方向に原子列が観察される．また，図4ではピラミッド状のエッチピットが現れている．また，図5に示すように，原子列の周期は，Si(001)2×1の周期と一致する．ただし，Si(001)2×1のダイマー列とは異なった様子の原子列のSTM像である．

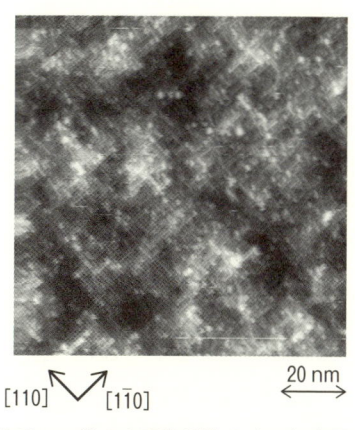

図4 超純水リンス後の水素終端化Si(001)表面のSTM像
走査範囲：$100 \times 100 \, nm^2$, $V_S = -2.0 \, V$

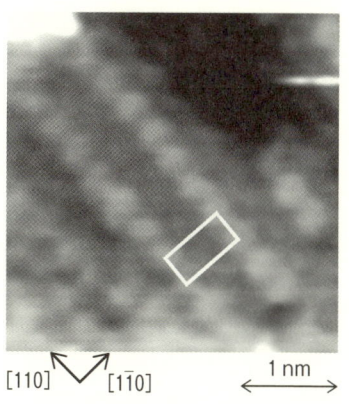

図5 超純水リンス後の水素終端化Si(001) 表面の拡大STM像
走査範囲：$9.86 \times 9.86 \, nm^2$, $V^S = -2.0 \, V$

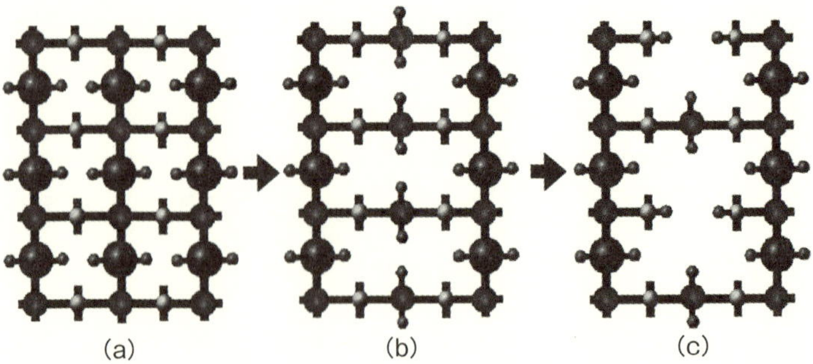

図 6　超純水による Si(001) 1×1 ダイハイドライド表面のエッチング機構

(a) 理想的な Si(001) 1×1 ダイハイドライド表面，(b) ダイハイドライド列が優先的にエッチングされた結果生じた 2×1 構造，(c) (b) からさらにエッチングが進行した場合の原子構造

超純水リンス直後の Si(001) 水素終端化表面は，2×1 構造にもかかわらず，ダイハイドライドが支配的である．これらを矛盾なく説明するために，図 3 に示すようなダイハイドライド 1×1 構造から，ほぼ 1 列おきに原子列が抜けて 2×1 (n×1) 構造となるダイハイドライド missing row モデル（図 6(b)）を提案する．先に述べたように，ダイハイドライド 1×1 構造は，H 原子同士の近接により不安定である．そのため，超純水リンスすることで，純水中の OH イオンによって不安定な 1×1 構造から，ほぼ 1 列おきにダイハイドライドの原子列がエッチングされると推察できる．さらに，第 2 原子層が同様な理由でエッチングされれば，Si(001) が OH イオンによって異方性エッチングされた結果生じる，ピラミッド状の最小単位のエッチピットが，図 6(c) に示すように発生する．これが進めば，図 4 で観察されたようなエッチピットになると予測できる．

1.4　湿式洗浄 Si(110) 表面の原子構造

Si(110) 表面の水素終端化が技術的に重要になってきた．これは，Si(110) のホールの移動度が Si(001) よりも 2.4 倍高いためである．また，CMOS デバイスはゲート絶縁膜と Si 基板との界面のマイクロラフネスにより性能が下がる．したがって，ゲート絶縁膜と Si(110) 基板との界面を原子レベルで平坦にしなければならない．そこで，デバイスプロセス直前の湿式洗浄後の Si(110) 水素終端化面原子構造について述べる[10,11]．

Si(110) ウエハは，ラジカル酸化法による犠牲酸化の後，H_2SO_4(97 wt %)：H_2O_2

（30 wt％）＝4：1（体積比）の溶液に10分間浸漬させ超純水で10分間リンスした．そして，犠牲酸化膜を取り除きH原子で終端させるために，HF(50 wt％)：H_2O_2(30 wt％)：H_2O＝1：1：98（体積比）の混合溶液に3分間浸漬させた．これを，FPM（hydrofluoric acid–hydrogen peroxide mixture）洗浄という．Si(110)表面では，DHF洗浄よりもFPM洗浄のほうが早く完全な水素終端化が行われることが接触角の測定により分かった．

　図7に，FPM洗浄後のSi(110)水素終端化表面のSTM像を示す．FPM洗浄後の表面が理想的な1×1モノハイドライドテラスで覆われていないことが分かる．また，FPM洗浄後のSi(110)表面を10分間超純水リンスすると，表面原子構造は著しく変化する．図8はFPM洗浄の後，10分間の超純水リンスを行ったSi(110)ウエハのSTM像である．図1に見られたナノメートルスケールのテラスが消え，

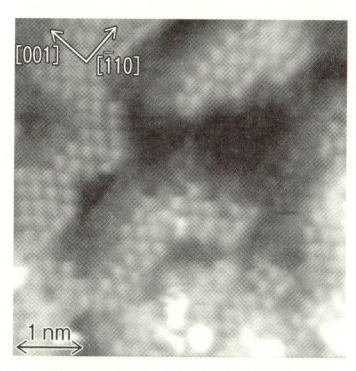

図7　FPM洗浄後のSi(110)水素終端化表面のSTM像

図8　適度な超純水リンス後のSi(110)水素終端化表面のSTM像

広いテラスが [1-10] 方向に拡がっている．結果として，マイクロラフネスは改善している．大部分のステップ端は [1-10] 方向である．図2の表面をさらに詳細にみたものが図9である．図3の矢印Aで示すように，[1-10] 方向に沿った1対の原子スケールの輝点がテラス内部でジグザグを形成している．また，矢印Bに示すようにステップエッジには一列の原子列が観察される．さらに，矢印Cのような独立したジグザグの鎖がテラス上に観察される．

H終端化構造の考察から，Si(110) の表面原子構造のモデルを作り，第一原理シミュレーションをした．図9のA, B, Cに対応する原子配置は，それぞれ図10(a), (b) に示す．図10(c), (d) は，それぞれ図5(a), (b) の原子配置をSTM像シミュレーションしたものである[12]．図10(c), (d) は試料バイアスが-2.0 Vのときの状態密度がSi原子ではなくH原子の周囲に位置している．これは，H(2.1), Si(1.8) 原子間の電気陰性度の違いによってH原子はSi原子から電子を引きつけるのが原因である．図10(c), (d) に示すシミュレーションによる像は，それぞれ実験によるSTM像である図6.4(a), (b) とよく一致する．これは，図10(a), (b) で提案したSi(110) 表面の原子構造が正しいことを示す．

超純水リンスを長時間おこなった場合について解説する．図11にFPM洗浄後のSi(110) ウエハを60分間超純水リンスしたときのSTM像を示す．図8で観察された [1-10] 方向にそった広いテラスは60分間の超純水リンスの後でも保たれる．さらに，[1-10] 方向にうね状の構造（図11の矢印D）がしばしば観察される．このように，マイクロラフネスの悪化は長時間の超純水リンスによる．

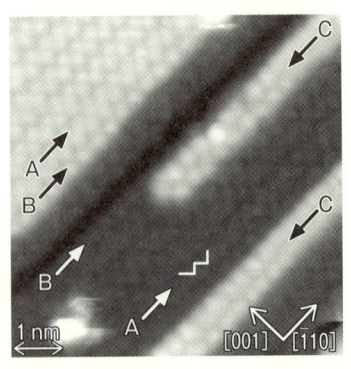

図9 適度な超純水リンス後の Si(110) 水素終端化表面の拡大 STM 像

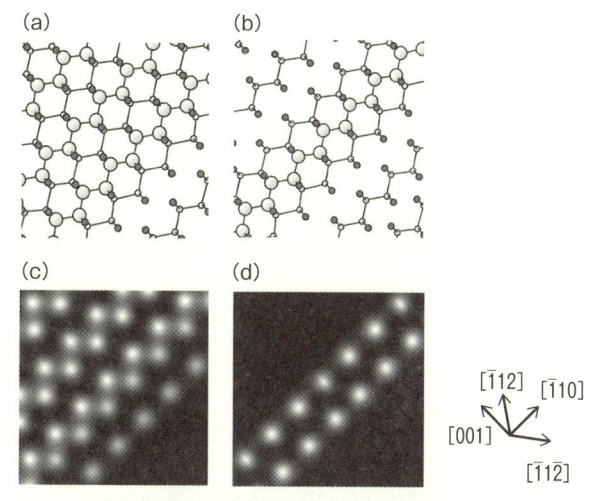

図10 Si(110)水素終端化表面のSTM像のシミュレーション

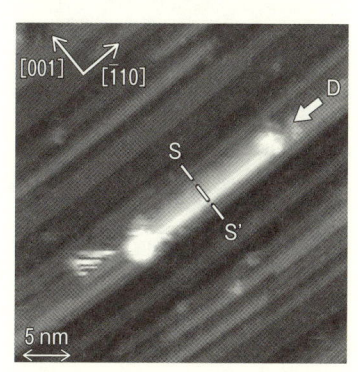

図11 長時間超純水リンス後のSi(110)水素終端化表面のSTM像

1.5 湿式洗浄Si(001)表面の昇温過程の原子構造と電子状態

　湿式洗浄Si(001)水素終端化表面の昇温による原子構造の変化を観察する場合，水素の表面吸着状態を知る必要がある．そこで，湿式洗浄Si(001)表面からの水素の昇温脱離特性を測定した．昇温脱離スペクトルには，360℃と530℃付近に水素脱離のピークが見られる．360℃付近のピークはダイハイドライドからモノハイドライド構造に変化する際の水素脱離であり，530℃付近のピークはモノハイドライド構造からの水素脱離を示している．さらに，300℃で60 min加熱保持すると表

1. 表面の原子構造と電子状態（基礎・原理）　79

面はダイハイドライドからモノハイドライド構造に完全に変化する.

これらの結果から，300℃，60 min の予備加熱で表面をダイハイドライドからモノハイドライド構造に変え，低温で平坦化を促進することが期待できる．その後に650℃のフラッシュ加熱することで表面から水素を完全に脱離させれば，広いテラス・ステップ構造の平坦面が得られる可能性がある．

湿式洗浄後の Si(001) 水素終端化表面を初期構造にして，超高真空で昇温する．湿式洗浄後に超高真空中で 300℃，60 min の予備加熱をした後，超高真空中で 650℃のフラッシュ加熱をした Si(001) 表面を LEED 観察した結果，図 12(a) のように表面は c(4×4) 構造である．この表面の原子構造を STM 観察した結果を図 12(b)，(c) に示すように，原子が規則的に配列していることが分かる．このように，超高真空中での昇温過程の表面構造を観察した結果，650℃以下の昇温過程では，Si

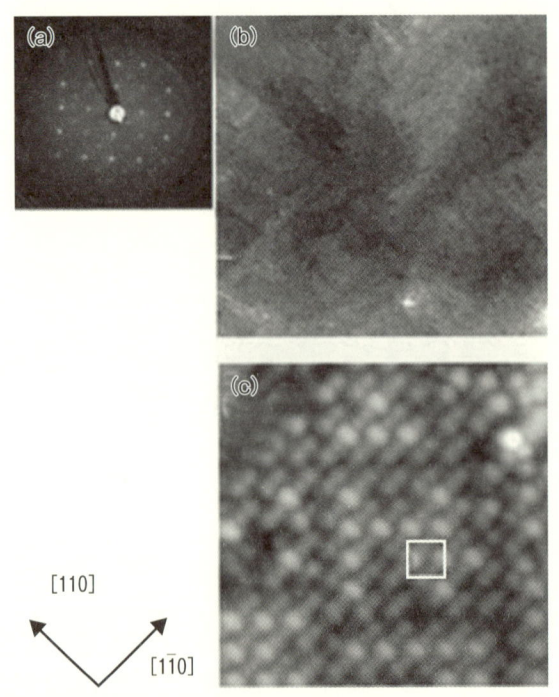

図 12 湿式洗浄 Si(001) 表面の 300℃，60 min 予備加熱および 650℃フラッシュ後の LEED, STM 像
 (a) LEED 像，(b) STM 像，走査範囲：100×100 nm^2, V_S = −2.0 V,
 (c) STM 像，走査範囲：11.4×11.4 nm^2, V_S = −2.0 V

(001)c(4×4) となる.

ところで，Si(001)c(4×4) 表面の幾何学的な原子配置は，完全には解明されていない．そこで，STM 観察像から，Si ダイマーがダイマー列方向に 3 つ置きに 1 つ抜けることで得られる missing-dimer model を考えてみる．1.2 節に述べたように，c(4×4) の STM 像は探針と試料表面との間に印加する電圧に依存して変化する．これは，STM 像が表面の原子配列に加えて，その電子状態を強く反映するためである．そこで，Si(001)c(4×4) 表面における STM 像の試料バイアスによる変化を観察し，それを第一原理シミュレーションにおいて再現することで，予想したモデルの正当性を実証する．

構造緩和後の Si(001)c(4×4) 表面の原子構造から状態密度分布を求め，STM 像シミュレーションし，STM 像とともに図 13 に示す．試料バイアス電圧 −2.0,

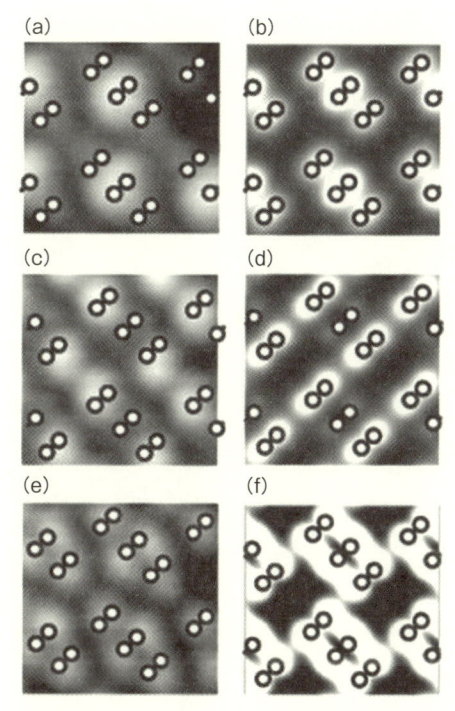

図 13 Si(001)c(4×4) 表面の STM 像のバイアス電圧依存性とそのシミュレーション
STM 像のバイアス電圧：(a) −2.0 V，(c) +1.2 V，(e) +2.0 V，
シミュレーションのエネルギー：(b) −2.0 eV，(d) +1.2 eV，(f) +2.0 eV

+1.2および+2.0Vにおいて得られたSTM像の特徴をそれぞれシミュレーションが再現している.これらの結果から,Si(001)c(4×4)再構成表面の原子構造は,Si(001)2×1再構成表面のSiダイマーがダイマー列方向に3つおきに1つ抜けることで得られる構造(missing-dimer model)であることが分かる[13].

このように,STMによって原子構造・電子状態を観察することができ,第一原理シミュレーションで詳細に原子構造・電子状態を再現することができる.

1.6 むすび

Si半導体電子デバイスは,Siウエハ極表面層の電子の動作を活用している.したがって,電子デバイスの動作速度は,Si表面の原子構造と電子状態に依存する.それゆえ,超精密加工や洗浄,その後の昇温等のプロセスを経たSi表面の原子構造と電子状態をデバイスプロセス直前の超純水リンス後,そのままの状態で観察することは重要である.特に,Siウエハ表面が超純水リンスで原子レベルではエッチングされるという知見は興味深い.今後,半導体電子デバイスの基板がSiからGaN,SiCへと広がっても,工業的に使われるウェットプロセス直後の表面の原子構造と電子状態を観察することは必要不可欠なことである.このように,ここで述べた成果は,次世代の半導体デバイスや未来のナノデバイスの作製に大きな役割を演じる.

2. 半導体表面パッシベーション

2.1 はじめに

半導体表面には，ダングリングボンドや結晶内部と異なった結合などに起因して禁制帯中にエネルギー準位が生じており，これを表面準位という．清浄表面は，表面原子数に近い高密度のダングリングボンドの存在によって化学的にきわめて活性であり，不純物が吸着してすぐに変質する．実際に半導体デバイスを動作させるには，このような表面の活性を抑えて安定化させることが必要であり，保護膜の形成などによって不活性化（パッシベーション）している．表面準位は半導体デバイスの動作に影響を与えるため，高性能なデバイスを実現するには表面準位密度の低減が重要である[1]．

半導体デバイスの一種である太陽電池の場合，光電変換効率の向上には，光生成キャリアの表面での再結合ロスを抑制するための表面パッシベーションが重要である[2]．結晶シリコン太陽電池は，資源の枯渇問題がないため将来にわたって太陽光発電の重要な位置を占めると考えられているが，薄型化によってさらに低コスト化・高効率化が期待されている．薄型太陽電池では表面の影響が顕著になるため，表面パッシベーションがより重要になる（図14）．本節では，表面でのキャリアの再結合の機構を解説するとともに，太陽電池の高効率化を目指した表面パッシベー

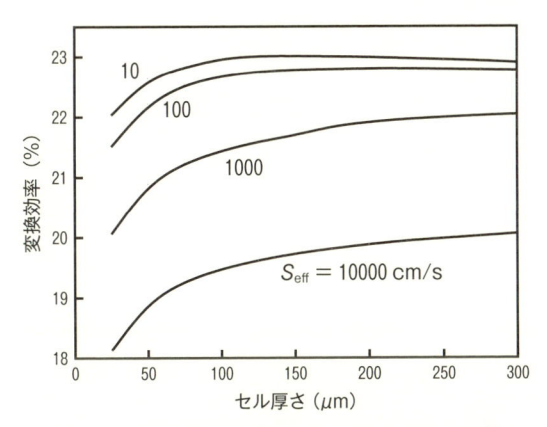

図14 Si太陽電池の変換効率と基板厚さの関係
1次元シミュレータ（PC-1D）による計算結果（pn接合型結晶Si太陽電池，$\tau = 100\,\mu\mathrm{s}$）

ションプロセスの開発について述べる．

2.2 表面再結合の基礎理論[3~5]
2.2.1 表面再結合速度

　表面準位や界面準位は，キャリアの捕獲，放出あるいは再結合センターとして働く．半導体に光が照射されている状態では，表面準位が電子と正孔をつぎつぎと捕獲することにより，非発光性再結合が生じる．このような，表面準位を介したキャリアの再結合を表面再結合という．SiO_2/Si 界面などにおける界面再結合についても，表面再結合という場合がある．表面準位は一つの面内に高密度に存在するため禁制帯中でエネルギー的に広がった分布をもつが，以下に述べる SRH (Schokley–Read–Hall) 理論[3~5]を拡張することによって表面再結合を定式化することができる．SRH 再結合は，半導体バルク結晶中の不純物や欠陥によって禁制帯中に生じた単一準位を介する再結合過程であり，再結合の際に放出されるエネルギーは熱となって散逸する．低注入条件（光励起による過剰少数キャリア密度が暗状態の多数キャリア密度に比べて低い条件）における n 型 Si の場合，SRH 再結合ライフタイム (τ) は次式で与えられる．

$$\frac{1}{\tau} = \sigma_p V_{th} N_t \tag{1.4}$$

ここで，N_t は欠陥や不純物による深い準位の密度である．Si 結晶中の欠陥や不純物は禁制帯中に電子準位を形成するが，そのうち伝導帯下端あるいは価電子帯上端から十分（約 0.1 eV 以上）離れた位置にある準位を深い準位と呼ぶ．σ_p は深い準位の少数キャリア（正孔）に対する捕獲断面積，V_{th} は少数キャリアの熱速度である．(1.4)式から，深い準位密度に反比例して τ が短くなることが分かる．表面再結合がバルクと異なる点は，まず，N_t が体積密度（cm^{-3}）であるのに対し，表面準位密度（N_s）は面密度（cm^{-2}）であることで，(1.4)式に対応して表面再結合速度 S が次式のように与えられる．

$$S = \sigma_p V_{th} N_s \tag{1.5}$$

S は表面でのライフタイムの逆数に相当する量であるが，cm/s の次元をもつため表面再結合速度と呼ばれる．

2.2.2 表面バンドベンディングの影響

　表面再結合がバルクと異なる点の2つ目は，表面準位に捕獲された電荷やパッシベーション膜中の電荷に起因して，表面付近の半導体のバンドに曲がりが生じていることである（表面バンドベンディング）．図 15 は，n 型 Si の表面準位モデルとバンドベンディングの様子を示している．(a) では伝導帯の電子が表面準位に捕獲されることにより表面が負に帯電してバンドが上に曲がっている．(b) ではパッシベーション膜中の高密度の正の固定電荷によって，(a) と反対に下向きにバンドが曲がっている．(a) では，少数キャリアである正孔が表面に引きつけられ表面準位に

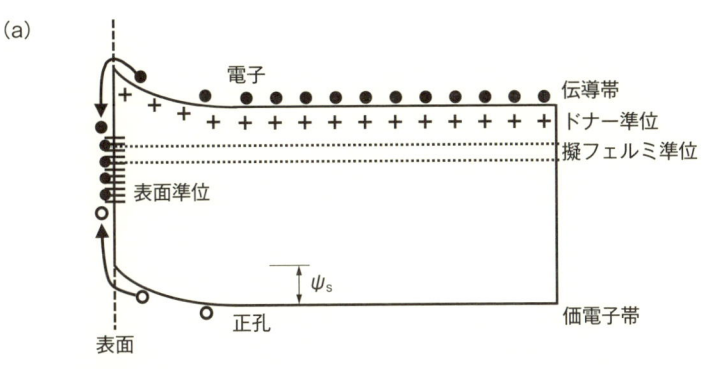

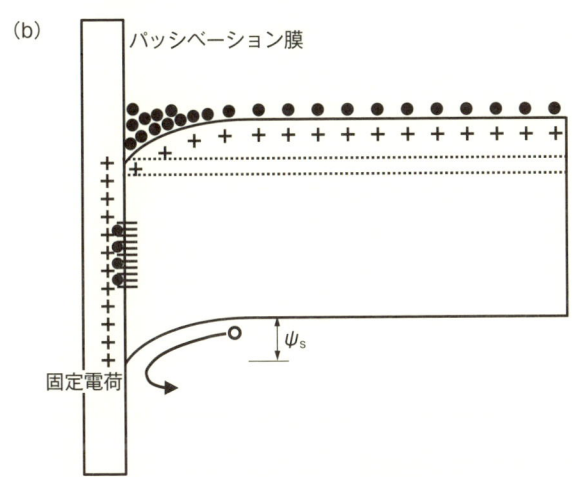

図 15　n 型 Si の表面再結合モデル
(a) 表面準位に電子がトラップされている場合
(b) パッシベーション膜中に高密度の正の固定電荷が存在する場合

捕獲されている電子と再結合するため表面再結合速度が増加し，(b) では正孔が表面から反発されるようにバンドが曲がっているため表面再結合速度は減少する．表面キャリア密度は，表面バンドベンディングの大きさ（ϕ_s）に依存し，それにともなって表面再結合速度は次のように ϕ_s に敏感に依存する．

$$S_{\text{eff}} = S \exp\left(\frac{q\phi_s}{kT}\right) \tag{1.6}$$

ここで，q は素電荷，k はボルツマン定数，T は絶対温度である．S_{eff} はバンドベンディングが生じている場合の表面再結合速度で実効表面再結合速度と呼ばれる．S_{eff} はフラットバンドの場合の S（式(1.5)）と比べ，ϕ_s に応じて指数関数的に変化する．ϕ_s は，この系全体の電荷中性条件から決まる．

$$Q_{\text{Si}} + Q_{\text{it}} + Q_{\text{f}} + Q_{\text{g}} = 0 \tag{1.7}$$

ここで，Q_{Si} は半導体 Si 中の電荷密度で，主として空乏層中のイオン化不純物密度である．Q_{it} は界面準位にトラップされた電荷密度，Q_{f} はパッシベーション膜中の固定電荷密度であり，酸化膜では酸化が十分行われなかった Si 原子が界面付近の酸化膜中に正の電荷をもって残されることに起因して発生する．Q_{it}，Q_{f} はパッシベーション膜の形成プロセスに依存して変化する．Q_{g} は表面電極が存在する場合，バイアス印加により誘起される電荷である．これらの電荷密度は，容量-電圧（CV）測定などによって求めることができる．

2.2.3 界面準位モデルと表面再結合速度[1,6~8]

表面準位は，図16に示すように禁制帯中で広がった分布をもつことが，バルク中の孤立した単一準位との違いの3つ目である．そのため表面準位密度は，単位面積，単位エネルギー当たりの密度 D_{it}（cm^{-2}eV^{-1}）で表される．この場合の実効表面再結合速度 S_{eff} は，エネルギーに依存した界面準位密度に関する再結合の式を，禁制帯内で積分することによって計算できる．

$$S_{\text{eff}} = \frac{(n_s p_s - n_i^2)v_{\text{th}}}{\Delta n} \times \int_{E_v}^{E_c} \frac{D_{\text{it}}(E_t)}{\frac{(n_s + n_1)}{\sigma_p(E_t)} + \frac{(p_s + p_1)}{\sigma_n(E_t)}} dE_t \tag{1.8}$$

$$n_1 = n_i \exp\left[(E_t - E_i)/kT\right], \quad p_1 = n_i \exp\left[(E_i - E_t)/kT\right] \tag{1.9}$$

ここで，Δn は空乏層端での過剰キャリア密度，n_i は真性キャリア密度，E_i は真性

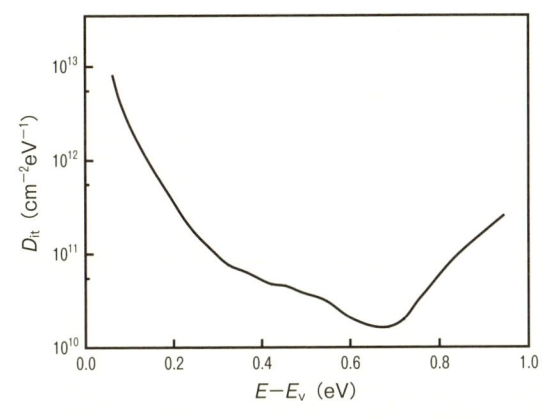

図16 大気圧プラズマ酸化による SiO$_2$/Si 構造の界面準位密度分布

フェルミ準位, σ_p は界面準位の正孔に対する捕獲断面積, σ_n は界面準位の電子に対する捕獲断面積である. E_t は界面準位のエネルギー位置である. これは低注入条件だけでなく一般的に成り立つ関係式である.

D_{it} は禁制帯中でエネルギー的に広がった分布をもつため, D_{it}, σ_p, σ_n はエネルギーに依存する. 禁制帯中央付近の界面準位がダングリングボンド (sp^3 軌道) に起因するとすれば, 1つの界面準位は中性状態で電子1個をもっており, さらに電子1個を受け入れて負に帯電する性質 (アクセプター) と, 電子1個を放出して正に帯電する性質 (ドナー) を併せもつことになる. その場合, D_{it}, σ_p, σ_n について, 同数のアクセプター型およびドナー型準位に分けて考える必要がある. また, 界面準位が価電子帯 (結合軌道) および伝導帯 (反結合軌道) から分かれて生じている場合には, 価電子帯側の準位はドナー型, 伝導帯側の準位はアクセプター型であり, 禁制帯中央付近の電荷中性点で性質が変化するというモデルも考えられる[9]. いずれにしても $D_{it}(E_t)$, $\sigma_p(E_t)$, $\sigma_n(E_t)$ について測定結果あるは理論モデルを与えた上, 半導体ドーピング密度, 励起キャリア密度を指定すれば, 上記の関係にもとづいて半導体デバイスの現象論的基本方程式 (電流の式, 連続の式, ポアソンの式) を解くことによって S_{eff} を算出することができる.

図17は, n型 Si の表面再結合速度に対する正の固定電荷密度の影響を理論的に求めた結果を示している. 界面準位モデルは, 禁制帯中に一様分布した単純な場合を仮定している. 図17から D_{it} が小さいときには S_{eff} が低いこと, D_{it} が大きくても Q_f が大きい場合には, 図15のようにバンドが曲げられ S_{eff} を低減できることが

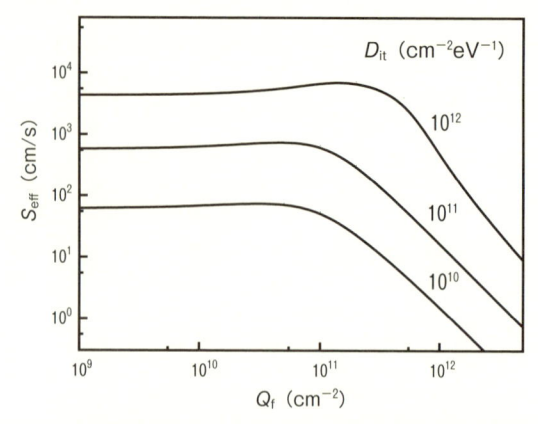

図17 表面再結合速度に対する正の固定電荷密度の影響
n 型 Si, $N_D = 10^{16}$ cm^{-3}, $\Delta n = 5 \times 10^{14}$ cm^{-3}

分かる．表面に SiO_2 膜を形成するなどして D_{it} を下げることにより S_{eff} を低減する方法を化学的パッシベーション，Q_f を大きくするなど表面バンドベンディングを利用して S_{eff} を低減する方法を電界効果パッシベーション[10]と呼んでいる．

2.3 大気圧プラズマ酸化による Si の表面パッシベーション
2.3.1 太陽電池の表面パッシベーション

Si の熱酸化は，$D_{it} \sim 10^{10}$ cm^{-2}eV^{-1} 程度の高品質な SiO_2 膜が形成できるので，高効率結晶 Si 太陽電池の表面は熱酸化膜によってパッシベーションされている．しかし，熱酸化は 900 ℃ 程度の高温プロセスであるため，熱消費コストが大きいことや不純物の再分布，バルクライフタイムの劣化，ウエハの反りなどの問題も付随することから，より低温での高スループットプロセスの開発が期待されている．現在，表面パッシベーション膜の低温形成プロセスには，主に低圧力プラズマ化学気相堆積（CVD）法が用いられている[2,8]．これに対し大気圧プラズマプロセスは，衝突周波数が高いためイオンの運動エネルギーが小さく膜に与えるイオンダメージが小さい，ラジカル密度が高い，真空チャンバーを用いない大気開放プロセスの開発が可能などの利点を有し，高品質膜の低温・高速形成が期待される[11]．そこで Si の大気圧プラズマ酸化を行うとともに，酸化特性および界面準位の評価を行い，表面パッシベーション膜としての可能性を検討した．

2.3.2 大気圧プラズマ酸化法

1気圧の O_2/He または O_2/Ar 混合ガスを用い，150 MHz 超高周波大気圧プラズマにより4インチ Si ウエハの酸化を行った[12,13]。装置は次章2節の大気圧プラズマリアクタと同様であり，図18に電極部の模式図を示す。上部電極は，アルミナコートを施した直径2インチのステンレス製であり，中央の直径3 mm の開口部からプラズマギャップ（0.8 mm）に混合ガスを供給する。酸素濃度は1 %，ガス流量は 10 slm，電力は 1000-1500 W とした。電極内部からガスを吹き出す構造とすることにより，大気開放プロセスにおいて雰囲気の影響を避けることができる。

2.3.3 酸化特性と膜特性

図19は，大気圧 O_2/He プラズマによる Si 酸化曲線を示す。800 ℃ 20分のドライ熱酸化の膜厚が 3 nm であること[14]と比べて，400 ℃ の大気圧プラズマ酸化が高速であることが分かる。熱酸化過程は，酸化膜中の酸素分子の拡散により律速されており，酸化膜厚は時間 t とともに $t^{1/2}$ に比例して増加する。大気圧プラズマの酸化曲線も $t^{1/2}$ で近似可能であるが，拡散種は酸素分子より速いものと考えられる。

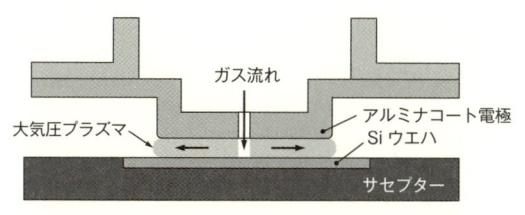

図18 大気圧プラズマ酸化用電極の模式図

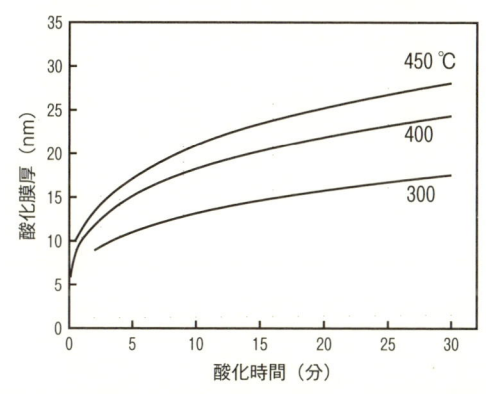

図19 大気圧 O_2/He プラズマによる Si の酸化曲線

低圧力プラズマ酸化では，拡散種は O^{2-} イオンであることが報告されている[15]．拡散種がイオンの場合，酸化速度が膜へのバイアス電圧の印加に依存すると予想される．しかし，大気圧プラズマ酸化速度はバイアス印加（－500～＋500 V）に依存しないことから，拡散種は中性の O ラジカルであると考えられる．

中心から外周に向かってガスが流れる電極構造（図18）の場合，半径方向の流れは外周に近づくにつれて遅くなる．これに対応して O_2 分子のプラズマ滞在時間は外周ほど長くなり，初期酸化の膜厚分布は外周ほど厚くなる．しかし，図19に示したように酸化時間の増加とともに酸化速度が減少するため，5分を越えると膜厚分布はほぼ均一（＜±5％）となる．また，赤外線吸収分光，エリプソメトリ，X線光電子分光などにより膜特性を評価した結果，大気圧プラズマ酸化による SiO_2 膜は，屈折率が 1.46，Si-O-Si 伸縮振動の赤外吸収ピーク位置が 1070 cm^{-1}，半値幅が 81 cm^{-1} であり，ストイキオメトリックで熱酸化膜に近い緻密な膜であることが分かっている．

2.3.4 電気特性

大気圧プラズマ酸化により形成した SiO_2 に Al 電極を蒸着することによって Al/SiO_2/Si の MOS 構造を作製し CV 特性を測定した．図20に測定周波数が，高周波（HF：1 MHz）および準静的（QS：＜1 Hz）の場合の CV 曲線を示す．空乏領域での容量は，酸化膜容量と半導体の空乏層容量の直列接続となり，バイアス電圧による空乏層厚さの増大にともなって C が減少する．SiO_2/Si 界面準位でのキャリアの捕獲・放出は，高周波には追随しないが低周波には追随するため，空乏領域の2つ

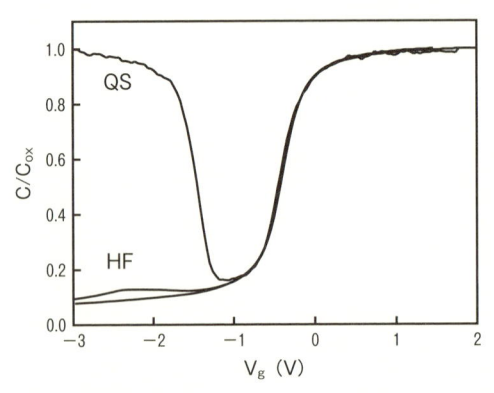

図20　SiO_2/Si 構造の高周波（HF）および準静的（QS）CV 曲線

の CV 曲線の差を解析することにより界面準位密度を求めることができる[4,5]．図 20 において，空乏領域の HF と QS-CV 曲線に差があまりないことは D_{it} が小さいことを示している．前出の図 16 に，求められた D_{it} の禁制帯中の分布を示している．禁制帯中央付近の D_{it} は高品質な熱酸化膜と同等の 1.4×10^{10} cm^{-2}eV^{-1} であり，大気圧プラズマ酸化による Si 酸化膜の界面特性が優れているといえる．また，図 20 の CV 曲線は理想曲線より左側に平行移動しており，酸化膜中に正の固定電荷が存在することが分かる．フラットバンド電圧のシフト量から Q_f を求めると 5.3 $\times 10^{11}$ cm^{-2} であった．これらの D_{it} と Q_f を用いれば図 17 より $S_{eff} < 10$ cm/s が予想され，図 14 の変換効率との関係から，大気圧プラズマ酸化による SiO$_2$ 膜は n 型 Si 表面のパッシベーション膜として優れた特性を有し，結晶 Si 太陽電池への応用が期待される．

2.3.5 大気圧 Ar プラズマによるオープンエア酸化プロセス

大気圧プラズマは真空チャンバーを用いないオープンエアプロセスが可能であるため，産業界においては成膜プロセスのスループット向上と低コスト化の観点からの技術開発が期待されている．さらに今後，供給不足問題が懸念される He ガスを用いないプロセスが望まれる．そこでオープンエア大気圧 Ar プラズマ酸化プロセスの可能性を検討した．大気圧の He と Ar プラズマを比較すると，He は電離係数が大きく，より低い電界で放電を維持できること，拡散係数が大きく拡がりやすいなどの違いがあり，一般的に大気圧 Ar プラズマの方が局在化しやすくガス温度，電子温度が高温になりやすいといえる[11]．しかし，いずれも単原子の希ガスであり，窒素ガスなどの分子ガスとの違いほど顕著ではなく，プラズマ条件の調整で酸化プロセスに用いることが可能である．

実験条件は，真空排気なしの空気雰囲気で O$_2$/Ar ガス用いたこと以外は図 20 と同じとした．その結果，大気圧 Ar プラズマによるオープンエア酸化で得られた SiO$_2$ 膜は He と同様，ストイキオメトリックで熱酸化膜に近い緻密な膜であること，$D_{it} = 1.0 \times 10^{10}$ cm^{-2}eV^{-1}，$Q_f = 5.6 \times 10^{11}$ cm^{-2} でパッシベーション膜として期待できる界面特性をもつことが明らかとなった．He プラズマとの違いとして，初期酸化速度が 15% 程度大きいこと，および電極中央部で酸化されにくいことが観察された．いずれも先に述べた Ar プラズマの方が局在化しやすいことと関連すると考えられる．しかし，これらはプラズマ条件や電極構造の最適化により解決可能であり，実用化に向けてより現実的な技術開発が望まれる．

2.4 むすび

本節では，半導体表面でのキャリア再結合に関する基礎理論と，薄型結晶 Si 太陽電池の高効率化のために重要な表面パッシベーション技術について解説した．大気圧 He プラズマ酸化は，低温・高速酸化が可能であるのみならず，形成される酸化膜は，ストイキオメトリックで熱酸化膜に近い緻密な膜であること，および表面パッシベーション膜として優れた界面特性を有することを示した．また，大気圧 Ar プラズマを用いたオープンエア酸化プロセスで形成される酸化膜も He と同様の特性を示すことから，今後，高スループット，低コスト化の観点においても応用展開が期待できる．

第2章

新機能薄膜創成技術

1. 大気圧プラズマ成膜技術（基礎・原理）

1.1 はじめに

　先端産業や科学技術の発展を支える技術の一つとして，減圧下（真空）で発生させたプラズマを用いた薄膜作製技術が挙げられる．プラズマを用いた薄膜作製技術の中でも，スパッタリング法のように主として物理的な作用が薄膜成長に寄与するプロセスは，比較的古くから詳細に研究が行われてきた．一方，プラズマ CVD（化学気相成長：Chemical Vapor Deposition）法のような化学反応を伴うプロセスについては未解明な部分がまだまだ多いのが現状である．それにもかかわらずプラズマ CVD 法は，さまざまな機能材料の薄膜（機能薄膜）を比較的低温で形成できるという優れた特徴を有しているため，工業的に非常に重要な技術となっている．実際，この技術は各種工業，特に半導体や電子部品工業において急速に進歩し，生産レベルでもすでに広く活用されているだけでなく，その応用分野はますます拡大しつつある．

　近年，太陽電池やフラットパネルディスプレイのような電子機器（デバイス）の高性能化や低コスト化に向けた研究開発がさかんに行われている．その中で，電子機器の心臓部であるシリコン（Si）やその化合物材料等の機能薄膜を，従来よりも高速に，しかも低温で形成する技術の確立が急務となっている．一般に，それらの機能薄膜はプラズマ CVD 法によって形成されているが，今後成膜プロセスのさらなる低温化・高速化を実現していくためには，経験に基づいた従来のプラズマ CVD 技術の改良・洗練だけでは困難である．これは，減圧下という希薄な雰囲気での成膜プロセスであるために，基板表面での膜形成反応は基板温度を高めないと活性化されないし，基板表面への反応種の供給量を大幅に増加させることもできないためである．したがって，成膜プロセスの低温化・高速化には，気相中や基板表

面での反応過程を本質的に変えることが可能なプラズマ源の使用が必須である．最近，そのようなプラズマ源の一つとして大気圧プラズマが注目され，国内，国外を問わず，活発に研究が行われている[1～15]．

本節では，大気圧プラズマを用いた成膜プロセスを理解するにあたって是非必要と思われる大気圧プラズマの基礎となる概念やその性質について記述する．

1.2 大気圧プラズマ成膜の特徴と大気圧プラズマ源の種類

大気圧プラズマ中では，ガス分子同士の衝突が減圧プラズマ中に比べてはるかに頻繁に生じる．その結果，大気圧プラズマを用いたプラズマ CVD プロセスでは，多くの場合，原料ガスが分解して生成した活性種（ラジカル）が凝集してダスト（パーティクル）が多量に発生し，基板表面を汚染するという問題が生じる．この基板表面のダスト汚染の問題は，大気圧プラズマの産業応用を制限している一つの要因となっている．また，プラズマ気相中でのガス分子同士の頻繁な衝突は，膜形成ラジカル（薄膜の成長に寄与するラジカル）の基板表面上への輸送を制限することにもなるため，基板上に形成される薄膜の厚さや性質の均一性が悪化しやすい．このような技術上の課題の一方で，大気圧プラズマを実用化できれば，従来の減圧プラズマに比べて桁違いに大量の物質を処理できるようになり，高能率なプロセスの実現が期待できる．しかも，使用するガスが大気中で安定かつ安全であれば大気開放系での成膜が可能になる．このため，ロール・トゥ・ロールによる大面積基板の処理や装置の大型化が容易になるし，高価な真空排気系も不要になり，デバイス製造コストの削減に関してもメリットは計り知れない．したがって，これまでに種々の大気圧プラズマ源の開発が行われてきた．

大気圧プラズマを成膜プロセスに応用する際，プラズマと基板を接触させる直接プラズマ方式と接触させないリモートプラズマ方式の二通りの方法が考えられる．プラズマジェットやマイクロプラズマを用いる場合のようなリモートプラズマ方式は，非平面や三次元形状の基板上への膜形成に適しているが，誘電体バリア放電や大気圧グロー放電を用いる直接プラズマ方式の方が，大面積基板の能率的な処理が実現可能になるため，ここでは直接プラズマ方式に焦点を絞って説明する．リモートプラズマ方式の詳細については，参考文献 1)，4)，6)，11) を参照してほしい．

1.3 誘電体バリア放電の原理と特徴

最も一般的な大気圧プラズマ発生方法は，誘電体バリア放電（Dielectric Barrier

Discharge：DBD) である．DBD はオゾンを合成するための手法として 19 世紀に考案されたが，現在では成膜やエッチング，表面処理等のための種々の反応性プラズマの発生，さらにはバイオメディカル応用や新物質創成等，最先端のプラズマ科学を支える重要な技術となっている[14,15]．

誘電体バリア放電[2,3,7,13,14]は，プラズマを発生させる金属電極間に絶縁体（誘電体）を挿入することからそう呼ばれている．電極が絶縁体（ガラス，アルミナ，ポリマーフィルム等）で覆われているため，プラズマの励起には交流（数百 Hz～数百 kHz）又はパルス状の電圧を電極に印加しなければならない．電極間に大気圧における放電開始電圧以上の電圧を印加すると，ストリーマ形式の絶縁破壊が生じ，直径約 0.1 mm の多数のストリーマ（放電柱）が時間的・空間的にランダムに生成・消滅を繰り返す．これは，放電電流が絶縁体によって遮断されると同時に，絶縁体表面に帯電した電荷による逆電界のため，個々のストリーマが 1～10 ns というきわめて短い時間で消滅してしまうためである．この際，絶縁体はストリーマを電極全体に広げる働きも持っている．DBD は電極構造が単純でスケールアップしやすいことから，ポリマー (SiOCH) 薄膜，Si 酸化膜 (SiO_2, SiO_x)，フッ化炭素薄膜，カーボン膜（ダイヤモンドライクカーボン含む）といったさまざまな薄膜材料の形成に広く応用されている．すべてのケースにおいて，基板は片方の電極表面に置かれた状態で使用される．

一般に，DBD はストリーマの集合体であり，放電自体が不均質なため，DBD を用いて薄膜を形成すると，均一性が悪く，しかも凹凸の大きな（パウダー状の）膜が得られやすい．また，たとえば有機 Si 原料からポリマーや Si 酸化膜を形成する場合，酸素 (O_2) や亜酸化窒素 (N_2O) といった酸化ガスを原料とともにプラズマ中に供給するが，ガス組成（酸化ガスと原料ガスの流量比）は，形成される薄膜の化学的組成だけでなく，成膜速度や膜厚分布にも大きな影響を及ぼす．しかし，ガス組成に加え，印可電圧等の放電条件も最適化することにより，比較的均一で滑らかなコーティングが可能になっている．

多くの有機 Si 原料やハイドロカーボン原料ガスは空気中で安全に取り扱うことができるため，大気開放系での成膜プロセスを構築できる．大気開放下では空気が混入しやすいが，有機 Si 原料を使用する場合，空気中からの酸素の混入により，結果として酸化ガスをあらかじめ混合しなくても有機成分を含まない Si 酸化膜が得られる[16]．典型的な成膜速度は 0.5～3 nm/s であるが，ポリマー薄膜に関しては 50 nm/s を超える成膜速度も報告されている[17]．最近では，ロール・トゥ・ロール

方式による連続成膜処理が可能な装置の開発により，Si 酸化膜やダイヤモンドライクカーボン薄膜の高能率コーティングも可能になっている[18,19]．

1.4 大気圧グロー放電の原理と特徴

　大気圧下での成膜プロセスの安定性や再現性を確保するためには，ストリーマの集合体のような不均一な放電ではなく，一般的な減圧プラズマと同じような熱的に非平衡で均一なグロー放電（非平衡プラズマ）の使用が望ましい．DBD の電極レイアウトやプラズマ励起周波数を用いた場合でも，印可電圧，ガス組成，原料ガス濃度等の動作条件を最適化すれば，非平衡プラズマを得ることができる．ただし，多くの場合，希釈ガスとしてヘリウム（He）を用いることが必要となる[14]．He はすべての種類のガスの中で最も高いイオン化エネルギー（約 24.5 eV）を持っている．しかし，約 20 eV 付近に長寿命の準安定準位が存在するため，持続放電中でのイオン化には実質的に 4 eV 程度のエネルギーしか必要としない．したがって，大気圧下での放電開始電圧は約 4 kV/cm であり，すべてのガス中で最も低い値を示すことが知られている．このように，He は低電圧でも放電しやすいため，放電開始後のストリーマへの転移が緩やかに進行するし，また，He は他の希ガスよりも軽いため，結果として横方向への粒子の拡散が効果的に起こる．このことが，DBD でもグロー放電が得られやすい要因となっている．大気圧グロー放電の様子を観察すると，電極全体を均一に覆っているように見えるが，実際には数 μs 間隔（プラズマ励起周波数に依存）の放電現象の繰り返しから構成されている．これは，ストリーマの場合と同様，放電が発達すると電極上に設置された絶縁体表面が帯電し，逆電界がかかるためである．そのような時間的に一様でないパルス放電になることが，大気圧下でも熱的に非平衡のプラズマが得られる理由である．

　大気圧グロー放電の主な成膜応用例としては，DBD と同様，ポリマー（SiOCH）薄膜や Si 酸化膜（SiO_2，SiO_x）の他，炭化水素薄膜などが挙げられる．成膜の際，原料ガスを大量に供給すると，放電がストリーマやフィラメント放電に転移して不安定になり，得られる薄膜の均一性や品質を損なってしまう．しかし，放電の安定性が確保される条件の範囲内においては，一般的な減圧プラズマを用いて形成した薄膜と同じような高品質な薄膜を形成可能である．同時に，大気圧グロー放電を用いれば，同じ投入電力で比較すれば，DBD を用いた場合よりも速い成膜速度が期待できる[20]．

1.5 プラズマ励起周波数の高周波化の効果

上記のように，大気圧プラズマは減圧プラズマにはない種々の特徴を有しているため，近年実際の成膜プロセスに応用され始めている．しかし，依然として放電の安定性やダスト汚染に関する問題を抱えており，低温で高品質な薄膜を高速形成するためには，それらの問題点を克服しなければならない．大気圧下で絶縁破壊を生じさせると，DBDにおいて顕著に見られるように，不安定なストリーマやフィラメント放電になりやすい．これは，大気圧下での絶縁破壊に必要な高電界下では，絶縁破壊後に電子の増殖がきわめて速く生じてしまうためである．放電を安定化させる一つの有効な方法として，電極間に電子を捕捉できるくらいの高周波電界の利用が挙げられる．大気圧のような高圧力下においては，電子と中性粒子との間の衝突がきわめて頻繁に生じるために，電子の運動が制限を受ける．その結果，RF（Radio Frequency：13.56 MHz）やそれ以上の周波数のVHF（Very High Frequency）といった高周波電界を用いれば，電子の移動速度よりも十分に速い時間スケールで極性が反転するため，放電の不安定化を効果的に防ぐことができ，時間的に連続的で安定なグロー放電を得ることができる．

プラズマ励起周波数の効果を定量的に議論するために，古典的な剛体球モデルを用いて電子とイオンの運動エネルギーおよび振動振幅の計算を行った結果を図1に示す．定常状態の一様なHeプラズマ（電極の存在は無視）を考え，プラズマ中の電界強度は大気圧における絶縁破壊電界を元に$E_0 = 2 \times 10^5$ V/mとし，プラズマのガス温度は$T_{gas} = 600$ Kに設定している．また，RF（13.56 MHz）とVHF（150 MHz）の2種類のプラズマ励起周波数について計算している．一般的にプラズマ生成に用いられる圧力（$P \leq 1 \times 10^2$ Pa）においては，電源周波数の増加は荷電粒子の運動エネルギーおよび振動振幅の減少に効果的である．圧力を増加させていくと，他の粒子との衝突によって荷電粒子の運動が妨げられるため，運動エネルギーと振動振幅は両方とも減少していく．しかし，ある圧力以上においては，運動エネルギーは電源周波数に依存しなくなるのに対し，振動振幅は常に周波数の影響を受けることが分かる．図1(a)より，大気圧（$P = 1 \times 10^5$ Pa）におけるHeイオンの運動エネルギーは約0.03 eVであり，600 Kでの熱エネルギー（0.05 eV）と大差はない．このため，大気圧プラズマを用いて成膜すれば，原理的にイオン衝撃による膜の物理的ダメージを回避することができる．一方，図1(b)より，13.56 MHzと150 MHzに対する電子の振動振幅はそれぞれ2.6 mmと0.23 mmである．したがって，13.56 MHzのRF電界を用いた場合でも，電極間ギャップの大きさが数 mmよりも大きけれ

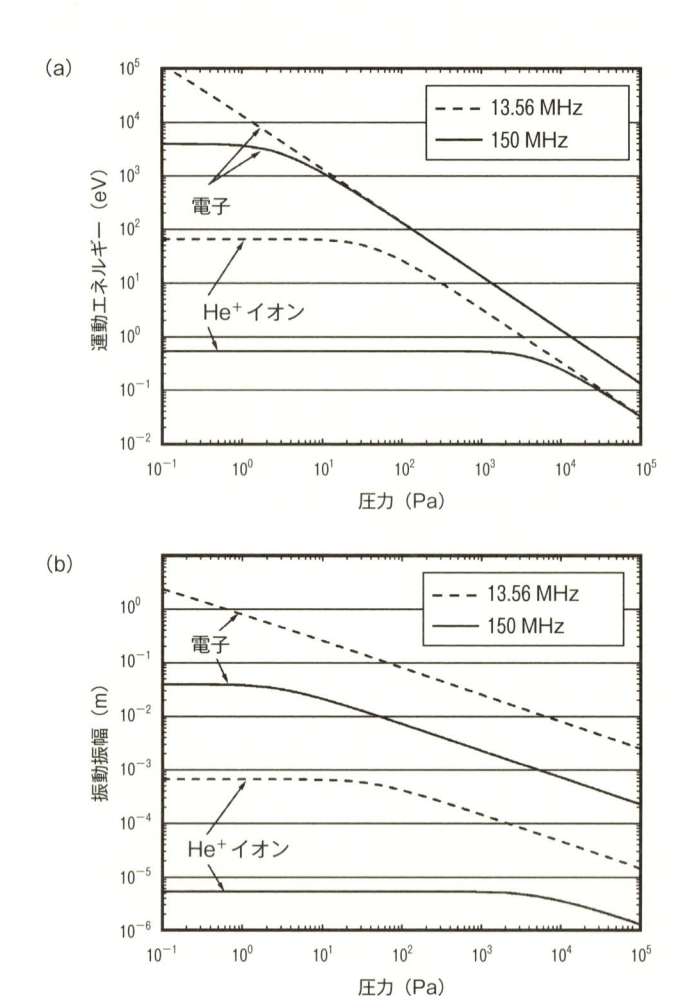

図1 荷電粒子（電子，He$^+$イオン）の運動エネルギー及び振動振幅の計算結果
(a) 運動エネルギー，(b) 振動振幅

ば，電子を電極間に捕捉することが可能となる[21]．しかし，大気圧プラズマを維持するための電力をなるべく小さくすること，およびプラズマ中でパーティクル（ダスト）がなるべく発生しにくくすることを考えた場合，電極間ギャップの大きさをさらに小さくした方がよいといえる．150 MHz の VHF 電界を用いれば，1 mm 以下の小さな電極間ギャップにおいても電子を効果的に捕捉することができ，プラズ

マへの効率的な電力投入が可能となる．ただし，電極間に電子が捕捉される場合でも投入電力が大きすぎると，プラズマ中に電流が流れすぎてストリーマに転移する恐れがある．そのため，プラズマの安定化には電極間に絶縁体を挿入（電極表面を絶縁コーティング）することが好ましい．

1.6 VHF励起大気圧プラズマの特性

上記のように，150 MHzのVHF電力によって大気圧プラズマを発生させると，電極間ギャップが小さくても容易に電子を捕捉できるため，安定かつ高ラジカル密度の大気圧プラズマを得やすい．そこで最後に，大気圧VHFプラズマについて，電子密度およびガス温度を計測した結果を紹介する．

1.6.1 電子密度

図2は，大気圧HeプラズマのJ-E（電流密度—電界強度）特性から計算した電子密度と単位体積当たりの投入電力の関係である[22]．大気圧HeプラズマのJ-E特性は，小型のプラズマ計測容器（電極直径10 mm，電極間ギャップ1 mm）を用いてRFとVHFの2種類の電源周波数でプラズマを発生させ，上部電極近傍における電流電圧波形の測定と，等価回路によるプラズマインピーダンス解析から求めた．図2より，電子密度は投入電力の増加とともに単調に増加する．また，電極表面が導電性の方が大きく，さらにプラズマ励起周波数が低い方が大きくなることが分かるが，その値は10^{10}〜10^{11} cm^{-3}の範囲であり，他の高密度プラズマ源（電子サイクロトロン共鳴，ヘリコン波，誘導結合プラズマ）[23]より低い．マイクロ波により発生させ

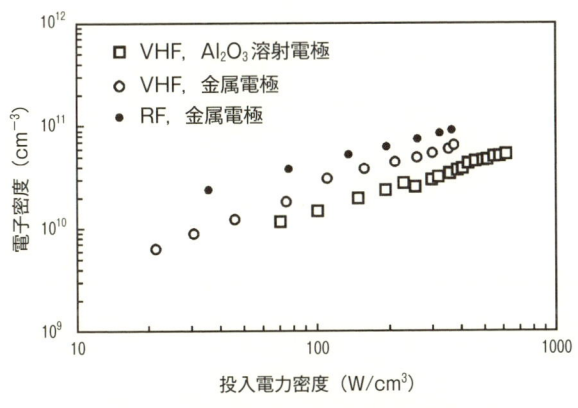

図2 電子密度の投入電力密度依存性
□ VHF, Al$_2$O$_3$溶射電極
○ VHF, 金属電極
● RF, 金属電極

た高温（約3000℃）の大気圧 He プラズマでは，10^5 W/cm^3 の電力密度に対して電子密度は 10^{14}〜10^{15} cm^{-3} であり，また，電子密度はガス流量には依存せず，主に投入電力によって決まることが報告されている[24]．プラズマの電子密度が電力密度に比例すると仮定すれば，図 2 の結果は，非平衡の大気圧 He プラズマの電子密度として妥当なものと考えられる．

プラズマインピーダンス解析の過程には当然のことながら不確定な要素も含まれているが，上記の結果から，プラズマの電子密度を増加させる（ラジカル密度を増加させる）ためには，電極表面を絶縁せず，電極からの二次電子放出を促進するために低い電源周波数を用いればよいといえる．しかし，大きな電力を投入すれば熱プラズマに移行しやすいし，電極表面への膜堆積等の影響を受けてプラズマが不安定になりやすい．したがって，均一かつ安定なプラズマを大気圧下で生成し，機能薄膜の低温・高速形成に応用するためには，電極表面を絶縁材料でコーティングすることが有効である．

1.6.2 ガス温度

前項で述べたように，大気圧 VHF プラズマの電子密度は 10^{10}〜10^{11} cm^{-3} と見積もられることから，プラズマのガス温度は大気圧下で発生させたプラズマとしては比較的低い．また，電極やサセプタの冷却・加熱などの境界条件によって制御可能である．実際，He と H$_2$ の混合ガスプラズマからの H$_2$ 分子の発光スペクトル（Fulcher–α system : $d^3\Pi_u \rightarrow a^3\Sigma_g^+$）の強度分布から求めた H$_2$ 分子の回転温度（$\cong$ プラズマのガス温度 T_{gas}）は基板温度 T_{sub} に依存し，T_{sub} が室温の場合 T_{gas} は 200〜300℃ 程度，T_{sub} が 600℃ 程度まで上昇すると T_{gas} は 600〜700℃ となり，あまり差がなくなる[25]．これらの T_{gas} の値は，He の 706 nm の発光ピークの半値幅の広がりから推定したガス温度とも概ね一致する．このように，大気圧 VHF プラズマは，一般的な減圧プラズマと異なって適度なガス温度をもっていることから，基板温度が低くても成膜表面を熱的に活性化することが可能である．ベースガスとして He に比べて質量の大きい Ar を用いた場合には，プラズマ加熱の影響はさらに大きくなる．

1.7 むすび

減圧下でのプラズマは，半導体や電子部品工業等の先端産業の発展に大きく貢献してきた．これに対し，現在開発途上の大気圧プラズマは，成膜に寄与するラジカルを高密度に生成でき，また，原料ガスの性質次第では真空チャンバーが不要にな

るといった特長を有している．このため，成膜プロセスの低温化・高速化・低コスト化に有効なツールとして大いに期待されており，その特長を実産業で活かすべく，現在さまざまなアプローチで大気圧プラズマ技術の開発が進められている．大気圧プラズマの成膜プロセスへの応用において，プロセスのダスト汚染を克服しなければならないことは言うまでもない．また，大気圧という高圧力下では分子同士の衝突がきわめて頻繁に生じることから，プラズマ中での反応過程が減圧下に比べて複雑になり，これまでの減圧プラズマに関する知見をそのまま適用することはできないと考えられる．今後，大気圧プラズマの実用化を目指すにあたり，成膜実験データの蓄積だけでなく，プラズマ中での化学反応やプラズマと表面との相互作用に関する理論的なアプローチも不可欠である．

2. 大気圧プラズマ CVD 法

2.1 はじめに

　大気圧プラズマは，減圧プラズマに代わる新たなプラズマ源として国内外を問わず活発に研究されており，誘電体バリア放電（Dielectric Barrier Discharge：DBD）に代表されるように，数 mm 以上の電極間ギャップで大面積かつ安定なプラズマ源が開発・利用されつつある．このようなプラズマ源を応用すれば，低温かつ高能率なプロセスが実現可能になるだけでなく，使用する原料ガスが大気中で安定かつ安全であれば高価な真空排気系も不要となり，装置を大型化し易いなど，デバイス製造コストの削減に関してもメリットは大きい．そのため，成膜用ガラス基板表面のクリーニング，樹脂基板の表面改質によるぬれ性，付着力，接着性能の改善など，表面処理プロセスへの応用が活発に行われている[1,2]．一方，薄膜形成に関する最近の研究動向としては，大気開放系での低温・低コスト成膜法を目指した開発が中心となっており，酸化物系薄膜（SiO_2, TiO_2, ZnO 等）や炭素系薄膜（非晶質 C, DLC 等）等の研究が報告されている[1~13]．しかし，一般に大気圧プラズマを用いた薄膜形成プロセスでは，原料ガスが分解して生成した活性種（ラジカル）がプラズマ中で凝集してダスト（パーティクル）が多量に発生し，基板表面が汚染されやすい．したがって，半導体デバイス製造のための各種の機能薄膜，特に Si のような電気特性が重要な機能薄膜の低温・高能率形成プロセスへの大気圧プラズマの応用例はほとんど見られない．

　一方，著者らは 1990 年代に，機能薄膜の低温・高速・高品質形成を目的とし，150 MHz の超高周波（Very High Frequency：VHF）電力による安定な大気圧プラズマの生成技術とそれを応用した成膜装置，並びに成膜プロセスで発生するダストによる基板汚染を抑止するためのガス循環システム等の要素技術の開発を行った[14~16]．また，アモルファス Si（a-Si）[16~18] および微結晶 Si（μc-Si）[19,20]，多結晶 Si（$poly$-Si）[21~23]，エピタキシャル Si（epi-Si）[24~27] の低温・高速成膜，多結晶および単結晶シリコンカーバイド（SiC）の高速成膜[28~32]，窒化 Si（SiN_x）[33~36] および酸化 Si（SiO_x）[37~39] の低温（常温）・高速成膜に関する研究を行ってきた．ここでは，その大気圧プラズマ CVD 法とその概略について説明する．

2.2 VHF励起大気圧プラズマを用いた成膜プロセス

　大気圧プラズマを低温・高速・高品質成膜に応用するためには，先述のようにダスト発生問題を解消することがまず重要である．それに加え，大気圧のような高圧力下では減圧下に比べてプラズマの温度が高温になりやすいし，プラズマが局所的に集中しやすくなる．したがって，電子密度の過剰な増加を抑止し，プラズマの温度をできる限り低温化することも必要となる．

　プラズマ中でのダスト発生を抑えるためには，電極−基板間ギャップの大きさをできるだけ小さくすることが有効である．またプラズマ温度を低温化するには，電極からの二次電子放出を低減，あるいは防止するために，電極に仕事関数の大きな材料を用いることや電極表面を絶縁体でコーティングすることが重要である．著者らは開発当初から，大気圧プラズマを励起するための電源周波数として，一般的に用いられている電源周波数（13.56 MHz）よりも一桁程度高い 150 MHz の VHF 帯周波数を用いてきた．この理由は，電極−基板間ギャップが小さくても（1 mm 以下）電子を捕捉でき[16]，電極表面からの二次電子放出の助けが無くても，ラジカル密度の高いプラズマが得られるためである．一方，大気圧プラズマ中では原子や分子の衝突周波数が高いことにより，荷電粒子の運動エネルギーは格段に小さくなる[16]．原子や分子の衝突周波数の高さは，プラズマ温度の上昇も招くが，電子密度が小さいため極端に高温化することはない．実際，水素分子の発光スペクトル解析の結果からプラズマガス温度を見積もると，プラズマガス温度は基板温度に依存し，基板温度が常温の場合は 200〜300℃であるが，基板温度を 600℃まで高めると差はあまり無くなる[27,40]．基板がプラズマから受ける熱的影響は厚さの薄い基板を使うことや基板を移動させることによって低減可能なため，この程度のプラズマガス温度は実用上大きな問題にはならないと考えられる．

　高品質な薄膜を高速形成するためには，安定な大気圧プラズマを発生させた上で，プロセスガス（キャリアガスと原料ガスの混合ガス）をプラズマ中に能率的に供給する必要がある．そのために，2種類の電極（高速回転電極[14〜16]および多孔質カーボン電極[26]）を開発した（図3）．これらの電極の本質的な違いは，プラズマへのガス供給方法である．図3(a)の高速回転電極の場合，円筒型の電極を高速回転させることにより，雰囲気の反応ガスを電極−基板間ギャップに能率的に供給することができる．一方，図3(b)の多孔質カーボン電極の場合は，電極を通して各種の高純度なプロセスガスを直接プラズマ中へ供給できる．

　回転電極は，表面にアルミナ溶射を施した円筒型で，直径は 300 mm，幅は 100

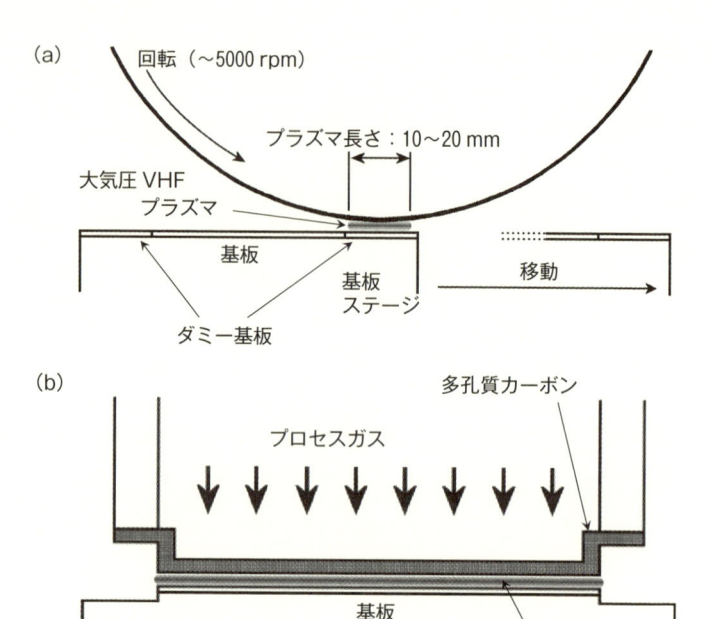

図3 安定な大気圧プラズマを生成可能な電極の概略図
(a) 円筒型高速回転電極，(b) 多孔質カーボン電極

または200 mmである．一方，多孔質カーボン電極（平均粒径70～100 μmのグラファイト粒子の焼結体，気孔率約30%）のサイズは，φ105 mm（4 inch Siウエハ基板用），または幅100 mm×長さ30 mm（100×100 mm^2 ガラス基板用）である．基板はXステージに設置された真空チャック式の基板ステージ上に固定し，Zステージの昇降により，電極-基板間ギャップを調節する．150 MHzの電力を投入すると，大気圧プラズマは電極-基板間のみに局在して発生する．Xステージを移動させれば，その移動距離に応じた面積への成膜が可能である．

ここまでの検討の結果，基板表面が大気圧VHFプラズマに曝されている限り，基板上へのダストの付着はないことが分かっている．しかし，プラズマ／雰囲気界面（プラズマ部とその外側の気相との界面）付近ではダストが多く発生する[25]．これは，プラズマ中で生成し，膜として基板に付着しなかったラジカルが，ガス流れによってプラズマから出て行く際に急速に凝縮する結果と考えられる．ガス循環システム[14～16]を用いれば，プラズマから排出されるダストをガスとともに吸引し，フィ

ルターで除去しながら成膜することができる.

2.3 アモルファスSiの高速成膜と薄膜太陽電池への応用

図4は,種々の条件（SiH_4/He：0.1～1％,H_2/He：0.1～50％,電極回転速度：500～5000 rpm,基板温度：160～280℃）でガラス基板（100×100 mm^2）上に形成した a-Si 薄膜の光伝導度（σ_{ph}）および暗伝導度（σ_d）の成膜速度依存性をまとめたものである[17].また,一例として図5に,$SiH_4/He=0.1％$,$H_2/He=5％$,電極回転速度 5000 rpm,投入電力 500 W,基板温度 220℃で形成した a-Si 薄膜（膜厚：400 nm）の外観写真を示す.プラズマの幅は 100 mm,長さは 10～20 mm（原料ガス濃度や投入電力に依存）であるため,長さ方向に基板ステージを一定速度で移動させながら

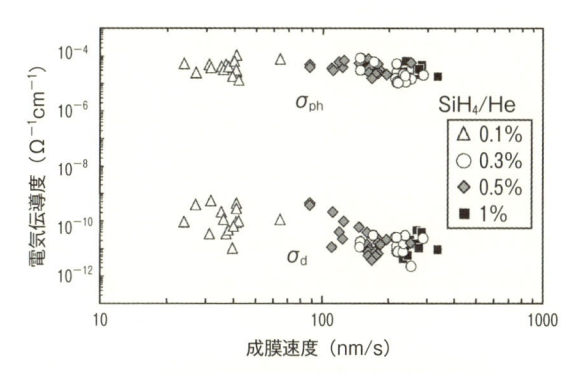

図4 a-Si 薄膜の電気伝導度の成膜速度依存性

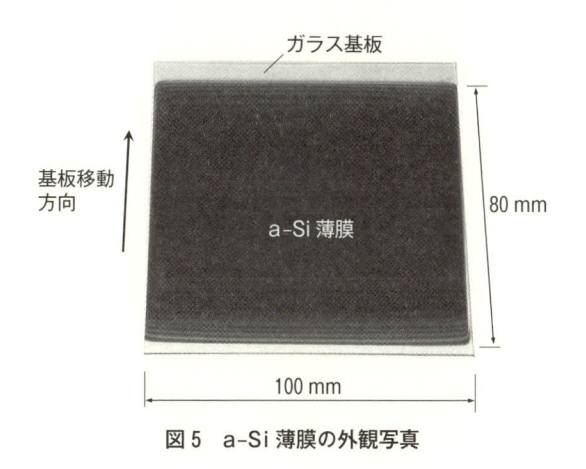

図5 a-Si 薄膜の外観写真

成膜し，100×80 mm² の領域に一様な膜厚の a-Si 薄膜を形成した．太陽電池の発電層として用いる a-Si 薄膜としては，σ_{ph} が十分に大きく，光感度 (σ_{ph}/σ_d) が6桁以上あることが必要とされている．減圧下での一般的なプラズマ CVD 法では，デバイス品質 a-Si の成膜速度は高々 1 nm/s 程度であり，それ以上成膜速度を速くすると，膜中の欠陥密度が増加して膜特性が悪化する．これは，基板表面での膜形成反応がほぼ基板温度のみに依存しているためである．しかし，大気圧 VHF プラズマを用いれば，プラズマから膜成長表面に物理的（熱的）・化学的エネルギーが供給されるため，その 100 倍以上の成膜速度（最高約 300 nm/s）でもデバイス品質の a-Si 薄膜形成が可能である．ちなみに，100 nm/s の成膜速度の条件で太陽電池の発電層に必要な 200～300 nm の厚さの a-Si 薄膜を大面積基板上に形成することを想定すると，5 mm/s 程度の基板移動速度で成膜可能な計算になる．

一方，最も簡単な単接合の a-Si 太陽電池を試作し，その性能評価を行うことにより，大気圧 VHF プラズマを太陽電池製造プロセスに適用可能かどうかを検討した．SiH_4 の濃度や投入電力等のパラメータを変化させて形成した a-Si 薄膜を発電層としたセル（p 型および n 型層は一般的なプラズマ CVD 法により形成）を評価用セルとし，全ての層を一般的なプラズマ CVD 法により形成した参照セルの光電変換特性を基準として，その特性を相対的に評価した．その結果，発電層成膜時の SiH_4 に対する H_2 の比率（H_2/SiH_4 比）を 10 以上にすると光吸収が増加し，6～8 割の相対変換効率が得られるようになることが分かった[17]．参照セルと同レベルの光電変換特性は得られていないが，これは，発電層の光学的バンドギャップが参照セルに比べてやや大きいことに加え，発電層 a-Si の膜構造の均質性が不十分であることなどが原因であることが分かっている．ただし，これまでに得られている最高変換効率は 8.25% ($H_2/SiH_4 = 50$，基板温度：220℃，発電層成膜速度：128 nm/s) であり[17,18]，100 nm/s 以上の成膜速度で発電層を形成した太陽電池の変換効率としてはきわめて高いものであることから，大気圧 VHF プラズマが十分なポテンシャルを有していることを示す結果といえる．

2.4　微結晶 Si の低温・高速形成

図6は，図3(b) に示した多孔質カーボン電極（100×30 mm²）を用い，He 流量 50 liter/min，SiH_4 流量 50，100，200 cc/min，$H_2/SiH_4 = 2$，基板温度 220℃ の条件で形成した μc-Si 薄膜の成膜速度の投入電力依存性をまとめたものである[19]．SiH_4 流量が 200 cc/min では成膜速度は投入電力の増加とともに単調に増加しているが，

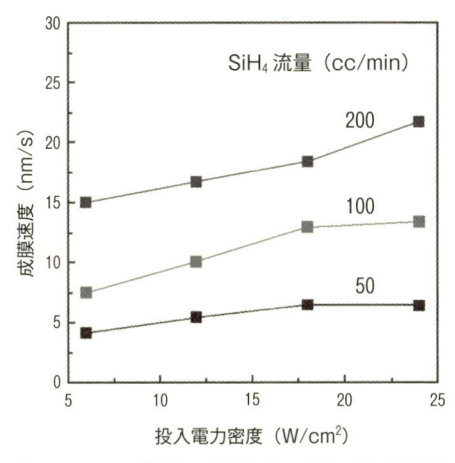

図6 μc-Si 薄膜の成膜速度の投入電力依存性

100 および 50 cc/min では，18 W/cm^2 以上の投入電力で飽和する傾向が見られる．この成膜速度の飽和は，原料の SiH$_4$ の枯渇が原因と考えられる．最大成膜速度は，SiH$_4$ 流量 200 cc/min，投入電力 24 W/cm^2 において約 22 nm/s であるが，投入電力をさらに大きくすれば，30 nm/s 以上の非常に速い成膜速度が得られることが確認されている．

図7は，基板温度 70 ℃において，厚さ 0.125 mm の PEN（polyethylene naphthalate）フィルム上に μc-Si 薄膜を形成した例である（成膜速度：約 2.5 nm/s）[20]．成膜の際

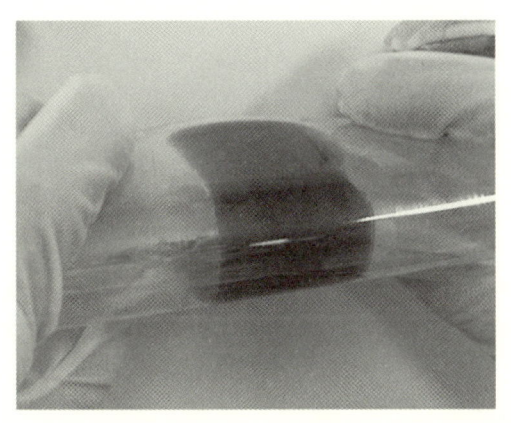

図7 PEN シート（厚さ 0.125 mm）上に形成した μc-Si 薄膜の外観写真

の大気圧VHFプラズマのガス温度は300℃程度と推測され，PENフィルムのガラス転移温度（120℃）よりも高いが，薄いフィルムを基板にすると熱が基板ステージへ逃げるため，プラズマがフィルムと接触していてもフィルムに熱的ダメージを与えることなく成膜することができる．

2.5 多結晶Siの低温・高速形成

図8は，回転電極を用い，酸化膜付Siウエハ上に形成したpoly-Siの成膜速度のSiH$_4$濃度依存性である（投入電力：2500 W，H$_2$/He：10%，基板温度500℃）[21,23]．SiH$_4$/He = 0.001%（H$_2$/SiH$_4$ = 10000）の場合にはSi薄膜の成長は見られなかった．これは，SiH$_4$濃度が低すぎる（H$_2$/SiH$_4$比が大きすぎる）場合には，膜成長よりも原子状水素による成長膜のエッチングの方が速度が大きいためである．SiH$_4$/He = 0.0025%以上で基板上にpoly-Si薄膜が成長するが，0.02%以上では成膜領域の上流側の一部にa-Siの堆積が見られた．種々の検討の結果，H$_2$/SiH$_4$比が500以上であれば，成膜領域全域でpoly-Si薄膜が形成されることが分かった[22]．また，ラマン散乱分光測定の結果，H$_2$/SiH$_4$比が500以上の条件では，形成したSi薄膜の結晶化度はほぼ100%であった．これらのことから，プラズマ中で生成される原子状水素は，SiH$_4$の分解および結晶性Si形成の両方のプロセスに非常に大きな影響を及ぼすといえる．一方，成膜速度は最大8 nm/sであり，一般的な減圧下でのプラズマCVD法と比較して格段に高速な値が得られている．

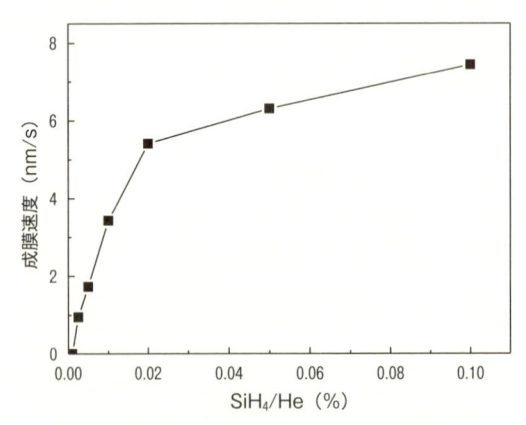

図8　poly-Si薄膜の成膜速度のSiH$_4$濃度依存性
（投入電力：2500 W，H$_2$/He：10%，基板温度500℃）

図9は，SiH$_4$/He＝0.01％（H$_2$/SiH$_4$＝1000）の条件で形成したpoly-Si薄膜の断面の透過電子顕微鏡像である[23]．基板界面から結晶化したSiが成長している様子が観察される．X線回折法により膜の配向特性を調べた結果，poly-Si薄膜が成長する条件では，どの膜も（110）配向が優勢であることが分かった[23]．このような配向特性が得られた理由は，Si結晶の面方位の違いによる原子密度と表面自由エネルギーの大小，すなわち，エピタキシャル成長速度および原子状水素によるエッチング速度の面方位依存性を考慮することで説明できる．一般的にSiの電子移動度は（110）が最も大きいため，ここで得られているpoly-Si薄膜は，太陽電池等の膜成長方向の電子移動を伴う薄膜デバイスに適していると考えられる．

2.6 エピタキシャルSiの低温かつ高速形成

図10は，回転電極を用いて大気圧He/H$_2$/SiH$_4$プラズマを発生させ，プラズマギャップ0.7mm，電極回転速度2000rpmの条件下でSi(001)基板上に形成したSi薄膜を，反射高速電子線回折（RHEED）により評価した結果をまとめたものである[24]．H$_2$濃度は1％，SiH$_4$濃度は0.1％である．また，基板の走査は行わず，1.5～3min成膜後，成膜領域の中央部を評価している．図10から明らかなように，

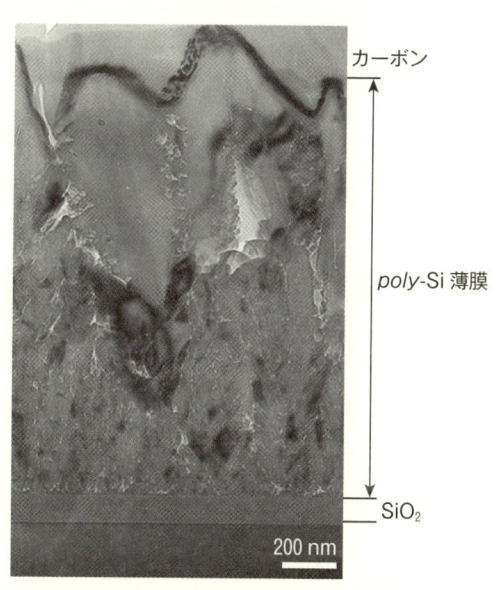

図9　poly-Si薄膜の断面TEM写真（SiH$_4$/He：0.01％）

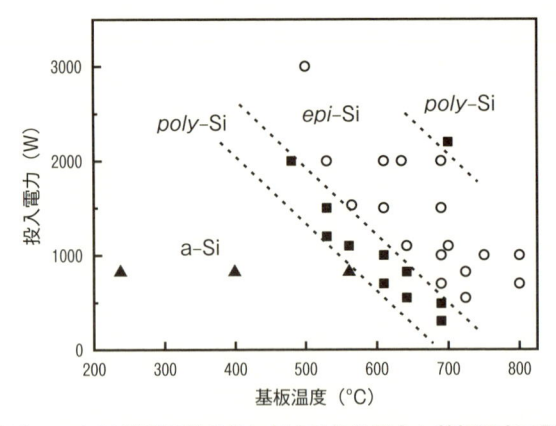

図10 epi-Si 薄膜の結晶性に対する投入電力と基板温度の影響

　基板温度が低下しても投入電力を増加させれば，epi-Si の成長を維持できる．この結果は，基板温度の低下による熱エネルギーの不足を，投入電力の増加に伴うプラズマガス温度の上昇等によって補うことができることを示している．epi-Si の成膜速度は 0.2～5 μm/min であり，基板温度が高いほど速くなる．

　プラズマに曝されている領域では Si のエピタキシャル成長が確認される一方で，上流側および下流側のプラズマ／雰囲気界面部（プラズマ部とその外側の気相との界面部）では，多結晶 Si の形成が確認された[25]．これは，上流側のプラズマ／雰囲気界面部においては，SiH_4 の分解・活性化が不十分であることが原因である．一方，下流側での多結晶 Si 成長は，電極の高速回転に伴うガス流れの乱れにより，下流側のプラズマ／雰囲気界面で発生したパーティクルの一部が基板表面に付着したことが原因である．多孔質カーボン電極を用いれば，上流側のプラズマ／雰囲気界面を基板表面から離し，分解・活性化の不十分な膜形成ラジカルによる成膜を防ぐことができるとともに，均一な大気圧 VHF プラズマを発生させることができ[26]，しかも，下流側のプラズマ／雰囲気界面で生成されるパーティクルを吸引除去しやすい．結果として，φ105 mm の多孔質カーボン電極で 4 inch Si(001) ウエハ基板表面を覆うことにより，パーティクルの影響を排除し，無欠陥の epi-Si 成膜が可能となっている[26,27]．

2.7　シリコンカーバイドの低温かつ高速形成

　回転電極を用い，SiH_4 と CH_4 を原料ガスとして Si ウエハ上にアモルファス SiC

(*a*-SiC) を高速成膜した．原料ガスの濃度や混合比，投入電力，基板温度等のパラメータが膜構造に及ぼす影響を検討した結果，優れた耐薬品性を有する均質な *a*-SiC を最大 40 nm/s の成膜速度で形成することに成功した[28]．この成膜速度は，一般的なプラズマ CVD 法による *a*-SiC の成膜速度が 1 nm/s にも満たないことを考えると，きわめて速いといえる．

一方，比較的低温で結晶性 SiC を形成する場合には，*a*-SiC の場合よりも電力密度および H_2 希釈比（H_2 濃度と原料ガス総濃度の比：R）を大きくする必要がある．これは，先述の *poly*-Si の場合と同様である．具体的には，投入電力を大きく，電極回転速度を遅く（プラズマ部に供給される原料ガスの流量を少なく）すると，膜中の Si-C 結合密度が増加すると同時に，Si-H 結合や C-H 結合の密度が減少し，構造が緻密化する．この傾向は，R 値を大きくするとさらに顕著に見られるようになり，結果として，$R=2$ では 800 ℃ 程度で，$R=20$ にすると 550 ℃ 程度の比較的低温で微結晶の 3C-SiC（立方晶 SiC）を形成できることが確認できた（成膜速度：最大 6.7 nm/s）[29]．R 値をさらに大きくすると柱状に成長した多結晶 SiC が得られ[30]，条件を最適化すれば Si 基板上へのヘテロエピタキシャル成長（単結晶 SiC）も確認されている[31,32]．

2.8 窒化 Si の低温かつ高速形成

回転電極を用い，SiH_4 と NH_3 を原料ガスとして Si ウエハ上に SiN_x を高速形成した．300 ℃ の基板温度において成膜条件を最適化することにより，膜の底部から表面にかけて Si 原子と N 原子の割合が一定の均質な SiN_x 薄膜を形成可能であることを確認した[33,34]．また，SEM 観察結果から，得られた SiN_x 薄膜の断面は平滑であり，段差端部の被覆性も良好であることが分かった[34]．一般的な低圧プラズマ CVD 法による SiN_x の成膜速度は数 nm/s 程度であるが，大気圧プラズマ CVD では 100～500 nm/s の成膜速度（投入電力および原料ガス濃度によって異なる）を達成している[33~35]．

一方，SiC の場合と同様，H_2 希釈比 R を大きくすると膜の緻密性は向上する．図 11 は，基板を加熱せずに形成した SiN_x 薄膜の緩衝フッ酸溶液によるエッチング速度と屈折率をまとめた結果である[36]．横軸は，SiN_x 薄膜の密度（緻密性）を表している．R 値の増加などによって膜の緻密性が向上するとエッチング速度が減少し，屈折率は増加する．一般的な減圧プラズマにより形成した SiN_x 薄膜のエッチング速度は 30～100 nm/min であり，大気圧 VHF プラズマを用いることにより，

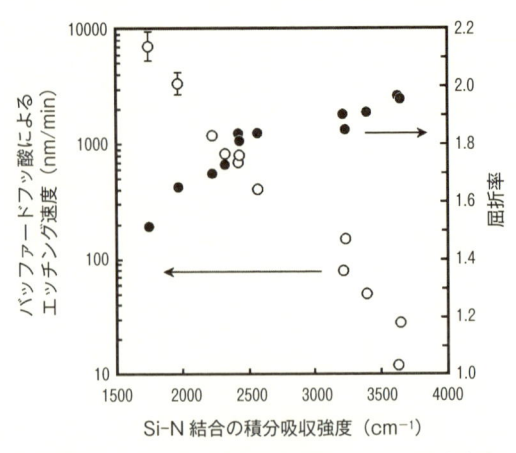

図11 SiN$_x$薄膜のエッチング速度と膜密度（Si-N 結合密度）との関係

大幅に速い成膜速度で同等以上の緻密性を有する SiN$_x$ 薄膜の形成が可能となっている．

2.9 酸化 Si の常温かつ高速形成

回転電極を用い，基板の加熱を行わずに Si ウエハ上への SiO$_x$ の高速形成を行った．まず，SiH$_4$ と CO$_2$ を原料ガスとし，各原料ガスの濃度（SiH$_4$/He, CO$_2$/He）および投入電力をパラメータとして形成される SiO$_x$ 薄膜の膜構造や屈折率を調べた[37]．その結果，成膜速度と膜の緻密性との間に密接な関連があることが分かった．比較的成膜速度が低い（10～25 nm/s）場合，膜の屈折率は 1.39～1.42 の範囲で大きな変化はなく，成膜速度に対する依存性も見られない．これらの SiO$_x$ 薄膜の構造を評価したところ，膜表面および断面は平滑であり，空気中に放置した場合の構造の安定性にも優れていることが確認された．これは，大気圧 VHF プラズマを用いれば，原理的に緻密な SiO$_x$ 薄膜を高速形成できることを示唆する結果である．

これに対し，原料ガスを高濃度化（SiH$_4$/He＝0.6％，CO$_2$/He＝20％）すると，投入電力の増加に伴って成膜速度は格段に速くなっていくとともに，屈折率が成膜速度に強く依存するようになる．すなわち，SiH$_4$ を十分に酸化（CO$_2$ を分解）できるだけの電力投入（130～250 W/cm^2）の下で，成膜速度を 160 nm/s 以上に高めると，形成膜中に気孔が能率的に導入され，成膜速度の増加（160→230 nm/s）とともに屈折率が単調に減少（1.4→1.24）する．したがって，投入電力と基板移動速度の組み

合わせにより，1.24〜1.4 の範囲で任意の屈折率を有する SiO_x 薄膜を，膜厚をコントロールして基材上に連続的に形成できる．このようなポーラスな（屈折率の低い）SiO_x 薄膜は，透明な基材（ガラス，プラスチック）表面の反射防止コーティングとして利用することができる．

原料ガスの Si 源として SiH_4 の代わりに HMDSO（ヘキサメチルジシロキサン，$O[Si(CH_3)_3]_2$）を用いると，酸化ガスとして CO_2 よりも反応性の高い（分解しやすい）O_2 を使用することができる．分解しやすいガスの使用は，プラスチックや高分子フィルムのような低融点基材上への SiO_x 薄膜形成を行う上で重要である．実際にそれらのガスを原料ガスとして成膜すると，$40\ W/cm^2$ 以下の投入電力で原料ガスを十分に分解することができる．種々の検討の結果，HMDSO 濃度約 0.35% に対して 1/10 以下の O_2 を混合（$O_2/He = 0.03\%$，$O_2/HMDSO = 0.09$）するだけで十分に HMDSO を酸化でき，膜中に有機成分の残留がほとんどない SiO_x 薄膜を高速形成することができる[38]．また，ポリカーボネート基板上に熱的ダメージを与えることなく，滑らかな表面および断面形状を有する SiO_x 薄膜の形成も可能となっている[38]．

上記のような VHF 励起大気圧プラズマを用いた直接プラズマ方式に加え，RF 励起大気圧プラズマを用いたリモートプラズマ方式においてもダストフリーかつ緻密な SiO_x コーティングが可能となっている[39]．

2.10 むすび

VHF 励起大気圧プラズマを用いた種々の機能薄膜の高速形成に関するこれまでの成果を概観した．大気圧プラズマ技術が従来の減圧下でのプラズマによる成膜技術に対して持つ優位性は，成膜速度の高速化が可能であること，および，成膜温度の低温化が可能であること，の 2 点に集約できる．今後，それらの優位性を確保しつつ，最先端デバイスに応用可能な薄膜の高速・低温形成および成膜面積の拡大を目指さなければならない．また，プラズマ物理という純粋な学問的観点からも研究のアプローチが必要である．

3. 大気圧プラズマ化学輸送法

3.1 はじめに

薄膜形成技術であるCVD法は，多種多様な原料ガスの製造・供給に伴って広く普及している．CVD法では，その汎用性のほか，薄膜形成の過程が，化学反応によりソフトに進行するため，電子物性に優れた能動素子用機能材料薄膜を形成できる点も特徴として挙げられる．とりわけ，太陽電池，フラットパネルディスプレイに用いられるSi膜は，もっぱらモノシラン等の原料ガスを用いたCVD法により形成されている[1,2]．ここで，原料ガスとして供給されるSiH_4は，可燃性かつ毒性を有しているため，その貯蔵・利用には特殊な設備を設置しなければならない．さらに導電型および抵抗率制御された半導体Si薄膜を作製するためには，ホスフィン（PH_3），ジボラン（B_2H_6）などの毒性が非常に強く高価なドーピングガスを供給しなければならない．このため，SiH_4ガス等の原料ガスを用いたCVDによるSi成膜には，ガス自体の消費コストのほか，このような危険な原料ガスの保持・使用に伴う設備コストの発生が不可避となる．また，一般的なCVD法では，成膜中に発生するSi系パーティクルやSi膜の蓄積によるチャンバー壁の汚染が基板上Si膜の品質劣化を招くため，クリーニング工程が定期的に必要となる[3,4]．この工程は，実質的に装置の休止時間となるため薄膜製造装置の生産性低下に直結し，作製膜厚が厚くなるほどその影響は大きくなる．

一方，極薄結晶Si太陽電池[5]やMEMSなど，従来の薄膜太陽電池やフラットパネルディスプレイに比べ，25～100倍以上のSi膜厚を必要とするさまざまな機能デバイスの普及に向けて，厚膜Siの高効率製造技術へのニーズが高まっている．

このような背景から，危険な原料ガスの供給に立脚した大気圧プラズマプロセスではなく，安定安全な固体原料を用い，工業的にポピュラーなスパッタ成膜法に似た簡便・安全な成膜プロセスを大気圧近傍の環境下（大きな運動エネルギーを持つイオンが生成されにくい環境）で具現化する事を狙い，大気圧プラズマ化学輸送法：Atmospheric-pressure Plasma Enhanced Chemical Transport（APECT）の開発が進められている[6]．本節では，その概要について述べる．

3.2 原理

ここで大気圧プラズマ化学輸送法の成膜原理を述べる．図12に示すとおり本成

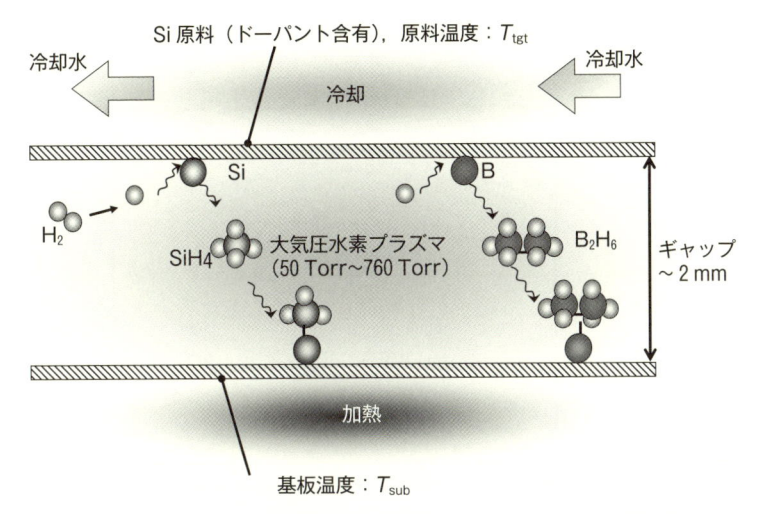

図12 大気圧プラズマ化学輸送（Atmospheric-pressure Plasma Enhanced Chemical Transport：APECT）法の概念図

膜法は，プラズマ中で発生した原子状水素による固体原料のエッチングによる水素化ガスの生成，発生した水素化ガスのプラズマ中での分解活性化，任意基板上への成膜前駆体の付着をへて進行する．この概念図から分かるようにAPECT法では，危険で高コストな原料ガスを保持使用することなく，安全安定な固体原料と扱いが容易で低コストな水素ガスからなるプラズマにより，SiH_4をオンサイト生成・分解することで，Si成膜が可能となる．

原子状水素，もしくは水素分子とIV族元素であるC，Si，およびドーパント元素としてポピュラーなBおよびPの水素化反応における自由エネルギーの変化を図13に示す．図より水素分子との反応により水素化物を生成しうるのは，図に示すとおり反応自由エネルギーが負の値を示すメタンのみであるが，原子状水素を用いた場合には，いずれの元素との反応も自由エネルギーが負の値をとることから，室温近傍から水素化物の生成反応が進行する．

図14に水素プラズマによる単結晶Si(100)のエッチング速度のSi温度依存性を示す．本結果は，水素圧力を200 Torrとして，一定の電力のもとSi温度を150°C以上に加熱することにより得られたものである[7]．図に示すように水素プラズマに曝露されたSiのエッチングレートは，その温度上昇に対して急激に減少する．このエッチングレートの温度依存性のアレニウスプロットから，系の活性化エネル

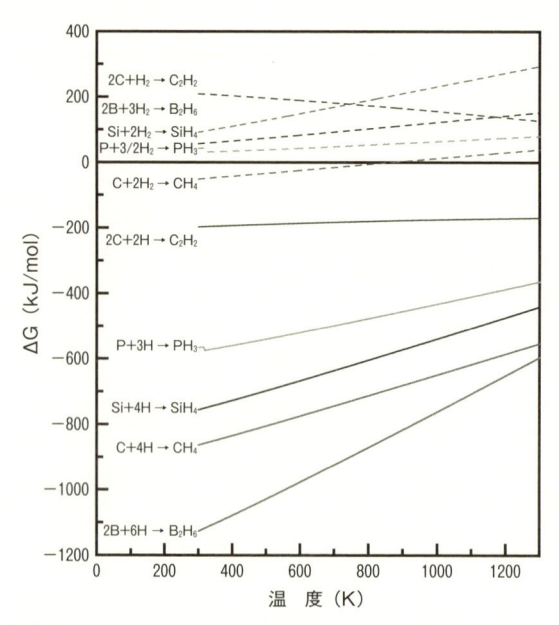

図13 水素分子および原子状水素と各種元素の水素化物生成反応における自由エネルギー変化

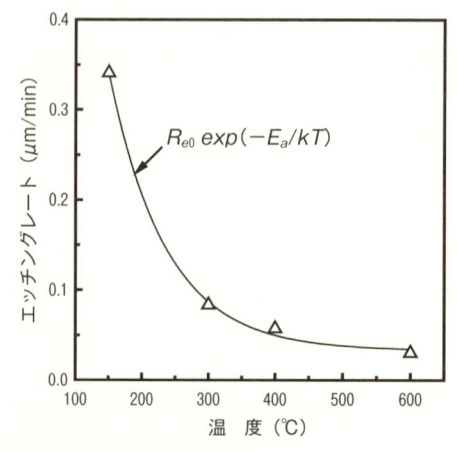

図14 高圧水素プラズマに曝露されたSiのエッチングレートのSi温度依存性

ギーを求めると，E_a = 約 −150 meV の負の値が得られる．ここで，水素原子による Si のエッチング過程は，表面への水素吸着により表面 Si 原子のバックボンドが緩和し，その緩和したボンドへ別の水素原子が侵入・切断することで進行する．このため，先の負の活性化エネルギーが得られた理由は，表面吸着水素の脱離が温度とともに活発になり，表面 Si 原子のバックボンドの緩和が生じにくくなったこと，さらには Si バルク内への水素原子の拡散が温度とともに促進され，Si サブサーフェスでの水素濃度が下がり，緩和バックボンドへの挿入反応速度が低下するためである．以上に示した原子状水素による Si のエッチング挙動の温度依存性を積極的に利用すれば，Si 原料と任意基板の間に適当な温度差を設けることで，基板上への Si の一方向輸送を実現できる．

ここでターゲット Si の温度を T_{tgt}，基板温度を T_{sub} とし，エッチングされた原料が全て成膜に寄与するとすれば，基板上への成膜量は次式により予想することが可能となる．

$$R_d = R_{e0}\exp\left(-\frac{E_a}{kT_{tgt}}\right) - R_{e0}\exp\left(-\frac{E_a}{kT_{sub}}\right) = R_{e0}\left\{\exp\left(-\frac{E_a}{kT_{tgt}}\right) - \exp\left(-\frac{E_a}{kT_{sub}}\right)\right\}$$

本式を利用すると，先の図 14 の結果が得られたプラズマ条件では，原料 Si の温度を 70 ℃，基板温度を 400 ℃ とすれば，10 nm/s 以上の成膜速度で Si 膜が作製可能である．ここでエッチング反応の反応頻度因子 R_{e0} は，プラズマ条件に依存し，とりわけプラズマ中の原子状水素密度に大きく依存する．このため原子状水素の親分子となる水素分子の高密度供給につながるプロセス圧力の高圧化は重要である．しかしながら，プロセス圧力の増大に伴って三体反応（H + H + M → H$_2$ + M）による反応速度（d[H]/dt = −k[M][H]^2）が大きくなる[8]（原子状水素の消滅速度が大きくなる）ため，プロセスを高圧化した場合には，投入電力を適宜増加させる必要がある．

ここで，本成膜法では気体の粘性が顕著となるプロセス圧力を用いているため，原料側で生成された SiH$_4$ の基板側への輸送は，主に拡散によって支配される．拡散現象は，以下のフィックの法則による拡散方程式によって支配されている．

$$J = -D\frac{\partial N}{\partial x} \qquad (2.1)$$

$$\frac{\partial N}{\partial t} = D\frac{\partial^2 N}{\partial x^2} \qquad (2.2)$$

ここで J は物質の流束，D は拡散係数，N は濃度，x は位置，t は時間である．系が定常状態となっている場合，式(2.2) の偏微分方程式は無視できるため，式(2.1) にしたがって基板上への物質輸送が行われる．式(2.1) における拡散係数 D は，同一質量，同一直径の気体分子に対して，式(2.3) の通り表される．

$$D = \frac{1}{3}\bar{v}\lambda = \frac{\eta}{\rho} = \frac{2}{3}\left(\frac{k^3}{\pi^2 m}\right)^{\frac{1}{2}} \cdot \frac{T^{\frac{3}{2}}}{pd^2} \tag{2.3}$$

ここで，$\bar{v}$：平均速度，λ：平均自由行程，η：粘性係数，ρ：ガス密度，k：ボルツマン定数，m：ガス分子の質量，T：絶対温度，p：圧力，d：分子直径である．式(2.3) より明らかなように，拡散係数は圧力の上昇に反比例して減少するため，雰囲気の高圧力化は成膜速度を低下させる因子となるが，一方で，パッシェン則[9]のためより狭い電極間隙の空間内（小さな原料-基板間距離）へ安定なプラズマを生成することが可能となる．狭ギャップでのプラズマ生成により，原料-基板間距離が小さくなることで大きな濃度勾配が得られ，さらにガス温度 T も上昇するため，大きな流束が高圧下でも維持できることとなる．本成膜法の物質移動について別の説明をすれば，SiH_4 ソースとなる原料側の SiH_4 分圧と SiH_4 シンクとなる基板側の SiH_4 分圧の圧力差によって行われているともいえる．

なお，本成膜法の呼称に「大気圧」という語を用いているが，その意味するところは「大気圧近傍の粘性流雰囲気」であり，大気と均衡する圧力にこだわる必要は必ずしも無い．むしろ，粘性流雰囲気の狭ギャップグロー放電を生成・利用する点にその重要さがある．

3.3　固体原料からの水素化ガスの生成挙動

先の図14 では，Si のエッチングレートの温度依存性を示したが，本手法により Si 以外にもさまざまな薄膜の形成が期待できる．本手法によりいずれの薄膜を作製する場合にも，その固体原料のエッチング特性，さらには生成される水素化揮発性ガスがどのような分子であるかを把握する事は非常に重要である．例として，Si と同族のⅣ族に属する C（等方性グラファイト），SiC（3C-SiC 焼結体）および Ge，さらにはⅢⅤ族を含有する GaP に関してそのエッチング特性の温度依存性を図15 に示す．これらのエッチング実験は，いずれも同一条件で生成したプラズマに曝露することにより行われたものであるため，今回対象としたⅣ族原料の中で Ge が最もエッチングされにくいことが分かる．このような挙動の違いは，エッチング対

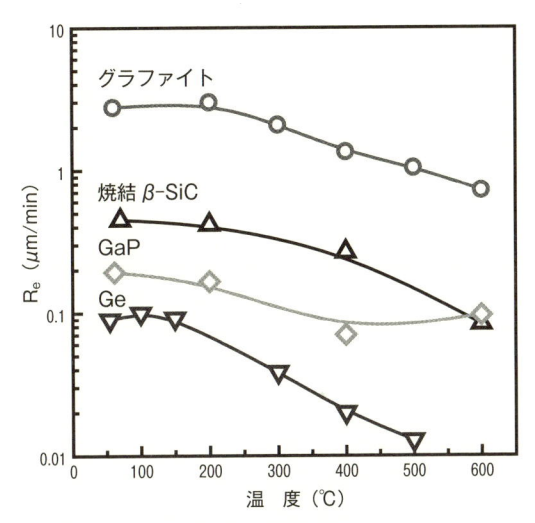

図15 高圧水素プラズマによる各種材料のエッチングレート：
R_e の材料温度依存性

象となる物質の表面終端水素の結合安定性やバルク内への拡散挙動の違いにより説明しうる．また GaP のエッチング挙動については，400℃以上では熱的な P の脱離がプラズマに関係なく現れ，400℃以下においては，赤褐色の GaP 基板表面のプラズマ曝露した部分に，金属光沢を呈する金属 Ga が残留し，P が優先的に水素化揮発していることが認められた．この結果は，固体原料を構成する元素に対し原子状水素による化学反応の選択性が強く現れることを示している．この性質を積極的に利用する事で，2種以上の元素が混合された原料から，ある特定の元素を選択的に抽出（精製操作）することが可能となる．

ここで，Si，C，SiC 原料から生成される水素化揮発性ガスを気相 FTIR により分析した結果を図16 に示す．図に示すスペクトルのピーク波数から，固体 Si 原料と水素プラズマの反応により生成される水素化ガスは，SiH_4 である事が確認される．一方，グラファイトから生成される水素化ガスは，主として CH_4 である事が確認できる．ここでグラファイトにおいては，CH_4 の他に微量のアセチレンが生成されている[10]．次に SiC 原料を用いた場合には，図に示すとおり SiH_4 および CH_4 に関連する波数域に同時にピークが現れており，SiC 原料からは SiH_4 および CH_4 が生成されている．一方，スペクトルには SiC の結合に関連する 700 cm^{-1} 近傍の

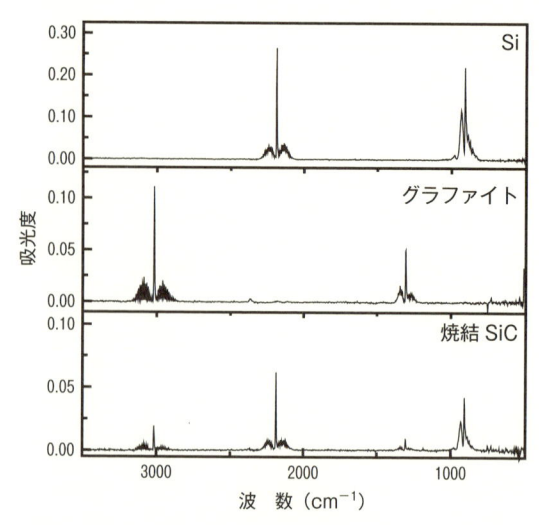

図16 高圧水素プラズマと各種固体原料間の反応により生成される
ガス成分のFTIR吸収スペクトル

SiC伸縮振動のピークは観察されず，CH_3SiH_3等のメチルシラン系のガスは生成されてない事も分かる．このことから，水素プラズマによるSiC膜の形成は，モノマー親分子の輸送により行われ，気相中でSiC結合を含む分子を形成することなく，基板表面での反応で進行するメカニズムを考察できる．

以上のように，粘性流領域のプラズマ中の反応機構を診断する上で，FTIRを用いた分析法は，質量分析計を扱う際のような高価・複雑な差動排気システム等を必要とせず，安価・簡便・非破壊に実施可能な測定法であり，また結合についての情報も得られるため非常に強力なツールとなる．

3.4 応用例
3.4.1 Si膜

APECT法では，3.2で示したとおり，原料の効率的な冷却，原子状水素の生成，原料ガスの拡散輸送が最適化されることで高速成膜が達成される．これまでに成膜速度の各種パラメータに対する依存性を検討し，以下の事が明らかとなっている．まず，水素圧力については減少させるほど成膜速度が上昇する[11]が，過度に圧力を低下させるとプラズマを狭ギャップ内に生成することが困難となる．投入電力に関

しては，その上昇とともに成膜速度は上昇する[6]．基板温度については，ある温度までは成膜速度の上昇が観察されるが，一定温度以上になると飽和する．全圧一定のまま希ガス希釈により水素濃度を低下させると，成膜速度は低下し，希ガスのみでは，Si の成膜は一切進行しない[12]．このことは，APECT 法による成膜プロセスが，物理的スパッタではなく，化学反応による揮発輸送に依ったものであることを示している．さらに原料温度については，成膜速度が最大値となる最適温度が存在している．このような成膜条件を調整することにより，400 ℃以下の基板温度にて 10 nm/s 以上の成膜速度を容易に得ることが可能となっており，成膜速度の最大値として 22 nm/s が得られている．

図 17 に APECT 法により Si(100) 基板上に作製した Si 膜の表面形態および断面形態を SEM および TEM により観察した結果を示す．図中には，それぞれの膜の TED パターンも示している．

図 17(a) は，純水素雰囲気で作製した Si 膜を，図 17(b) は成膜雰囲気を He 希釈し水素濃度 25% で作製した Si 膜の結果である．表面 SEM 像より，He 希釈することで同一膜厚にもかかわらず，その面内方向への粒径が 1 μm 程度から 3 μm 程度まで劇的に拡大している．一方，断面 TEM 像から純水素の場合には，基板界面

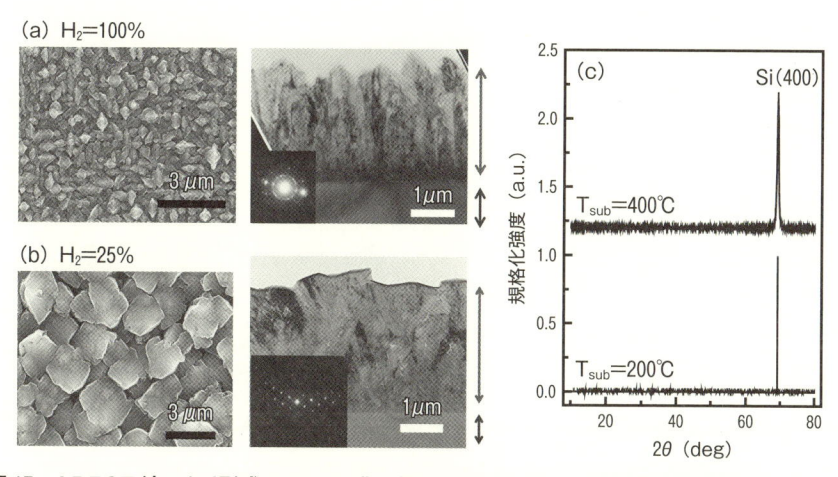

図 17 APECT 法により形成される Si 膜の表面・断面形態とその透過電子線回折パターン (a)(b)，ならびに He 希釈 APECT 法により形成された Si 膜の X 線回折スペクトル (c)
(a) $H_2 = 100$ % の雰囲気，(b) $H_2 = 25$ % の雰囲気にて作製，(c) $H_2 = 5$ % の雰囲気にて T_{sub} を変化させて作製．

から柱状成長しているのに対し，He 希釈下で作製した Si 膜では膜厚の増加に伴って粒径が拡大している．また TED パターンには，純水素下では多結晶 Si 膜の成長を示すリングパターンが観察されるのに対し，He 希釈雰囲気では単結晶 Si 膜の成長を示すスポットパターンが得られている．この結果は He 希釈雰囲気下で作製した Si 膜は，膜内に欠陥を含むものの Si 基板上にエピタキシャル成長している事を示しており，雰囲気により成長様式が変化している様子が確認できる．また図 17 (c) は，He 希釈により基板温度 200℃，400℃で作製した Si 膜の XRD スペクトルを示すが，いずれの基板温度においても (400) 面からの回折ピークが観察されるのみである．このことは，APECT 法では，He 希釈することにより 200℃の基板温度においても Si 膜をエピタキシャル成長させることが可能であることを示している．

このように低温エピタキシャル成長可能となるのは，雰囲気に原子状水素が存在することで Si 表面が水素終端され表面拡散し易い状態となっていること，さらには He 希釈により成膜速度が低下することで，成膜前駆体の表面マイグレーションが充分に行われる環境が創成されたためである．この考察に基づき，He 希釈法を用いない純水素雰囲気下においても，成膜速度を調整することによりエピタキシャル成長可能であることを確認している．以上のような緻密な構造を持つ Si 膜が形成できる条件では，欠陥密度を 10^{16} spins/cc 以下に低減できる．また膜中への不純物導入により 10^{-7} S/cm から 10^{-1} S/cm まで約 6 桁の導電率制御が可能となっており，疑似太陽光照射下（AM1.5 100 mW/cm^2）での光感度は 90 以上が得られている．

ここまで紹介した APECT 成膜では，成膜中に水素ガス等の補給を行うことなく静的な状態で行われており，ガスの消費はほとんどない．また図 18(a) のとおり Si 原料の利用効率は平均で 92%であり，条件によっては 100%に達する．このように，原料から生成した成膜前駆体のほとんどを基板上の Si 膜として利用できるため，成膜チャンバーの壁面等を汚すことがない．図 18(b) に膜厚 2 μm 換算で通算 1000 回の成膜実験を行った成膜チャンバーおよびその配管内部の写真を示す．図 18(c) には，SiH$_4$ ガスを用いた熱およびプラズマ CVD を十数回行った後のチャンバフランジおよび配管の様子も示した．CVD チャンバーでは，茶褐色の粉塵が多量に付着している様子が確認できるが，APECT に用いたチャンバー壁面は未だ電解研磨の金属光沢面を維持しており，配管においても Si ダスト特有の茶褐色の粉塵の付着が見られない．

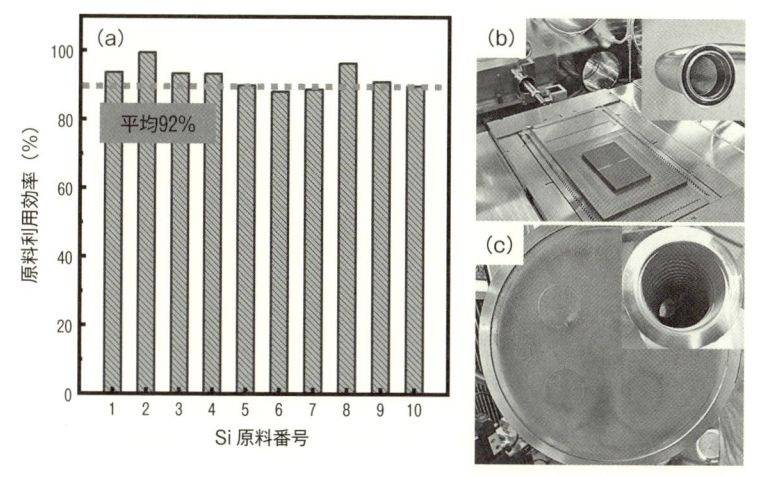

図 18 (a) APECT 法における原料 Si の利用効率．(b) 膜厚 $2\,\mu m$ 換算で 1000 回の成膜実験を実施後の APECT チャンバ内および配管の外観．(c) SiH_4 を用いた CVD を十数回実施後のチャンバフランジおよび配管の外観

このことから，APECT 法は，原料を無駄なく使用することが可能で，生産性を低下させ環境負荷の大きなエッチャントガスを用いるチャンバークリーニングプロセスを必要としないため，エコクリーンな成膜プロセスであるといえる．

3.4.2 SiC 膜

APECT 法による Si 以外の薄膜形成例として，結晶 Si 太陽電池用 n 型エミッタ層への適用を目指した微結晶 SiC 膜の形成について紹介する．SiC 薄膜を形成する場合，焼結 SiC など最初から SiC の組成を持つ物質を固体原料として用いることもできるが[13]，より低コストな原料として，Si および等方性グラファイトを固体原料に用いることができる[10]．これらの原料からプラズマ中に CH_4 および SiH_4 を独立して供給し SiC 膜を形成する．これまでに，100 ℃の基板温度にて微結晶 3C-SiC 薄膜の形成が確認されており，あらかじめ P ドープされた Si 原料を用いる事で n 型 SiC が容易に作製できる．これにより，基板温度 200 ℃で 0.01 S/cm 以上の導電率を持つ微結晶 SiC 膜が得られ，600 ℃では 2 S/cm 以上の SiC 膜の作製が可能である．そこで，本手法で n 型 SiC エミッタ層を p 型 Si 基板上に形成することで作製したヘテロ接合 pn ダイオードの電流-電圧特性を評価した．図 19 に，その結果を示す．図中の実線が光照射下，破線が暗状態での電流電圧特性を示す．図より，形成した SiC/Si ヘテロ接合 pn ダイオードが整流性・光発電動作を示してい

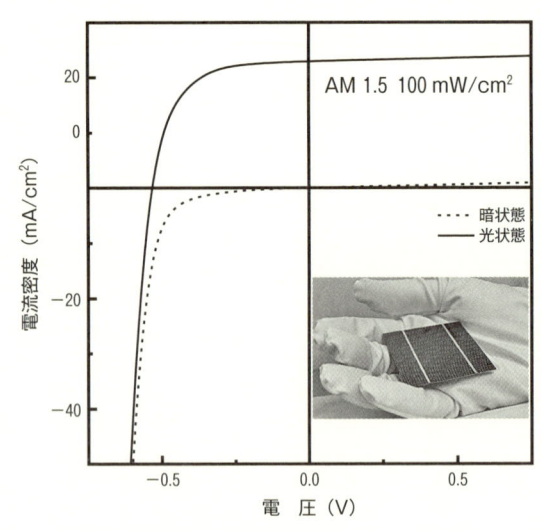

図19 APECT法により作製したn型SiC/p型Siヘテロ接合ダイオードの電流電圧特性
実線は疑似太陽光の照射有り，破線は暗状態での特性．挿絵は，作製した太陽電池の外観

ることが分かる．今回得られたデバイス特性は，デバイス構造の最適化を行ったものではないため，変換効率は約9％と高くないが，APECT法によるSiC膜が，n型エミッタ層として有効に動作する事が分かった．今後は，接合界面の状態を理解し，それを改善するための成膜プロセスの改良，さらにはx軸切片の開放電圧近傍の曲線の傾きが緩やかである事から，直列抵抗が未だ大きい事を示しており，これを改善するためのデバイス構造の最適化が望まれる．

3.5 むすび

古くより知られる化学輸送技術を大気圧近傍のプラズマと融合させ，成膜速度の超高速化と成膜製造プロセスの高効率化・低環境負荷化を狙った新たな成膜技術の開発状況について述べた．今後の課題として，膜物性のさらなる向上，製造エネルギーの利用効率の高効率化，デバイス構造の最適化を行う必要がある．

第3章

ナノデバイス創成技術

1. MEMS 微細加工による三次元構造形成

1.1 はじめに

　半導体集積回路の作製技術を発展させた MEMS（Micro Electro Mechanical Systems：メムス）と呼ばれる微細加工技術によって，基板上に電子回路だけでなく，センサやアクチュエータなどの微細構造体を一体化・集積化することができるようになってきた．身近な例としてはインクジェットプリンタのヘッド，エンジンやタイヤ空気圧のための圧力センサ，携帯電話やゲーム機，カーナビゲーションシステムに搭載されている加速度センサ，ジャイロセンサ，マイクロフォン，タッチパネル，DMD（Digital Micromirror Device）を利用したプロジェクタなどが挙げられる．また，マイクロメートルサイズの構造体だけでなく，ナノメートルサイズの3次元構造体を形成する NEMS（Nano Electro Mechanical Systems：ネムス）では，トップダウンによる微細加工だけでなく，分子の自己組織化を用いたボトムアップ型の作製手法が用いられている．従来の部品をあらかじめ作製し組み立てる機械加工と比較すると，平面的な処理を3次元方向に繰り返す手法のために加工の制約が多いが，小型化，集積化，量産による低コスト化がメリットとして挙げられ，小型化，集積化によって携帯機器に組み込めるほど小さくなり，高感度，高速応答，低電力化が可能になった．上記の例で挙げたような部品が近年身近な民生品に幅広く用いられるようになったのも量産による低コスト化が要因として大きい．本項では MEMS デバイスを実現する微細加工の基礎的な技術について述べる．

1.2 フォトリソグラフィ

　フォトリソグラフィとは，ガラス上に蒸着されたクロムをあらかじめパターンしたフォトマスクと呼ばれる部材の上部から，水銀ランプ等で紫外光を照射し，フォ

トマスク上のクロムが無い部分から光が透過することで基板上のレジストを感光させ，フォトマスク上のパターンを転写する手法である．フォトマスクを作るのに時間がかかるが，一度作ってしまうことで同じパターンを何度も短時間で作製することができることから，微細加工技術として広く用いられている手法である．パターンが転写されたレジストをマスクとして基板材料をエッチングすることや，レジストを鋳型としてめっきを行うことができる．MEMS微細加工技術ではその他に，レジストを構造体形成用の犠牲層（最終的に取り除かれる仮の足場層）や，レジストそのものを3次元の構造体として用いることも行われている．

IC（Integrated Circuit：集積回路）が産業化された当初は近接露光や密着露光が用いられていたが，解像度の向上と基板の大面積化に対応するために現在は縮小投影を行いながら小さいパターンをスキャンして次々に露光を行うステッパが用いられている．レンズは開口数NA（Numerical Aperture）を上げることで解像度を高めてきたが，NAの向上は焦点深度とはトレードオフの関係にあるため，プロセスが進むにつれエッチングや成膜で凸凹になった表面のパターニング解像度に難が生じた．これの解決にはCMP（Chemical Mechanical Polishing：化学機械研磨）による平坦化と露光光源の短波長化が有効であり，実際に高圧水銀灯のg線（波長 λ = 436 nm），i線（365 nm），KrF（フッ化クリプトン）エキシマレーザ（248 nm），ArF（フッ化アルゴン）エキシマレーザ（193 nm）と短波長化が進められてきた[1]．しかし，短波長化に伴う光学系やマスクに使用可能な材質制限が短波長化導入の障壁となっており，加工寸法の微細化スピードと比べると短波長化は非常に遅れている．2013年現在の回路パターン最小寸法は22 nmであり，光源波長より小さい寸法をパターニングしている．波長より短いサイズのパターン形成に関する技術は超解像技術と呼ばれており，マスク補償，反射防止膜，位相シフトマスクのようなマスクの改良によるもの，変形照明，多重露光，スキャン露光のような光学系の工夫によるもの，化学増幅レジスト，ケミカルシュリンク，二光子吸収レジストのようなレジスト材料によるものが挙げられる[2]．

MEMS分野では構造体作製が主目的であり，集積化・省電力化を目指すICのような微細化が必ずしも求められていないため，パターン精度はミクロンオーダーで十分である．その一方で，3次元の構造体作製のためには高さ方向にパターンを露光する必要があるが，半導体で通常用いられるレジストは数百 nm～2 μm 程度の膜厚を想定して作られているため，膜厚を高くした際には良好なパターンを得られない事が多い．MEMSではレジスト膜厚やウェハ段差が数 μm～数百 μm になる

場合もあり，このレジスト厚さを精度よく解像するために，LIGA（Lithographie Galvanoformung Abformung：Lithography Electroplating Molding の独語省略形）と呼ばれる技術が 1980 年代初頭にカールスルーエ核開発研究所で開発された[3]．透過性の高い波長 1 nm 以下の平行 X 線を用いることでアスペクト比（構造体の縦横比）100 以上の厚いポリマー構造体が実現されている．

近年ではより簡易な光源，マスクを用いて 3 次元構造体が解像できるよう，通常のレジストと同じ紫外線露光によって高アスペクト比構造体を得られる厚膜レジストが開発され，UV（Ultra Violet）-LIGA とも呼ばれている．こうしたレジストはネガ型であるが，これはネガ型レジストが光の透過性がポジ型レジストよりも高いこと，露光部が硬化するネガ型の方が現像の際に壁面の垂直性を得やすい事が理由である．厚膜においても高感度と側壁の垂直性を実現するために，レジストはベースポリマー，架橋剤，酸発生剤が含まれている化学増幅型のものが使用されている．露光によってレジスト内に酸が発生する化学増幅型レジストでは，PEB（Post Exposure Bake：露光後加熱）を行うことで酸が触媒作用的に架橋剤を分解され，パターンが形成される．化学増幅型でないレジストと比較して，少ない露光量でも架橋剤が分解されるため，高感度となる．こうしたレジストでは露光後にレジストを塗り重ね，現像を一括して行うことで複数層の形状を得ることも可能である[4]．

この他，立体形状へのレジスト塗布法として，スプレーコーティングと呼ばれる塗布法がある．立体にスピンコーティングを施すと凹部でレジストが厚くなり，凸部でレジストが薄くなるため，レジストを微粒子状にして噴霧することで均一な膜厚を得ることができる．微粒子が付着した瞬間に溶媒が揮発し，レジストが凝固することが望ましいので，レジストの噴霧量の適切な設定と，基板を可能な限り加熱することが必要である．ソフトリソグラフィと呼ばれる手法では，モールディングによりシリコーン樹脂に鋳型形状を転写し，構造体を作製する（図1）．マイクロコンタクトプリンティングでは，ソフトリソグラフィによって微細な凹凸を持つ作リシリコーン樹脂製のスタンプを作製し，スタンプに塗布物を薄く塗り広げた後に判子のように転写することでパターニングを行う．

1.3 ナノインプリント

以前からプラスチックの射出成形や，紙やプラスチックへのエンボス加工による，材料へのミリメートルやマイクロメートルのパターン転写が行われていたが，1996 年に Chou らによってナノメートルレベルのパターンがポリマー上に転写で

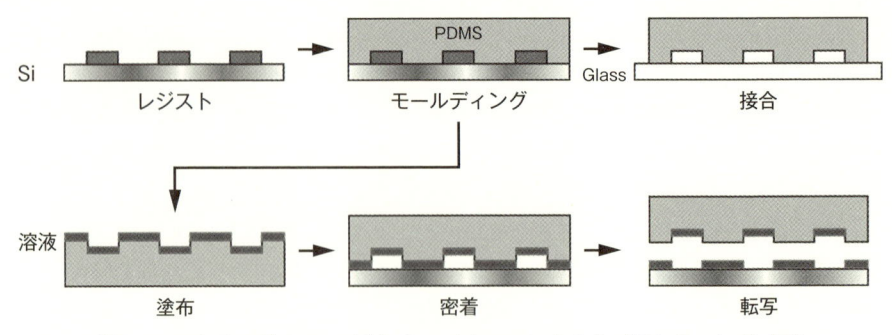

図1 ソフトリソグラフィ（上）とマイクロコンタクトプリンティング（下）

きることが示された[5]. コンタクト露光（フォトマスクと基板を密着させて露光する）によるフォトリソグラフィではナノメートルレベルのパターン形成が難しく，縮小投影露光装置（光学系を用いて縮小したマスクパターンを露光する）ではナノメートルレベルのパターン形成が可能なものの，高額な装置が必要なのに比べ，ナノインプリントでは数十nmからのパターンを比較的安価に形成できる.

ナノインプリントでは熱ナノインプリントと光ナノインプリントの2つの手法が主に用いられており，熱ナノインプリントでは熱可塑性樹脂をガラス転移点程度まで熱した後にモールドを押し付けて加圧することでパターンを形成する．光ナノインプリントでは，光硬化性樹脂を塗布した基板にモールドを押し付けて加圧し，紫外線を照射することで樹脂を硬化させパターンを形成する（図2）．熱ナノインプリントでは材料の選択性が広いこと，光ナノインプリントでは加熱後の軟化によるパターン崩れが少ないことがメリットである．ナノインプリントの実施にあたって

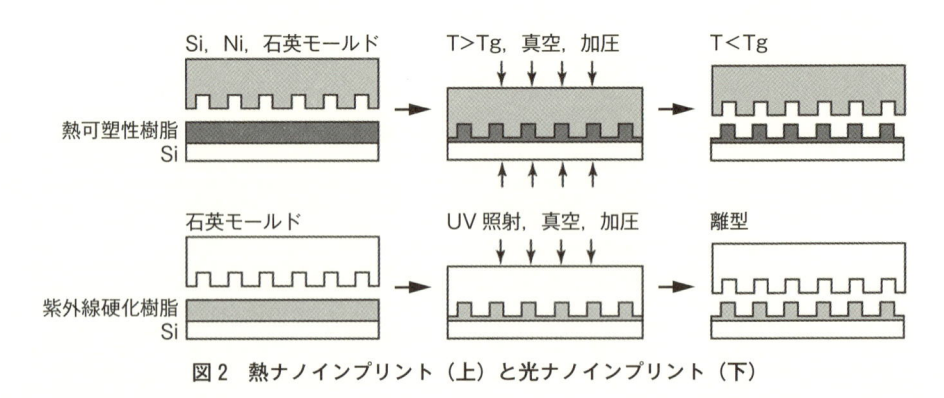

図2 熱ナノインプリント（上）と光ナノインプリント（下）

は，共にモールドに対し離型処理を施す必要があること，気泡の混入を防ぐために真空状態で加圧する必要があることに注意点が必要である．インプリント後は必ずパターン形成部にも樹脂が浅く残るため，パターニング後にプロセスを行う場合には，酸素プラズマで全体を浅くエッチングし，基板表面を露出させる工程を挿入する必要がある．

1.4 ウェットエッチング

機械加工の分野では切削や研削によって目的の形状を得る手法が一般的であるが，半導体分野においては加工の精度がナノメートルからマイクロメートルオーダーであり，化学反応やプラズマ処理を使った異なる原理の加工法が用いられる．1 nm オーダーの精度実現には原子・分子レベルでの加工法が必要であり，このような原子・分子単位での加工がさまざまに開発されている．半導体におけるエッチングはエッチング雰囲気が液相中か気相中かで大別され，ウェットエッチングとドライエッチングと呼ばれている．

LSI（Large Scale Integration）では加工精度の高さと自動化の2つの利点からエッチングにはドライプロセスが採用されているが，装置が高額であること，一括処理できないことがウェットプロセスと比較した際の欠点である．エッチングには等方性と異方性があり，フォトリソグラフィの後にエッチングすることで開口部のみがエッチングされた目的の形状を得る．このとき重要となるのがエッチャント（エッチング溶液）に対するマスクの選択性であり，加工材料とマスクのエッチングレートの比を選択比と呼ぶ．

等方性エッチングではマスク開口部のすべての方向にエッチングが進行し，曲面形状が形成される．エッチング深さが小さければ横方向のエッチングは問題にならないが，加工深さを取る MEMS 加工では横方向にも深さと同じだけエッチングされるので適さない．異方性エッチングでは，エッチャントに被加工材料の結晶方位に差がある溶液を選ぶことで，結晶面の形状・角度に依存したさまざまな3次元形状が作製できる．単結晶 Si においては KOH や水酸化3メチルアンモニウム（TMAH）などの溶液に浸漬すると，結晶の（100）面，（110）面，（111）面の順にエッチングレートが落ちていく．これは定性的には Si のダイヤモンド結晶構造に由来すると考えられ，Si の4つの結合手のうち表面側にある結合手が多いほどエッチングレートが早いと説明できる（図3）．

エッチャントは表面側に接触することで表面の Si 原子の結合を変化させ，裏側

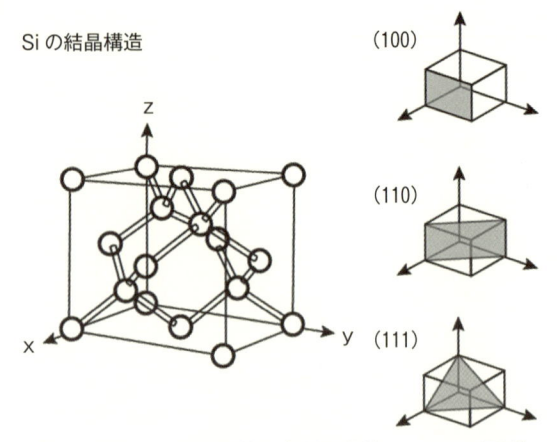

図3 シリコンの結晶性と各種異方性エッチング形状

の結合手であるバックボンドの結合力を弱めることで溶液側に溶解させる.ただし,エッチングにはバックボンド以外の要因が多数存在し,ドーピング濃度,電気化学反応,添加剤によっても結晶面に対する異方性は大きく変わることに注意が必要である[6].一般的な Si 基板は(100)面を表面としている.(100)面と(111)面の交線方向である〈110〉方向に平行な方向にパターンを切ると2つの(111)面を二辺とする V 字の溝が形成できる.開口を四角にすると台形の凹みができ,最終的に逆ピラミッド形状となる(図4).(110)面を表面とした Si 基板では(111)面が表面と直交するため,マスク開口部を小さく取ることで垂直な深溝形状を得ることができる.しかし(111)面同士は直交していないため,端部が三角形状となる.

ドライエッチングと比較した場合のウェットエッチングの欠点としては液相プロセスのためエッチング量の制御が難しいという問題があったが,決められた高さまでエッチングする手法としてボロンドープによるエッチストップが行われている.高濃度のボロンドープ層をあらかじめ作製してエッチングを行うと,ボロンドープ層のみを残すことができる.pn 接合を逆バイアスすることによっても,n 層を選択的に残すことも可能である.n 層に 0.6 V 程度の正電荷を印加しながらエッチングすると,p 層では通常のエッチングが起こる一方で n 層では陽極酸化が起きて表面が SiO_2 となるためエッチングが停止する.

エッチング液の特性としては,TMAH は現像液としても用いられている物質であり,電子デバイスへの適合性が高く,SiO_2 との選択比も高い.しかし薬品がや

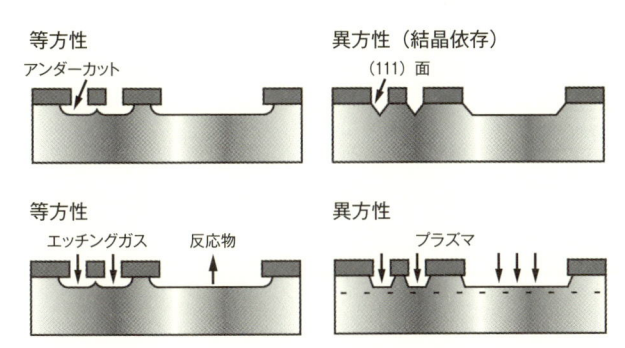

図4 ウェットエッチング（上）とドライエッチング（下）のエッチング断面の様子

や高価で（111）面でアンダーカットが生じるなどの異方性に劣る．KOHは異方性が良好であり，アルカリ溶液として取り扱いが容易である．酸化膜との選択比が低いことと，アルカリ金属を含むため電子デバイス作製に利用できないことが欠点である．

陽極酸化によるマクロポーラス形成を利用することで，ハイアスペクト比な構造体を得ることができる（図5）．フッ酸溶液中でSi基板に光と電圧を印加しながらエッチングを行うと，光により励起されたホールが陽極のSi表面を酸化し，SiO_2 がフッ酸に溶解することでエッチングが進む．結果，多孔質Siが形成されるが，ドーピング濃度，電圧，光強度，フッ酸濃度，結晶方位により孔形状が変化する[7]．

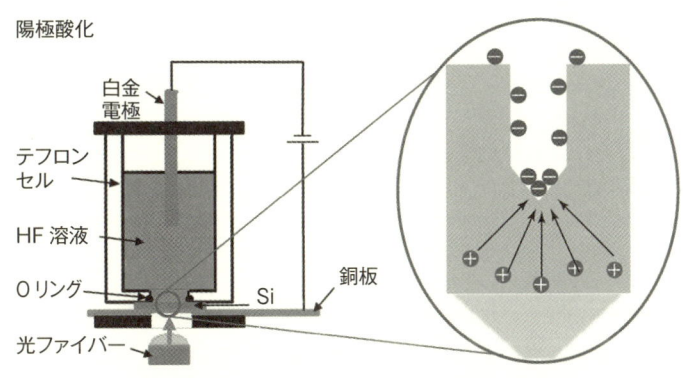

$$Si + 4OH^- + \lambda h^+ \Rightarrow (4-\lambda)e^- + SiO_2 + 2H_2O$$
$$SiO_2 + 6HF \Rightarrow H_2SiF_6 + 2H_2O$$

図5 マクロポーラスシリコンの作製方法

1. MEMS微細加工による三次元構造形成

直径が2 nm以下のものをマイクロポーラス，2～50 nm程度のものをメソポーラス，50 nm以上のものをマクロポーラスと呼ぶ．最初に逆ピラミッド形状を作製して陽極酸化を行うと，電解集中によって孔の先端部にホールが優先的に集まることでハイアスペクト比なマクロポーラスが形成される．結晶欠陥があると欠陥を起点にエッチングが進む．そこでこれを利用してあらかじめレーザーや光照射，押圧印加することで結晶を脆化させ，エッチングの開始点を制御することも可能である．

1.5 ドライエッチング

ドライエッチングにおいては，スパッタリングによる物理的なエッチングと反応性ガスによる化学的エッチングを組み合わせることで，等方性なエッチングを実現できる．また，基板にバイアスをかけることでプラズマが垂直入射するようにすることで，異方性エッチングを行うこともできる（図4）．ウェットエッチングでも述べたようにドライエッチングではエッチング条件とエッチング速度を厳密に制御することができるため，エッチング深さの精度を上げることが可能である．

MEMS微細加工技術において最も特徴的なのがDRIE（Deep Reactive Ion Etching）であり，ウェットエッチングとは異なってマスクの形を保ったまま垂直にエッチングが可能である．90年代に異方性ドライエッチング技術は急速に発展し，側壁を保護する保護膜の形成と，垂直方向にエッチングを進める反応性イオンによるプラズマプロセスの2つによって成り立っている．デポジションステップとしてはC_4F_8プラズマによって保護膜の形成が行われ，エッチングステップとしてはSF_6プラズマによってSiのエッチングが進む．

これら2つのプロセスを数秒おきに交互に繰り返すことで深堀り加工が実現される．プロセスの時間比を変えると，底に行くほど直径が大きくなる孔や，逆に小さくなる孔が形成できる．繰り返しの間隔を狭めることで1回ごとの等方性エッチングに由来するスキャロップと呼ばれる側壁の段差を小さくすることができる．このプロセスはボッシュプロセスと呼ばれるが，まずデポジションステップでC_4F_8がプラズマ中で分解することでCFx膜が全面に等方的に形成される[8]．エッチングステップでは，まず堆積膜が混合されたArプラズマとSF_6プラズマによって除去される．このとき基板にはRF（Radio Frequency）高周波バイアスが印加されることでプラズマ化したイオンの垂直入射が促進され，側壁側の保護膜にダメージを与えることなく底部のみを選択的に除去する．露呈したSi表面はSF_6由来のフッ素ラジカルによって等方的に高速エッチングされる．初期には平行平板を用いていたプラ

ズマエッチング装置であったが，近年ではラジカル密度を高めるために ICP（Inductively coupled Plasma：誘導結合型）型が用いられている．

1.6　3次元構造の接合・密封・実装

接合によって基板同士を貼り付けることで，より複雑な構造体や異種材料を集積化することができる．接着剤やロウ付け，融着を用いた接合は簡易かつ一般的であるが，ミクロンオーダーの構造部への流れ込みや，液相部が固化する際の体積変化のため精密な接合には不向きである．

MEMS では固相同士の接合が適しており，その中でも陽極接合はセンサ部位の真空パッケージングなどによく用いられている．陽極接合の原理は，ガラス基板と Si 基板を洗浄して重ねあわせた後，両者を 400℃程度に加熱し，ガラス側を負極にしながら 1000V 程度の電圧を印加することで接合できる．加熱によってガラス中のアルカリ金属イオンが移動できるようになり，電圧の印加によって負電荷が Si 側に引きつけられる．界面では静電引力によって吸着が生じ接着が起こる．接着が起きている間電流が流れるので，電流を測定することで接合の開始/終了を計測できる．数十 nm〜1μm 程度の段差があっても加熱によるガラスの軟化が起き，強い静電引力発生しているので接合が可能である（図6）．ガラスには Si との熱膨張係数が等しいものを使うことが望ましい．

共晶接合では 2 種の金属が共晶化することで融点が下がり，加熱・加圧によって接合される手法である．Au-Sn（280℃），Au-Si（370℃），Cu-Sn（231℃），Au-In（156

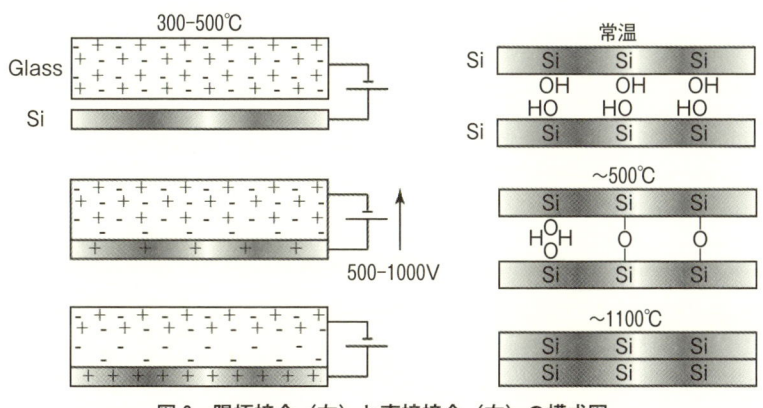

図6　陽極接合（左）と直接接合（右）の模式図

℃）などが共晶金属として用いられ，ウエハの接合やチップ間のバンプ接合に利用されている．Au や Ni 同士は圧着で接合できる．直接接合は SOI（Silicon-On-Insulator）基板の作製に利用されているが，Si 基板同士や，Si-SiO$_2$ を接合可能である．Si 基板の清浄表面では末端の OH$^-$ 基により水素結合を生じる．500℃ では OH$^-$ 基同士の脱水縮合が起こり，さらに 1000℃以上の高温では酸素原子も拡散することで Si 原子同士が結合する．原子間力によって接合するためにきわめて平滑で清浄な表面でないと接合できない．

希釈した HF 溶液を挟み込んで加圧しながら乾燥させることで Si 基板を接合する方法も報告されている[9]．インプリントによって作製されたポリマー構造体を接合する際には，ガラス転移点以上の高温で接合すると前に作製した構造が崩れてしまう．ガラス転移点付近で温度を一定に制御しながら加圧することでポリマー同士を接合することができるため，低温接合法として用いられている[10]．

近年では電子機器の小型化・軽量化・省電力化が強く求められており，ノートパソコン・スマートフォン・タブレットなどに使用される部品は低背化が進んでいる．半導体パッケージでは一般的に金細線を用いたワイヤーボンディングによって半導体基板とチップコネクタ間の接続が取られているが，配線長が長くなること，接続パッド面積が大きいことなどのデメリットから，フリップチップ実装や，複数のLSI チップを 1 つのパッケージに実装する SiP（System in Package）にマイクロバンプや TSV（Through-Silicon Via）が採用されるようになってきた．TSV を用いる場合，チップ間を直接接続する 3D スタック方式と，TSV を施した基板をインターポーザ用として用いる方式がある（図 7）．3D スタック方式の方が配線長の縮小化や省電力化にはより効果があるが，多層の接合はコスト面と信頼性面との兼ね合いから現在は 4 層程度までが現実的である．一方でメモリのような広帯域かつ積層しやすい半導体パッケージでは，半導体の微細化速度よりも早く高容量化へのニーズが高まっているため，今後さらに多層のチップ積層を持つ SiP の実用化を目指している．

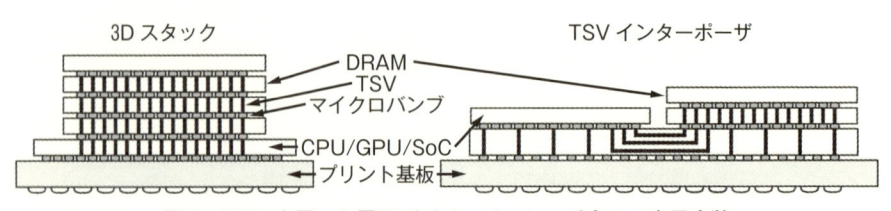

図 7 TSV を用いた電子デバイスパッケージ内の 3 次元実装

1.7 むすび

　MEMS 微細加工技術によって，マイクロからナノメートルサイズの微小な可動部品や三次元構造を持つデバイスが開発されるようになってきた．半導体の微細加工技術にひき続いて発展してきたこの技術はオプティクス，バイオ，発電，センサなどの広い応用分野を持っており，現在も活発に研究が行われている．この他にも微小化・微細化を施すことで生まれる新しい分野が現れつつあり，MEMS 微細加工技術はその基盤となる加工技術としてますます重要になっていくだろう．

2. 最先端ULSIのゲートスタック技術

2.1 はじめに

高度情報化社会は，シリコン半導体をベースとした集積回路（Integrated Circuit：IC）の発展によって支えられていると言っても過言ではない．現在，ひとつのチップに集積されたトランジスタ数は1000万個以上に達し，これらの超々大規模集積回路（Ultra Large Scale Integrated Circuit：ULSI）がさまざまなIT機器の高性能化と多機能化をもたらしている．さらに，高度化を続ける自動車分野においても半導体デバイスは欠かせない存在となった．

金属-酸化物-半導体（Metal-Oxide-Semiconductor：MOS）の積層構造から構成されるMOS型電界効果トランジスタ（MOSFET）は，ソース／ドレイン間の電流をゲート電圧で制御するスイッチングデバイスである．シリコン基板上の熱酸化膜（SiO_2）をゲート絶縁膜として用いたSi-MOSFETは，MOS界面の電気特性に優れ，その製造工程は微細化に適している．さらに，微細化によってトランジスタの性能向上と低消費電力化が可能であり，これまでICの集積密度は2年で倍増してきた（Mooreの法則）．加えて，相補型MOS（Complementary MOS：CMOS）を基本とした低消費電力回路の提案により，Si-CMOS技術の重要性がますます増している．

最先端のSi-MOSFETでは，微細加工技術の世代を表すテクノロジーノードが数十ナノメータ（nm）に達している．さらに，これらのナノエレクトロニクスでは，MOSキャパシタの容量密度が性能向上の指標となる．したがって品質に優れ，かつ，きわめて薄いゲート絶縁膜を可能にする原子レベルの生産技術の開拓が必須である．

2.2 MOS型電界効果トランジスタの動作原理

MOSFETの基本原理を理解するためには，半導体のエネルギーバンド構造，pn制御や接合技術，さらにキャリア輸送に関する基礎知識が必要となる．本節では詳細説明は割愛するが，半導体材料の基礎物性やデバイスに関しては入門書から専門書まで多くの名著1～3）があるのでそれらを参考にして欲しい．

図8に典型的なnチャネルMOSFETの構造と各部への電圧印加時のエネルギーバンド図を示す．nチャネルMOSFETは，p型半導体上に形成され，高濃度にn型不純物がドーピングされたソースとドレイン領域を有している．ソース／ドレイ

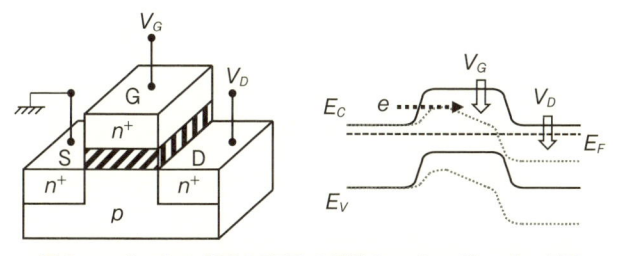

図8 nチャネルMOSFETの構造とエネルギーバンド図

ン間のチャネル領域には，ゲート絶縁膜と金属電極が積層されている．したがって，横方向には二つのpn接合が存在し，チャネル部分にはMOS構造が形成されている．通常の動作時では，ソースが接地されておりドレインに正の電圧（ドレイン電圧V_D）が印加される．この際，ソース領域の多数キャリア（電子）は，ソースとチャネル部分のフェルミレベル差に相当する電位障壁が存在するので，ゲート電圧（V_G）が0V，かつV_Dが十分に小さい条件では，ドレインには流れない．つまり，MOSFETは遮断状態となっている．次に，正のV_Dを印加した状態で，ゲート電極に正のV_Gを印加する場合を考える．ゲート電極下のp型半導体は，V_Gが閾値電圧（V_{th}）を超えるとゲート絶縁膜直下で反転し，電子が蓄積されてソースとドレインの間に電流経路（チャネル）が形成される．この状態は，正のV_G印加によりソース端での電位障壁を低下させた状態であり，ソース部分の電子がチャネルに流れ込み，ドレインに達する．MOSFETは，さまざまな演算回路やメモリーデバイス，さらには電力変換回路を構成する重要な電子デバイスである．

以下，nチャネルMOSFETを例に取り，その基本動作を説明する．先述のように，MOSFETの動作原理は，ゲートスタックをコンデンサ（MOSキャパシタ）として考えると，V_G印加で絶縁膜と半導体の界面に発生したキャリアを，V_D印加でドレイン側に引き出すと考えてよい．図9にチャネル部分に発生するキャリア密度の様子を表す模式図を示す．チャネル長をL（ソース端とドレイン端の距離），奥行きをW，ソース端を$x=0$とした際のチャネル部x位置での電位を$V(x)$とする．位置xでのキャリア密度$Q(x)$は，pチャネル領域に反転層が形成される閾値（V_{th}），ゲート電圧V_G，さらにドレイン部分へのV_D印加に伴うx点での電位変化を考慮すると，反転キャリア（電子）密度$Q(x)$は次式で表される．

$$Q(x) = -C_{ox}(V_G - V_{th} - V(x)) \tag{3.1}$$

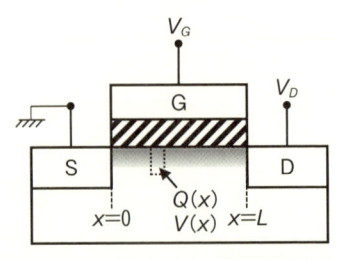

図9　nチャネルMOSFETの動作原理を表す模式図

ここで C_{ox} はMOS構造の静電容量である．また，I_D は x 方向の電界 $E(x)$（$= -dV(x)/dx$）とキャリアの移動度 μ を用いて

$$I_D = -WQ(x)\mu\frac{dV(x)}{dx} \tag{3.2}$$

となる．式(3.1)を式(3.2)に代入し，x および V について積分すると I_D は

$$I_D = \frac{W}{L}\mu C_{ox}\left((V_G - V_{th})V_D - \frac{1}{2}V_D^2\right) \tag{3.3}$$

となる[2]．式(3.3)よりMOSFETの閾値電圧 V_{th} を一定としたとき，トランジスタの出力 I_D はドレイン電圧 V_D とゲート電圧 V_G の関数となる．I_D の V_D 依存性を出力特性と呼び，V_G 一定かつ，V_D が十分小さい場合には，I_D は V_D に比例して増加する（直線領域あるいは線形領域）．ドレイン電圧が $V_D = V_G - V_{th}$ に達すると $x = L$（ドレイン端）で反転層が消失し（ピンチオフ），I_D は飽和傾向を迎える（飽和領域）．一方，I_D の V_G 依存性は伝達特性と呼ばれる．MOSFETの伝達特性はトランジスタのスイッチング性能を与える．たとえば，V_G に依存して I_D が急峻に立ち上がることで高速のスイッチングが可能となり，$V_G = 0$ での I_D の値は電流の漏れを表し，MOSFETの性能指標となる．

　式(3.3)より，チャネル長 L を短くすることで I_D は増大し，集積度も向上することがわかる．また，MOS構造のゲート絶縁膜を薄くすると静電容量 C_{ox} が増え，I_D が増大する．したがって，MOSFETの高性能化には，MOSキャパシタのスケーリングが必須となる．一方，電源電圧を上昇させると I_D は増大するが，消費電力も増加する．よって，MOSFETの閾値電圧 V_{th} を適切に下げて，低電圧動作を実現する必要がある．この際，V_{th} には高い安定性と信頼性が求められる．

2.3 ゲート絶縁膜の薄層化限界

シリコン表面の熱酸化によって良質な SiO_2 絶縁膜を形成可能である．従来の Si-ULSI の MOS 構造では，ゲート絶縁膜に SiO_2 が長く用いられてきた．酸化時の体積膨張を反映し，SiO_2/Si 界面にはダングリングボンド等の構造欠陥が生じるが，その大半は酸化後の水素雰囲気中の熱処理で電気的に不活性化できる．一方，ゲート電極材料としては，微細加工が容易なポリシリコン（Poly-Si）電極が用いられた．Poly-Si 電極は高濃度にドープされており，金属的な性質を持たせている．MOSFET の閾値は，Poly-Si 電極へのドーパント元素，あるいはチャネル領域のドーピング濃度を変えることで精密に制御される．

MOSFET のゲート絶縁膜が十分に厚い場合，ゲート電極に電圧を印加しても MOS 構造を流れるリーク電流は無視できる．しかし，ゲート絶縁膜の薄層化により，SiO_2 絶縁膜の膜厚が 2〜3 nm に達するとトンネル効果でゲートリーク電流が増加し，MOSFET の消費電力が急増する．MOS 構造を流れるトンネル電流成分は，絶縁層膜厚や，伝導帯および価電子帯オフセットで決まる．絶縁層膜厚の減少に伴って指数関数的にリーク電流が増大し，伝導帯や価電子帯オフセットが小さい場合には，電子電流あるいは正孔電流の増加がそれぞれ顕著となる．通常の Poly-Si/SiO_2/Si ゲートスタックでは，エネルギーバンド構造は既知であり，MOS キャパシタのゲートリーク電流と酸化膜厚との関係は，おおよそ図 10 中の実線にしたがう．これは，MOSFET の低消費電力化において致命的な問題であると同時に，ゲート絶縁膜薄層化によるトランジスタ性能向上のシナリオが破綻することを

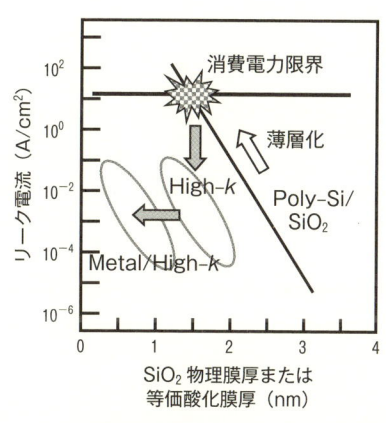

図 10　ゲート絶縁膜の薄層化に伴うリーク電流の増大

意味する.

2.4 高誘電率ゲート絶縁膜

　高誘電率 (High-k) ゲート絶縁膜とは，SiO_2 に比べて高い比誘電率を有した絶縁膜を意味し，MOSFET の高性能化と低消費電力化を同時に実現可能な技術として注目されている[4]．後述の Poly-Si 電極の空乏化や基板の量子化を無視すると MOS キャパシタの C_{ox} は SiO_2 の比誘電率と物理膜厚 t_{ox} を用いて

$$C_{ox} = \frac{\varepsilon_{ox}}{t_{ox}} \tag{3.4}$$

と表せる．たとえば SiO_2 よりも比誘電率が n 倍の材料を MOS デバイスのゲート絶縁膜に用いれば，同じ物理膜厚でも静電容量は n 倍となり，MOSFET の駆動能力が向上する．また，仮に静電容量を一定とするならば，高誘電率ゲート絶縁膜の物理膜厚を n 倍に厚くしてリーク電流を抑え，MOSFET の低消費電力動作が可能となる．High-k ゲート絶縁膜の研究開発では，種々の絶縁膜材料の比較検討するため，SiO_2 に換算した電気的な膜厚として等価酸化膜厚（Equivalent Oxide Thickness：EOT）が用いられる．図 10 に示すように，High-k ゲート絶縁膜の導入により，SiO_2 に対して 3～5 桁程度のリーク電流低減が期待できる．

2.5　メタルゲート電極

　図 11 に Poly-Si 電極を有した MOS 構造のエネルギーバンド図を示す．Poly-Si 電極は加工性や熱安定に優れ，ドーピングにより仕事関数を容易に制御できる．しかし，ゲート電圧を印加した場合，Poly-Si と絶縁膜の界面にわずかではあるが空乏層が生じる．さらに，半導体界面では垂直方向に強い電界がかかっているので Si 基板中の反転キャリアは（三角）ポテンシャル井戸内に閉じ込められて量子化される．したがって，反転キャリアの密度は絶縁膜界面からわずかに離れた位置で最大値をとる．つまりゲート絶縁膜の上下界面には，Poly-Si 電極の空乏層と Si 基板の量子化に起因した付加的な容量成分が発生する．これらの容量成分は，EOT 換算でそれぞれ 1 nm 以下ではあるが，ゲート絶縁膜の薄層化が進んだ先端デバイスにおいては，C_{ox} への影響が無視できない．

　一方，Poly-Si に代えて金属材料をゲート電極に用いることで，空乏層を解消することが可能であり，ゲート絶縁膜の EOT 薄層化と同じ効果を得ることが出来る．

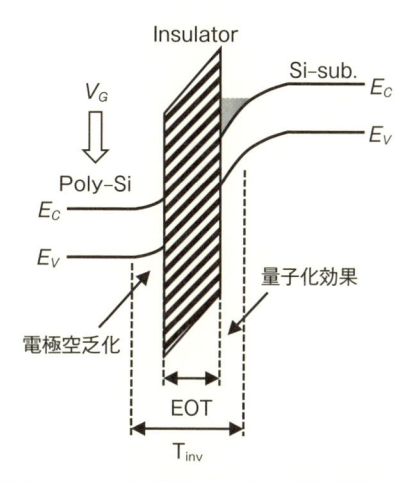

図11 Poly-Si電極へのゲート電圧印加時の
エネルギーバンド図

この際，金属材料の真空仕事関数を適切に設定することでトランジスタの閾値電圧を制御する．上述のように金属材料と用いると，ゲート電極の微細加工が困難となることに加え，仕事関数が異なる金属電極をn-FETとp-FET領域で作り分ける必要が生じる．

2.6 Metal/High-k ゲートスタック複合技術開発の経緯

図12まとめたように，従来のPoly-Si/SiO_2ゲートスタック（a）に，High-k絶縁膜とメタル電極を導入することで，MOSFETの高性能化と低消費電力化が実現できる（c）．1990年代半ばからSi-MOSFET応用を目的としたHigh-k絶縁膜の材料探索が始まった[4]．多くの金属酸化物の比誘電率は既知であるので，SiO_2の比誘電率に対して高い値を示す絶縁膜材料が候補となる．またトンネル電流を抑えるためには，電子と正孔に対して十分なバンドオフセットが必要となるので，バンドギャップが大きな材料が望ましい．さらに，従来のMOSFET製造工程では，ゲートスタック構造形成後にイオン注入を行い，1000℃付近の活性化アニールを施すため，High-k絶縁膜の耐熱性に加えて，Poly-Si電極やSi基板との界面熱安定性が材料選択の重要な指針となる．

以上の観点から，アルミナ（Al_2O_3），ハフニア（HfO_2）およびジルコニア（ZrO_2）とそのシリケート（HfSiO，ZrSiO）の研究が進められた．Si-ULSIへの新材料導入

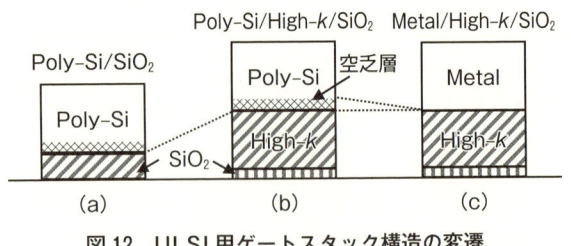

図12　ULSI用ゲートスタック構造の変遷

には大きな技術障壁が予想されるが，Al_2O_3 は Si プロセスと整合性が良く，耐熱性にも優れている．したがって，研究開発の早い段階で MOSFET 試作とデバイス性能評価が進められたが，比誘電率が $\varepsilon=9$ 程度と低く，数世代先への技術展望が見えないことに加え，膜中および MOS 界面に電気的欠陥が多量に存在するので，MOSFET のキャリア移動度劣化の問題が顕在化する．これらの探索研究を経て，2000 年以降では Hf および Zr 系酸化物の研究開発が中心となった．これらの材料は似通った性質を示すが，Hf 系材料の方が耐熱性に優れることから，EOT=1 nm をターゲットとして，HfO_2 や HfSiO 極薄膜でのトランジスタ性能実証段階へと移行した．Hf 系 High-k 絶縁膜では，原子層堆積法（Atomic Layer Deposition：ALD）や有機金属気相成長法（Metal Organic Chemical Vapor Deposition：MOCVD）で良質な極薄膜を形成可能である．一方，High-k 絶縁膜と Si 基板との直接接合では，MOS 界面の電気特性が劣化するため，数分子層（0.5 nm 前後）の SiO_2 界面層を挿入する必要がある．これらの探索研究を経て，2000 年代前半には，図 12(b) に示した Poly-Si/HfO_2(HfSiON)/SiO_2 ゲートスタックでの High-k ゲート絶縁膜の実用化が検討された．

2.7　フェルミレベルピニング問題

Poly-Si/High-k ゲートスタックでは，Poly-Si への高濃度ドーピングによって電極材料の仕事関数を両バンド端に設定し，n-FET/p-FET の閾値電圧を制御する．しかし，Hf 系絶縁膜上に Poly-Si 電極を形成した場合，電極の実効仕事関数がバンドギャップ中央付近にピニングされる[5]．これは，広義のフェルミレベルピニング現象と理解されており，高仕事関数材料で顕著であり，p-FET の閾値電圧が大幅に上昇する（図 13(a) 参照）．式(3.3) にて説明したように閾値電圧は MOSFET の性能を決める重要な設計値であるので，フェルミレベルピニング問題は，高誘電

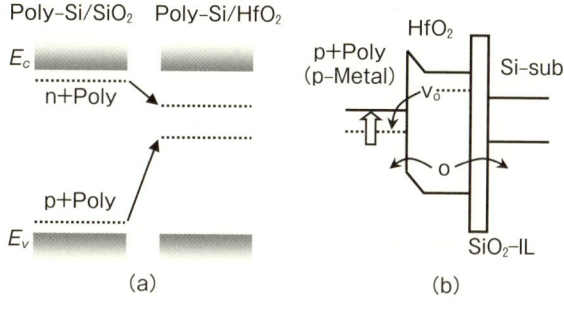

図13 フェルミレベルピニング現象
(a) 実効仕事関数の異常変動，(b) 酸素空孔モデルの模式図

率ゲート絶縁膜の早期実用化を阻む最大の要因となった．これまでフェルミレベルピニングを説明するいくつかのモデルが提案されているが，その多くは絶縁膜中の酸素空孔（Vo）が主要因であると報告している．白石らはHf系酸化膜中の酸素がPoly-Si電極側に引き抜かれて絶縁膜中に酸素空孔が生じ，この欠陥レベルから高仕事関数電極側に電子が移動することで界面ダイポールが発生し，p-FETの実効仕事関数変調が起きる酸素空孔モデルを提案している（図13(b)参照）[6]．

Poly-Si/High-kゲートスタックの技術障壁が明らかとなり，Metal/High-k複合技術の研究開発が加速した．しかし，Poly-Si電極の場合と同様に，p-FET用の高仕事関数金属においても活性化熱処理後に実効仕事関するが低下し，MOSFETの閾値電圧の上昇が確認された．これは，上述の酸素空孔モデルを拡張することで以下のように説明できる．EOT薄層化を狙ったMetal/High-kスタックでは，SiO_2界面層は非常に薄くなり（0.5 nm程度），Hf系酸化物から基板側への酸素拡散が起き得る．したがって，メタル電極においてもPoly-Si電極と同様に界面ダイポールが発生する[7]．High-k絶縁膜中の酸素空孔生成は，活性化アニール時の界面反応（酸素移動）によって進行する．よって，Metal/High-k複合技術導入のためには，MOSFETの製造工程の見直し，あるいはフェルミレベルピニング耐性を有した新しいゲートスタック材料の実現が必要となる．

2.8 Metal/High-kゲートスタック実用化技術

Metal/High-kゲートスタックの実用化は，フェルミレベルピニングを回避する方法として，図14に示すゲートラストプロセスで始まった[8]．このプロセスでは，Poly-Si電極をダミーとして活性化アニールを行い，Poly-Si電極を取り除いた後に

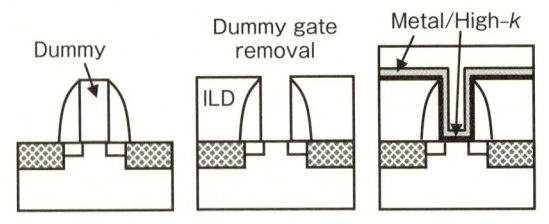

図14　ゲートラストプロセスによる Metal/High-k MOSFET の製造工程

Metal/High-k スタックを作製する（埋め戻す）．この際，n-FET と p-FET 領域で電極材料を作り分けて低閾値電圧を実現する．ゲートラストプロセスでは，Hf 系絶縁膜とゲート電極が接触した状態で熱処理が加わらないので，フェルミレベルピニングは生じない．図14に示したような立体構造に High-k 絶縁膜や金属電極を堆積する工程では，膜厚均一性と制御性に優れた薄膜堆積技術が必要となる．現在の Metal/High-k 実用化技術では，ALD 等の CVD 技術を駆使して立体構造中へのゲートスタック構造を作製している．このようなゲートラストプロセスは，高コストではあるが，絶縁膜の薄層化と低消費電力化にきわめて有効であるため，付加価値が高いマイクロプロセッサーを中心として，実用化技術として浸透しつつある．

2.9　むすび

本節では，最先端 ULSI 用ゲートスタックの設計指針の基礎と，Metal/High-k ゲートスタックの最新の技術動向を紹介した．MOSFET の性能向上において，従来のスケーリング技術は物理限界を迎えており，本節で紹介した High-k ゲート縁膜等の新材料を導入する必要がある．Metal/High-k ゲートスタックは，EOT が 1.0 nm 程度での実用化開始となったが，超薄 EOT の実現に向けて SiO_2 界面層を持たない High-k/Si 直接接合等の新技術の検討が続けられている[9]．一方，最先端の 22 nm 技術世代では，3 次元立体構造トランジスタが採用されており，このような新構造 MOSET においても高性能ゲートスタックの研究開発は最重要課題となっている．

3. SiC-MOS パワーデバイス

3.1 はじめに

我々の日常生活を支える基盤となっている電気，ガス，水道，交通，運輸，通信などすべてエネルギーを利用しており，現代社会は莫大なエネルギー消費の上に成り立っている．世界の一次エネルギー消費量は，1973年に石油換算量で61億トンだったものが2010年には127億トンとほぼ倍増しており，2035年には170億トンに達すると予測されている[1]．エネルギー源の80％以上を化石燃料（石油，石炭，天然ガス）が占めており，化石燃料の燃焼によって CO_2 などの温室効果ガスが排出されることを考えると，地球温暖化や大気汚染などの環境問題とエネルギー消費が密接な関係にあることが分かる．すなわち，社会の持続的発展のためには，環境に負荷をかけずにエネルギーを生み出すことはもちろん，消費する側でも無駄なく利用する技術が重要となる．

最も身近で使いやすい二次エネルギーである電気は，発電から消費に至るまでの間に，長距離の送電はもちろん，直流↔交流変換や周波数・電圧の変換を数多く経ており，その過程でかなりの損失を受けている．電力変換を担っているのが半導体パワーデバイスであり，集積回路（第2節参照）と同様に，主にシリコン（Si）半導体を用いて作製されてきた．ところが Si パワーデバイスでは，電力変換の度に10-15％の電力損失を伴うのが現状である上，材料物性に起因する性能限界に近付きつつあるため，飛躍的な特性向上も期待できない．さらに，大規模な冷却機構なしではエンジンやモータのような熱源の近くに置けないなど，過酷な動作環境への適用や機器のコンパクト化にも課題がある．そのため，低損失化及び高性能化を可能にする新たなパワー半導体材料として，シリコンカーバイド（SiC）が注目されている．

3.2 SiC とは

Ⅳ族化合物半導体である SiC は，強固な Si-C 結合を反映して，機械的強度に優れ，化学的・熱的に非常に安定な材料であることから，これまでヒーター材，耐食部材，研磨材として用いられてきた．SiC は多様な積層構造をとり，200種類以上の結晶多形（ポリタイプ）が確認されている．表1に，代表的なポリタイプである3C-，4H-および6H-SiC の物性を示す．結晶構造により各物性値は異なるが，

表1 代表的なSiCポリタイプの主な物性値

	Si	3C-SiC	6H-SiC	4H-SiC
バンドギャップ (eV)	1.12	2.23	3.02	3.26
電子移動度 (cm^2/Vs)	1350	1000	450	1000
絶縁破壊電界強度 (MV/cm)	0.3	1.5	3.0	2.8
飽和ドリフト速度 (cm/s)	1.0×10^7	2.7×10^7	1.9×10^7	2.2×10^7
熱伝導率 (W/cm・K)	1.5	4.9	4.9	4.9
比誘電率	11.8	9.7	9.7	9.7

4H-SiCが最もパワーデバイス応用に適している．他のポリタイプに比べて高い電子移動度を有する上，絶縁破壊電界強度はSiの約10倍であり，Siでは実現不可能な超低損失・高耐圧デバイスの実現を可能にする．さらに，Siの約3倍あるバンドギャップは高温においても真性キャリア密度を低く保てることを意味しており，高温条件下での動作が可能となる上，熱伝導度も高く放熱効率も良いことから，電力変換機器の冷却システムの省略あるいは簡素化により機器全体の小型化にもつながる．また，SiCはワイドバンドギャップ半導体の中で例外的に，不純物ドーピングによりp型・n型の伝導型制御が広範囲で可能であり，Siと同様に熱酸化によりSiO_2絶縁膜が形成できるといったデバイスプロセス上の大きな利点もある．

3.3 半導体パワーデバイスとSiCへの期待

半導体パワーデバイスが行っている電力変換には，電圧変換，周波数変換，交流—直流変換（コンバータ），直流—交流変換（インバータ）などがある．特にインバータはエアコン，冷蔵庫，洗濯機，蛍光灯などに搭載されており，家電製品の低消費電力化に大きく貢献している．インバータは直流を任意の周波数の交流に変換して，機器がON/OFF動作を繰り返すのではなく，負荷に応じた能力（周波数）で動作するように制御することができるため，消費電力が大幅に削減できる．例として図15にモータ制御用インバータ回路を示す．インバータは整流素子であるダイオードとスイッチング素子であるトランジスタとの組み合わせで構成されており，これら半導体パワーデバイスの特性がインバータの効率を決定する．種々あるダイオードやトランジスタは要求耐圧に応じて使い分けがされており，耐圧が低い範囲ではユニポーラデバイスであるショットキーバリアダイオード（Schottky Barrier Diode：SBD）とMOS型電界効果トランジスタ（Metal-Oxide-Semiconductor Field-

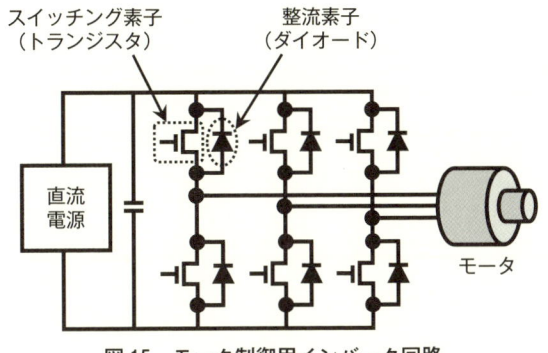

図15 モータ制御用インバータ回路

Effect Transistor：MOSFET）が，高耐圧範囲ではバイポーラデバイスである PiN ダイオードと絶縁ゲートバイポーラトランジスタ（Insulating Gate Bipolar Transistor：IGBT）あるいはゲートターンオフサイリスタ（Gate Turn-Off Thyristor：GTO）が用いられるのが一般的である．しかし，Si バイポーラデバイスでは，ターンオフ時にドリフト層内に蓄積した少数キャリアの消滅に時間がかかると共に，逆回復電流も大きくなり，スイッチング速度の低下・スイッチング損失の増大といった問題がある．SiC を用いれば，Si バイポーラデバイスの耐圧領域をユニポーラデバイスに置き換えることができるので，大幅な低損失化が期待されている．

図 16 に典型的なパワー MOSFET である二重拡散 MOSFET（DMOSFET：Double-diffusion または Double-implantedMOSFET）の構造断面図を示す．MOSFET の動作原理は本章第 2 節を参照されたい．ゲート電極への電圧印加によりゲート絶縁膜越しに p 型領域を反転させてチャネルを形成する n チャネル MOSFET であるが，単位面積当たりのゲート幅を大きくして大電流を得るために，ドレイン電極が基板裏面にある縦型構造となっているのが大きな特徴である．オフ時には，厚い n^- 領域（ドリフト層）を空乏化することで高耐圧を実現している．このときドリフト層中の電界強度分布は，図 16 に示すように直線となり，その傾きがドーピング密度に，直線で囲まれた直角三角形の面積が耐圧に相当する．SiC 表面（ゲート絶縁膜界面）での電界強度が絶縁破壊電界を超えることがないように設計する必要があるため，Si ではドリフト層のドーピング密度を低く抑えつつ，厚くすることで耐圧を確保する必要がある．しかしながら，オン時にはドリフト層の抵抗がオン電流を制限するため，一般的にパワー MOSFET の耐圧とオン抵抗にはトレードオフ

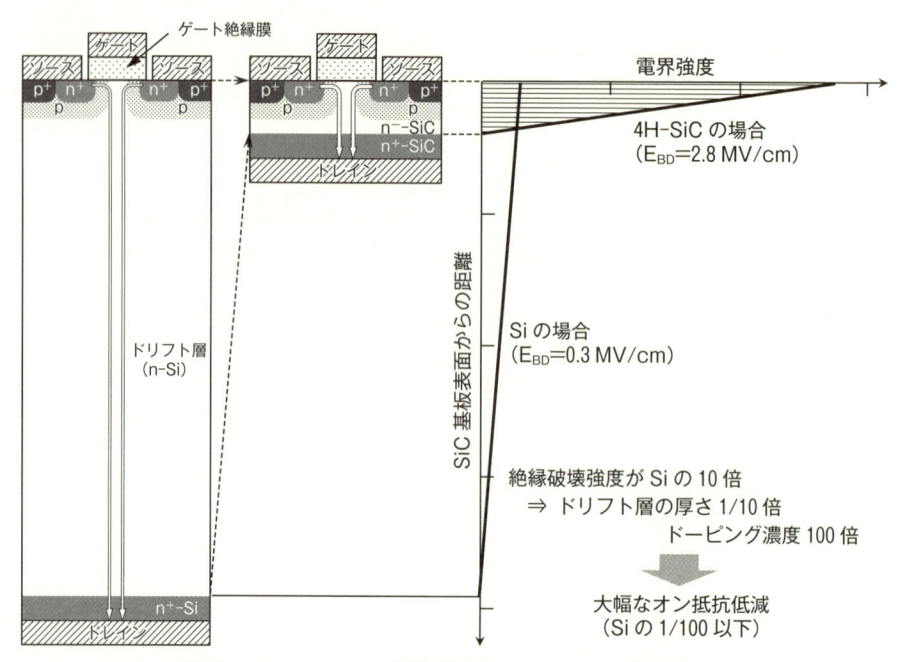

図16 DMOSFETの構造断面図とオフ時の電界強度分布

の関係がある．これに対して，SiCの絶縁破壊電界強度はSiの約10倍であるので，SiC表面での電界強度を約10倍としてドリフト層を設計できる．すなわちSiと同耐圧のデバイスを作製する場合，ドリフト層の厚さを約1/10，そしてドーピング密度を約100倍高くできることから，ドリフト層の抵抗を2桁から3桁程度低減することができる．

　SiCパワーデバイスの適用範囲は，送電システムや太陽光発電用パワーコンディショナ，電車，電気自動車（ハイブリッド車），工場内の産業機器，エアコンなどの白物家電，サーバー機やパソコン用電源など幅広く，一部ではすでに実用化も進んでいる．しかし，現状ではショットキーバリアダイオードにのみSiCを採用し，スイッチング素子にはSi-IGBTが用いられているケースが大半を占めている．この場合，SiCを用いることによる損失低減効果は限定的なものとなる上，アプリケーション範囲も制限されるため，本来はスイッチング素子としてSiC-MOSFETを用いることが望ましい．特に日本の消費電力の半分以上を占める産業用モータは，その動作環境の過酷さと，Siパワーデバイスの特性（耐圧および損失）による

制限からインバータ制御が活用されてこなかったこともあり，省エネルギー社会実現に向けて SiC にかかる期待は大きい．

3.4 SiC-MOS 界面の課題

前述したように，SiC は Si と同様に熱酸化によって SiO_2 絶縁膜が形成可能であり，イオン注入などの Si 集積回路開発で培われたプロセス技術が適用できるという大きな利点がある．しかし，熱酸化 SiO_2 膜をゲート絶縁膜として作製した SiC-MOSFET のオン抵抗は，理論から期待される値にはほど遠い．この原因として，SiO_2/SiC 界面に存在する多量の界面準位による SiC-MOSFET のチャネル移動度の著しい劣化がある．高密度の界面準位の起源については，SiC 特有の熱酸化機構に起因するところが大きい．表2に Si と SiC の熱酸化の違いをまとめた．SiC は熱酸化温度が非常に高く，また酸化過程で CO_x 分子を形成して雰囲気中へ脱離することで基板中の炭素原子を消費する．しかし，一部の炭素原子は脱離しきれずに SiOC 結合やカーボンクラスタといった炭素不純物として SiO_2/SiC 界面に残留することが指摘されている[2]．これらの炭素不純物に加えて，Si ダングリングボンド，C ダングリングボンド，Si 原子同士の結合，C 原子同士の結合など，界面欠陥形成の要因は多数存在している．一方，Si 熱酸化膜の場合，界面準位は Si ダングリングボンドに起因することが分かっており，400℃程度の水素ガス雰囲気中熱処理によってダングリングボンドを水素原子で終端化すれば界面準位密度 $10^{10}\,cm^{-2}\,eV^{-1}$ 以下の優れた界面特性が得られる．SiC 熱酸化膜の場合，熱酸化後に NO または N_2O ガス中の高温熱処理を行い，SiO_2/SiC 界面に窒素を導入することで，界面電気特性の向上を図るのが一般的である[3,4]．それ以外にも，水素ガス雰囲気[5]や $POCl_3$ 雰囲気[6]中の高温熱処理による界面準位低減とチャネル移動度向上が報告されている．また，基板面方位については，(0001)Si 面だけでなく，(000$\bar{1}$)C 面，

表2 Si と SiC における熱酸化の比較

	Si	4H-SiC（Si 面）
酸化温度（℃）	800 – 1000	1000 – 1400
酸化反応式	$Si + O_2 \rightarrow SiO_2$	$2SiC + 3O_2$ $\rightarrow 2SiO_2 + 2CO \uparrow$
熱酸化膜界面欠陥の起源	Si ダングリングボンド	多数の要因が存在
界面欠陥低減処理	水素終端化	窒素，水素，リン添加

($11\bar{2}0$) a 面, ($03\bar{3}8$) 面なども検討されている.しかし,さまざまな基板面方位に対する界面欠陥低減処理が報告されているものの,チャネル移動度は 20〜100 cm^2/Vs とバルク移動度の 1 割程度である上,絶縁破壊耐性やトランジスタしきい値電圧不安定性といったゲート絶縁膜信頼性の低下を引き起こす場合もあるため,注意してプロセスを構築する必要がある.

3.5 SiC-MOS デバイスのゲート酸化膜信頼性

SiC-MOS デバイスのゲート絶縁膜信頼性を議論する上で,表面ラフネスと結晶欠陥の存在は非常に重要である.SiC デバイスの作製では,バルク基板上に化学気相堆積(Chemical Vapor Deposition:CVD)法によりドーピング密度や膜厚を精密制御した高品質エピタキシャル層を形成するため,基板表面はオフ角を有したステップ-テラス構造となっている.図 17 は 4H-SiC(0001)Si 面基板を熱酸化した場合の模式図であるが,SiC は面方位によって酸化速度が大きく異なるため[7],テラス領域よりも酸化が速いステップ端で酸化膜厚が顕著に増大し,結果的に酸化膜厚が不均一となってしまう.特にイオン注入後のドーパント活性化熱処理には,1600〜1800 ℃の高温が必須であり,その際に表面ステップが束状になって(ステップバンチング)表面荒れを生じるために,その抑制が重要となる.さらに,基板中に転位などの結晶欠陥が存在すると,その領域で酸化が過剰に進行することも知られており,結晶品質の向上も同様に重要である.こうした SiC 特有の表面構造や結晶欠陥の存在によって生じる酸化膜厚の不均一性は,局所的な電界集中につながり絶縁破壊耐圧が低下するため,SiC-MOSFET 信頼性上の課題となっている[8].

また,熱酸化 SiO$_2$/SiC 界面の伝導帯オフセットは,最も大きい面方位である 4H-SiC(0001)Si 面でも 2.7 eV と,SiO$_2$/Si 界面の 3.2 eV に比べて本質的に小さい.

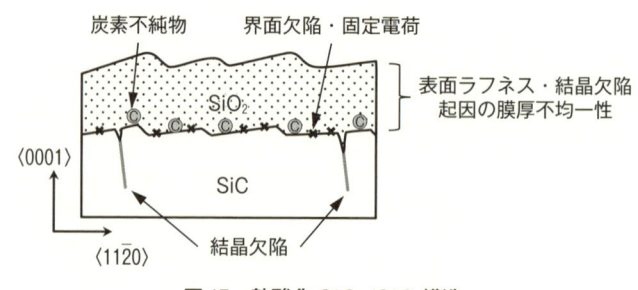

図 17 熱酸化 SiO$_2$/SiC 構造

伝導帯オフセットが低いことはゲート絶縁膜中をリーク電流が流れやすいことを意味しており，酸化膜中の固定電荷や電子トラップといった絶縁破壊やしきい値電圧変動につながる欠陥生成はリーク電流量に依存するため，特に高温・高電圧条件下での動作が要求される SiC-MOSFET の信頼性確保の懸念材料となっている．その上，SiO_2/SiC 界面への水素導入などの界面欠陥低減処理を施すと，伝導帯オフセットがさらに減少することが Fowler-Nordheim トンネル電流解析や光電子分光分析によって確認されている[9]．この傾向は (0001)Si 面に限らず，(000$\bar{1}$)C 面でも報告されている[10]．すなわち，界面特性の向上を図ればゲート酸化膜信頼性が低下するというトレードオフの関係にあることを意味している．一方で，SiC 熱酸化膜形成プロセスに依存して外因性ではない可動イオンが酸化膜中に生成・消滅することも報告されており[11]，酸化膜中への電子注入も含めたしきい値電圧不安定性も解消すべき課題である．上記のような複数の要因をすべてクリアし，界面特性と信頼性を両立するゲート絶縁膜形成技術の開発が望まれる．

3.6 高誘電率（high-k）ゲート絶縁膜技術

前項で述べた熱酸化 SiO_2/SiC 界面の問題に加えて，SiO_2 の比誘電率 (3.9) が SiC よりも小さい点にも留意する必要がある．DMOSFET のオフ時を考慮すると，SiC 表面に印加される電界強度が絶縁破壊電界 (2.8 MV/cm) になるようドリフト層の厚さを設計した場合，SiC の比誘電率が 9.7 であるので，SiO_2 ゲート絶縁膜には 7 MV/cm もの強電界が加わることになる．一般的に報告されている 4H-SiC (0001) Si 面基板上の熱酸化膜の絶縁破壊電界強度は 10〜12 MV/cm 程度であるが，図 17 で議論したように SiC 基板に表面ラフネス・結晶欠陥起因の酸化膜厚が不均一な場合には電界集中が起こること，また高温動作が想定されることを考慮すると十分な余裕があるとは言い難い．さらに，最近になって SiC 熱酸化膜の誘電率が 3.5 程度と一般的に考えられている値よりも低いことが指摘されており[12]，酸化膜に印加される電界強度は実際にはさらに高くなっている可能性がある．

そこで絶縁膜に印加される電界強度を低減するために，高誘電率（high-k）ゲート絶縁膜を用いる取り組みがなされている．高誘電率（high-k）ゲート絶縁膜は，ゲート絶縁膜が SiO_2 換算で 1 nm 程度まで薄膜化が進んだ Si 集積回路ですでに実用化されており，そこでは Hf 酸化物系の薄膜が用いられている．たとえばハフニア（HfO_2）は比誘電率が 20〜25 と SiO_2 の 5〜6 倍あるので，物理膜厚を厚くしながらも電気的容量を増大させることが可能となる（第 2 節参照）．一方で，high-k 絶

縁膜材料の比誘電率とバンドギャップにはトレードオフの関係があり[13]，たとえば比誘電率80の地チタニア（TiO_2）はバンドギャップが約3.5 eV，HfO_2のバンドギャップは約5.7 eVである．半導体に対して十分なバンドオフセットがなければ絶縁膜として機能しないため，SiCのようなワイドバンドギャップ半導体に対しては，high-k膜にも十分なバンドギャップが必須となる．アルミナ（Al_2O_3）は比誘電率が8程度と比較的低いが，バンドギャップが約8 eVであることからAl酸化物が有力な候補である．仮にAl_2O_3膜を用いた場合，図18に示すように絶縁膜に印加される電界強度はSiO_2の約半分となる．

一方で，high-k膜に限らず，堆積膜を用いる際の重要な技術課題として，SiC基板とのMOS界面設計がある．SiO_2堆積膜の場合でも，堆積直後は界面特性が乏しいため，NOあるいはN_2Oアニールを施すのが一般的である．ヘテロ接合界面の格子不整合を考慮すると，直接堆積では良好な界面特性が得られないのはむしろ自然である．そのため，high-k膜を用いる場合，堆積後に熱処理を施してhigh-k/SiC界面で何らかの反応を誘起することで欠陥低減を図るか，堆積前に薄く熱酸化膜を形成しておき，その上に積層するかの2通りの方法が考えられる．SiとSiCの熱酸化膜を比較したとき，界面を構成する元素としてC原子が増えただけで界面制御が飛躍的に困難になったことを考えると，そこにさらにhigh-k膜構成元素まで増える前者の方法は困難が予想される．そのため，後者のhigh-k/SiO_2/SiCゲートスタック構造が有望視されている．熱酸化SiO_2/SiC界面の界面準位や固定電荷は酸化膜厚に依存することが報告されている上[14]，薄いSiO_2膜の方が界面への窒素や水素導入が容易であることを考えると，high-k/SiO_2/SiC構造では性能向上と信頼性向上の両立が期待できる．また，図17に示したように熱酸化膜厚が不均一であったとしても，その偏差は酸化膜厚に依存することから，high-k膜厚が均一であれば，high-k/SiO_2/SiC構造ではゲート絶縁膜全体としての膜厚ば

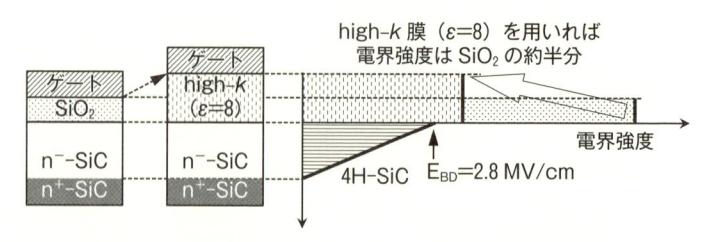

図18 高誘電率（high-k）ゲート絶縁膜による電界緩和

らつきは減少することになる．実際に，窒素添加アルミナ（AlON）膜を薄い熱酸化膜上に形成した例では，SiO_2 単層膜と比べて，リーク電流の低減と絶縁破壊電界の向上が実現されている[15]．

3.7 むすび

SiC パワーデバイスは省エネルギー社会実現の切り札として大いに期待されており，本節では MOS デバイスに注目してその技術動向を概説した．熱酸化膜をゲート絶縁膜とする MOSFET は界面特性・信頼性双方に課題を残しており，未だ SiC の優れた物性を活かしきれていないのが実状である．エピタキシャル層のさらなる高品質化も含め，ゲート絶縁膜技術の技術革新が求められる．

4. 有機ナノデバイス

4.1 はじめに
4.1.1 有機エレクトロニクスの発展
　これまでの無機半導体に基づくエレクトロニクスが「ケイ素のサイエンス」と言ってよければ，有機エレクトロニクスは「炭素のサイエンス」と言えるだろう．有機材料は軽量であり，また，デバイス作製プロセスが容易かつ安価であること，物理的に折り曲げても特性が失われない等の特徴があり，無機デバイスが不得手としていた分野を補完する新たなデバイスを創成することが期待されている．近年の有機エレクトロルミネッセンス（Electro Luminescence : EL）素子や有機電界トランジスター（Organic Field Effect Transistor : OFET）の機能の発展は目覚ましいものがある[1]．2010年Sony社による「ペンほどの太さに巻き取れる有機FET駆動による有機ELディスプレイ」の発表は記憶に新しい．徐々にではあるが，有機ELをはじめ，種々の有機デバイスを用いた商品が実際のマーケットに登場しはじめている．一方で炭素の二重結合，三重結合などの多様な結合を生じさせる特性は無限の分子設計を可能にする．有機素材を用いた生体適合性の高いデバイスや，生態模倣技術を用いたデバイス等，これまで想像もしなかったような新世代デバイスを生み出す可能性が期待されている．

4.1.2 有機ナノエレクトロニクス
　現在のエレクトロニクスの発展は無機半導体デバイスの高集積化が担ったことは言うまでもない．未来にわたって毎年の集積度倍増を予測した1994年のMooreの法則は非常に有名である．有機分子はその構造が1 nm程度の大きさを持ち，Mooreによって予言された2020年の微細化限界を超えることから，More Moore，すなわち無機半導体の超えられない微細化を実現するものとしての可能性も研究されてきた．近年，これを目指した分子エレクトロニクス分野では単一分子の量子物性を顕にする科学的に驚くべき発見が続いている．しかしながら実際の素子への応用という点ではまだ隔絶感は大きい．上にも述べたように，現在有機エレクトロニクスでは多様性，すなわちMore than Moore，を目指す取り組みが主流となっている．しかしながら有機の利点である材料の多様性は多様なプロセスを必要とする．有機エレクトロニクスの研究開発，産業化にはこの多様なプロセスを理解し，無機デバイスで確立された技術と融合させることが必要不可欠となってくるだろう．ま

た将来的には高集積化が進み,無機半導体との融合も期待されるだろう.シリコンがたどった微細化を有機が同様にたどれるのであろうか.答えは否である.有機デバイスのサイズを小さくしていくと,大きなときには見えてこなかったさまざまな有機分子,有機結晶,有機/金属界面の基礎物性が見えてきた.有機ナノエレクトロニクスは,要素である分子と,集合である分子個体,それらの境界の物性物理を顕にする研究領域であるとも言えるだろう.

4.2 キャリア注入と輸送

有機デバイスにおけるキャリア輸送は,有機 EL と有機 FET で幾分様相が異なる[2]. 図 19 に両者の典型的な素子構造を示す.EL は平面型の薄膜積層型デバイスであり,低い導電性の有機材料であっても,約 100 nm 程度の膜厚を電極で挟み,10^6 V/cm 程度の高電界を印可することで有機半導体層へのキャリア注入,キャリア輸送,キャリア再結合が可能となり,mA/cm^2 オーダーの電流を流すことが出来る.一方で有機 FET は横型が一般的で,電極間距離は比較的広く,ゲート電極によって印可された電界によって誘電体界面にキャリアが蓄積されて,伝導する.移動度は高いものではアモルファスシリコンを凌ぎ,より高い結晶性の材料がより良い性能を示すため,比較的高い導電性を示す材料が使われる.

4.2.1 キャリア注入機構

キャリアの移動特性は大きく分けて二種類に分けられる.有機/電極界面におけるキャリア注入と有機材料内におけるキャリア輸送である.特にキャリア注入の効果は非常に重要であり,有機材料内の輸送と同様(しばしばそれ以上に)デバイス性

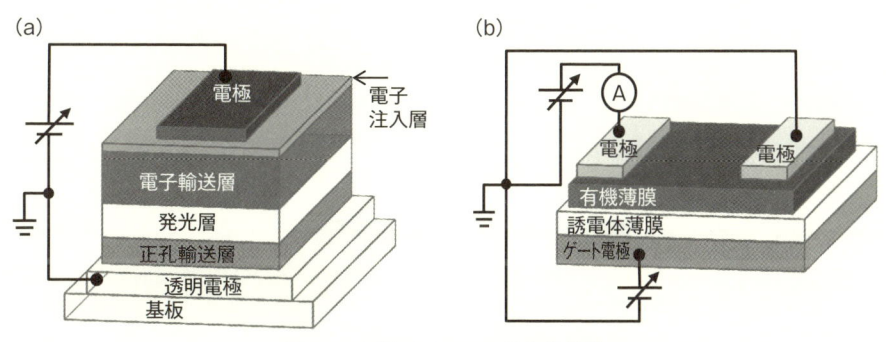

図 19 有機デバイスの基本的構造
(a) 有機 EL 素子 (b) 有機 FET 素子

能に影響を与えることが分かっている．以下に代表的な注入機構について簡単に記述する．

トンネル注入（Fowler-Nordheim）モデル[3]

トンネル注入モデルは Fowler と Nordheim によって提唱された，きわめて高い電界強度における注入モデルであり，電流密度 J は次式で表される．

$$J = \frac{q^3 E^2}{8\pi h \phi_B} \exp\left(\frac{8\pi\sqrt{2m^*}(\phi_B)^{\frac{3}{2}}}{3qhE}\right) \tag{3.5}$$

ここで，T：温度，ϕ_B：障壁のポテンシャル高さ，e：電気素量，E：電界，h：Plank 定数，m^*：有効質量である．この式は三角形の障壁をトンネルする電子に対して求められている．障壁の両端は金属のような自由電子伝搬を前提としているが，実際には有機材料への電荷注入機構の説明としても用いられる．温度に対する依存性がない．

熱電子放出（Thermionic Emission）モデル[4]

金属電極から真空への単純な熱電子放出の式に対して定義されたモデルを，Bethe が半導体-電極界面にあてはめたものである．

$$J = A^* T^2 \exp\left(-\frac{\phi_B}{k_B T}\right) \exp\left(\frac{q}{k_B T}\sqrt{\frac{qE}{4\pi\varepsilon\varepsilon_0}}\right) \left\{\exp\left(\frac{qV}{k_B T}\right) - 1\right\} \tag{3.6}$$

ここで，k_B は Boltzmann 定数，V は印可電圧である．第一項の熱放出項に加え，ショットキー効果による障壁低下項である第二項と印可電圧 V による障壁低下項が第三項に追加されている．A^* は実効リチャードソン定数である．

熱電子放出拡散（Thermionic Emission–Diffusion）モデル[5]

熱電子放出モデルから拡張され，注入される半導体側のキャリアドリフト拡散を考慮に入れたモデルである．半導体側の移動度 μ が高い場合は上の熱電子放出モデルとほぼ同じとなるが，移動度が低い場合は次式となる．

$$J = q\mu EN \exp\left(-\frac{\phi_B}{k_B T}\right) \exp\left(\frac{q}{k_B T}\gamma\sqrt{E}\right) \tag{3.7}$$

ここで N は伝導帯の状態密度，γ は誘電率によって決まる定数である．

4.2.2 有機導体内のキャリア輸送機構

有機デバイス材料の構造は単結晶からアモルファス状態まで多岐にわたり，その

電荷移動機構はその凝集構造に強く依存する．結晶内においてはバンド伝導が実現するが，複雑系における電荷は局在した準位間を伝搬するホッピング伝導であると考えられている．分子間相互作用の弱い有機結晶の中ではポーラロンと呼ばれる周囲の分極場歪を伴った分子ラジカル状態が発生し，これらの局在状態もホッピングによって伝搬する．またキャリアトラップサイトのような不純物が律速する不純物伝導も確認されており，有機導体内のキャリア輸送はそれらが組み合わさった非常に複雑な機構であることが判ってきた．以下に有機導体内の電荷伝導を表すキャリア輸送モデルの代表的なものを示す

バンド伝導

規則正しい分子結晶内では無機半導体と同様のバンドが形成され，バンド伝導が起こっていることが確認されている．しかしながら有機材料独特の不純物トラップや構造揺らぎが単結晶材料にも強く影響し，低温ではバンド伝導であるが，それ以上の温度では格子歪における熱揺らぎの効果によって何らかの熱活性効果が表れてくるような性質も報告されている．一方で近年の高移動度FETでは，室温付近ではバンド伝導を示しながらも低温になると誘電体との界面におけるトラップサイトが律速する熱活性型に移行することが報告されており，有機導体におけるバンド伝導の発現は狭量な条件に限られている．

Pool–Frenkel 伝導[6]

もともとは無機絶縁体内の不純物伝導に対して作られたモデルである．キャリアはトラップサイトの深い準位に束縛されており，温度揺らぎと電界の効果によって伝導帯へと放出される．次式に示すように電荷の放出確率が電流密度に比例する．

$$J \propto E \exp\left(-\frac{q(\phi_B - \beta\sqrt{E})}{k_B T}\right) \tag{3.8}$$

ここで β は誘電率によって決定される定数である．電流密度はArrhenius則にしたがう温度依存性を示し，熱活性的な温度依存と電界に対する非線形性を持つ．本来束縛サイトから放出されたキャリアは平面波として伝搬することを前提としたモデルであるが，有機導体のキャリア移動度モデルとして利用されていることが多い．

Variable-Range-Hopping（VRH）伝導[7]

Mottらによって無機非晶質固体中の伝導に対して考案されたモデルである．局在化した準位間を格子振動による熱エネルギーを受け取った電荷がホッピングする（図20）．準位間のエネルギー差と距離に対してその遷移確率が最大となる極限を

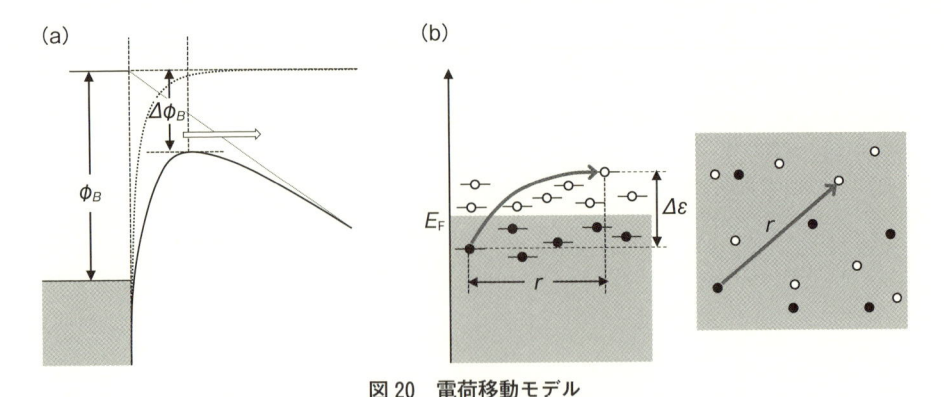

図 20　電荷移動モデル
(a) 熱電子放出モデル，(b) Variable-Range hopping モデル

考え，得られる遷移確率に系の電荷移動度が依存すると定義している．移動度は単純な熱活性型であり，外部電界の依存性を持たないのが特徴である．

Gauss 型 DOS モデル[8]

有機非晶質固体中の伝導に対して独自に発展してきたモデルであり，VRH モデル同様に準位間のキャリア遷移確率を考えるが，準位におけるエネルギー状態分布が Gauss 型の正規分布にしたがうと考えたモデルである．これまでの統計学的解析モデルとは異なり，局所準位状態密度内の一電荷の動力学的見地によって解析している．移動度は数値計算的に求められた経験式で表記される．電界によって状態密度内の高エネルギー方向への有効バリアが減少する効果が取り入れられている．

空間制限電流[9]

もともとは真空管内の電極間電流に対して導かれたチャイルド則[10]から派生した式である．電極から大量に注入されたキャリアは界面近傍に蓄積される．これを空間電荷層と呼ぶ．有機導体の移動度を $\mu(E)$，電極間距離を L とすると，以下の式で表される．

$$J \propto \frac{9}{8} \varepsilon \varepsilon_0 \frac{E^2}{L} \mu(\mathrm{E}) \tag{3.9}$$

比較的移動度の低い材料に対して高い電界が印可される EL のような積層型デバイスの電流特性の理解に頻繁に使われており，経験的に有機導体の移動度を Pool-Frenkel モデルで記述することで実際の結果を比較的よく説明することが出

来ている．

その他にも有機材料のキャリア注入及び輸送を説明するために，多くのモデルが利用されているが，これらのモデルのほとんどは無機個体物理で発展してきたものである．これのモデルを用いると有機デバイスにおける特性をある程度定性的に説明出来るものの，温度依存性や電界強度依存性等，すべての結果を包括的には説明できないことの方が多い．その要因としては界面における波動関数といったナノレベルでの相互作用や，化学ポテンシャルの効果，スケールの異なる乱雑さが入り混じる有機独特の構造が完全には取り入れられていない為ではないかと考えられている．有機材料に対する系統だったキャリア輸送機構の議論は今後ますます盛んになって行くだろう．

4.3 有機ナノデバイスの作製方法
4.3.1 平坦ナノ電極の作製方法

一般に有機材料は熱や環境因子に対する耐性が弱く，微細化の際に無機素子では通常行われているリソグラフィー技術が用いられにくい．また分子薄膜や自己組織化膜の完全な規則性を持つ領域は狭く，その構造は非常に繊細である．実際の素子へと応用するためには，その分子配列構造を乱すことなく，電極間に分子膜を構築することが重要となる．本研究ではストレスフリーな状態で分子ナノ構造を電極間に配置することを目的とし，ボトムコンタクトタイプのナノギャップフラット電極を作製した[11]．基板には熱酸化膜付シリコンを用い，プロセスは大きく分けて6つの工程に分けられる．最初に基板にレジストの塗布を行い，次に電子線描画によってレジストに電極のパターンを形成し，電極を埋め込むためのトレンチ構造を形成するため，リアクティブイオンエッチング（RIE）により，露出したSiO_2のエッチングを行う．さらに電極となる金属を電子線蒸着法により蒸着しリフトオフを行う．ここまでの工程で絶縁体への埋め込み電極が得られるが，電極金属部分にはエッジのような構造が残る．このような構造を平坦化するには表面の余分な金属を取り除かねばならない．

図21(b)(c)に独自の機械研磨法により平坦化されたナノギャップ電極のAFM像を示す．加工前は高さ～30 nm程度の突起が形成されているが，研磨後，ギャップ付近の電極と基板の段差は1 nm以下になっている．本加工法では，研磨時の試料への加圧はほとんど行っておらず，研磨時間も非常に短い．そのため，電極や基板のSiO_2はほとんど削られることなく，突起のみが優先的に研磨されたと考えら

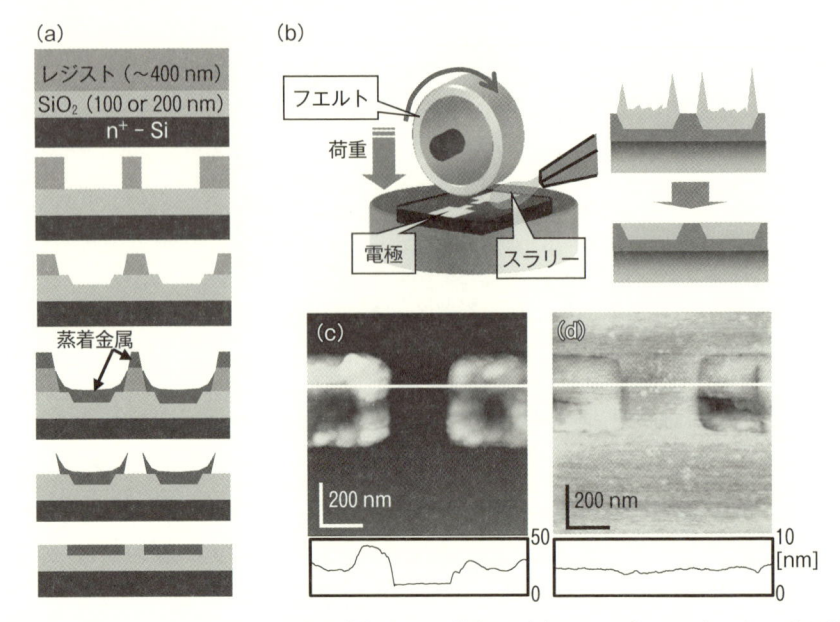

図21 (a) ナノギャップフラット電極の作製プロセス模式図，(b) ディンプルグラインダーによる電極平坦化プロセス，(c) 平坦化前及び，(d) 平坦化後電極の AFM 像と高さ断面プロファイル

れる．導電性カンチレバーを用いた電流像は，研磨後も断線することなく，電極構造が保たれていることが示された．上記のような方法で加工されたナノギャップ電極は絶縁抵抗試験によって約 500 GΩ 以上の抵抗があることを確認した上で，ボトムコンタクト電極として利用する．

4.3.2 有機薄膜の作製方法

ボトムコンタクト電極上に有機薄膜やナノサイズの有機構造体を作製するには，固体表面上への有機薄膜作製技術を利用する．以下に一般的な有機膜作成法を示し，その特徴を簡単に説明する．

真空蒸着法

有機デバイスの作製方法で最も一般的に利用されている．真空中において高温で昇華させた分子を，対局においた個体表面上に成膜させる．表面と分子及び基板温度を組み合わせることで，さまざまな構造の有機薄膜を作製することが出来る．初期の有機 FET の発展がペンタセン FET を中心に進んだのは，SiO_2 膜表面上に形成する真空蒸着されたペンタセン分子膜の構造が FET 素子性能を示すのに最適で

あったからに他ならない．有機 EL 研究においても多くの有機薄膜が真空プロセスによって作製されている．分子の昇華温度は約 80-300℃程度であり，分子量の低い分子は蒸気圧が高すぎて真空製膜ができず，分子量の高い分子は熱によって分解するためにこの方法を用いることができない．

単結晶貼り付け法

有機単結晶をボトムコンタクト電極上に張り付ける方法である．ルブレン分子のように二次元シート状の単結晶を形成し，それが静電気力で基板表面に密着できる場合に有効である．ペンタセン単結晶を用いた報告もある．分子単結晶は物理気相成長法で大気圧ガス中の昇華と再結晶過程で生成する．この単結晶の一片を電極上に張り付ける．有機単結晶を用いた FET 素子はアモルファスシリコンを超える移動度を示し将来の素子応用にも有望視されているが，人的テクニックを必要とするこの作製方法が応用展開へのネックとなっていた．最近生成を促す反応種を電極間に塗布し，気層法で単結晶を生成させることに成功した報告もあり，今後の応用が期待される．

Langmuir-Blodged（LB）法

両親媒性分子を有機溶媒に溶かして水面上に滴下すると水面上に分子が広がる．あらかじめ水面の面積に比べて少量の分子を展開させ，その後バリアのような壁によってゆっくりと水面の面積を狭めていけば分子の 2 次元細密充填膜が水面に形成される．水面上に形成された分子膜を基板表面に写しとることで分子薄膜が形成される．LB 膜は常温・常圧で高度な制度で分子膜の構造を制御することが可能な方法である．転写速度やバリアのコントロールを制御することで，高次構造も作製できることが報告されている．また新媒性のある液晶分子と高分子を組み合わせることで高分子の配向及び単分子膜形成も可能である[12]．

スピンコート法

有機溶媒に可溶な材料の製膜法としては最も一般的な方法である．分子を有機溶媒に溶かした溶液を，高速で回転する基板上に滴下する．溶液濃度や回転速度によって膜厚や膜内の構造を制御することが出来る．一般的には高分子のアモルファス膜を作製することに利用されるが，一部の π 共役系の導電性高分子や，ペンタセン誘導体のような溶解性低分子化合物では多結晶化し，高い素子性能を示すことが知られている．

インクジェット法

有機溶媒に溶かした分子溶液をジェット状にして基板表面に吹き付ける．プリン

タブルエレクトロニクス法とも呼ばれる．有機デバイス作製プロセスの低コスト化に最も有力視されている方法である．これまでは均一で上質な有機膜を作製することに問題があったが，最近は大面積均一薄膜作製に成功した報告や，微小単結晶作製に成功した報告が続いており，今後の発展が大変期待される．

その他，分子溶液を基板の上に滴下し，溶剤を昇華させるドロップキャスト法や，有機溶媒に溶かした分子溶液中に基盤を浸漬させ，溶液を蒸発させるスティック-スリップ法，有機溶媒に溶かした分子溶剤を真空内に少量噴射して基板上に付着させる真空スプレー法等のさまざまな方法がある．

4.4 さまざまな有機ナノFETデバイス

有機FETにおけるチャネル面積を小さくすることで，粒界を含まない分子結晶本来の特性が得られ，高電界下における特殊なキャリア移動機構や低次元物性等，さまざまな新たな知見が明らかになっている．以下にいくつかの具体例を紹介する．

4.4.1 ナノサイズルブレンFET

有機単結晶FETにおける微細化の影響を調べる為，著者らは上に紹介した埋め込み型ナノギャップ電極と単結晶貼り付け法を用いて，ルブレン単結晶FETを作製した．電極には白金を採用し，絶縁体に埋め込むことで誘電体膜厚を減らした．図22(a)にデバイス構造及び出力特性 (I_D-V_D) を示す．式 $\mu = L/WCV_D \cdot (dI_D/dV_G)$ を用いて導出されるデバイスの移動度 (μ) は約1-5 cm^2/Vs であった．マクロサ

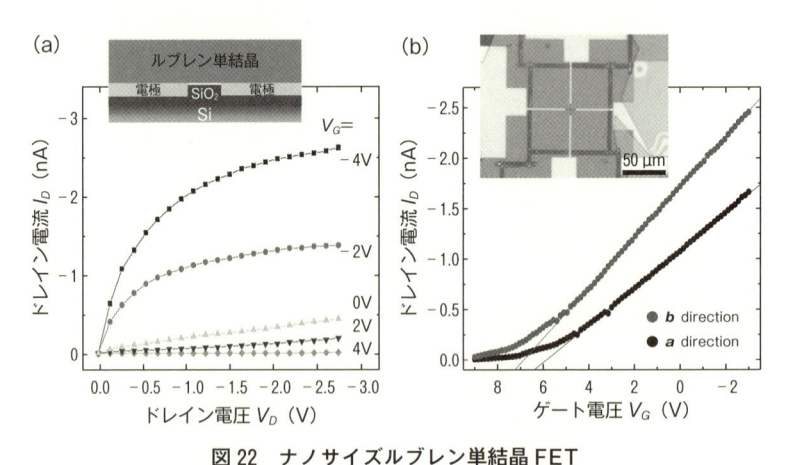

図22 ナノサイズルブレン単結晶FET
(a) 短チャネルルブレンFETの出力 (I_D-V_D) 特性，(b) ルブレン結晶のab軸に対する伝達 (I_D-V_G) 特性

イズルブレン単結晶FETで得られる値10-15 cm^2/Vsには及ばないものの、これまでに報告されている同程度の短チャネルFETと比較した場合、3桁以上高い値である。わずかな移動度の低下は膜抵抗に対する接触抵抗の比が大きくなり、その値が包括的なデバイス移動度を低下させているためと考えられる。

さらに4極を持ったFETを作製し図22(b)、キャリア移動度の単結晶内異方性を計測した[13]。ルブレン結晶のa、b軸に対し、3：4の比で移動度が観測されている。これらはルブレン結晶内のバンド構造の違いに由来する伝導性の違いを反映したものであり、このような局所領域においても有機結晶内バンド伝導が起こっていることが確認された。

4.4.2 導電性高分子FET

一次元の高分子である導電性高分子の電荷伝導機構はまだよく判っていないことも多い。炭素間の結合において外殻電子はσ結合とπ結合（不飽和結合）を形成する。π結合に関与するπ電子はHOMO-LUMOギャップが小さく、小さなエネルギーで励起できるために、有機材料の導電の担い手になる。1次元鎖状の高分子では鎖間の相互作用が強いほどπ電子が2次元的に非局在化し、キャリア輸送の理解を難しくしている。著者らは長いπ共役が期待出来るポリジアセチレンと、高い結晶性と移動度を示すポリチオフェンのナノFETデバイスを作製し、その特徴を調べた。

ポリジアセチレンFET

ポリジアセチレンはモノマー結晶に紫外線照射や熱による連鎖重合反応を励起し、固相重合によって重合体が得られるきわめて稀な共役系高分子である[14]。共役主鎖方向が一次元に完全配向し、きわめて高い共役長が得られる等の利点があり、非線形光学特性、電荷移動特性など光機能材料として研究が行われてきた。著者らは作製した電極上に真空蒸着によってジアセチレン単分子を蒸着し、1層から2層程度の分子膜を形成させ、紫外線照射を行うことで膜全体を重合した[15]。図23に示すAFM像から、電極間を分子膜が覆っており、分子鎖方向も判別できることから、約400本の分子が電極間を架橋していることが予想される。電極間の電流は紫外線照射前と照射後で明らかに異なっており、分子一本の抵抗は約5 MΩ/nmと見積もることが出来た。過去の研究でポリジアセチレン結晶の電流-電圧特性は大きな非線形性が確認されていたが、本試料ではそれがない。チャネル内に粒界が無く、断絶のない分子鎖が電極間を架橋しているためであると考えている。図23(c)に見られるようにFET効果も観察されたが、移動度は約3×10^{-5} cm^2/Vsという低

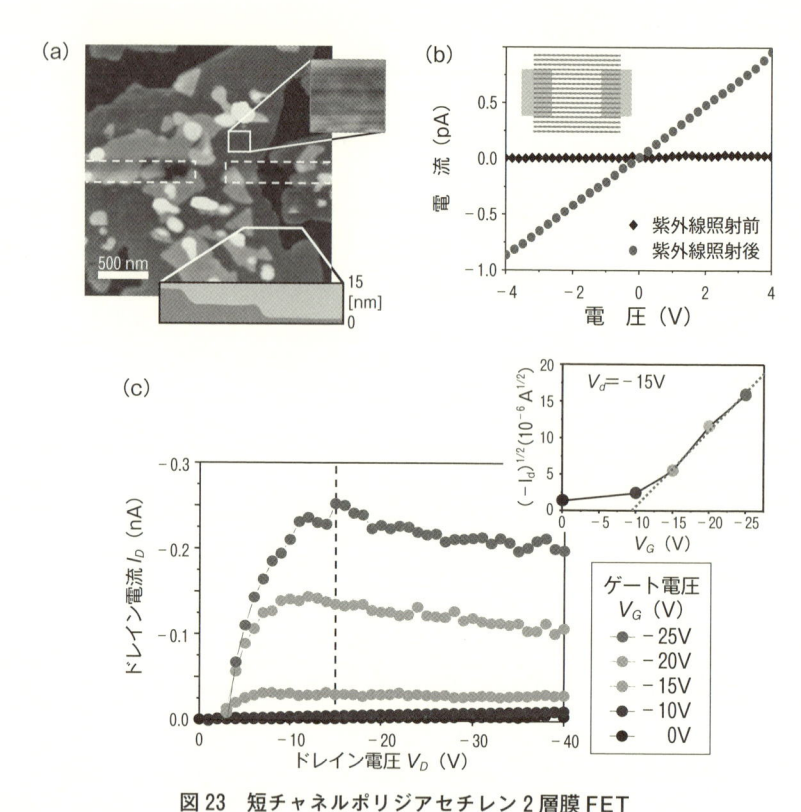

図23 短チャネルポリジアセチレン2層膜FET
(a) チャネル付近のAFM像, (b) 重合前と重合後の電極間電流変化, (c) 出力特性と伝達特性

い値であった．これは短チャネル内に粒界を含まない効果よりも金属電極と高分子間の接触抵抗が大きすぎて，移動度の低下を招いたのではないかと考えている．

ポリチオフェン単分子膜FET

　ポリチオフェンはチオフェン環が連なった高分子で，その側鎖の種類や付き方によってさまざまな構造の異なる凝集体を作る．不規則な構造では主鎖が折れ曲がり，π共役は長く続かない．側鎖の付き方が規則正しい構造では高い配向性を示す微結晶を形成する．中でもpoly(3-hexylthiophene-2,5-diyl)(P3HT)は低分子と同程度の高い移動度を示すことが知られているポリチオフェン分子である．スピンコート法でも多結晶薄膜を形成するが，特殊な液晶混合LB法を用いて単分子薄膜を電極上に転写した．FET動作を観察し，さらにより詳細なキャリア輸送特性を調べるため，室温から極低温までの変化を調べた．図24に典型的な単分子膜

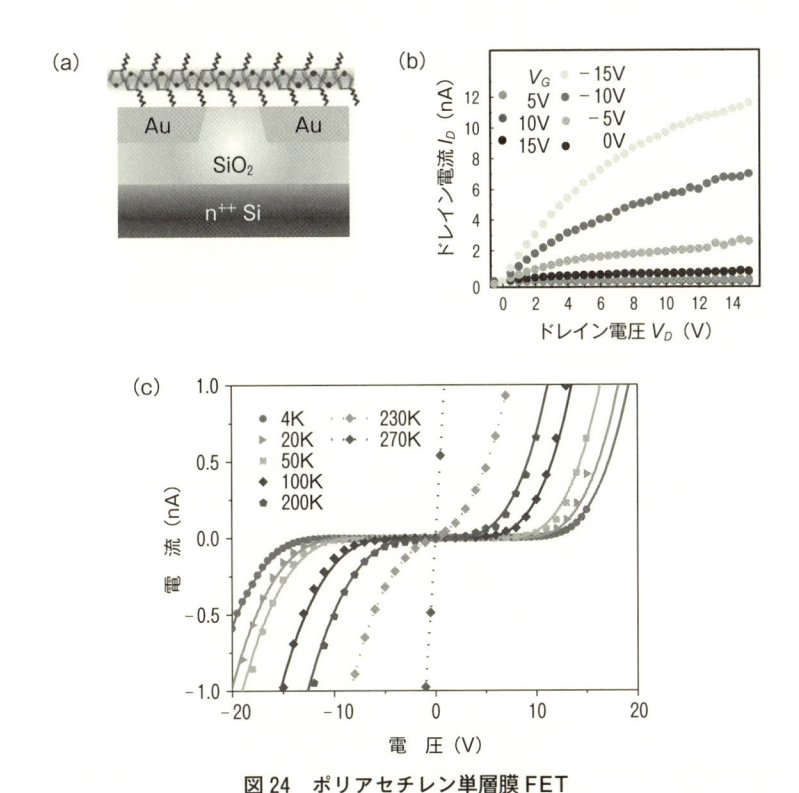

図24　ポリアセチレン単層膜FET
(a) 素子の構造図，(b) 出力 (I_D-V_D) 特性，(c) 電界効果がない場合 ($V_G=0$) の I_D-V_D 温度依存性 4K-200K の実線はクーロンブロッケイド伝導の理論式によるシミュレーション曲線

P3HT-FET 素子の出力特性を示す．すべての素子を見ると移動度は 0.002-0.2 cm²/Vs と大きなばらつきがあるものの，スピンコート膜で作製したマクロサイズ FET とそれほど変わらない結果となった．値のばらつきは接触抵抗のばらつきによるものであると想像される．

図24(c) に見られるように，計測温度を低下させていくと電導度は急激に低下していき，低いソースドレイン間の横方向電位差では 150 K 以下ではほとんど電気伝導度が検出できなくなったが，一方で高い横方向電界では 150 K 以下でも伝導が見られる大きな非線形性が観測された．このような温度依存と電界依存関係は 4.2 キャリア注入と輸送で示したどのキャリア移動機構にも見られないものである．このような特性は 3 次元スピンコート膜では見られず，短チャネル長単分子膜の場合

4. 有機ナノデバイス

のみ得られた．これら一連の電流-電圧特性は微小金属粒子が2次元に敷き詰められた構造中を電荷が移動する際に発現するクーロンブロケイドアレー伝導の特性と酷似しており，著者らはポリチオフェン2次元分子膜内に電荷が安定に存在出来る領域がとびとびに存在し，それらが二次元ネットワークを形成していると考えられる[16]．有機導体においてクーロンブロケイド伝導を示した報告はこれまでにほとんどなく，有機導体内の電荷移動に電荷反発項が大きく影響していることを示す結果となった．

4.4.3 カーボンナノチューブFET

カーボンナノチューブ（CNT）は厳密には有機材料とは異なるが，ナノ材料であることやその個々の機能性が多様に操作可能であること等，有機分子の利点に非常に近いものがある[17]ため，同じCNT材料を用いたマクロサイズとナノサイズのFETを作製し，その特性を比較した．CNTには金属型と半導体型の性質がある．両者の選択的な合成法はなく，電気泳動法や遠心分離法等で分離される．図25は同じ半導体90%金属性10%を含んだ単層CNTをチャネル材料に用いたFETsの結果である．（a）長いチャネル長を持つSWNT-FETのCNT配向構造は基板上ヘス

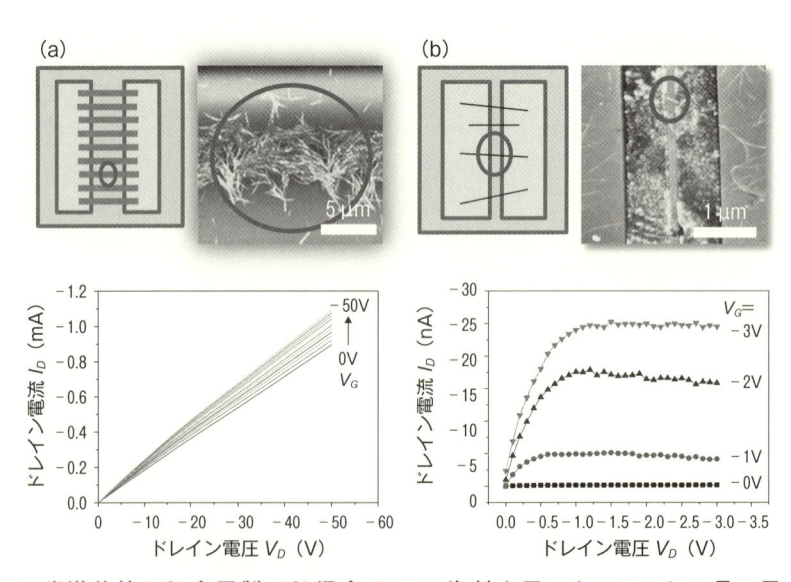

図25 半導体性90%金属製10%混合SWNT資料を用いた，チャネル長の異なるCNT-FETs，それぞれのチャネル部分の模式図及びAFM像と出力（I_D-V_D）特性

（a）チャネル長100μmのSWNT集合構造のSWNT-FET．（b）チャネル長200nmの孤立SWNT-FET

ティックースリップ法で作製し,トップコンタクト電極を蒸着している.このような素子の場合ゲート電圧ゼロの場合のドレイン電流,すなわちオフ電流が非常に大きく,ドレイン電圧に対して線形を示している.しかしながらゲート電圧の上昇に伴ってドレイン電流は増加しており,この増加と電極長及び幅から算出した移動度は 35 cm^2/Vs と十分高い移動度を示している.よってオフ電流は CNT ネットワーク内の 10% の金属性 CNT を流れる電流であり,ゲート電圧の増加に伴う電流増加分は半導体 CNT の電界効果によるものである.(b) 短チャネル孤立 SWNT-FET は,微細加工法で作製したナノギャップ平坦電極上にスピンコート法によって CNT を分散させている.この時基板の SiO$_2$ 表面に半導体 CNT のみに強い相互作用を持つ分子を修飾させ,半導体 CNT のみが表面に残るようにした.オフ電流はほぼゼロであり,かつドレイン電流の飽和特性が見られることから,電極間には半導体性の CNT のみが架橋していることが判る.AFM 像から電極間を架橋する CNT は 10 本以下であり,見積もられる移動度は単層 CNT の直径を 1 nm,架橋本数を 10 本としたとき約 0.1 cm^2/Vs であった.しかしさらに電極幅を広くした場合にはオフ電流として線形が現れ,電界効果も見られなくなってしまった.孤立 CNTFET では少量でも電極間に金属 CNT が直接架橋してしまうと,極端な低効率の低下を招き,半導体 CNT の電界効果が見えなくなっていると考えている.

4.5 むすび

有機導体に発現するキャリア輸送機構はバンド伝導から絶縁体内の不純物伝導のような,広い範囲の輸送機構を複雑に組み合わせなければ解けないパズルのようなものである.有機デバイスのサイズを小さくしたことで,サイズの変化からでは想定できなかったさまざまな現象が現れてきた.分子エレクトロニクスと有機エレクトロニクスをつなぐ中間領域の研究は,今後ますます必要とされていくだろう.また今後有機ナノデバイス素子の開発の発展と共にさまざまな有機素材の新規特性が新たに詳らかにされ,他の有機半導体にはない特性を発現することが期待出来るであろう.

参考文献

1章1節

1) Arima K. *et al.*, "Mechanism of Atomic-Scale Passivation and Flattening of Semiconductor Surfaces by Wet-Chemical Preparations," *J. Phys. Cond. Mater.* **23**, 394202 (2011).
2) Voyles P. M. *et al.*, "Atomic-Scale Imaging of Individual Dopant Atoms and Clusters in Highly N-Type Bulk Si," *Nature* **416**, 826 (2002).
3) Binning G. *et al.*, "Surface Studies by Scanning Tunneling Microscopy," *Phys. Rev. Lett.* **49**, 57 (1982).
4) Okada H. *et al.*, "Detailed Analysis of Scanning Tunneling Microscopy Images of the Si(001) Reconstructed Surface with Buckled Dimers," *Phys. Rev.* B **63**, 195324 (2001).
5) Endo K. *et al.*, "Atomic Structures of Hydrogen-Terminated Si(001) Surfaces after Wet Cleaning by Scanning Tunneling Microscopy," *Appl. Phys. Lett.*, **73**, 1853 (1998).
6) Arima K. *et al.*, "Atomically Resolved Scanning Tunneling Microscopy of Hydrogen-Terminated Si(001) Surfaces after HF Cleaning," *Appl. Phys. Lett.* **76**, 463 (2000).
7) Arima K. *et al.*, "Scanning Tunneling Microscopy Study of Hydrogen-Terminated Si(001) Surfaces after Wet Cleaning," *Surf. Sci.* **446**, 128 (2000).
8) Endo K. *et al.*, "Atomic Image of Hydrogen-Terminated Si (001) Surfaces after Wet Cleaning and Its First-Principles Study," *J. Appl. Phys.* **91**, 4065 (2002).
9) Northrup J. E., "Structure of Si(100)H: Dependence on the H Chemical Potential," *Phys. Rev.* B **44**, 1419 (1991).
10) Arima K. *et al.*, "Atomic-Scale Analysis of Hydrogen-Terminated Si(110) Surfaces after Wet Cleaning," *Appl. Phys. Lett.* **85**, 6254 (2004).
11) Arima K. *et al.*, "Atomic-Scale Analysis of Hydrogen-Terminated Si(110) Surfaces after Wet Cleaning," *J. Appl. Phys.* **98**, 103525 (2005).
12) Horie S. *et al.*, "First-Principles Study on Scanning Tunneling Microscopy Images of Different Hydrogen-Terminated Si(110) Surfaces," *Phys. Rev.* B **72**, 113306 (2005).
13) Endo K. *et al.*, "Atomic Structure of Si(001)-c(4×4) Formed by Heating Processes after Wet Cleaning and Its First-Principles Study," *J. J. Appl. Phys.* **42**, 4646 (2003).

1章2節

1) 安武潔, 材料の表面・界面物性の基礎, 機械の研究 **54**, 521 (2002).
2) 山口真史 他『太陽電池の基礎と応用』丸善, 2010.
3) Grove A. S., *Physics and Technology of Semiconductor Devices*, Wiley, New York, 1967.
4) Nicollian E. H. and Brews J. R., *MOS Physics and Technology*, Wiley, New York, 1982.
5) Schroder, D. K. *Semiconductor Material and Device Characterization*, Wiley, New York,

2006.

6) Yablonovitch E. et al., "Electron-Hole Recombination at the Si–SiO$_2$ Interface," *Appl. Phys. Lett.* **48**, 245 (1986).

7) Aberle A. G. et al., "Impact of Illumination Level and Oxide Parameters on Shockley-Read-Hall Recombination at the Si–SiO$_2$ Interface," *J. Appl. Phys.* **71**, 4422 (1992).

8) Yasutake K. et al., "Modeling and Characterization of Interface State Parameters and Surface Recombination Velocity at Plasma Enhanced Chemical Vapor Deposited SiO$_2$-Si Interface," *J. Appl. Phys.* **75**, 2048 (1994).

9) 原史朗, 金属／6H-SiC 界面で見いだされたショットキーリミットと電荷中性点, 表面科学 **21**, 791 (2000).

10) Glunz S. W., "Field-Effect Passivation of the SiO$_2$-Si Interface," *J. Appl. Phys.* **86**, 683 (1999).

11) 小駒益弘 監修『大気圧プラズマの生成制御と応用技術』サイエンス＆テクノロジー, 2012.

12) Kakiuchi H. et al., "Significant Enhancement of Si Oxidation Rate at Low Temperatures by Atmospheric Pressure Ar/O$_2$ Plasma," *Appl. Phys. Lett.* **90**, 151904 (2007).

13) Zhuo Z. et al., "Formation of SiO$_2$/Si Structure with Low Interface State Density by Atmospheric-Pressure VHF Plasma Oxidation," *Curr. Appl. Phys.* **12**, Suppl. 3, S57 (2012).

14) Ueno T. et al., "Low-Temperature and Low-Activation-Energy Process for the Gate Oxidation of Si Substrates," *Jpn. J. Appl. Phys.* **39**, L327 (2000).

15) Hasegawa I. et al., "Mechanism of Oxidation of Si Surfaces Exposed to O$_2$/Ar Microwave-Excited Plasma," *Jpn. J. Appl. Phys.* **46**, 98 (2007).

2章1節

1) Schütze S. et al., "The Atmospheric-Pressure Plasma Jet: A Review and Comparison to Other Plasma Sources," *IEEE Trans. Plasma Sci.* **26**, 1685 (1998).

2) Napartovich A. P., "Overview of Atmospheric Pressure Discharges Producing Nonthermal Plasma," *Plasmas Polym.* **6**, 1 (2001).

3) Alexandrov S. E. and Hitchman M. L., "Chemical Vapor Deposition Enhanced by Atmospheric Pressure Non-Thermal Non-Equilibrium Plasmas," *Chem. Vap. Deposition* **11**, 457 (2005).

4) Moravej M. and Hicks R. F., "Atmospheric Plasma Deposition of Coatings Using a Capacitive Discharge Source," *Chem. Vap. Deposition* **11**, 469 (2005).

5) Tendero C., et al., "Atmospheric Pressure Plasmas: A Review," *Spectrochimica Acta Part B* **61**, 2 (2006).

6) Laroussi M. and Akan T., "Arc-Free Atmospheric Pressure Cold Plasma Jets: A Review,"

Plasma Process. Polym. **4**, 777（2007）.
7) Fanelli F., "Thin Film Deposition and Surface Modification with Atmospheric Pressure Dielectric Barrier Discharges," *Surf. Coat. Technol.* **205**, 1536（2010）.
8) Bardos L. and Barankova H., "Cold Atmospheric Plasma: Sources, Processes, and Applications," *Thin Solid Films* **518**, 6705（2010）.
9) Kogoma M. *et al.* eds., *Generation and Applications of Atmospheric Pressure Plasmas*, Nova, New York, 2011.
10) Pappas D., "Status and Potential of Atmospheric Plasma Processing of Materials," *J. Vac. Sci. Technol. A* **29**, 020801（2011）.
11) Belmonte T. *et al.*, "Nonequilibrium Atmospheric Plasma Deposition," *J. Therm. Spray Technol.* **20**, 744（2011）.
12) Merche D. *et al.*, "Atmospheric Plasmas for Thin Film Deposition: A Critical Review," *Thin Solid Films* **520**, 4219（2012）.
13) Massines F. *et al.*, "Atmospheric Pressure Low Temperature Direct Plasma Technology: Status and Challenges for Thin Film Deposition," *Plasma Process. Polym.* **9**, 1041（2012）.
14) 小駒益弘 監修『大気圧プラズマの生成制御と応用技術』サイエンス＆テクノロジー，2006.
15) 日本学術振興会プラズマ材料科学第153委員会 編『大気圧プラズマ 基礎と応用』オーム社，2009.
16) Zhu X. *et al.*, "Open Air Deposition of SiO_2 Films by an Atmospheric Pressure Line-Shaped Plasma," *Plasma Process. Polym.* **2**, 407（2005）.
17) Vinogradov I. *et al.*, "Diagnostics of SiCOH-Film-Deposition in the Dielectric Barrier Discharge at Atmospheric Pressure," *Plasma Process. Polym.* **4**, S435（2007）.
18) Yuasa M. and Yara T., U.S. Patent 5,968,377（1999）.
19) Suzuki T. and Kodama H., "Diamond-Like Carbon Films Synthesized under Atmospheric Pressure Synthesized on PET Substrates," *Diamond & Related Mater.* **18**, 990（2009）.
20) Vinogradov I. *et al.*, "Film Deposition in the Dielectric Barrier Discharge at Atmospheric Pressure in He/O_2/HMDSO and He/N_2O/HMDSO Mixtures," *Plasma Process. Polym.* **6**, S514（2009）.
21) Nozaki T. *et al.*, "Deposition of Vertically Oriented Carbon Nanofibers in Atmospheric Pressure Radio Frequency Discharge," *J. Appl. Phys.* **99**, 024310（2006）.
22) Kakiuchi H. *et al.*, "High-Rate and Low-Temperature Film Growth Technology Using Stable Glow Plasma at Atmospheric Pressure" in *Trends in Thin Solid Films Research*（Jost A. R. ed.）, Nova, New York, p. 1, 2007.
Kakiuchi H. *et al.*, "Atmospheric-Pressure Low-Temperature Plasma Processes for Thin Film Deposition," *J. Vac. Sci. Technol. A* **32**, 030801（2014）.

23) 菅井秀郎, 低圧力・高密度プラズマの新しい展開—ECR, ヘリコン波および誘導結合型プラズマ—, 応用物理 **63**, 559 (1994).
24) Alvarez R. *et al.*, "Radial Distribution of Electron Density, Gas Temperature and Air Species in a Torch Kind Helium Plasma Produced at Atmospheric Pressure," *Spectrochim. Acta Part B* **59**, 709 (2004).
25) Oshikane Y. *et al.*, "Ro-Vibronic Structure in the Q-Branch in the Spectra of Hydrogen Fulcher-α Band Emission in the Atmospheric Pressure Plasma CVD Process Driven at 150 MHz," *Ext. Abst. Int. 21st Century COE Symp. on Atomistic Fabrication Technology*, Osaka, p. 49, 2006.

2章2節

1) 小駒益弘 監修『大気圧プラズマの生成制御と応用技術』サイエンス&テクノロジー, 2006.
2) 日本学術振興会プラズマ材料科学第153委員会 編『大気圧プラズマ 基礎と応用』オーム社, 2009.
3) Massines F. *et al.*, "Atmospheric Pressure Plasma Deposition of Thin Films by Townsend Dielectric Barrier Discharge," *Surf. Coat. Technol.* **200**, 1855 (2005).
4) Ramamoorthy A. *et al.*, "Thermal Stability Studies of Atmospheric Plasma Deposited Siloxane Films Deposited on Vycor^{TM} Glass," *Surf. Coat. Technol.* **202**, 4130 (2008).
5) Zhu X. *et al.*, "Open Air Deposition of SiO_2 Films by an Atmospheric Pressure Line-Shaped Plasma," *Plasma Process. Polym.* **2**, 407 (2005).
6) Enache I. *et al.*, "Transport Phenomena in an Atmospheric-Pressure Townsend Discharge Fed by N_2/N_2O/HMDSO Mixtures," *Plasma Process. Polym.* **4**, 806 (2007).
7) Morent R. *et al.*, "Organic-Inorganic Behavior of HMDSO Films Plasma-Polymerized at Atmospheric Pressure," *Surf. Coat. Technol.* **203**, 1366 (2009).
8) Morent R. *et al.*, "Plasma-Polymerization of HMDSO Using an Atmospheric Pressure Dielectric Barrier Discharge," *Plasma Process. Polym.* **6**, S537 (2009).
9) Suzaki Y. *et al.*, "Deposition of ZnO Film Using an Open-Air Cold Plasma Generator," *Thin Solid Films* **506-507**, 155 (2006).
10) Suzaki Y. *et al.*, "Fabrication of Al Doped ZnO Films Using Atmospheric Pressure Cold Plasma," *Thin Solid Films* **522**, 324 (2012).
11) Ohtake N. *et al.*, "Synthesis of Diamond-like Carbon Films by Nanopulse Plasma Chemical Vapor Deposition at Subatmospheric Pressure," *Jpn. J. Appl. Phys.* **43**, L1406 (2004).
12) Kondo Y. *et al.*, "Synthesis of Diamod-like Carbon Films by Nanopulse Plasma Chemical Vapor Deposition in Open Air," *Jpn. J. Appl. Phys.* **44**, L1573 (2005).
13) Suzuki T. and Kodama H., "Diamond-Like Carbon Films Synthesized under Atmospheric

Pressure Synthesized on PET Substrates," *Diamond & Related Mater.* **18**, 990 (2009).
14) 森勇蔵 他，大気圧プラズマ CVD 法によるアモルファス Si の高速成膜に関する研究（第 1 報）—回転電極型大気圧プラズマ CVD 装置の設計・試作—，精密工学会誌 **65**, 1600 (1999).
15) Mori Y. *et al.*, "Atmospheric Pressure Plasma Chemical Vapor Deposition System for High-Rate Deposition of Functional Materials," *Rev. Sci. Instrum.* **71**, 3173 (2000).
16) Kakiuchi H. *et al.*, "High-Rate and Low-Temperature Film Growth Technology Using Stable Glow Plasma at Atmospheric Pressure" in *Trends in Thin Solid Films Research* (Jost A. R. ed.), Nova, New York, p.1, 2007.
  Kakiuchi H. *et al.*, "Atmospheric-Pressure Low-Temperature Plasma Processes for Thin Film Deposition," *J. Vac. Sci. Technol.* A **32**, 030801 (2014).
17) Kakiuchi H. *et al.*, "Characterization of Intrinsic Amorphous Silicon Layers for Solar Cells Prepared at Extremely High Rates by Atmospheric Pressure Plasma Chemical Vapor Deposition," *J. Non-Cryst. Solids* **351**, 741 (2005).
18) Kakiuchi H. *et al.*, "High-Rate Deposition of Intrinsic Amorphous Silicon Layers for Solar Cells Using Very High Frequency Plasma at Atmospheric Pressure," *Jpn. J. Appl. Phys.* **45**, 3587 (2006).
19) Kakiuchi H. *et al.*, "Enhancement of Film-Forming Reactions for Microcrystalline Si Growth in Atmospheric-Pressure Plasma Using Porous Carbon Electrode," *J. Appl. Phys.* **104**, 053522 (2008).
20) Kakiuchi H. *et al.*, "Microcrystalline Si Films Grown at Low Temperatures (90-220 ℃) with High Rates in Atmospheric-Pressure VHF Plasma," *J. Appl. Phys.* **106**, 013521 (2009).
21) 大参宏昌 他，大気圧プラズマ CVD による多結晶 Si の高速成膜プロセスにおける成膜速度の決定因子，精密工学会誌 **70**, 1418 (2004).
22) 大参宏昌 他，大気圧プラズマ CVD により高速形成した多結晶 Si 薄膜の構造に対する SiH_4 濃度の影響，精密工学会誌 **71**, 1393 (2005).
23) Ohmi H. *et al.*, "Influence of H_2/SiH_4 Ratio on the Deposition Rate and Morphology of Polycrystalline Silicon Films Deposited by Atmospheric Pressure Plasma CVD," *Jpn. J. Appl. Phys.* **45**, 3581 (2006).
24) Yasutake K. *et al.*, "Defect-Free Growth of Epitaxial Silicon at Low Temperatures (500-800 ℃) by Atmospheric Pressure Plasma Chemical Vapor Deposition," *Appl. Phys. A* **81**, 1139 (2005).
25) Yasutake K. *et al.*, "Characterization of Epitaxial Si Films Grown by Atmospheric Pressure Plasma Chemical Vapor Deposition Using Cylindrical Rotary Electrode," *Jpn. J. Appl. Phys.* **45**, 3592 (2006).
26) Ohmi H. *et al.*, "Low-Temperature Growth of Epitaxial Si Films by Atmospheric Pressure

Plasma Chemical Vapor Deposition Using Porous Carbon Electrode," *Jpn. J. Appl. Phys.* **45**, 8424 (2006).
27) Yasutake K. *et al.*, "High-Quality Epitaxial Si Growth at Low Temperatures by Atmospheric Pressure Plasma CVD", *Thin Solid Films* **517**, 242 (2008).
28) 垣内弘章 他，大気圧プラズマ CVD 法によるアモルファス SiC の高速成膜に関する研究（第 2 報）―成膜パラメータの最適化による膜構造の改善―，精密工学会誌 **70**, 1075 (2004).
29) Kakiuchi H. *et al.*, "Effect of Hydrogen on the Structure of High-Rate Deposited SiC on Si by Atmospheric Pressure Plasma Chemical Vapor Deposition Using High-Power-Density Condition," *Thin Solid Films* **496**, 259 (2006).
30) Kakiuchi H. *et al.*, "Structural Characterization of Polycrystalline 3C-SiC Films Prepared at High Rates by Atmospheric Pressure Plasma CVD Using Monomethylsilane," *Jpn. J. Appl. Phys.* **45**, 8381 (2006).
31) Kakiuchi H. *et al.*, "Heteroepitaxial Growth of Cubic SiC on Si Using Very-High-Frequency Plasma at Atmospheric Pressure," *Surf. Interface Anal.* **40**, 974 (2008).
32) Kakiuchi H. *et al.*, "Study on the Growth of Heteroepitaxial Cubic Silicon Carbide Layers in Atmospheric-Pressure H_2-based Plasma," *J. Nanosci. Nanotechnol.* **11**, 2903 (2011).
33) 垣内弘章 他，大気圧プラズマ CVD 法により高速形成した SiN_x 薄膜の構造と成膜パラメータの相関，精密工学会誌 **70**, 956 (2004).
34) Kakiuchi H. *et al.*, "Investigation of Deposition Characteristics and Properties of High-Rate Deposited silicon nitride films prepared by atmospheric pressure plasma chemical vapor deposition," *Thin Solid Films* **479**, 17 (2005).
35) Yamaguchi Y. *et al.*, "Investigation of Structural Properties of High-Rate Deposited SiN_x Films Prepared at Low Temperatures (100-300 ℃) by Atmospheric-Pressure Plasma CVD," *Phys. Stat. Sol.* (c) **7**, 824 (2010).
36) Kakiuchi H. *et al.*, "Room-Temperature Silicon Nitrides Prepared with Very High Rates (>50 nm/s) in Atmospheric-Pressure Very High-Frequency Plasma," *Plasma Chem. Plasma Process.* **30**, 579 (2010).
37) Kakiuchi H. *et al.*, "Low Refractive Index Silicon Oxide Coatings at Room Temperature Using Atmospheric-Pressure Very High-Frequency Plasma," *Thin Solid Films* **519**, 235 (2010).
38) Kakiuchi H. *et al.*, "Silicon Oxide Coatings with Very High Rates (>10 nm/s) by Hexamethyldisiloxane-Oxygen Fed Atmospheric-Pressure VHF Plasma: Film-Forming Behavior Using Cylindrical Rotary Electrode," *Plasma Chem. Plasma Process.* **32**, 533 (2012).
39) Kakiuchi H. *et al.*, "High-Rate HMDSO-Based Coatings in Open Air Using Atmospheric-

Pressure Plasma Jet," *J. Non-Cryst. Solids* **358**, 2462 (2012).

2章3節

1) 鵜飼育弘,『薄膜トランジスタ技術のすべて』工業調査会, 2007, p. 112.
2) 大和田善久, 岡本博明 監修『薄膜シリコン系太陽電池の最新技術』シーエムシー出版, 2009.
3) 増田淳, 小特集 次世代シリコン太陽電池製造のためのプラズマ技術, プラズマ・核融合学会誌 **86**, 37 (2010).
4) 佐藤淳一『図解入門よくわかる最新半導体製造装置の基本と仕組み』秀和システム, p. 136, 2010.
5) 日本セラミックス協会編『環境調和型新材料シリーズ太陽電池材料』日刊工業新聞社, p. 101, 2006.
6) Ohmi H. *et al.*, "Silicon Film Formation by Chemical Transport in Atmospheric-Pressure Pure Hydrogen Plasma," *J. Appl. Phys.* **102**, 023302 (2007).
7) Ohmi H. *et al.*, "Low-Temperature Crystallization of Amorphous Silicon by Atmospheric-Pressure Plasma Treatment in H_2/He or H_2/Ar Mixture," *Jpn. J. Appl. Phys.* **45**, 8488 (2006).
8) 高柳和夫『電子・原子・分子の衝突』培風館, p. 211, 1996.
9) 菅井秀郎 編著『プラズマエレクトロニクス』オーム社, p. 70, 2000.
10) Ohmi H. *et al.*, "Low-Temperature Synthesis of Microcrystalline 3C-SiC Film by High-Pressure Hydrogen-Plasma-Enhanced Chemical Transport," *J. Phys. D: Appl. Phys.* **44**, 235202 (2011).
11) Kamada D. *et al.*, "High-Rate Preparation of Thin Si Films by Atmospheric-Pressure Plasma Enhanced Chemical Transport," *Surf. Interface Anal.* **40**, 979 (2008).
12) Ohmi H. *et al.*, "Impacts of Noble Gas Dilution on Si Film Structure Prepared by Atmospheric Pressure Plasma Enhanced Chemical Transport," *J. Phys. D: Appl. Phys.* **41**, 195208 (2008).
13) Ohmi H. *et al.*, "Formation of Microcrystalline SiC Films by Chemical Transport with a High-Pressure Glow Plasma of Pure Hydrogen," *Thin Solid Films* **519**, 11 (2010).

3章1節

1) 江刺正喜 監修『MEMSマテリアルの最新技術』CMC出版, 2007.
2) 藤田博之『マイクロ・ナノマシン技術入門』工業調査会, 2003.
3) Becker E. W. *et al.*, "Production of Separation-Nozzle Systems for Uranium Enrichment by a Combination of X-Ray Lithography and Galvanoplastics," *Naturwissenschaften* **69**, 520 (1982).
4) Unger M. A. *et al.*, "Monolithic Microfabricated Valves and Pumps by Multilayer Soft

Lithography," *Science* **288**, 113 (2000).
5) Chou S. Y. *et al.*, "Imprint Lithography with 25-Nanometer Resolution," *Science* **272**, 85 (1996).
6) 佐藤一雄, ウェットエッチングプロセス ―結晶異方性エッチング―, (江刺正喜 監修)『マイクロマシン』産業技術サービスセンター, p. 26, 2002.
7) Lehmann V., "Macroporous Silicon: Physics and Applications," in *Advances in Solid State Physics 37* (Helbig R. ed.) Springer, Heidelberg, p. 15, 1998.
Laermer F. *et al.*, "Method of Anisotropically Etching Silicon," U.S. Patent 5,501,893, 1996; German Patent DE4241045C1, 1994.
8) Nakanishi H. *et al.* "Studies on SiO_2-SiO_2 Bonding with Hydrofluoric Acid. Room Temperature and Low Stress Bonding Technique for MEMS," *Sens. Act. A* **79**, 237 (2000).
9) Shinohara H. *et al.*, "Fabrication of Post-Hydrophilic. Treatment-Free Plastic Biochip Using. Polyurea Film," *Sens. Act. A* **154**, 187 (2009).

3章2節

1) 全般を網羅した教科書として：Sze S. M. 著, 南日康夫 他訳『半導体デバイス』産業図書, 2004.
2) 入門書として：宮尾正信, 佐道泰造『電子デバイス工学』朝倉書店, 2007.
3) デバイス解析技術を網羅した専門書として： Schroder D. K., *Semiconductor Material and Device Characterization*, Wiley, New York, 2006.
4) レビュー論文として： Wilk G. D. *et al.*, "High-k Gate Dielectrics: Current Status and Materials Considerations," *J. Appl. Phys.* **89**, 5243 (2011).
5) Hobbs C. *et al.* "Fermi Level Pinning at the PolySi/Metal Oxide Interface" in *Tech. Dig. Symp. VLSI Technology*, Kyoto, p. 9, 2003.
6) Shiraishi K. *et al.* "Physics in Fermi Level Pinning at the Poly-Si/Hf-Based High-k Oxide Interface," in *Tech. Dig. Symp. VLSI Technology*, Hawaii, p. 108, 2004.
7) Akasaka Y. *et al.*, "Modified Oxygen Vacancy Induced Fermi Level Pinning Model Extendable to P-Metal Pinning," *Jpn. J. Appl. Phys.* **45**, L1289 (2006).
8) Mistry K. *et al.*, "45 nm Logic Technology with High-k + Metal Gate Transistors, Strained Silicon, 9 Cu Interconnect Layers, 193 nm Dry Patterning, and 100% Pb-Free Packaging," in *IEDM Tech. Dig.*, Washington D. C., p. 247, 2007.
9) Ando T. *et al.*, "Understanding Mobility Mechanisms in Extremely Scaled HfO_2 (EOT 0.42 nm) Using Remote Interfacial Layer Scavenging Technique and Vt-Tuning Dipoles with Gate-First Process," in *IEDM Tech. Dig.*, Baltimore, p. 423, 2009.

3章3節

1) 国際エネルギー機関(IEA : International Energy Agency), Key World Energy Statistics, 2012.
2) Afanas'ev V. V. et al., "Intrinsic SiC/SiO$_2$ Interface States," *Phys. Stat. Sol.* (a) **162**, 321 (1997).
3) Jamet P. et al., "Effects of Nitridation in Gate Oxides Grown on 4H-SiC," *J. Appl. Phys.* **90**, 5058 (2001).
4) Kimoto T. et al., "Interface Properties of Metal-Oxide-Semiconductor Structures on 4H-SiC{0001} and (11$\bar{2}$0) Formed by N$_2$O Oxidation," *Jpn. J. Appl. Phys.* **44**, 1213 (2005).
5) Fukuda K. et al., "Reduction of Interface-state Density in 4H-SiC N-Type Metal-Oxide-Semiconductor Structures Using High-temperature Hydrogen Annealing," *Appl. Phys. Lett.* **76**, 1585 (2000).
6) Okamoto D. et al., "Removal of Near-Interface Traps at SiO$_2$/4H-SiC(0001) Interfaces by Phosphorus Incorporation," *Appl. Phys. Lett.* **96**, 203508 (2010).
7) Ueno K., "Orientation Dependence of the Oxidation of SiC Surfaces," *Phys. Stat. Sol.* (a) **162**, 299 (1997).
8) Kozono K. et al., "Direct Observation of Dielectric Breakdown Spot in Thermal Oxides on 4H-SiC(0001) Using Conductive Atomic Force Microscopy," *Mater. Sci. Forum* **645-648**, 821 (2010).
9) Hosoi T. et al., "Impact of Interface Defect Passivation on Conduction Band Offset at SiO$_2$/4H-SiC Interface," *Mater. Sci. Forum* **717-720**, 721 (2012).
10) Suzuki T. et al., "Reliablity of 4H-SiC(000-1) MOS Gate Oxide using N$_2$O Nitridation," *Mater. Sci. Forum* **615-617**, 557 (2009).
11) Chanthaphan A. et al., "Investigation of Unusual Mobile Ion Effects in Thermally Grown SiO$_2$ on 4H-SiC(0001) at High Temperatures," *Appl. Phys. Lett.* **100**, 252103 (2012).
12) Hosoi T. et al., "Dielectric Properties of Thermally Grown SiO$_2$ on 4H-SiC(0001) Substrates," *Mater. Sci. Forum* **740-742**, 605 (2013).
13) Wilk G. D. et al., "High-*k* Gate Dielectrics: Current Status and Materials Properties Considerations," *J. Appl. Phys.* **89**, 5243 (2001).
14) Watanabe, H. et al., "Synchrotron X-Ray Photoelectron Spectroscopy Study on Thermally Grown SiO$_2$/4H-SiC(0001) Interface and Its Correlation with Electrical Properties," *Appl. Phys. Lett.* **99**, 021907 (2011).
15) Hosoi T. et al., "Performance and Reliability Improvement in SiC Power MOSFETs by Implementing AlON High-*k* Gate Dielectrics," in *IEDM Tech. Dig.* 7.4, San Francisco, 2012.

3章 4節

1) 日本学術振興会 第 142 委員会 C 部会 編『有機半導体デバイス―基礎から最先端技術・デバイスまで―』オーム社, 2010.
2) 安達千波矢 編『有機半導体のデバイス物性』講談社, 2012.
3) Fowler R. H. and Nordheim L., "Electron Emission in Intense Electric Fields," *Proc. R. Soc. London, Ser. A* **119**, 173 (1928).
4) Ddushman S., "Electron Emission from Metals as a Function of Temperature," *Phys. Rev.* **21**, 623 (1923).
5) Crowell C. R. and Sze S. M., "Current Transport in Metal-Semiconductor Barriers," *Solid. Stat. Electron.* **9**, 1035 (1966).
6) Simmons J. G., "Poole-Frenkel Effect and Schottky Effect in Metal-Insulator-Metal Systems," *Phys. Rev.* **155**, 657 (1967).
7) Mott N.F., "Conduction in Non-Crystalline Materials," *Phil. Mag.* **19**, 835 (1969); Mott N. F. and Davis E. A., *Electronic Processes in Non-Crystalline Materials*, 2nd ed., Clarendon, Oxford, p. 266, 1979.
8) Bässler H., "Charge Transport in Disordered Organic Photoconductors a Monte Carlo Simulation Study," *Phys. Stat. Sol.* (b) **175**, 15 (1993).
9) Lampert M. A. and Helfrich W., "Space-Charge-Limited Currents in Organic Crystals," *J. Appl. Phys.* **33**, 205 (1962); Lampert M. A. and Mark P., *Current Injection in Solids*, Academic Press, New York, p. 27, 1970.
10) Barbqur J. P. *et al.*, "Space-Charge Effects in Field Emission," *Phys. Rev.* **92**, 45 (1953).
11) Higuchi Y. *et al.*, "Application of Simple Mechanical Polishing to Fabrication of Nanogap Flat Electrodes," *Jpn. J. Appl. Phys.* **45**, L145 (2006).
12) Nagano S. *et al.*, "Ideal Spread Monolayer and Multilayer Formation of Fully Hydrophobic Polythiophenes via Liquid Crystal Hybridization on Water," *Langmuir* **24**, 10498 (2008).
13) Kawanishi T. *et al.*, "High-Mobility Organic Single Crystal Transistors with Submicrometer Channels," *Appl. Phys. Lett.* **93**, 023303 (2008).
14) Akai-Kasaya M. *et al.*, "Polymerization Direction Controlled Growth of Polydiacetylene on Artificial Silicon Oxide Templates," *Surf. Interface Anal.* **40**, 1037 (2008).
15) 赤井 恵, ナノギャップ平坦電極と一次元分子細線, *Electrochemistly* **77**, 894 (2009); 赤井 恵, 桑原裕司, 導電性高分子を用いた分子ワイヤ素子の開発, 化学工業 **60**, 227 (2009).
16) Akai-Kasaya M. *et al.*, "Isotropic Charge Transport in Highly Ordered Regioregular Poly (3-Hexylthiophene) Monolayer," *J. Phys. D: Appl. Phys.* **46**, 425303 (2013).
17) 尾上 順 編『ナノカーボン―炭素素材の基礎と応用』近代科学社, 2012.

第3部

表面創成プロセス

第 1 章

ウェットプロセス

1. 固液界面の電子移動と化学（基礎・原理）

1.1 はじめに

　原子スケールの精度を有する超精密生産技術を創出するための大きな戦略の一つは，固液界面で起こる化学現象の詳細な理解，かつ徹底的な利用にある．取り扱う化学現象としては，酸化・還元，吸着や堆積，溶出，触媒作用，エネルギー変換等，幅広い．このような固液界面現象に関して，物質の最小構成単位である原子や分子，イオンの振る舞いにまで立ち戻り，それらの間で起こる電子移動を学問に基づいて正しく把握することが，次世代の新たな生産技術の扉を拓く．

　本節では，荷電粒子（電子やイオン）が関与する固液界面反応を取り扱うための学問体系の基礎を紹介すると共に，固液界面で起こる化学現象に関するトピックスを述べる．

1.2 電気化学の基礎

　固液界面反応は，電荷を持つ電子やイオンが関与して起こる．これらは，固体試料や溶液相の静電ポテンシャルの影響を受ける．したがって，電解加工や電池のような電気化学系における固液界面反応は，固相と溶液相の内部電位差である電極電位 E を考慮する必要がある．電極でただ一つの電極反応が起こり，かつ反応が平衡である時，その電極電位を平衡電極電位と呼ぶ．ここで，二種類のイオンが関与した以下のような電極反応を仮定する．

$$O^{x+} + ne^- \leftrightarrow R^{(x-n)+} \tag{1.1}$$

　(1.1)式において，Oは電荷数 x の酸化体，Rは還元体，n は電子数である．気体定数 R，温度 T，ファラデー定数 F とする時，平衡電極電位はネルンスト式と呼ばれる，

$$E = E^O + \frac{RT}{nF} \ln \frac{a_O}{a_R} \tag{1.2}$$

で表される．ここで，a_O と a_R はそれぞれ，酸化体と還元体の実効的な濃度を表し，活量と呼ぶ．式(1.2)において，$\frac{a_O}{a_R}$ が 1 の場合には，平衡電極電位は E^O（標準電位）と等しくなる．

ある電極反応に関する平衡電極電位を知りたい場合，適当なもう一つの電極（基準電極）を用いて電池を組み，基準電極に対する相対的な電位を測定する．最も一般的な基準電極は，標準水素電極（Normal Hydrogen Electrode：NHE）と呼ばれるものであり，E^O を 0 V として取り扱う．他のさまざまな電極反応の E^O は，NHE を基準として調べられており，酸化体の電子の受け取り易さや，還元体の電子の放出し易さに関する目安となる．

また，注目する電極反応における電極電位は，外部からの電圧印加により変化する．バトラーらは，実験で得られる電解電流（I）―電位曲線が，バトラー・ボルマー式と呼ばれる関係で表現できることを見出した．またこの関係式は，近似の下で以下のように単純化される．

$$i = -i_0 \times \left\{ \exp\left[\frac{-\alpha nF\eta}{RT}\right] - \exp\left[\frac{(1-\alpha)nF\eta}{RT}\right] \right\} \tag{1.3}$$

i は I を単位面積あたりに換算した電解電流密度であり，α は移動係数と呼ばれるパラメータである．η は，電極電位の平衡電位からのずれを表し，過電圧と呼ぶ．(1.3)式は，η を与えた時の正味の電解電流が，還元電流（右辺第一項）と酸化電流（右辺第二項）の差によって決まることを表す．ここで，平衡時（$\eta=0$）には正味の電流は流れない（$i=0$）が，等しい酸化及び還元電流がある．これが交換電流密度（i_0）であり，速度論的なパラメータの一つである．

これまでに，電極での酸化還元反応を利用して，平衡電極電位や電極反応の触媒活性などの電気化学的特性を調べるための，多様な測定法が報告されている．中でも，電極電位を時間の関数として外部から制御し，電極に流れる電流を測定する手法（サイクリックボルタンメトリー他）は最も基本的である．この手法に基づいて電気化学測定を行う場合，三電極式電解セルとポテンシオスタットを用いる．三電極式電解セルは，作用電極・参照電極・対極の三種類から構成されており，作用電極で起こる反応による電流が，作用電極と対極の間を流れる．また参照電極は，作用

電極の電位を制御するために用いる．参照電極として，本来は先述した標準水素電極（NHE）を用いるのが理想的であるが，水素ガスのバブリングを必要とするため，取り扱いが難しい．そこで実際は，銀-塩化銀電極や飽和甘コウ電極等を用いることが多い．これらの参照電極に関して，NHE を基準とした平衡電極電位が分かっている．したがって，銀-塩化銀電極等を参照電極に用いた場合であっても，得られた作用電極の電位を対 NHE として換算することは容易である．

本節で概説した内容は，固液界面反応がかかわる多くの技術分野（加工・めっき・電池・半導体プロセス・センサー・殺菌等）における基礎であると共に，学問としての体系化が進んでいる．興味がある読者には，専門書[1,2]等でさらに理解を深めて頂きたい．

1.3 金属微粒子による半導体表面の異方性エッチング痕の形成と原理

貴金属に代表される金属微粒子をシリコン（Si）表面に散布し，過酸化水素等の酸化剤とフッ化水素酸（HF）の両者を含む溶液中に浸漬すると，金属微粒子近傍で優先的にエッチングが進行し，多孔質の Si 表面が得られることは良く知られている．このような Si 表面の粗面化は，Si 太陽電池における簡易な反射防止膜の形成方法として期待されている[3~5]．

ここで，図1は直径 20 nm 程度の銀（Ag）微粒子を Ge(100) 表面に散布し，異なる濃度の溶存酸素を含有する超純水に浸漬した場合に得られた電子顕微鏡写真である[6]．図1(a) は，純水に浸漬する前の画像であり，Ag 微粒子が離散的に分布

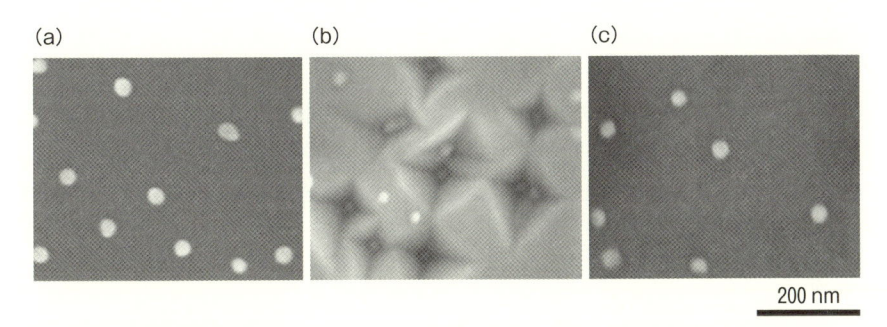

図1 金属微粒子を散布した Ge(100) 表面を純水に浸漬（24 時間）する前後での電子顕微鏡写真
(a) 浸漬前，(b) 溶存酸素が飽和した純水中（溶存酸素濃度が約 9 ppm）に浸漬した後，
(c) 溶存酸素を低減した純水中（溶存酸素濃度が約 3 ppb）に浸漬した後．

している様子が分かる．図1(b)は，溶存酸素が飽和した超純水に浸漬した後に得られた画像である．図1(a)とは大きく異なり，100 nmオーダーの孔が多数形成されており，孔の底部にAg微粒子が残留している様子が分かる．一方で，溶存酸素を低減した超純水に浸漬した後の図1(c)では，エッチピット痕は観察されていない．純水中に溶存する酸素分子（O_2）及びゲルマニウム（Ge）表面がかかわる酸化還元反応と標準電位は，それぞれ以下のように表される．

$$O_2 + 4H^+ + 4e^- \leftrightarrow 2H_2O, \quad E^O_{O_2} = +1.23 \text{ (V vs. NHE)} \tag{1.4}$$

$$GeO_2 + 4H^+ + 4e^- \leftrightarrow Ge + 2H_2O, \quad E^O_{GeO_2} = -0.15 \text{ (V vs. NHE)} \tag{1.5}[7]$$

実際の平衡電極電位は，溶液のpHに依存して以下の式のように変化する．

$$E_{O_2} = +1.23 - 0.0591 \times \text{pH} \text{(V vs. NHE)} \tag{1.6}$$

$$E_{GeO_2} = -0.15 - 0.0591 \times \text{pH} \text{(V vs. NHE)} \tag{1.7}$$

以上より，純水中（pH=7）のE_{O_2}とE_{GeO_2}はそれぞれ，+0.82 V及び-0.56 Vになる．これらは近似値であり，特にE_{O_2}はO_2分子の濃度により変わり得るが，純水中では溶存酸素によりGe表面が酸化する傾向が分かる．そしてこの反応は，金属微粒子が触媒として振る舞うことにより活発に進行し，微粒子近傍では酸化物（GeO_2）の形成が促進される．GeO_2は水溶性であるため，図1(b)で観察されるようなピット構造が現れるが，ピラミッド型に近い形状を呈していることが特徴的である．これは，面方位に依存して酸化速度が異なり，最も小さい(111)面がマイクロファセットとして露出したためである．図1は，溶液浸漬によりGe表面のマイクロラフネスが容易に増加すること，及び，これを抑制するためには溶液中の酸化種の制御が重要であることを示唆している．また一方で，上記の手法を応用し，金属製プローブの直接描画により，純水中でGe表面にナノスケールのパターンを形成する報告[8]もある．

1.4 濡れ性の微視的評価

大気中に固体を放置すると，固体表面には分子層レベルの水の層が形成される．これを濡れ性と呼び，固体表面とそれに接する液体との間の界面現象を表す代表的な特性である．濡れ性は，二つの固体間の摩擦や接着，リソグラフィープロセスに

おける半導体表面へのレジスト塗布,雨天時の自動車ガラスの可視特性等,多くの技術分野で鍵となる特性である.

濡れ特性の評価には,液滴を滴下した時の液滴と固体表面との接触角を計測する手法が良く用いられる.一般には,接触角が 90°以上の場合は疎水性,90°未満の場合は親水性と呼ぶ.疎水性を示す典型的な例は,HF 溶液に浸漬後の水素(H)原子で終端化された Si 表面が挙げられる.また親水性を示す例としては,シリコン酸化膜(SiO_2)により被覆された Si 表面がある.このような接触角測定は簡便で優れた方法であるが,大気雰囲気下で固体表面に形成される吸着水層の厚さを直接測定できれば,濡れ性を評価する相補的な手法に成り得る.

X 線光電子分光法(XPS)は,超高真空中で動作する代表的な表面分析手法の一つである.本方法を用いれば,Si 基板上に形成した SiO_2 膜や,シリコンカーバイド表面上に形成したグラフェン膜等,固体表面上に形成した薄膜の厚さを原子・分子層オーダーで定量的に評価できることが知られている.さらに近年,低真空雰囲気(数 Torr)下で動作する XPS の開発が進み[9~11],放射光を光源とすることにより,湿度(Relative Humidity:RH)に依存して固体表面上に形成される吸着水層の厚さを詳細に求めることが可能となった[12,13].図 2 は,ゲルマニウム(Ge)基板上に 2 nm 程度の酸化膜(GeO_2)を形成した試料を用いて,水蒸気が存在する雰囲気で取得した O1s スペクトルである.

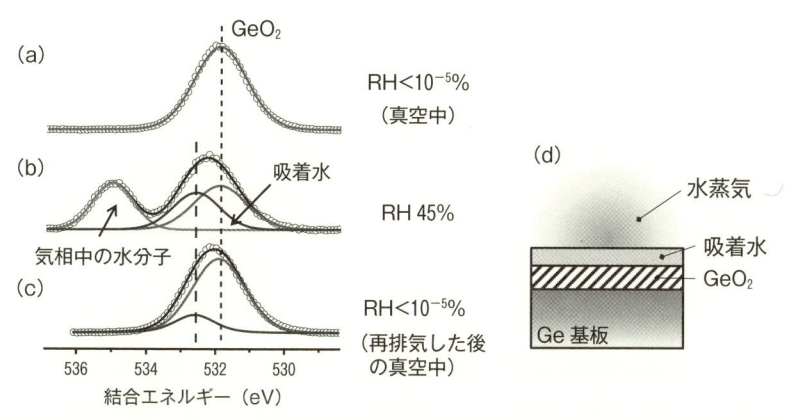

図 2 GeO_2/Ge(100) 上で取得した O1s スペクトルのピークフィッティング結果
(a) 真空中で取得した結果,(b) 1.0 Torr の水蒸気雰囲気下(相対湿度:45%)で取得した結果,(c) (b) 取得後に気相中の水蒸気を排気した後に得られた結果,(d) 水蒸気が存在する条件下での吸着水/GeO_2/Ge 基板のモデル図

図2(a)では，GeO$_2$に由来する単一のピークが得られている．一方，水蒸気を導入し，相対湿度45%において取得した図2(b)では，GeO$_2$に加えて，気相中に存在する水（H$_2$O）分子，及び，GeO$_2$表面に形成された吸着水に由来する成分が観察される．またその後に，気相中の水蒸気を排気し，再度真空中で取得した図2(c)では，気相中の水分子は消失する一方で，少量の吸着水が残留している様子が分かる．図2(a)～(c)に関して，GeO$_2$と吸着水に由来する各ピークの面積を算出し，図2(d)に示すような単純な層状構造を仮定すると，吸着水厚さの湿度依存性が求まる．その結果を図3に示す[14]．

図3から，酸化物表面上には，10^{-4}%程度のきわめて低い湿度領域から水が吸着し始め，1%前後で約一層分（0.3 nm相当）が形成されることが分かる．またその後，10%に至るまでの間に急激に厚みを増し，三層程度にまで成長することが分かる．

水分子と酸化物との反応性には未だに不明な点も多いが，本節で示した手法は，デバイスプロセス，機械工学，環境科学等，固体表面の濡れ性が鍵となる多くの技術分野に貢献すると期待される．

1.5 むすび

固液界面がかかわる生産技術の分野ではこれまで，巨視的な物質・構造変化や，

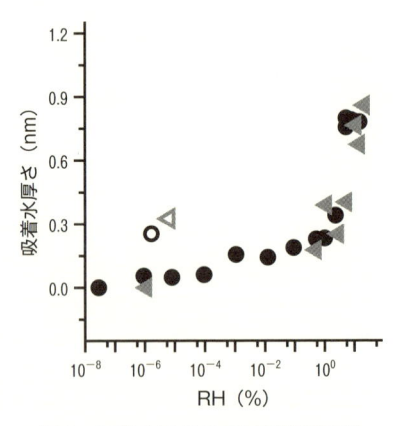

図3 吸着水厚さの相対湿度依存性
図中で異なる色（黒，灰）は，異なる測定を表す．また白抜きの点は，最高到達湿度から気相中の水蒸気を除去した後に，GeO$_2$表面に残留した吸着水を表す．

集団としての分子の挙動に着目することが多かった．前者の一例が，マイクロメートルスケールでの加工表面の観察であり，後者の例としては，水滴の接触角測定による濡れ性評価が挙げられる．次世代の光学・電子デバイスからの要求に応え得る生産技術を創出するためには，固液界面あるいは，溶液中での固々界面で起こる化学現象を理論的な側面から正しく理解する必要がある．また一方で，固液界面現象を原子・分子スケールで捉えるための表面科学の発展も不可欠である．

2. 高精度光学素子・半導体基板の作製

2.1 はじめに

近年の最先端物づくりにおいて，極限レベルの機能や性能を達成するには，加工変質層を導入することなくナノメータレベルの形状精度を再現性良く創成する能力が求められている．しかしながら，従来の切削（Cutting），研削（Grinding），研磨（Polishing）等の機械加工法では脆性破壊や塑性変形を加工現象として利用するため，加工物の表面には必然的にダメージが導入され，素材が本来有する優れた物理的・化学的性質を維持することができない．また，工具が接触する加工のため外部からの振動や熱変形等の影響により，工具の接触位置が変動して加工誤差が生じるという，いわゆる母性原理（Copying Principle）に支配されることから，ナノメータレベルの加工精度を恒常的に達成することは非常に難しい．

機械加工における加工精度を向上させるには，装置本体の剛性，ワークテーブルの運動精度，工具の品質，温度環境等のすべてにおいて高精度化を図る必要があり，その結果装置本体の価格や周辺設備が大変な高額になるだけでなく，これらを使いこなすにはかなりの熟練度が要求されることから，製造現場に導入しにくくなることは否めない．これらの諸問題を解決するには，既存技術の改良だけではきわめて困難であり，新しい概念の加工技術の開発が望まれている．

数値制御ローカルウエットエッチング法（Numerically Controlled Local Wet Etchin：NC-LWE）は，局在した液相エッチング領域を速度制御走査することによって形状創成を行う新しい概念の加工法である[1,2]．本手法は，非接触な化学的無歪加工法であるため，振動や熱変形等の外乱の影響を直接的に受けにくく，加工量はエッチャントの滞在時間によりナノメータレベルの精度で正確に制御できることから，同レベルの加工精度が得られる他の加工法と比較して装置のコストが至って安価で，特別なノウハウを必要としない超精密加工システムとして期待できる[3]．

2.2 局所エッチング領域の走査による形状創成の原理

NC-LWE法は機械加工法のように工具の切り込み位置の制御で形状を創成するのではなく，加工対象物ごとに形状計測を行って除去すべき加工量を求め，機械精度に依存することなく決定論的に形状を創成する．図4にNC-LWEによる具体的な形状創成プロセスの概要を示す．まず前加工面の形状を恒温室にて精密に計測

形状計測　シミュレーション

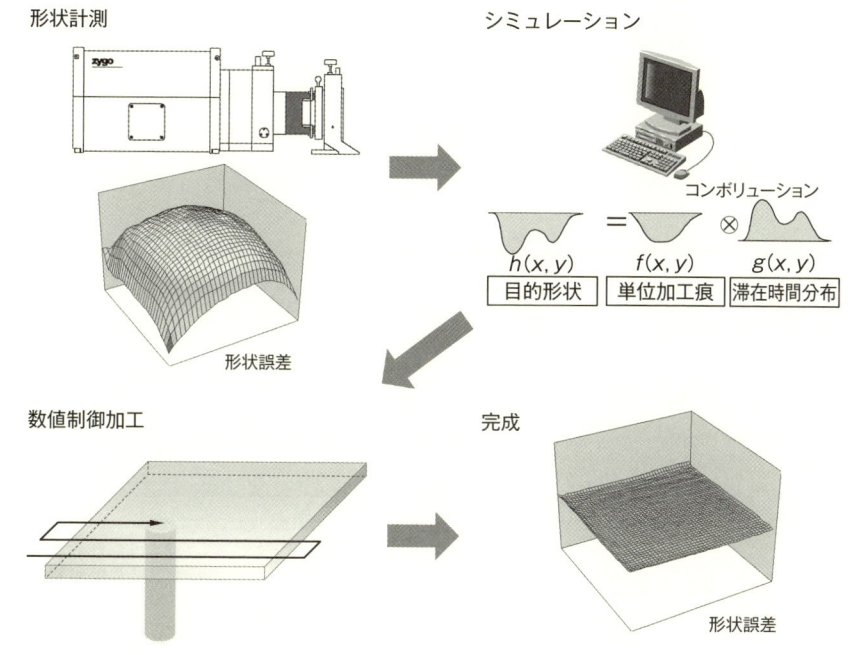

h(x, y) = f(x, y) ⊗ g(x, y)
目的形状　単位加工痕　滞在時間分布
コンボリューション

形状誤差

数値制御加工　完成

形状誤差

図4　NC-LWE を用いた形状創成プロセス

し，目的形状からの偏差量（誤差量）を求める．次に，加工量はノズルヘッドの滞在時間，すなわちエッチャントの接触時間に比例するという原理に基づき，加工物上の各点における偏差量を最小にするためのワークテーブルの送り速度データを作成する．そして，そのデータを NC コントローラに転送し，テーブルの走査速度を制御することで誤差形状を修正する．最後に再度形状を測定し，形状誤差の値が許容値以内になるまで上記プロセスを繰り返すことにより，目標形状精度を達成する．エッチャントの温度および濃度を高精度に制御することは比較的容易であるため，バッチ間およびバッチ内におけるエッチングレートの再現性は高く，要求精度がサブマイクロメータレベルであれば通常は1回の数値制御加工により決定論的に目的形状を得ることができる．

図5は NC-LWE 加工システムの概略を示している．本システムは，エッチャント（Etchant）を局所的に被加工物の表面に供給および吸引するノズルヘッド，ガス吸引用真空ポンプ，循環ポンプ，リザーブタンク，熱交換器，および被加工物もしくはノズルヘッドを移動させる XY テーブルから構成されている．本加工法の最大

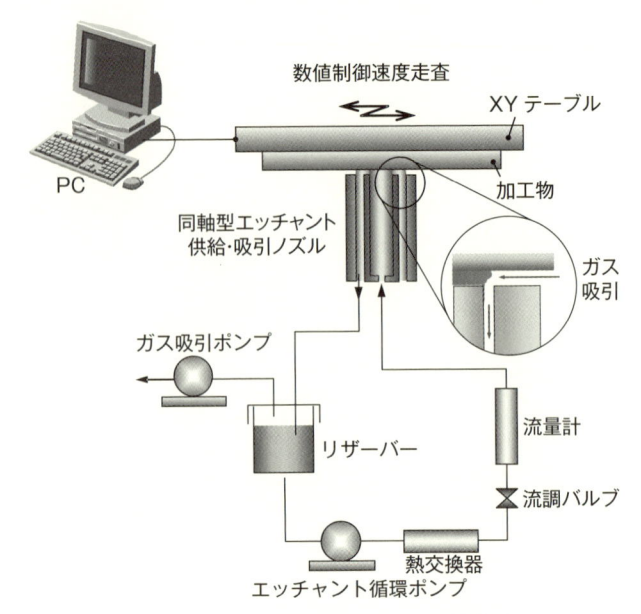

図5 NC-LWE 加工システムの概略図

の特徴であるノズルヘッドは，真空排気によって生じた大気圧との差圧によって，強制的に液状のエッチャントとその揮発成分とを同時に吸引するため，ノズル形状や重力に対するノズル姿勢の制約は無く，また，ノズルから拡散したエッチャントの揮発成分の付着による表面荒れを防いでいる．

2.3 ガラス基板のナノ精度加工

半導体デバイス製造プロセスの一つであるリソグラフィープロセスにおいては，フォトマスク基板に描かれた回路パターンを半導体ウエハ上に塗布したレジストに縮小投影露光することによりきわめて集積度の高い電子デバイスを作製する．回路パターンの微細化に伴いフォトマスク基板には高い平坦度が要求されるが，本項ではNC-LWEによりフォトマスク基板の平坦度を修正加工した例を示す[2,3]．

フォトマスク基板には合成石英ガラスや低熱膨張ガラスが用いられるが，石英ガラスの場合にはフッ化水素酸をエッチャントとして用いる．フッ化水素酸中のHFの解離平衡反応式を式(1.8)，(1.9)に示す．

$$HF \rightleftharpoons H^+ + F^- \tag{1.8}$$

$$HF + F^- \rightleftharpoons HF_2^- \tag{1.9}$$

解離状態は HF 濃度により，次の領域に分けられると考えられている[4〜6]．
1. HF 濃度が 0.0001 mol/kg 以下の完全解離領域
2. HF 濃度が 0.0001-0.01 mol/kg で未解離の HF と HF_2^- イオン（SiO_2 に対するエッチングで支配的なイオン）が生成するが，未解離の HF 生成が主反応である領域
3. HF 濃度が 0.01-1 mol/kg では未解離の HF と HF_2^- イオンの生成が進行するが，HF_2^- イオンの生成が主反応となる領域
4. HF 濃度が 1-10 mol/kg では HF_2^- イオンの生成が進行する
5. HF 濃度 10 mol/kg 以上のクラスターイオンの生成が進行していく領域

$$n(HF) + F^- \rightarrow n(HF) \cdot F^- \tag{1.10}$$

濃度により解離状態がさまざまな形態をとるのは，HF の酸解離平衡定数が液温 25℃において $1.67 \times 10^{-4} - 1.30 \times 10^{-3}$ と報告されており，平均値として 6.26×10^{-4} と小さな値をとるからである（HCl の酸解離平衡定数 $K = 10^8$）．

石英ガラスの O-Si-O 結合構造を切断するには，反応イオン種との間の電子授受が必要である．図6に石英ガラス表面と HF の液相反応における電子授受メカニズムを示す[7,8]．

石英ガラス表面の Si-4 配位構造（末端基を -Si-OH としている）を，結合角を無視

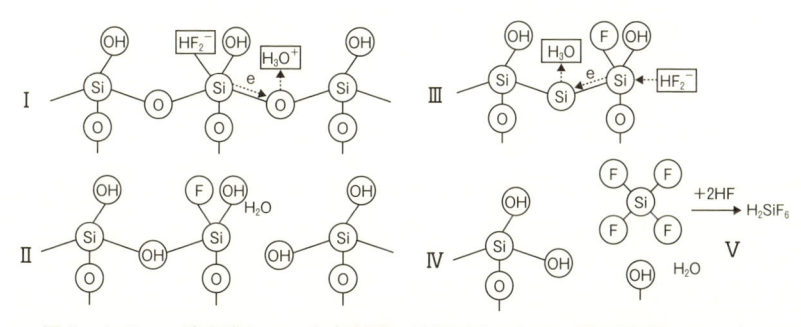

図6 シリコン酸化膜とフッ化水素酸の液相反応における電子授受メカニズム

して模型的に表している．Si-O 結合電子は，電気陰性度の差により O の側にひきつけられ，$Si^{\sigma+} - O^{\sigma-}$ の状態にある．(1.8)式，(1.9)式により生成している電子供与体 HF_2^- が $Si^{\sigma+}$ に接近し，電子受容体 H_3O^+ が $O^{\sigma-}$ に接近する．HF_2^- の電子が O-Si-O 結合鎖を通り H_3O^+ に受容される Ⅰ～Ⅳ のプロセスで F-Si-F 結合が形成され，SiF_4 が構造表面から遊離し，Ⅴ のプロセスでイオン反応により H_2SiF_6 が生成する．

電子授受プロセス ： Ⅰ-Ⅳ

$$SiO_2 + 2HF_2^- + 2H_3O^+ = SiF_4 + 4H_2O \tag{1.11}$$

イオン反応 ： Ⅴ

$$SiF_4 + 2HF = H_2SiF_6 \tag{1.12}$$

以上が HF と石英ガラスの反応系である．フォトマスク基板（152 mm×152 mm×厚さ 6.35 mm）の平坦度を修正する加工には 22.2 wt%（25℃）のフッ化水素酸を用いている．加工前後の表面形状はレーザ干渉計により計測し，取得した形状データをもとにデコンボリューションシミュレーションにより走査速度分布のデータを算出している．固定したノズルヘッド（吸引口径 ϕ15 mm）に対して加工対象基板をラスター型に速度制御走査して平坦度の修正を行っている．

図 7 は修正加工を行った結果を示している．基板の表面形状は 142 mm×142 mm の領域内で評価している．図 7 (a) は修正加工前の形状を示しているが，機械研磨における面圧ムラ等の影響により凹形状となっており，平坦度は 192 nm である．この基板を NC-LWE により修正加工した結果，図 7 (b) に示すように平坦度が 56 nm まで向上している．

また，図 8 は加工面の表面粗さを走査型白色顕微干渉計（Scanning White Light Interferometer：SWLI）で測定した結果を示しているが，二乗平均平方根粗さ（Rq）として加工前の表面粗さと同等の 0.15 nm（測定範囲：64 μm × 48 μm）以下が得られており，光学面として十分であることがわかる．フッ化水素酸を用いた石英ガラスのエッチング反応は等方的であるため，加工前の基板に加工変質層がなく，また表面が十分に清浄であれば加工前の表面粗さを維持できる．

(a) 修正加工前 192 nm p-v　　　　　　　　(b) 修正加工後 56 nm p-v

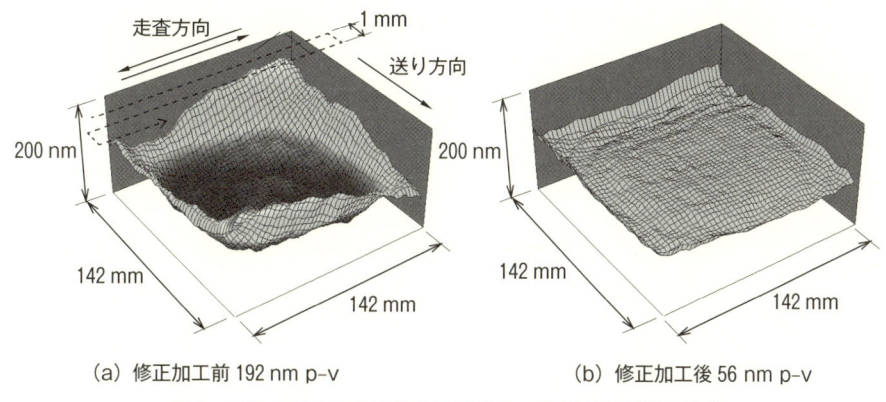

図7　NC-LWE による合成石英ガラス基板の平坦度の改善

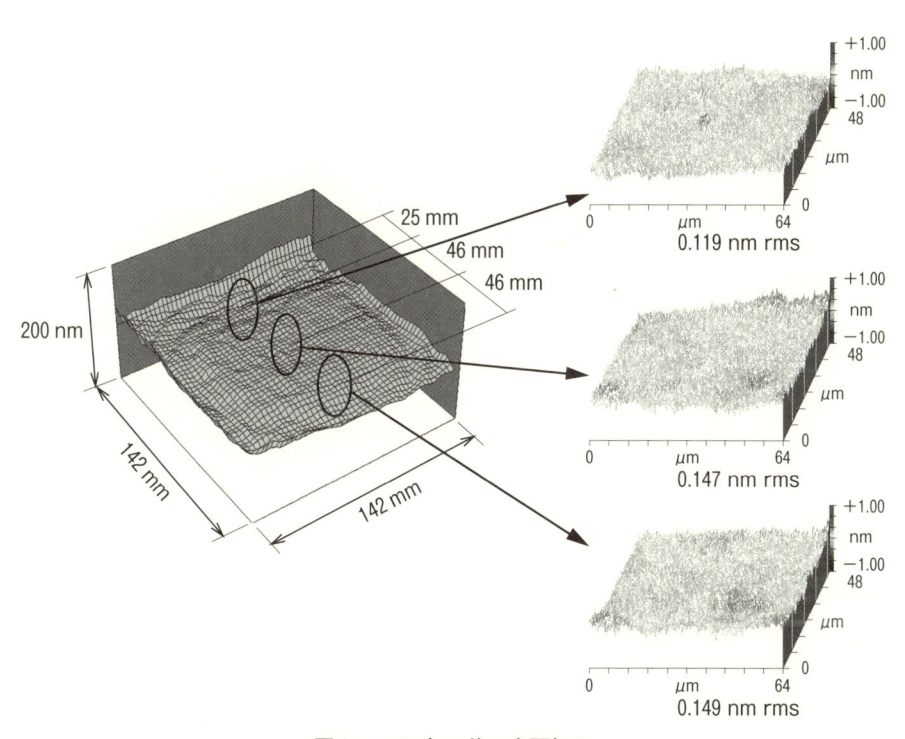

0.119 nm rms

0.147 nm rms

0.149 nm rms

図8　LWE 加工後の表面粗さ

2. 高精度光学素子・半導体基板の作製

2.4 中性子集束用楕円面ミラーの作製とその応用

中性子はX線と比較すると，物質に対する透過性に優れるので固体内部からの散乱が観測できる．水素等の軽元素の位置を特定でき，また，磁気双極子モーメントを有するので磁気散乱を利用して物質の磁性を調べることができる．熱・冷中性子のエネルギーは数ミリから数十ミリeV程度であるため格子や分子振動等の素励起を調べるのに適する等の能力に優れており，物性研究においてきわめて有用なプローブである．これまで，中性子ビームはX線と比べてその強度が極端に弱いため，実用的な観測手段として普及していなかったが，2008年に世界最高性能の大強度陽子加速器中性子源（Japan Proton Accelerator Research Complex：J-PARC）が茨城県の東海村に完成し，中性子を利用したさまざまな物性研究が大きく発展することが期待されている．しかしながらJ-PARCといえどもその中性子線強度はSPring-8等の第3世代の大型放射光施設におけるX線の強度と比べるとはるかに弱いため，その有効利用のためには高性能な中性子集束デバイスが渇望されている．

ところで，中性子は電荷を持たないことから，その集束法としては，1）全反射ミラー，スーパーミラーによる反射光学デバイス，2）物質界面での屈折を利用した屈折光学デバイス，3）勾配のある磁場中で中性子磁気モーメントが受ける力を利用した磁気光学レンズが挙げられる．これらの内，2）は界面での屈折角が小さく多重化する工夫がなされているものの，吸収・散乱による損失が大きくなる．また，3）に関しては中性子の磁気モーメントが小さいため，現状のマグネット性能では長波長の中性子に限定される，等の問題を有する．したがって，短波長の中性子も含めた中性子の集束は，多層膜のブラッグ反射を用いることによって中性子の反射率が高いニッケルの全反射臨界角を超える角度でも全反射が可能なスーパーミラーデバイスの適用が主流となっている．ここでスーパーミラーとは，ブラッグ反射を引き起こす多層膜の間隔を適切な周期ごとに少しずつ拡げ，複数のブラッグ反射ピークをオーバーラップさせることにより幅広いエネルギー範囲での中性子の反射を実現するミラーのことである．

中性子用多層膜スーパーミラーは通常中性子散乱長の大きな物質であるNiと同じく小さなTiの対層で形成され，性能は全反射臨界角と中性子反射率で表される．ニッケルの全反射臨界角（波長0.1 nmの中性子で約0.1°）を$m=1$とすると，mの増加とともに成膜層数がm^4で急激に増加し，$m=6$では最小膜厚2.5 nmの薄膜約6,000層を原子オーダーの急峻な界面構造を保ったまま成膜することが必要となる．Ni膜では基板表面に対して(111)面配向し比較的大きな結晶粒が形成される

ため，これが引き金となり Ni/Ti 面間の界面粗さが増加する．そこで，Ni 膜中に C を化合物として混入させて Ni_3C の形で微結晶化することにより界面粗さの低減化が行われている[9〜14]．また，数千層にわたって剥離せず成膜するにはイオンビームスパッタ法が用いられているが，GPa レベルの圧縮膜応力が発生する．よって，精密研削によりガラス基板の形状創成を行うとマイクロクラック等の加工変質層が形成され，膜応力により加工変質層部分において破砕剥離が生じることがある．そこで，加工変質層を形成しない化学的な加工法である NC-LWE を適用することにより，中性子集束用の楕円面ミラー基盤を高精度かつ無歪に形成する．

NC-LWE を適用して作製したミラー基盤は長さ 400 mm の楕円面で，基盤の材質は合成石英ガラス，楕円の第 1 焦点と第 2 焦点間の焦点距離は 1050 mm，最大深さは 470 μm である．ミラーの作製時間を短縮するため精密研削により楕円面形状を作製し，研削により導入された加工変質層をフッ化水素酸（10 wt%，21 ℃）への浸漬によるエッチングにより除去している．本基盤に対して NC-LWE による修正加工を行った結果，修正前（図 9 (a)）には約 3 μm の形状誤差が見られているが，修正後（図 9 (b)）には形状誤差は 0.34 μm まで低減しており，サブマイクロメータレベルの形状精度を 1 回の修正で得ることに成功している．NC-LWE 後の基盤を研磨により二乗平均平方根粗さとして 0.2 nm レベルまで仕上げ，イオンビームスパッタにより $m=4$ のスーパーミラーを成膜し，中性子の集束性能を評価した．図 10 には中性子の集束光学系（a）と集束結果（b）を示しているが，未集束の場合と比較してピーク強度で 52 倍の集光ゲインを得るとともに，0.13 mm の集束幅を実現している．

このような高性能集束デバイスの実現により，中性子強度の増加による測定時間

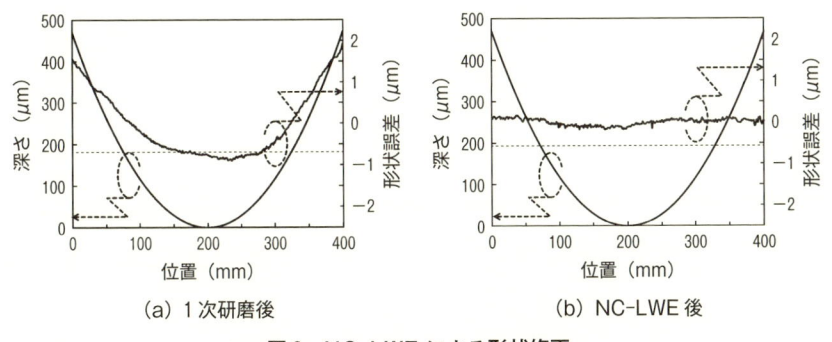

(a) 1 次研磨後　　(b) NC-LWE 後

図 9　NC-LWE による形状修正

(a) 集束光学系

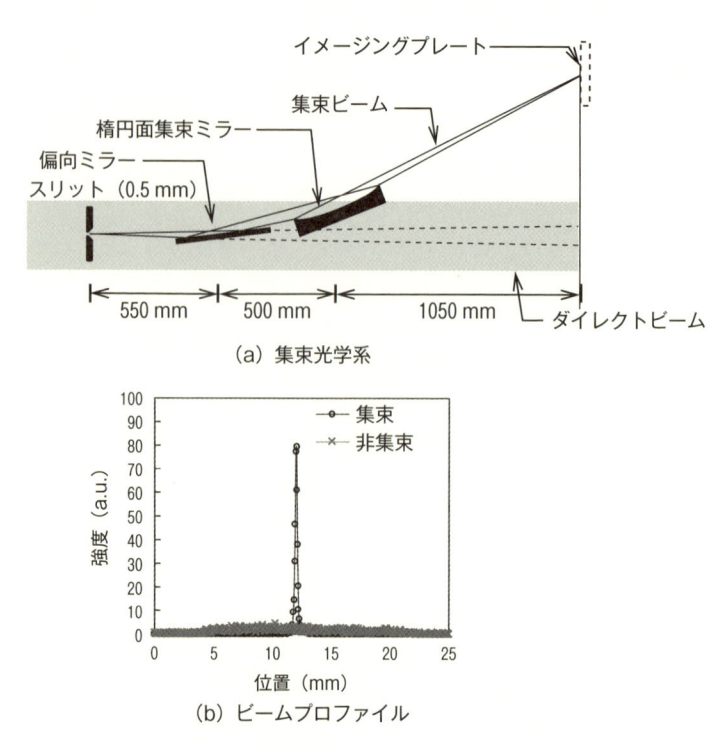

(b) ビームプロファイル

図10 作製した楕円面スーパーミラーの集束性能評価

の短縮，小角散乱測定における観測空間領域の拡大，アンビルで加圧された微小な超高温・超高圧場における物質の構造解明，生体・有機単結晶の微小試料構造解析，即発γ線分析法による工業・農業・環境分野における微小領域軽元素分析，微小集束スポットの走査による材料内における応力分布の3次元マップの取得，高密度磁気記録媒体の微小領域精密磁気構造解析等，材料開発・医療・農業・環境等，実に多種多様な分野における非常に有用な分析手法として資することが期待される．

2.5 むすび

ナノメータレベルの形状精度が要求される光学素子の作製に応用できる新しい概念の加工法としてNC-LWE法を紹介した．本手法は外力が加わらず化学的な溶解反応のみを用いて除去加工を行うので，加工物に対してダメージを与えることが無い．したがって，光学素子の形状創成のみならず，材料物性の維持が必要不可欠な

機能材料の仕上げ加工への適用にも有用である．これまでに，高速動作と低消費電力化が可能な電子デバイス形成用の SOI（Silicon on Insulator）ならびに水晶振動子を作製する水晶ウエハにおける厚さ分布を高精度に均一化する技術としても検討されており，今後の応用展開が期待できる[15,16]．

3. X線ミラーデバイス創成プロセス

3.1 はじめに

　X線をナノレベルまで集光させることができれば，X線分析の分解能と感度が飛躍的に向上するため，そのような集光光学素子の開発はX線分析を使うさまざまな科学分野で望まれている．特に，スループット（どの程度の強度でX線を焦点に集められるか．素子の大きさと集光効率で決まる），色収差（波長依存性），作動距離（素子と試料までの距離）の点で優れているX線集光ミラーは，さまざまな光学系に用いられている重要な光学素子である．一般にX線集光ミラーでは，X線を反射面すれすれに（反射面に対して数mrad）入射させることで全反射させ，この軌道の変化を利用し集光させる．そして反射面形状を楕円にすることでX線を焦点に集めることができる（楕円は2つの焦点を持ち，一方の焦点から出たすべての光線はもう一方の焦点に集まるという幾何学的性質をもつ．光源が無限遠にある場合は放物面を用いる）．

　X線ミラーの作製では，形状誤差と表面粗さが重要な評価項目となる．形状誤差は，計測した形状を設計形状で引いた値をとる．一般に，理想的な集光を行うためには，反射による波面の乱れ（波面収差）は $\lambda/4$ 以下でなければならないとされている（レイリーの1/4波長則）．図11のように，ミラー表面に高さ d の山（形状誤差）があった場合，波面に与える乱れ（ϕ，光路差と等しい）は，

$$\phi = 2d \sin \theta \tag{1.13}$$

のように与えられる（ブラッグの法則と同じ式）．θ は斜入射角（入射X線と反射面のなす角）である．$\phi < \lambda/4$ の条件を満たす d を算出すれば，許容される形状誤差を簡易に見積もることができる．比較的よく使われるX線集光ミラーの場合，d は2 nm程度となる（λ=1Å，θ=4mrad）．球面ではなく非球面形状をこのような精度で作製

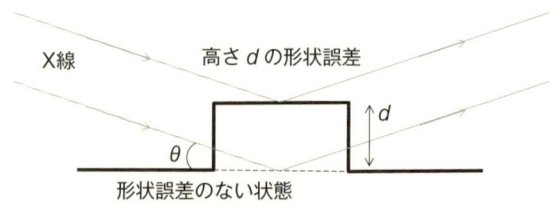

図11　形状誤差によって生じる光路差

しなくてはならないため，X線ミラーの作製には高度な加工・計測技術が必要となるわけである．

ミラー反射面の表面粗さは反射率に影響するため，できるだけ平滑な表面が求められる．表面粗さによる反射率低下は，Debye-Waller因子を用いて見積もることができる．表面粗さ σ（全空間波長のRMSで定義）を持つミラーの反射率 R_σ は，表面粗さ0の場合の反射率 R_{ideal} を用いて，

$$R_\sigma = R_{ideal} * \exp\{-(4\pi\sigma \cdot \sin\theta/\lambda)^2\} \tag{1.14}$$

のように与えられる．多くの場合，σ には0.5 nm程度，つまり，シリコンウエハレベルの平滑性が要求される．

3.2 決定論的加工プロセス

上述したように，X線集光ミラーには，非球面形状を正確に作製することが求められる．このような加工は古典的な加工プロセスでは難しく，決定論的加工プロセスを用いることで初めて実現できる．一般的な決定論的加工では，加工ツールが加工時間に比例した加工特性を持つとして，前もって調べた加工ツールの特性と除去すべき加工量分布のデータをコンピュータで解析する．目標加工量分布が達成できるように加工ツールを制御することで，所望の加工を高精度に行うことができる．一般的な手順としては以下のように行う．

　①静止加工痕形状の取得（加工ツールやワークを動かさずに加工する．これによって加工痕の形と除去レートを定義する）
　②加工対象の加工前形状を取得
　③加工前形状から目標形状を引き算し加工量分布を算出
　④デコンボリューション（逆畳み込み）演算で加工ツールの滞在時間分布を算出
　⑤加工ツールを算出した滞在時間分布通り送り，加工を実施（数値制御加工，NC加工と呼ばれる）

このように，算出した滞在時間分布どおりに加工ツール（もしくはワーク）をコンピュータで制御しながら走査することで決定論的加工は実施される．

加工後に形状を測定しその形状誤差を評価すると，少なからず形状誤差が発生し

ていることがある．その要因は，静止加工痕形状の時間変化，形状計測の誤差，デコンボリューション演算の計算誤差，加工ツールの制御誤差などが考えられる．この中で最も誤差低減が難しい要因は形状計測の誤差であると言われている．決定論的加工プロセスを繰り返し，徐々に所望する形状へと加工していった場合，到達できる形状誤差は計測誤差に近づくため，高精度な加工には高精度な形状計測手法が必要不可欠である．

3.3 EEM (Elastic Emission Machining)

加工方法の選択によって，静止加工痕の安定性や加工した面の表面粗さが決定される．特に表面粗さでは 0.5 nm rms（全空間周波数，60 μm 角領域での表面粗さは 0.2 nm rms 程度）が求められているため，X 線ミラー作製では，通常の加工方法（切削，研削等）を選択することは難しい．決定論的加工プロセスに適し，高い平滑性を実現できる加工方法として森・山内らのグループで開発された EEM について詳述する[1]．

EEM は，金属酸化物などの微粒子と加工物表面との固体間化学反応を利用した加工法である．図 12 に EEM の加工概念図を示す．加工物材料と反応性のある微粒子を，超純水の流れにより加工物表面に供給すると，微粒子表面と加工物表面の原子が酸素を介して化学的に結合する．このときに微粒子が超純水の流れにより加

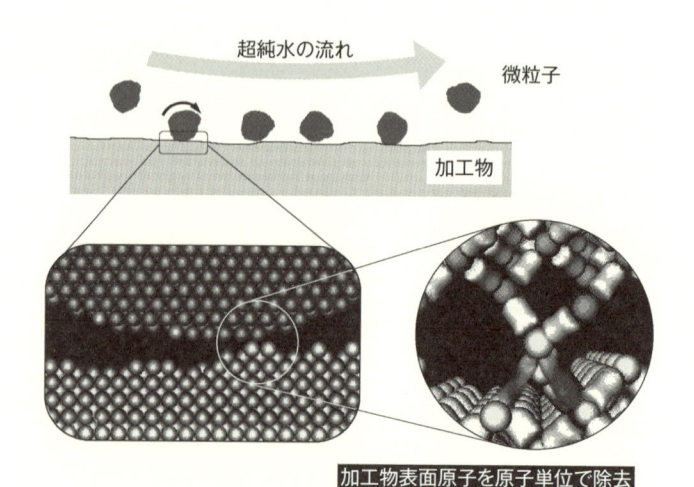

図12　EEM の加工概念図

工物表面から除去されると，微粒子が加工物表面原子を化学的に結合したまま持ち去り，これにより加工物表面より原子単位の加工が実現される（図13）．このように，加工現象が力学的作用ではなく化学作用であり，超純水の流れを局所的に発生させることで加工の空間制御性が高い点がユニークである．特に，固体表面間の化学反応ゆえに，加工物表面の凸部が凹部に比べて選択的に微粒子と結合して除去されるというメカニズムを持つ．このために，ウエットエッチングやプラズマエッチングなどの反応性の分子やラジカルを利用した，他の化学エッチング法にはない原子レベルの自動平滑作用がEEMには加工特性として含まれている．この特徴こそが，EEMがX線ミラーの表面加工法として最適である理由である．つまり，EEMを決定論的加工プロセスに組み入れることで，コンピュータ制御で意図的にサブミリメートル領域の形状誤差を除去でき，それよりも短い領域ではEEMの持つ自動平滑作用によって表面粗さを低減していくことが可能である．

EEMの特徴を理解するために，EEM加工後表面をSTM（走査型トンネル顕微鏡：Scanning Tunneling Microscopy）によって観察した例を示す（図14）[2]．このように原子を観察できていることから表面はきわめて平滑であり，結晶性を乱すことなく加工されていることが分かる．このような平滑面は加工によって自動的に形成されて

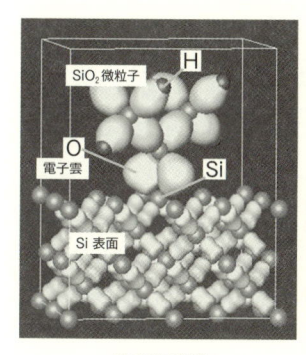

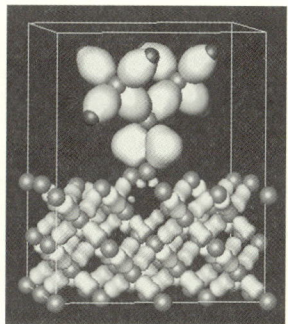

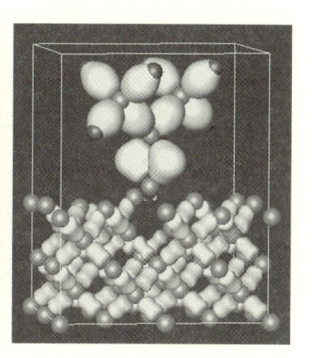

図13　EEMの加工メカニズム

表面原子が微粒子により原子単位で取り除かれていく様子を第一原理量子力学シミュレーションによって計算した．EEMで用いられる金属酸化物などの微粒子の表面上は，OH基に富み非常に活性であることが知られている．そうした表面が加工物表面上に接触すると，表面上の電子論的振る舞いから，微粒子表面上の原子と加工物表面上の原子が酸素を介し反応する．この結果，加工物表面原子のバックボンドが非常に弱まり，強制的に微粒子が除去されると，そのバックボンドが切れ，加工物表面原子が微粒子側に付随することで原子単位の加工が行われる．

図14　EEM面のSTM像
領域：40×40 nm^2，PV：0.912 nm，RMS：0.11 nm

いることに注目してほしい．

　EEMにおいて，加工物表面に微粒子を安定して供給，除去するためには安定した超純水の流れを加工物表面上で発生させる必要がある．このために加工物表面への微粒子供給方法として，ノズル型加工ヘッドと回転球型加工ヘッドが開発された．図15に2つの加工ヘッドの概要を示す．

　(a)の回転球型加工ヘッドでは，物理的に安定な弾性流体潤滑状態を加工物表面に発生させることで，微粒子を加工物表面に供給する．弾性流体潤滑状態下では，回転球型加工ヘッドと加工物表面とのギャップは1 μm程度であり，この領域の長さは1 mmであることが示されている．この領域に発生する平行流を加工に利用することで，回転球型EEMは非常に長い空間波長領域の自動平滑化を可能とする．

　(b)のノズル型EEMでは，微粒子を懸濁した加工液をノズルから吐出する．圧力を高めた加工液を高速で加工物表面に吐出することで，ノズルと加工物表面間の距離が1 mm程度あっても，加工物表面上に高速せん断流を発生させることができる．これによって，微粒子が加工物表面に安定して供給される．ノズル型EEMでは，ノズルの開口の大きさや形状，加工液供給圧力，微粒子径といったパラメータの変更が回転球型EEMに比べて容易であるため，加工条件の柔軟性に優れる．また，一般的なノズル開口は50～300 μm×1～10 mmのスリット状であるため，比較的大きな領域を効率的に加工することも可能である．また，開口形状を小さくすることで，空間制御性の高い加工を行うこともできる．

　タイプの異なるEEMを使い分けることで，全空間周波数の形状誤差を修正可能

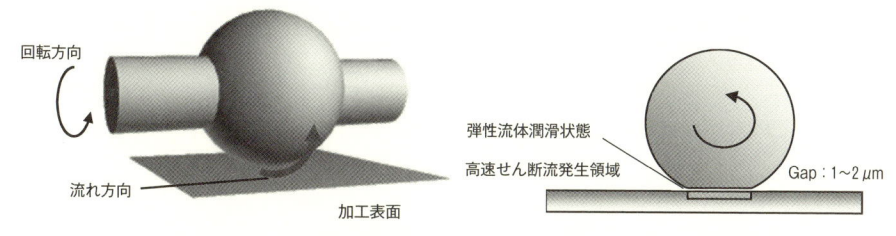

(a) 回転球型加工ヘッドの構成と流れ場

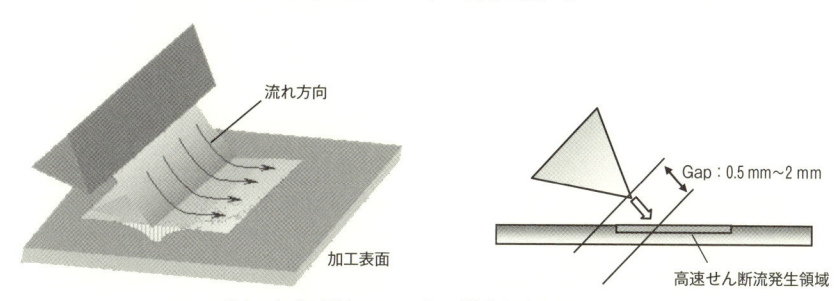

(b) ノズル型加工ヘッドの構成と流れ場

図15　EEM 加工ヘッド

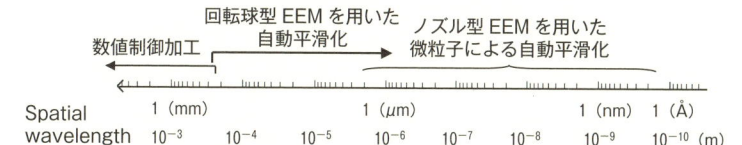

図16　空間波長領域と EEM による形状誤差除去特性

である．図16はそれぞれの EEM によって修正可能な空間周波数を示している．ミリメータ以上の形状は数値制御加工（回転球型・ノズル型共に可）によって修正でき，ミクロンオーダ以下はノズル型 EEM による微粒子自体の自動平滑化でも修正できる．中間の空間周波数以下では，回転球型 EEM が作る平行流の作用によって自動平滑化がなされる．

3.4　X線ミラー作製の具体例

実際に EEM を使った X 線ミラーの加工では，どのように加工が進展していくのか具体例を挙げながら説明する．

EEM を用いた一般的なフローチャートを図17に示す．初めに，形状誤差数 μm

で粗加工された粗加工ミラー基板を用意する．EEM は原子レベルの加工を行うことができる反面，加工速度が遅いというデメリットを持つ．そのため，研削・研磨等で粗加工することで，作製時間の節約がなされる．ノズル型 EEM で形状を仕上げ，その後，回転球型 EEM で表面粗さを除去するという手順が一般的である．最後に，重金属で反射面をコーティングし，X 線ミラーとして完成させる．

図 18 にノズル型 EEM によって 150 nm 程度の形状誤差を修正していった様子を示す．計測は，スティッチング干渉計[3,4]（干渉計データを複数枚取得し，これを正確につなぎ合わせミラー形状全体を再構成する形状計測手法）を用いている．ミラー基板は単結晶シリコンを用いている．1 回目の加工ではわずかに加工速度を過小評価したため目標より多く加工してしまっているが，2 回目の加工でこれを修正している．

さらに，ノズル開口を約 150 μm まで小さくし，空間周波数 0.3～5 mm の領域の凹凸を修正していった例を図 19 に示す．前加工面形状において，空間波長成分で 2 mm 程度，PV 10 nm の形状誤差が目立つ．3 回の数値制御加工を行った結果をそれぞれ 1st，2nd，3rd で示している．3 回の数値制御加工の後，形状誤差はミラー長さ 100 mm のほぼ全領域において PV 1 nm 程度に収まっている．このように，数値制御加工によって，空間波長成分が 0.3 mm 以上の領域の形状誤差を大幅に改善可能である．

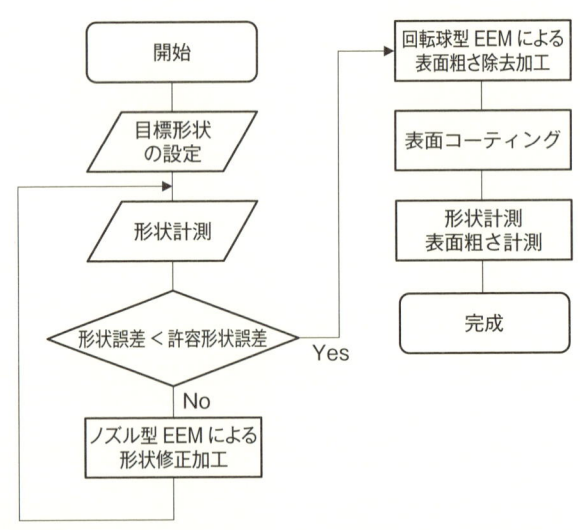

図 17　全空間波長の形状誤差に対応した X 線集光ミラー作製フローチャート

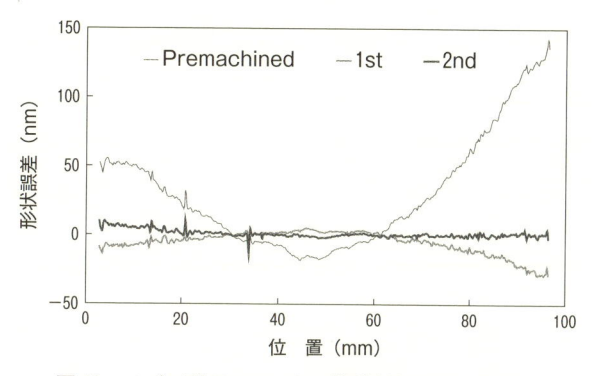

図18 ノズル型EEMによる数値制御加工の推移①

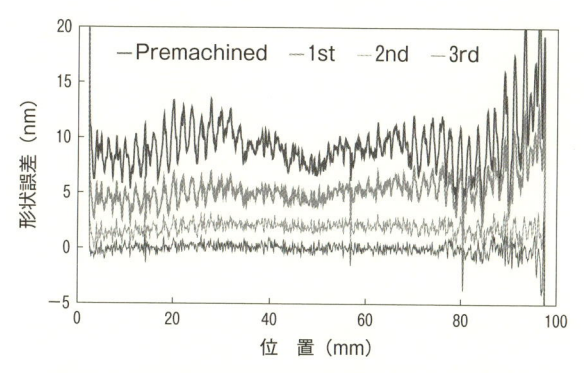

図19 ノズル型EEMによる数値制御加工の推移②

回転球型EEMによって表面粗さを除去されたミラー表面を，位相シフト顕微干渉計により評価した結果を図20に示す．比較のために，市販Siウエハの表面粗さと比較した．評価領域は$1293 \times 970 \,\mu m^2$と$64 \times 48 \,\mu m^2$である．回転球型EEMによって加工された領域の表面粗さは，評価領域が約1 mmであっても約0.2 nm rmsであり，また，評価領域が約$50 \,\mu m$では，約0.07 nm rmsと非常に平滑な面で作製できていることが分かる．このように，回転球型EEMによって市販Siウエハと同等かそれ以上の表面粗さが達成可能であり，これによって，ほとんど反射率低下のない集光ミラーを実現できる．

3.5 X線集光ミラーの応用例

X線集光ミラーを用いた応用例について説明する．この例[5]では，形状誤差2 nm

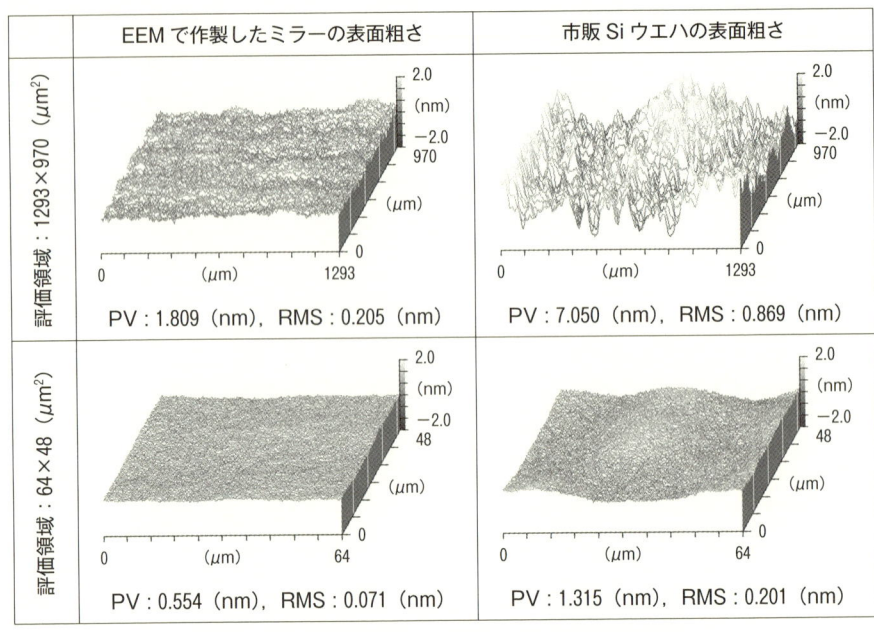

	EEMで作製したミラーの表面粗さ	市販Siウエハの表面粗さ
評価領域：1293×970 (μm^2)	PV：1.809 (nm)，RMS：0.205 (nm)	PV：7.050 (nm)，RMS：0.869 (nm)
評価領域：64×48 (μm^2)	PV：0.554 (nm)，RMS：0.071 (nm)	PV：1.315 (nm)，RMS：0.201 (nm)

図20　顕微干渉計を用いて測定した表面粗さの比較

で作製した2枚の集光ミラー（楕円形状）を直交するように配置（Kirkpatrick-Baez配置）し，15 keVのX線を集光した（図21）．形状誤差2 nmの集光ミラーは，反射による波面の乱れがλ/4以下を満たすため（式1を参照），これ以上集光できない限界値（回折限界）を達成できるレベルである．実際にSPring-8（BL29XUL）で性能評価したところ，$30×50 \text{ nm}^2$（半値幅）まで集光させることができた．これはほとんど回折限界（$29×48 \text{ nm}^2$）であり，用いた集光ミラーが高精度に作製できたことが証明された．次の例[6]では，この集光X線をプローブとして用い，試料を走査しながら蛍光X線を検出した研究について紹介する．このようなシステムは走査型蛍光X線顕微鏡と呼ばれ，走査型電子顕微鏡とよく似たシステムとなっている．X線で物質を照明すると，ほとんどすべての物質がX線を発する（光る）．このX線は元素固有の波長であるため，分光しスペクトルを解析することで元素を定量的に検出できる（蛍光X線分析）．このため，本顕微鏡では集光X線の幅を最小分解能として，走査領域の元素分布を可視化することが可能である．図22は，培養細胞（NIH/3T3：マウス胚性繊維芽細胞）の元素分布を細胞レベルで可視化した結果である．

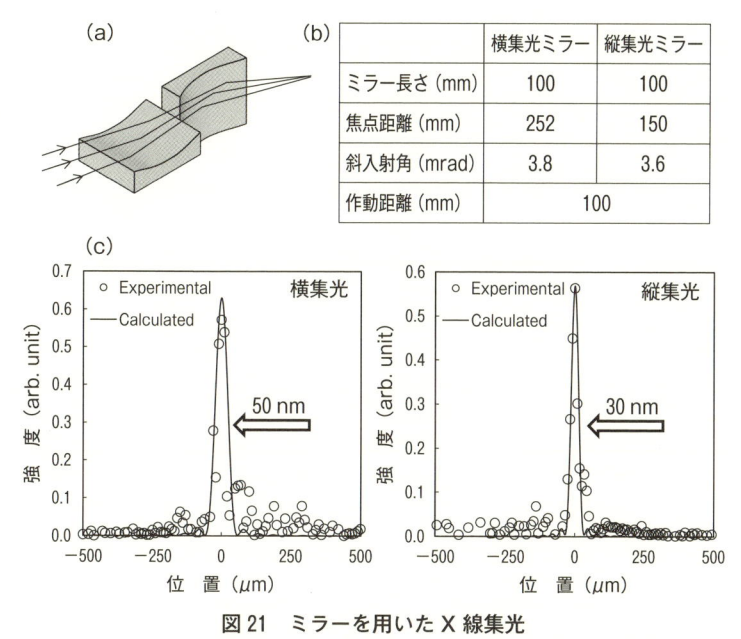

	横集光ミラー	縦集光ミラー
ミラー長さ (mm)	100	100
焦点距離 (mm)	252	150
斜入射角 (mrad)	3.8	3.6
作動距離 (mm)	100	

図21 ミラーを用いたX線集光
(a) Kirkpatrick–Baezミラー光学系．2枚の楕円ミラーを直交させることで，縦横を別々に集光させることができる．(b) 楕円の設計パラメータ．(c) 測定した集光強度プロファイル．

中央の丸い部分は核であり，その周りを細胞質が囲んでいる様子が観察できている．細胞質や核内にも元素分布の不均一な部分が見られ，これらはミトコンドリアや核小体を示していると思われる．このように，ミラーを使った高感度・高分解能なX線顕微鏡によって，細胞内元素分布を細胞レベルで直接観察することに成功している．

3.6 むすび

X線顕微鏡に限らずX線分析全般で，ビームサイズが小さいほど分解能が高く，強度が強いほど感度がよい．その他付加価値の獲得もめざし，より高性能かつ高度なX線ミラーの開発が現在も世界中で続けられている．たとえば，より微小な集光が可能な多層膜集光ミラー，形状を自由に変形できる形状可変ミラー，収差なく結像可能なWolterミラーやAdvanced Kirkpatrick–Baezミラー，1枚で2次元集光を行うことができるトロイダルミラーなどである．これら次世代のX線ミラーの着実な研究開発によって，X線分析やX線顕微鏡の研究は着実に進歩していくと

| Cu | Zn | Cl | Ca |
| K | Fe | P | S |

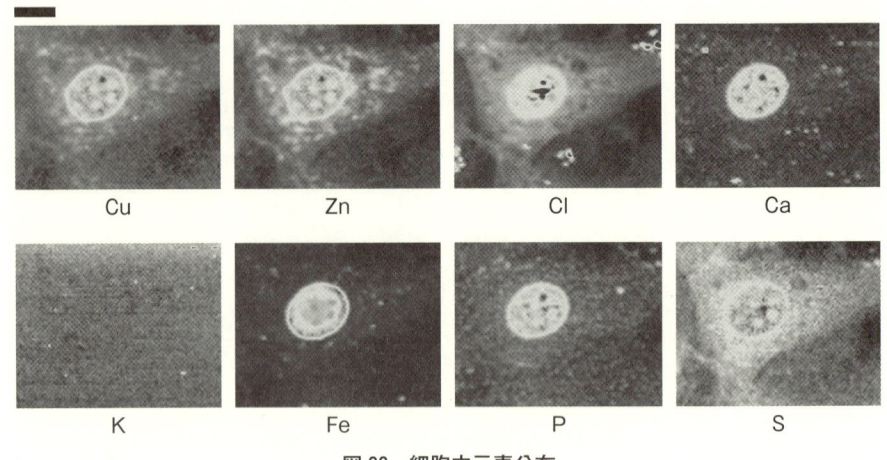

図22 細胞内元素分布
スケールバー：10 μm

思われる．

　本内容をさらに発展して学習したい読者には，参考文献7）をおすすめする．放射光X線の基本知識やそこで用いる光学素子について分かりやすく，かつ，詳しく書かれている．また多層膜集光ミラーと形状可変ミラーを用いてX線を世界で初めて7 nmまで集光させた研究（大阪大学山内・三村らによる）が報告されている．詳しくは，参考文献8）を参照してほしい．

第2章

半導体ウェットプロセス

1. 触媒表面基準エッチング法によるワイドギャップ半導体の原子スケール平坦化

1.1 はじめに

　半導体材料を利用する電子デバイスや分子修飾などによる機能化表面の創製では，幾何学的かつ結晶学的に原子スケールで規定された基板表面が求められる場合がある．一般に入手が可能な平坦基板は，機械的なラッピングやポリシングの後に，化学的機械的研磨（Chemical Mechanical Polishing：CMP）[1]が施されており，ナノスケールの粗さとダメージ層が除かれている．さらに高度に規定された基板表面が必要な場合には，超高真空中や高純度ガス中での加熱処理などが行われる．
　ラッピングやポリシングなどの機械加工では，微細粉末粒子を介してラップやポリシャと呼ばれる研磨基準面と基板表面を接触させ，相対運動させる．このとき，最も高い頻度で研磨基準面と接する表面の凸部が選択的に除去され，能率的に平坦度を改善することが出来る．しかしながら，処理表面には機械的作用によるダメージが残る（図1(a)）．CMPは機械的作用に加えて化学的作用を援用した研磨法であるが，ダメージ層の除去は完全ではない．超高真空中や高純度ガス中での加熱処理は，結晶学的な乱れは取り除くことができるが，表面エネルギーの小さい低指数面でしか高度な平坦化は実現できない．ウエットエッチングなどの化学エッチングでも，ダメージ層の導入を完全に抑えることができるが，平坦化できるのは，やはり，特定の結晶面に限られる．結晶欠陥がある場合には，その高エネルギー点が選択的にエッチングされ，粗面化する場合もある（図1(b)）．
　新しく化学エッチングに基準面を導入し，結晶欠陥の導入がなく，機械加工のように基板凸部から選択的に除去することができる機能性結晶材料の高精度平坦化法として，触媒表面基準エッチング法が開発された．ここでは，次世代のワイド

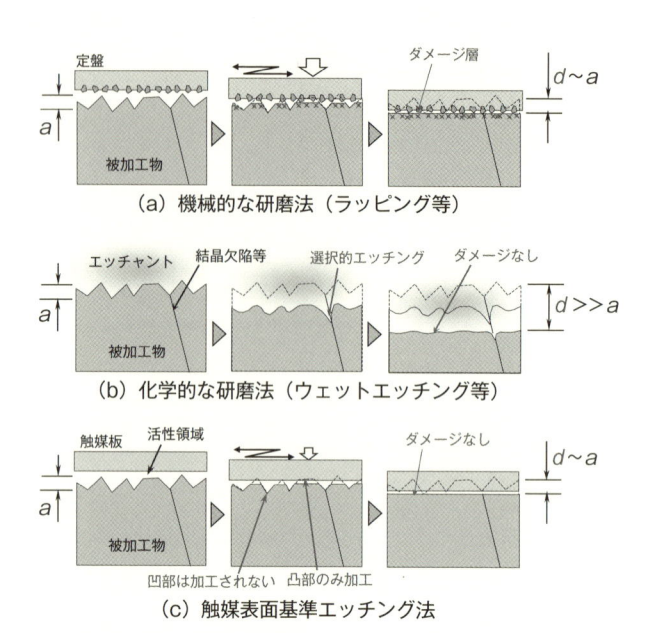

図1　機械研磨（a）および化学エッチング（b）触媒表面基準エッチング（c）の加工形態の概念図

ギャップ半導体の代表例として炭化物単結晶材料である SiC，窒化物単結晶材料である GaN，酸化物単結晶材料である ZnO について，基板表面の平坦化に適用した例を示す．

1.2　触媒表面基準エッチング法の基礎原理

基板表面の平坦度を能率的に向上させるためには，機械研磨のように，基準平面と近接する結晶表面凸部を選択的に除去する機構が必要である．触媒表面基準エッチングでは，基準平面の極近傍でのみ化学エッチングが進行し，平坦化と結晶学的なダメージの除去を同時に行うことができる表面創製法となっている．そのような化学エッチングは，次の3つの条件を満たすことによって実現できる．

①基準面上で反応過程を支配する反応種がつくられる
②その反応種の寿命がきわめて短い
③基準面の物性は長時間変化しない

最初の2つの条件が満たされるとき，エッチングに必要な反応を基準面の極近傍に局在化することができる．その基準面をあらかじめできるだけ平坦にしておき，ここに平坦・平滑化したい結晶表面を近づけ，ランダムに相対運動させれば，確率的に基板表面の凸部からエッチングが進行する．連続的なエッチングを実現するためには，基準面の物性や形状は長時間変化しないことが必要である．このような基準面は，エッチング反応を促進させる作用をもち，基準面自身は変化しない「触媒」を用いることによって実現することができる．このようなエッチング法を触媒表面基準エッチング法（Catalyst-Referred Etching：CARE）という[2]（図1（c））．CARE では，基準面に近接する凸部から選択的にエッチングされるため，結晶面方位の影響を受けやすい多結晶材や焼結材であっても，結晶粒のサイズに対応する段差を発生させることなく化学エッチングができる．

1.3　4H-SiC（0001）の加工と加工面の特徴
1.3.1　加工装置
SiC の CARE では，触媒材料として白金を用い，エッチング液としてフッ化水素酸を用いる[3~5]．現在のところ，表面 Si のバックボンドへの HF 分子の解離吸着によってエッチングが進行し，この反応を白金が促進しているものと考えられている[6]．CARE 装置の例を図2に示す．エッチング液中で，触媒定盤に基板表面を接触させながら，それぞれ独立に回転させることによって，接触状態の平均化を図り，最も触媒定盤に近づく確率の高い基板表面の凸部から選択的にエッチングされる．これは，研磨加工において古くから利用される平均化効果であり，幾何学的に凹凸のあるポリシャによって平滑面が得られるのと同じ原理である．現状では，表面粗さ 0.5 mmRMS 程度のフッ素系ゴム板に白金を 100 nm 程度スパッタ成膜したものを触媒定盤としている．

1.3.2　加工表面
4H-SiC（0001）（n 型，0.02~0.03 Ωcm）基板の CARE 処理前後の表面を微分干渉顕微鏡及び透過型電子顕微鏡（Transmission Electron Microscope：TEM）によって観察[3,4]した結果を図3に示す．表面粗さは，0.1 nm rms レベルへと劇的に改善されており，TEM 像から，最表面層まで結晶構造が乱れていないことが分かる．図4（a）及び（b）は，原子間力顕微鏡（Atomic Force Microscopy：AFM）によって観察した表面像である．挿入図は処理前の像である．処理後の表面に観察されるステップの高さは約 0.25 nm であり，4H-SiC の1バイレイヤーの高さに対応している．

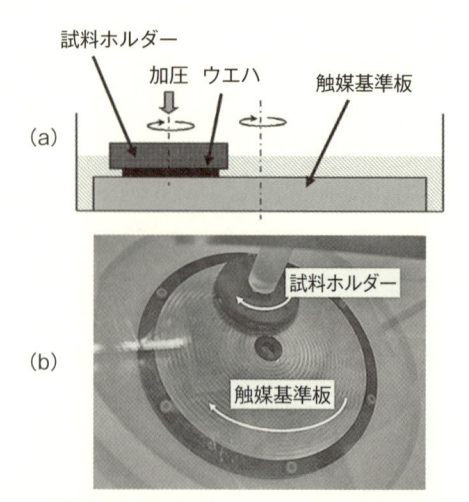

図2　CARE装置の概念図（a）および概観写真（b）

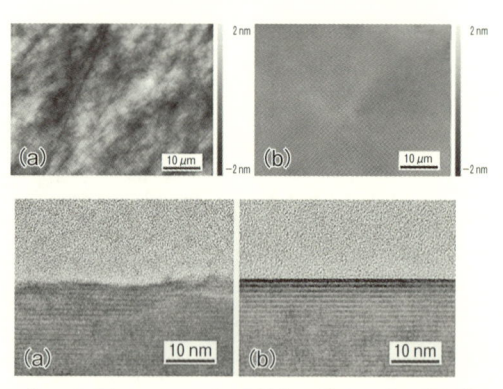

図3　4H-SiC(0001)面のCARE処理前後の微分干渉顕微鏡像（上）および高分解能断面TEM像（下），(a)は処理前 (b)は処理後

きわめて平坦な広いテラスと狭いテラスが規則正しく交互に形成されていることが見てとれる[3]．X線光電子分光（X-ray Photoelectron Spectroscopy：XPS）測定から，最表面のSi原子の電子状態は+1価であり，FまたはOHによって終端されていることが分かっている．また，走査型トンネル顕微鏡（Scanning Tunneling Microscopy：STM）による観察結果を図4(c)に示す[3]．この際には，加熱処理は行われていない．挿入図は電子線のエネルギーを65 eVにして撮影した低速電子線回折（Low Energy Electron Diffraction：LEED）像である．STM像から表面のSi原子を表す輝点

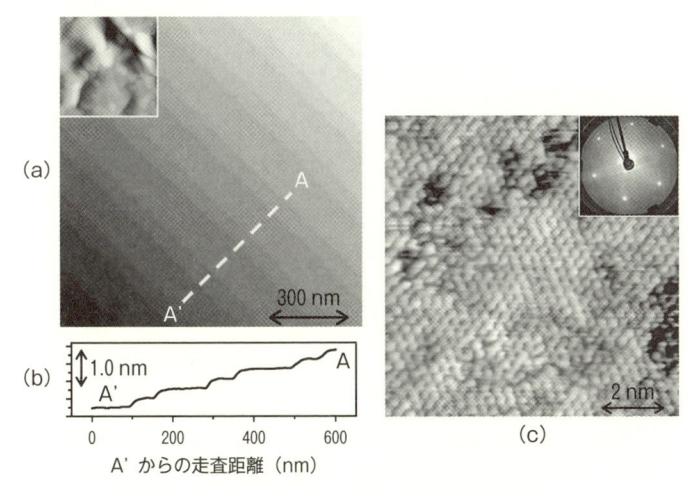

図4 4H-SiC(0001)面のCARE処理後のAFM像（a）およびラインプロファイル（b），原子分解能STM像（c）
AFM像の挿入図は処理前表面，STM像への挿入図は処理後表面のLEED像である．

の間隔は3～3.5Åであることが分かり，またLEEDパターンからも，CARE処理後の4H-SiC(0001)表面は1×1構造をもった結晶学的に高度に規定された表面であることが示されている．

　CARE処理された4H-SiC(0001)表面は，広さの違うテラスが1バイレイヤー高さのステップを介して繰りかえしている．第一原理計算によって，1バイレイヤー毎に露出するヘキサゴナル面とキュービック面の表面エネルギーが解析され，キュービック面の方が小さく，キュービック面が幅の広いテラスを構成している可能性が高いことが示唆されている[7]．一方，6H-SiC(0001)表面は，キュービック面が2層に続いた後にヘキサゴナル面が1層入る構造を繰りかえしており，この6H-SiC(0001)表面をCARE処理した後にAFM観察した結果を図5に示す．幅の広いテラスが2層現れた後に幅の狭いテラスが1層現れていることが見てとれ，このことから，キュービック面が幅の広いテラスを構成していることがほぼ確定したと言える[8]．SiCデバイス用基板では，基板上にホモエピタキシャル成長層を形成する必要から，c軸に対して結晶軸を数度（8°もしくは4°）傾けた基板が用いられる．ここまでは，ジャストカット表面の結果を述べたが，オフ角のある基板であっても，CARE加工によって同等の表面を得ることが分かっている．エッチング速度はステップ密度に比例し，8°オフ基板の場合では，最大で約0.5 μm/hが得られ

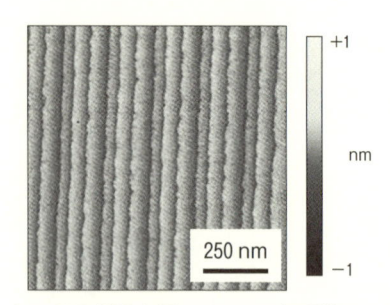

図5　6H-SiC(0001)面のCARE処理後のAFM像

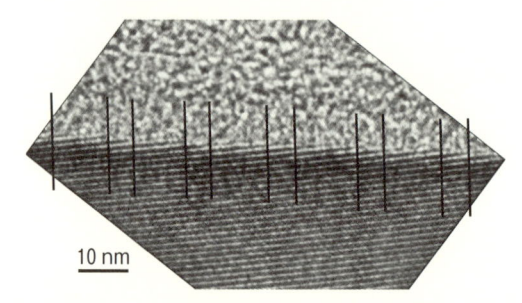

図6　4H-SiC(0001)面8°オフカット面のCARE処理後の高分解能断面TEM像

ている[9]．CARE処理後の8°オフ基板のTEM観察の結果を図6に示す．ジャストカットされた基板の場合と同様に，10 nm以下のテラス幅の場合であっても，広いテラスと狭いテラスを繰りかえす特徴は同じであることが分かる．図中の縦線はステップ端の位置を示している．これらの結果は，ウエハスケールで観察されている．

1.4　窒化物，酸化物半導体への応用

　窒化物材料の例としてGaN(0001)，酸化物材料の例としてZnO(0001)およびサファイア(0001)のCARE処理について述べる．ここでは，触媒として白金，エッチング液として純水を用いる．CARE装置の形態は前出のSiCの場合と同じであり，エッチング液のみが異なっている．反応過程は，第一原理分子動力学シミュレーションから，白金の触媒作用によるバックボンドの加水分解であり，これによってエッチングが進行しているものと考えられている[10]．

図7にGaN(0001)ウエハ（n型，1~3×10^{18} cm^{-3}）の処理後表面の位相シフト干渉顕微鏡像およびAFM像を示す．挿入した図は処理前の表面である．エッチング量は約30 nm，エッチング速度は約10 nm/hである．処理前の表面はダイヤモンドラッピングされており，大きなラフネスが観察されている．これに対して，処理後はスクラッチが完全に除去され，ラフネスが0.1 nm rmsレベルへと改善している．また，処理前後のAFM像から，無秩序な表面構造がステップ－テラス状の秩序構造へと変化していることが確認できる[11]．図8はステップ・テラス構造の拡大図であり，ステップ高さは1バイレイヤーである．本構造は，SiCの場合と同様に，ウエハ全面において観察されることが確認されている[11]．

図9は横成長した自立GaN基板の成長中心付近と隣り合う島が合体した領域のAFM像である．成長中心付近には多くのらせん転位が観察されている．また，成長島同士が合体した領域は大きく歪んでいる．しかし，このような高エネルギー点の近傍であっても，1バイレイヤー以上の段差を発生することなく化学エッチング

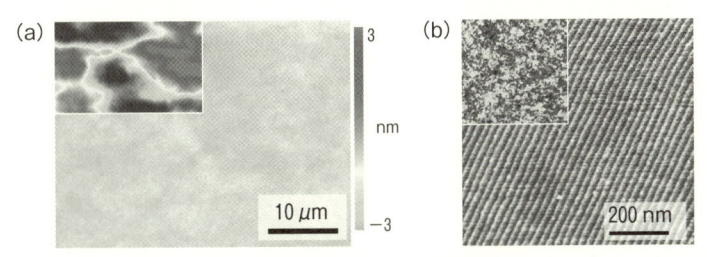

図7 GaN(0001)面のCARE処理前後の光学干渉顕微鏡像（a）およびAFM像（b）
挿入図は処理前を示す．

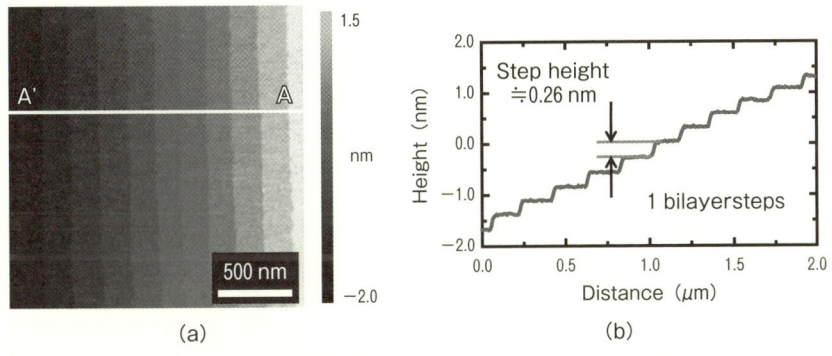

図8 CARE処理後のGaN(0001)面のAFM像（a）およびラインプロファイル（b）

1．触媒表面基準エッチング法によるワイドギャップ半導体の原子スケール平坦化

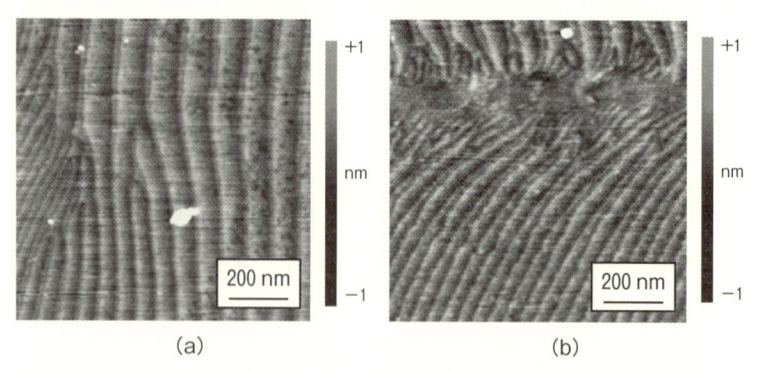

図9 横方向成長法によって作製された自立 GaN(0001) 面の CARE 処理面の AFM 像
(a) は成長島の中心部に見られるらせん転位周り，(b) は成長島の合体部周りを示す．

が進行しており，基準面が効果的に機能していることが分かる．

図 10 に，ZnO(0001) 面およびサファイア (0001) 面の CARE 処理後の AFM 像を示す．挿入図は処理前の表面である．CARE 処理の条件は GaN の場合と同じであり，エッチング液は純水である．ウエハ全面においてステップ・テラス構造が明確に確認され，その高さが1バイレイヤーであることが確認できる．この時のエッチング速度は，それぞれ約 130 nm/h，約 10 nm/h である．

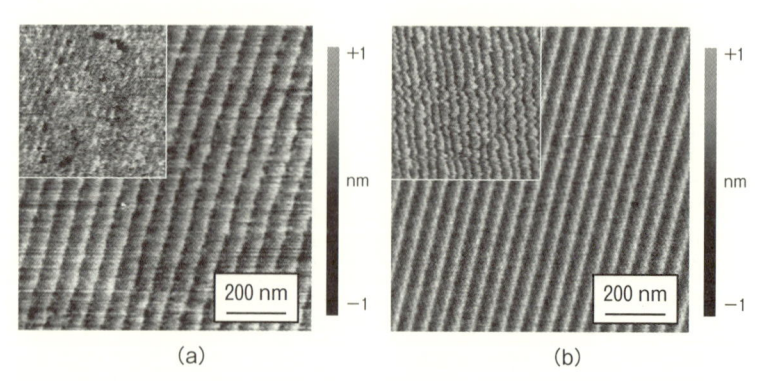

図 10 ZnO(0001) 面 (a) およびサファイア (0001) 面 (b) の CARE 処理後表面の AFM 像
挿入図は CARE 処理前を示す．

1.5 純水をエッチング液とする 4H-SiC(0001) の加工

SiC の加工においては，エッチング液としてフッ化水素酸を用いていたが，最新の成果では，純水によるバックボンドの加水分解が可能であることが明らかになってきた．SiC デバイスは，その製造工程において，ホモエピタキシャル成長やアニールなど非常に高温のプロセスが用いられ，その際に，表面原子の拡散により，大きなステップバンチングが起こることが知られている．このようなステップバンチングが発生すると，ダイオードを形成した際の耐圧が著しく低下する．純水による CARE は，デバイス製造現場であるクリーンルームとの相性が良く，デバイス製造工程中のステップバンチング除去に非常に有用な手段であると考えられている．この可能性を実証した結果を図 11 に示す．処理前はホモエピタキシャル成長後の表面である．処理前および CARE 処理後の表面を 1 分毎に AFM で観察した結果が示されている．3 分の加工で完全にステップバンチングが除去できており，純水による CARE の有用性が確認されている．

1.6 むすび

表面科学の高度な応用には原子スケールで規定された基板表面の創成技術が必要

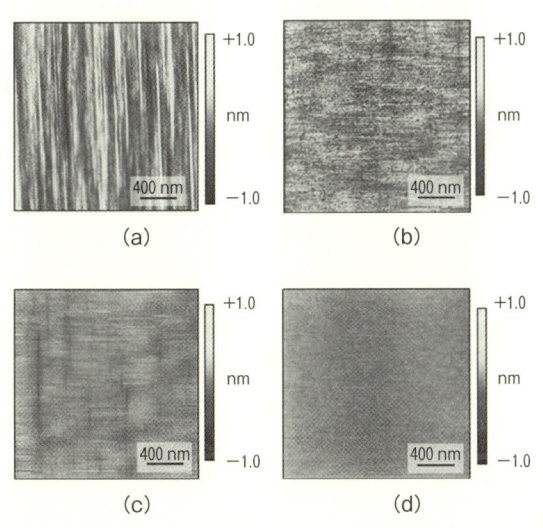

図 11 4H-SiC(0001) 面のホモエピタキシャル成長面の CARE 加工例
CARE 処理前 (a)，CARE 処理 1 分後 (b)，2 分後 (c)，3 分後 (d) の AFM 像．

な場合がしばしばある．従来，こうした表面は超高真空中や高純度ガス中での加熱処理によって作製されてきたが，CARE法によって，ウエット環境において，ウエハスケールでの創成が可能になりつつある．今後は，触媒材料やエッチング液の探索，適用材料の拡大などについて，幅広い検討を行う必要がある．

2. 半導体三次元形状制御

2.1 はじめに

シリコン基板表面にフッ素化剤を塗布し，シリコンのバンドギャップ（1.12 eV）以上のエネルギーの光を照射すると，照射した部分のシリコンが選択的にエッチングされることが見いだされている[1,2]．この光エッチングにより，半導体表面に三次元任意形状を一回の光照射で創成できる．三次元形状を従来より少ないプロセス数（工程数）で半導体表面に創成することが期待されている．

図1は，通常半導体表面の微細加工に使用されているフォトリソグラフィ・エッチング工程と N-フルオロピリジニウム塩を用いた光エッチング工程を示している．フォトリソグラフィ・エッチングでは，フォトレジスト（感光性保護材料）の塗布，フォトマスクを用いてレジストの一部に光を照射する露光，レジスト（保護材料）の光照射部を溶解する（あるいは光照射部を溶解しない）現像，レジストパターンをマスクとした半導体のエッチング，レジストの除去が行われる．光エッチングでは，フッ素化剤である N-フルオロピリジニウム塩の塗布，半導体の光エッチング，

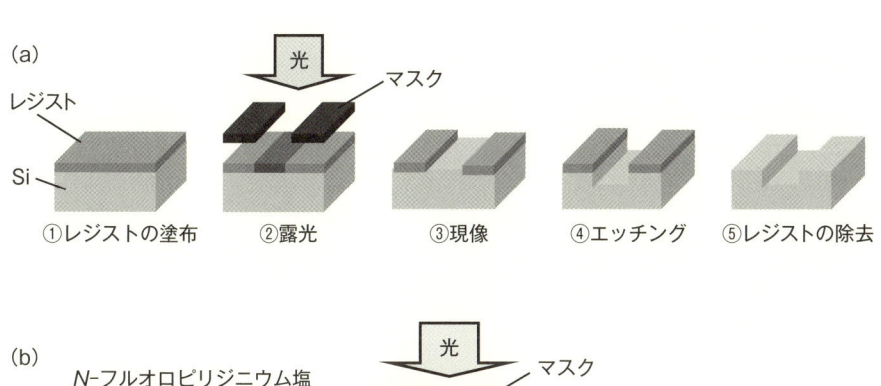

(a)
①レジストの塗布　②露光　③現像　④エッチング　⑤レジストの除去

(b)
① N-フルオロピリジニウム塩の塗布　②光エッチング　③ N-フルオロピリジニウム塩の除去

図1　リソグラフィ・エッチング法と光エッチング法
(a) 通常のフォトリソグラフィ・エッチング工程．(b) N-フルオロピリジニウム塩を用いた光エッチング工程．

N-フルオロピリジニウム塩の除去により，半導体表面を加工できる．光エッチングは，少ない工程数で半導体表面を加工できるので，加工プロセスコスト，加工装置コストを低減でき，加工のトータルコスト削減に貢献することが期待されている．

光エッチング対象基板材料として，シリコン（Si）の他に，ゲルマニウム（Ge），シリコンゲルマニウム（SiGe），シリコンカーバイド（SiC），ガリウムヒ素（GaAs），窒化ガリウム（GaN），インジウムリン（InP），二酸化ケイ素（SiO$_2$）などに応用できる．

2.2 光エッチングメカニズム

フッ素化剤として，N-フルオロピリジニウム塩が使用されている．N-フルオロピリジニウム塩は，反応が求電子的に進行，活性種がフッ素原子，常温では安定で取り扱いやすい結晶，という特徴があり[3,4]，医薬，農薬へのフッ素導入剤として実用化されている．図2は，二種類のN-フルオロピリジニウム塩の構造を示している．N-フルオロピリジニウム塩は，ピリジン骨格上にN-F結合を有するカチオン部分と，対塩のアニオン部分とから成る求電子型フッ素化剤であるため，電子を受け取ることによりN-F結合が切れ，フッ素を放出することが予想されている．

N-フルオロピリジニウム塩の性質およびシリコンの光エッチング現象について，次のことが明らかになっている．二種類のN-フルオロピリジニウム塩を混合すると，融点が低下して常温で液体になる[1]．半導体基板上にN-フルオロピリジニウム塩を塗布できる．核磁気共鳴（NMR）測定により，N-フルオロピリジニウム塩は200℃まで分解しないことが明らかになっている．エッチング速度が基板温度に依存して温度が高くなるとエッチング速度が速くなる条件では，N-フルオロピリジニウム塩を約200℃まで加熱してエッチング速度を向上させることができる[2]．

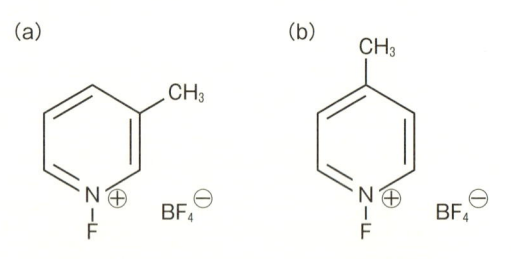

図2 N-フルオロピリジニウム塩の構造
(a) N-フルオロ-3-メチルピリジニウムテトラフルオロボレート（塩1）．
(b) N-フルオロ-4-メチルピリジニウムテトラフルオロボレート（塩2）．

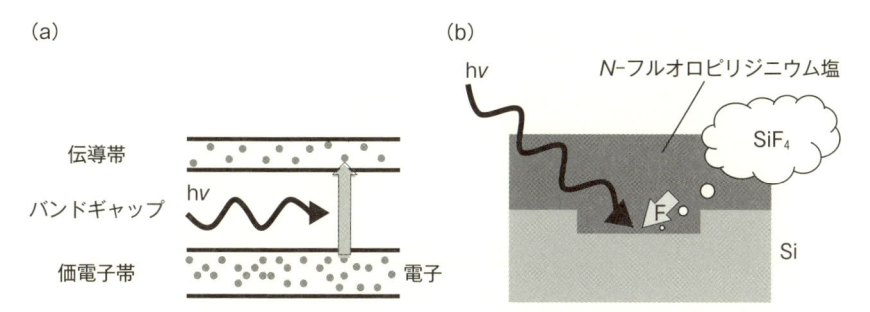

図3 光エッチングメカニズムモデル
(a) エネルギーバンド描像モデル. hν: 光子エネルギー. (b) 構造描像モデル.

　分光測定により，N-フルオロピリジニウム塩の光吸収端は約 430 nm（約 2.88 eV）であることが明らかになっている．光吸収端より長い波長の光は，N-フルオロピリジニウム塩を高い透過率で透過することが分かる．シリコンの光エッチングによる生成気体のフーリエ変換赤外（FTIR）分光測定により，反応生成物気体として四フッ化ケイ素（SiF_4）が検出されている[1]．

　図3は，シリコンの光エッチングメカニズムのエネルギーバンド描像モデルと構造描像モデルを示している．シリコン表面への光照射により価電子帯の電子が伝導帯に励起され，シリコン表面の伝導帯の電子数が増加する．N-フルオロピリジニウム塩の求電子性のため，励起された電子は N-フルオロピリジニウム塩に引き付けられる．N-フルオロピリジニウム塩は，電子を受け取り，N-F 結合が切れ，フッ素活性種をシリコンに供給する．フッ素活性種はシリコンと反応し，四フッ化ケイ素を生成する．四フッ化ケイ素は，シリコン表面から N-フルオロピリジニウム塩液体中を通って気体で放出される[1]．

2.3　三次元形状創成

　N-フルオロピリジニウム塩を用いたシリコンの光エッチングは光強度に依存し，光照射強度が増加すると，エッチング深さが増加する[1,2]．エッチング速度の光照射強度依存性を基に，パーソナルコンピュータで設計加工量を光強度に反映させた光強度分布パターンを作成し，プロジェクターと縮小光学系で N-フルオロピリジニウム塩を塗布したシリコン基板に投影することにより，一回の光照射で三次元形状創成加工ができる．

　図4は，プロジェクターを使用した光エッチングシステムの構成を示している．

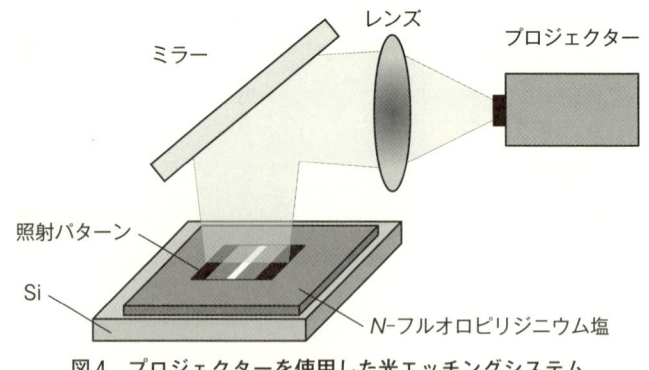

図4 プロジェクターを使用した光エッチングシステム

　光強度分布パターンは，プロジェクターからレンズを用いた縮小光学系を通って，N-フルオロピリジニウム塩が塗布されたシリコン基板に照射される．
　図5は，プロジェクター縮小光学系を用いて一回の光照射で形成されたシリコン表面の階段，溝，凹球面形状を示している．基板は，n 型シリコン（100）ウエハである．光エッチング前に，基板表面の有機物汚染除去のために基板の紫外線オゾン（UV/O$_3$）処理を行う．その後，基板表面のシリコン酸化物を除去するために基板の希フッ酸浸漬を行い，水素終端化されたシリコン表面が形成される．N-フルオロピリジニウム塩は，図2の塩1と塩2を2:1の重量比で融解，混合させている．光源としては，波長 450～480 nm，500～560 nm，620～700 nm の光を出射するプロジェクターを使用し，基板は冷却・加熱器上に置かれ，基板裏面温度は 28 ℃ に制御されている．光エッチングは，シリコン基板表面に N-フルオロピリジニウム塩を液状で塗布し，プロジェクターを用いて光強度分布パターンを照射して行う．光エッチング後に，アセトニトリル中での超音波洗浄，アセトン中での超音波洗浄により N-フルオロピリジニウム塩を除去する．シリコン表面の形状は，走査型白色干渉計を使用して観察し，シリコン表面のエッチング深さを測定している．図5から，光強度分布を反映した表面形状が得られていることが分かる．光エッチングの解像度（空間分解能）は，1 μm レベルであることが明らかになっている．
　プロジェクターを使用した光エッチングの応用としては，単結晶シリコンミラーの形状創成加工や形状修正加工が期待されている．
　図6は，フォトマスクとして銅メッシュを用いた光エッチング方法の構成図，マスクの写真，光エッチング後のシリコン表面形状像である．光源としては，波長

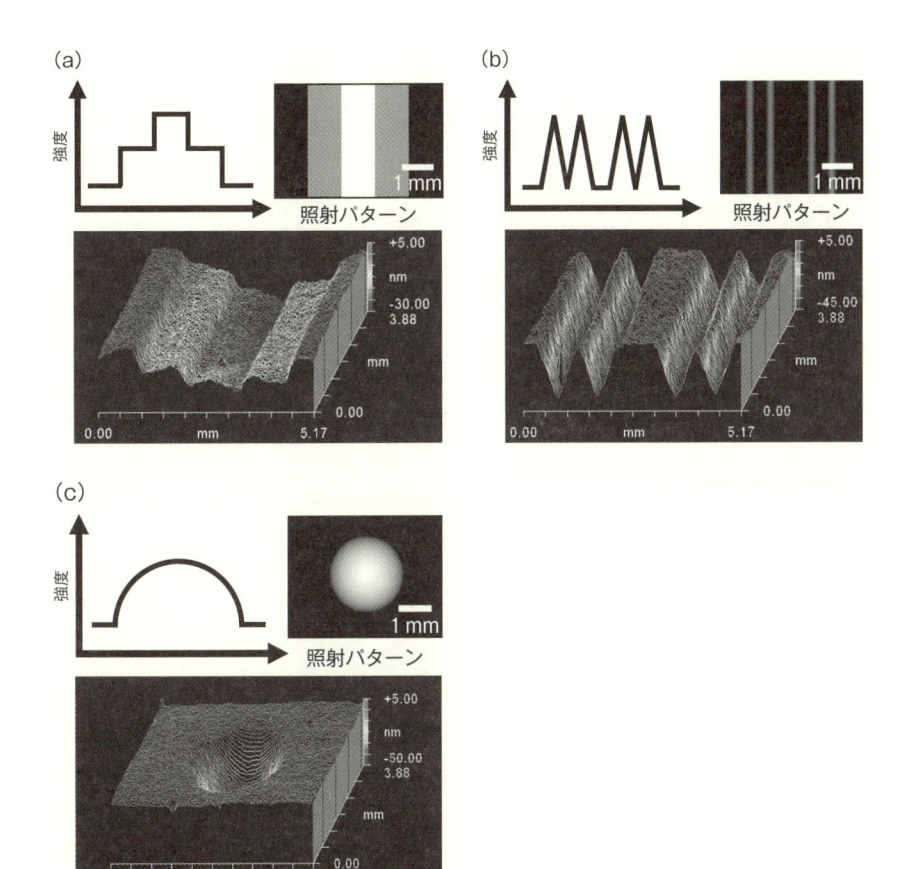

図5 光強度分布プロファイル，光照射パターン，1回光照射エッチング後のシリコン表面の走査型白色干渉計像

基板：n-Si (100)，N-フルオロピリジニウム塩重量比：塩1/塩2 = 2/1，光源：プロジェクター（波長：450～480 nm，500～560 nm，620～700 nm）．(a) 階段形状加工表面．最大光強度：15 mW/cm^2，基板温度：28℃，光エッチング時間：4時間．(b) 溝形状加工表面．最大光強度：15 mW/cm^2，基板温度：28℃，光エッチング時間：4時間．(c) 凹球面形状加工表面．最大光強度：4 mW/cm^2，基板温度：28℃，光エッチング時間：1時間．

220～2000 nmのキセノンランプを使用している．マスクパターンを反映して周期的構造の表面形状が得られていることが分かる．

フォトマスクを使用した光エッチングの応用としては，太陽電池表面テクスチャ形成が期待されている．

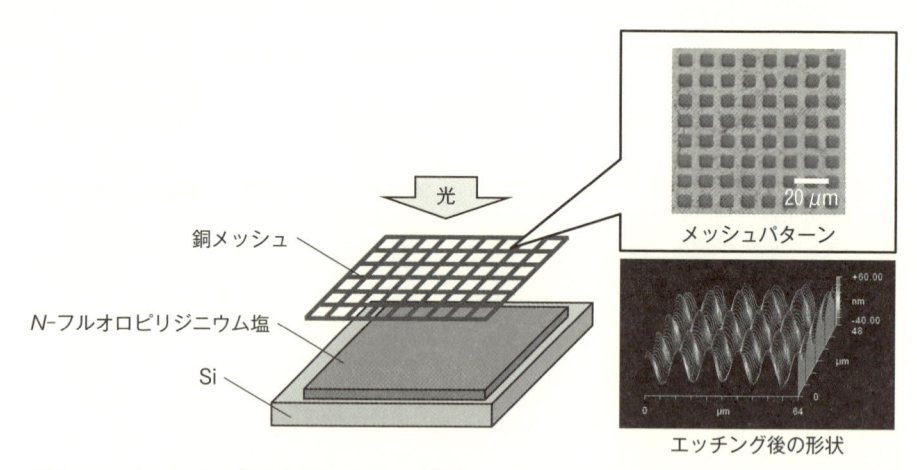

図6 フォトマスクを用いた光エッチング構成，マスクの写真，光エッチング後のシリコン表面形状の走査型白色干渉計像

基板：n-Si(100)，N-フルオロピリジニウム塩重量比：塩1/塩2＝2/1，光源：キセノンランプ，光強度：3.0 W/cm^2，基板温度：28℃，光エッチング時間：30分．

2.4 表面テクスチャ形成

シリコン基板にN-フルオロピリジニウム塩を塗布し，基板を加熱したうえで，一定強度の光を所定時間照射することにより，シリコン表面にランダム逆ピラミッド構造のテクスチャが形成されることが見いだされている．

図7は，光エッチング時間後のシリコン表面の走査型電子顕微鏡像である．光エッチングを10分行った後では，ランダムな凸面のピラミッド構造が観察される．また小さな凹面の逆ピラミッド構造も観察されている．20分後には，ピラミッドの稜がエッチングされたピラミッド構造とランダムな逆ピラミッド構造がより多く観察され，25分後には，逆ピラミッドが大きくなっていることが観察される．30分後には，逆ピラミッドの稜が崩れていることが観察される．逆ピラミッドは，光エッチング時間の増加とともに大きくなっている．しかし，一定時間以上光エッチングを行うと，逆ピラミッドの稜がエッチングされて形状が崩れることが分かる．光を照射しないと，シリコン基板表面形状の目立った変化は観測されていないことが明らかになっている．つまり，逆ピラミッド構造が形成されるためには光照射が必要であることが分かる．また，逆ピラミッドの大きさは，光エッチング時間の他に，光源の種類によっても変化することが明らかになっている．

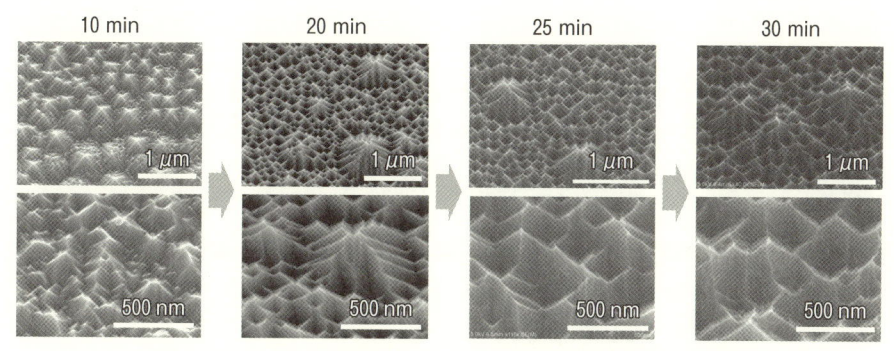

図7 光エッチング時間後のシリコン表面の走査型電子顕微鏡像
基板:n-Si(100), N-フルオロピリジニウム塩重量比:塩1/塩2=2/1,
光源:キセノンランプ, 光強度:4.0 W/cm^2, 基板温度:100℃.

図8は,光エッチング後の結晶面方位が異なるp型シリコン表面の走査型電子顕微鏡像である.Si(100)表面では,ランダム逆ピラミッドが観察され,Si(110)表面では,〈110〉方向の溝形状が観察され,Si(111)表面では,三角柱ピットが観察されている.三種類の面方位のSi表面において,(111)面方位の表面から成るテクスチャが形成されていることが分かる.光エッチング速度は,Si(100)表面,Si(110)表面,Si(111)表面の順に早いため,光エッチング速度が最も遅い(111)面方位の表面が残っていると考えられている.Si(100)表面におけるランダム逆ピラミッド形成は,エッチング速度の結晶異方性により説明されている.

図9は,光エッチング時間後のシリコン表面形状像とシリコン表面の光反射率の波長依存性を示している.逆ピラミッドの大きさが大きくなると光反射率を低減させることができる.しかし,逆ピラミッドの稜が崩れると光反射率が高くなってい

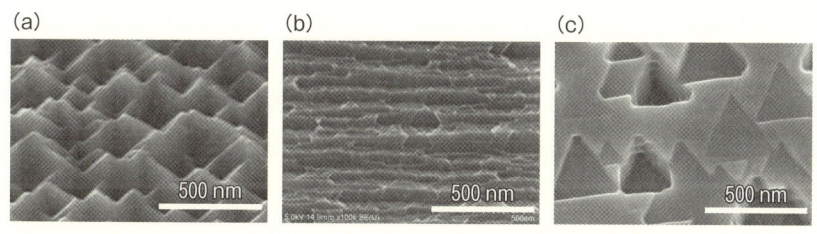

図8 光エッチング後のシリコン表面の走査型電子顕微鏡像
N-フルオロピリジニウム塩重量比:塩1/塩2=2/1, 光源:キセノンランプ, 光強度:4.0 W/cm^2, 基板温度:175℃, 光エッチング時間:15分. (a) p-Si(100)基板. (b) p-Si(110)基板. (c) p-Si(111)基板.

2. 半導体三次元形状制御

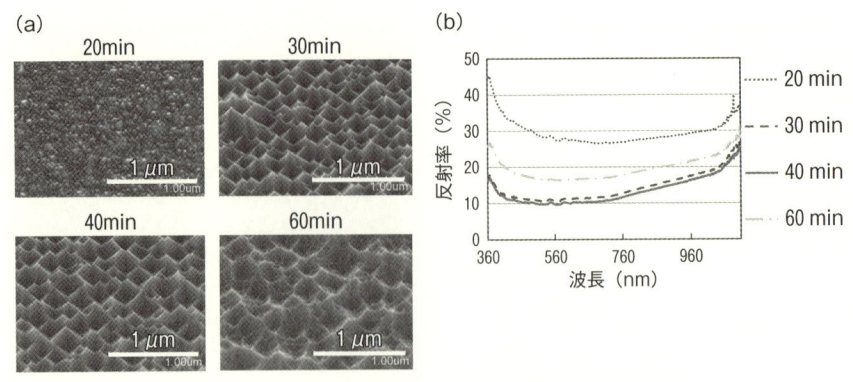

図9 光エッチング後のシリコン表面形状と光反射率
基板：n-Si(100)，N-フルオロピリジニウム塩重量比：塩1/塩2＝2/1，光源：キセノンランプ，光強度：4.0 W/cm^2，基板温度：110℃．(a) 光エッチング時間後のシリコン表面の走査型電子顕微鏡像．(b) シリコン表面の光反射率の波長依存性．

る．光反射率が低い表面を実現するためには，大きな逆ピラミッドを稜を崩れさせずに形成することが重要であることを示唆している．

光エッチングによるランダム逆ピラミッド形成の工業的応用としては，太陽電池表面テクスチャ形成が期待されている．

2.5 むすび

N-フルオロピリジニウム塩を用いた光エッチングにより，半導体表面上に三次元形状を一回の光照射で形成できる．通常のフォトリソグラフィ・エッチング工程と比較すると，工程数が少なく，装置も安価に構成できる．光エッチングの解像度で十分な半導体表面加工への応用が拡大することが期待される．

N-フルオロピリジニウム塩を用いた光エッチングの条件により，フォトマスクなどを使用せずに，シリコン表面上にランダム逆ピラミッド構造のテクスチャを形成できる．逆ピラミッドの大きさは，光エッチング時間，光源の種類などにより変化している．表面光反射率を低減することにより太陽電池の変換効率が向上するため，表面光反射率低減のための表面テクスチャ形成が期待される．

3. 半導体表面の不動態化構造制御

3.1 はじめに

今日の電子デバイスは，半導体材料の上に微細な集積回路を構築することにより作製されている．シリコン（Si）は，長く半導体産業を支えてきた材料であるが，それ以外にもワイドバンドギャップ半導体やカーボン系，シリコンナノワイヤなど用途に応じて多様な半導体が必要とされている．電子デバイスは，金属／酸化物／半導体により構成される MOS（Metal/Oxide/Semiconductor）構造を基本とし，最終的なデバイスの性能は，MOS 構造の特性に依存する．特に，酸化物形成前の半導体表面の状態（構造，汚染）は，MOS 構造の電気特性に大きな影響を与えることが知られている．そのため，MOS 構造を形成する前に半導体表面の各種汚染や自然酸化膜を完全に除去する必要があり，Si プロセスにおいては 1970 年代以降，優れた湿式洗浄プロセスが確立されている[1,2]．

汚染や自然酸化膜を除去した Si 表面は，水素（H）原子により不動態化され，その後の酸化物形成プロセスへと搬送される．この不動態化された Si 表面のラフネスが MOS 構造の信頼性を決めるため，ラフネスの決定要因の把握や，得られる不動態化構造の詳細な理解が求められる．一方で，このような湿式プロセスによる表面の洗浄及び不動態化は，Si 以外の半導体材料では未だに発展途上にある．優れた性能を持つ次世代の電子デバイスを実現するためには，多様な半導体表面における不動態化構造を原子スケールで理解し，湿式プロセスの設計へとフィードバックすることが必要不可欠である．

3.2 半導体表面の不動態化構造に関する形成・評価の基礎

デバイスプロセスにおいては，汚染や自然酸化膜が一切存在せず平坦で，なおかつ，大気中においても時間的に安定な，不動態化された半導体表面が求められる．薬液による汚染（金属，有機物，微粒子）の除去は，基本的には半導体表面に接している薬液による酸化とエッチングにより行われる．そのため，薬液の酸化還元電位と pH 及び，半導体側のフェルミ準位の関係を適切に制御する必要がある．Si に関しては，これらは学問的に体系化されているため，専門書[3]他を参照頂きたい．

半導体表面の不動態化構造を原子レベルで調査する手法としては，X 線光電子分光法（X-ray Photoelectron Spectroscopy：XPS）等の電子分光法，光の吸収や散乱を測

定する手法，プローブ顕微鏡法が挙げられる．

その中でも，赤外線を照射した時の分子骨格の振動や回転に対応するエネルギーの吸収を測定する赤外吸収分光法（Fourier Transform Infrared Spectroscopy：FTIR）は有力な手法である．試料の最表面のみに存在する結合種（例：Si-H，Ge-H）による微小な赤外線の吸収を検出するために，通常は，プローブとなる赤外線が半導体表面を多数回全反射する実験配置が用いられる．これを実現するために，半導体試料の両端に斜角を形成し，試料自身をプリズムとする等の方法が取られる[4]．FTIRにおけるこのような手法を全反射測定法（Attenuated Total Reflection：ATR）と呼ぶ．

また，走査型トンネル顕微鏡（Scanning Tunneling Microscopy：STM）は表面の原子構造を可視化できる手法であり，広く利用されている．しかし，溶液浸漬により不動態化された半導体表面の原子構造を観察した例はあまり多くない[5~7]．この主要な理由の一つは，溶液への浸漬により得られる表面が，超高真空中での熱処理によって得られる理想表面ほど広領域で平坦でない点にある．実際，異方性エッチングにより比較的容易に原子レベルでの平坦面が得られるSi(111)表面に関しては，複数の報告例がある[5,6]．もう一つの理由は，溶液中に含まれる微量の汚染が半導体表面に吸着し，安定なSTM観察を妨げる点である．STMでは試料—探針間に流れるトンネル電流をプローブとするため，絶縁体である有機物やシリカ微粒子が半導体表面上に吸着すると，トンネル電流が検出できず，探針の破損に繋がる．これを克服するためには，各種汚染を極限まで取り除いた超純水を溶媒とする薬液の使用が必須である．

3.3　湿式処理によるSi(100)ウエハ表面の水素終端化構造

Si(100)は，CMOS（Complementary Metal-Oxide-Semiconductor）用基板として広く用いられており，今日の電子産業の繁栄を支える代表的な半導体材料である．3.1節でも述べたように，MOS構造において酸化物を形成する前には，Si表面の清浄化と不動態化を目的とした湿式洗浄プロセスが行われる．すでに，RCA洗浄[1]や室温洗浄[2]等の手法が広く利用されているが，いずれの場合も最終段においてフッ化水素酸（HF）を含有する溶液への浸漬によるSi(100)表面の水素終端化と，その後の純水洗浄によるHF成分の除去を行う．これらの二工程により，Si(100)表面の構造が原子レベルで決まるため，水素終端化Si(100)表面の構造を原子レベルで理解することは，洗浄プロセスの最適化，さらにはCMOSの高性能化を図る上で必要不可欠である．

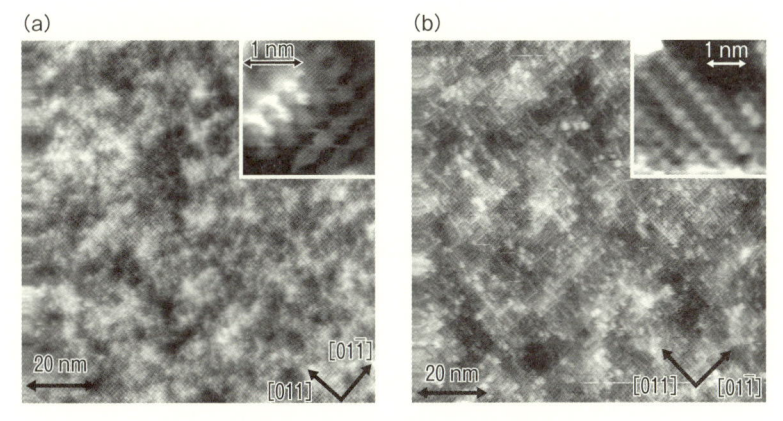

図10 Si(100)表面のSTM像
(a) HF溶液に浸漬後の水素終端化Si(100)表面のSTM像．(b) HF溶液浸漬後に純水洗浄を施したSi(100)表面のSTM像．両図において右上の挿入図は，それぞれの表面における拡大像を表す．

図10(a)は，HF溶液に浸漬した後に得られた水素終端化Si(100)表面のSTM像である．良く知られた，超高真空中での熱処理によって得られる理想表面（Si(100)2×1他）と比べると，原子レベルでは凹凸がきわめて大きい様子が分かる．しかし，図10(a)の挿入図が示すように，本表面は〈110〉方向に0.38 nmの間隔で規則正しく配列した輝点列により構成されている．この個々の輝点の大部分は，最表面のSi原子にH原子が二個ずつ吸着したダイハイドライドを表す[8]．

図10(b)は，図10(a)で示した表面を純水で10分程度，洗浄した後に得られたSTM像である．図10(a)とは大きく異なり，〈110〉方向に直交する列状の構造が多く見られる．またこの表面を拡大した挿入図から，列間の輝点の間隔は，列内のそれ（0.38 nm）に比べて二倍（0.76 nm）であることが分かる．これは，フッ酸浸漬後に形成されたダイハイドライド列が，純水中で一列おきに優先的に除去されたためであると考えられ，すでに理論的にも実証されている．図10(b)から，Si(100)ウエハを純水により洗浄するといった基本的なプロセスであっても，表面の原子構造は刻一刻と変化することが分かる[9〜11]．

3.4 湿式処理によるSi(110)ウエハ表面の水素終端化構造

Si(110)は，Si(100)よりも高い正孔移動度を持つ[12]ため，次世代のCMOSに用いられる高移動度半導体基板として期待されている．すでに，ラジカル酸化膜を

ゲート絶縁膜とした MOS 構造が優れた電気的性質を示すことが報告されている[13]。しかし，より信頼性やキャリア移動度が高い CMOS を Si(110) 基板上に形成するためには，ゲート絶縁膜形成前の Si(110) 表面の構造を原子レベルで制御する必要がある。基礎科学の分野では以前から，Si(110) が 16×2 に代表される特異な再構成構造を呈することが知られている[14]。しかし，この再構成構造が表す原子構造については未だに議論が続いている。一方で，溶液中で Si(110) 表面を水素終端化する試みについてもいくつかの報告がある。たとえば，Jacob[15] や Watanabe[16] らは赤外吸収分光法により，Ye[17] らは電気化学 STM を用いることによって，Si(110) の水素終端化構造の解析や制御を行うことを試みている。しかし現状では，半導体プロセスで許容されるような簡易な湿式プロセスにより，ウエハ全域において原子レベルで平坦な水素終端化 Si(110) 表面を得ることは難しい。これを実現するためには，湿式プロセス中で用いられる溶液が Si(110) の表面構造に与える影響を原子のレベルで理解する必要がある。

図 11 は，HF を含有する溶液（HF・過酸化水素水混合溶液）に Si(110) 表面を浸漬した後に取得した STM 像である。図 11(a) から，5 nm 以下の小さい島状のテラスが積み重なって表面が形成されている様子が分かる。これを拡大した図 11(b) では，上記のテラスを構成する輝点が規則正しく配列している様子が分かる。これらの輝点は，H 原子が吸着した Si 原子を表す[18,19]。

図 12(a) は，先に示した図 11 の表面を 10 分間，純水により洗浄した後に得た STM 像である。純水と短時間接することにより，表面の構造が大きく変化していることが分かる。具体的には，図 11(a) で見られたナノスケールの島状テラスは

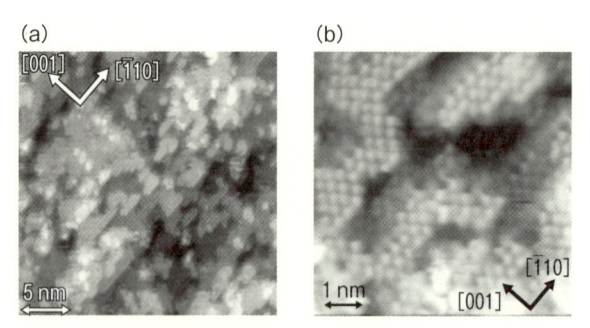

図 11 フッ酸（HF）を含有する溶液に浸漬後の水素終端化 Si(110) 表面の STM 像

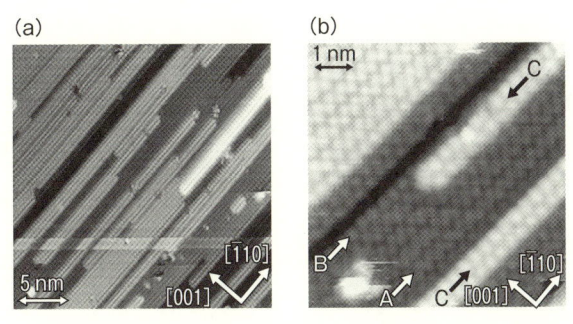

図12 図11の表面を純水で洗浄した後の水素終端化Si(110)表面のSTM像

消滅し，代わって[$\bar{1}$10]方向に細長く伸びたテラスが形成されている．これは，純水中でSi(110)表面が異方的にエッチングされた結果，生じたものである．拡大した図12(b)は，[$\bar{1}$10]方向のテラスを構成する三種類の輝点列により特徴付けられる．すなわち，テラス内の[$\bar{1}$10]方向へのジグザグ状の輝点列A，ステップ端に形成される単独の輝点列B，テラス上の孤立したジグザグ状の輝点列Cである．これらはいずれも，Si(110)表面の結晶構造に由来しており，[$\bar{1}$10]方向に1×1の周期を持つモノハイドライド構造が形成されていることを表す[18,19]．

3.5 湿式雰囲気下で平坦化されたSiCウエハ表面の原子構造とグラフェン形成への応用

シリコンカーバイド (SiC) は，その優れた電気的性質より，パワーデバイスや放射線が降り注ぐ等の厳しい環境条件下でも動作する耐環境デバイスの基板として期待が高まるワイドギャップ半導体である．SiC基板表面の平坦化は，上記デバイスの高性能化を実現する上で不可欠である．しかし，SiCはダイヤモンドに次いで硬いという機械的な特性を持つため，研磨や平坦化はきわめて困難であるとされている．

本章1節で述べたように，山内らはSiCウエハをHF溶液中で触媒作用を持つ白金 (Pt) 平板と対向・回転させる独自の平坦化加工法を開発した[20]．図13(a)は，研磨後の4H-SiC(0001)表面の原子間力顕微鏡 (Atomic Force Microscopy: AFM) 画像である．研磨処理前の未研磨市販ウエハ表面のAFM画像を左上に添付している．これより，得られた表面が広狭交互の特徴的なステップ/テラス構造により形成されていることが明らかである．また，すべてのステップにおいて段差が0.25 nm

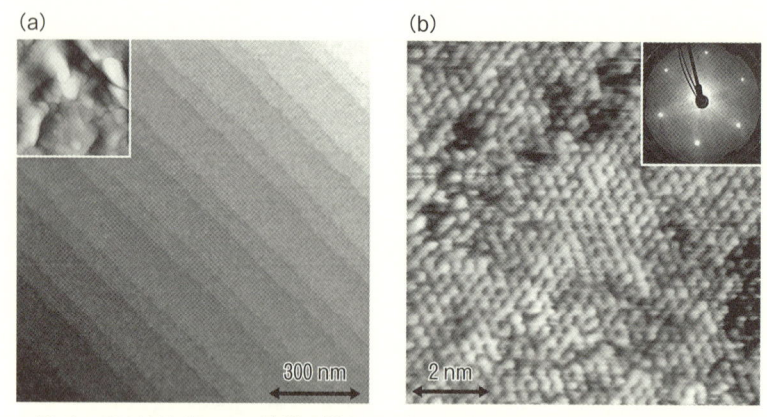

図13 HF 溶液中で Pt 触媒と対向・回転させて得た 4H-SiC (0001) 表面の プローブ顕微鏡観察結果
(a) AFM 像．右上の挿入図は，同スケールでの未研磨市販 SiC ウエハ表面の AFM 像である．(b) STM 像．右上の挿入図は，本表面の低速電子線回折像である．

であり，これは SiC 結晶におけるバイレイヤー一層分に相当することが分かった．図 13(a) で見られるような広狭交互のステップ／テラス構造は，4H-SiC(0001) 表面の結晶構造に由来するものである．すなわち，表面に露出する二種類のテラス (4H1, 4H2) の HF 溶液中でのエッチングレートの違い[21]により，図 13(a) が形成されたと考えられる．図 13(b) は，図 13(a) で示したテラスの STM 観察結果である．テラスを構成する原子が整然と配列している様子が分かる．近接した輝点間の距離を計測すると，0.30〜0.33 nm であった．これは，4H-SiC(0001) 表面の最近接 Si 原子間距離である 0.308 nm ときわめて近い．XPS 測定の結果と併せて考えると，図 13(b) で示した構造は，OH もしくは F 終端化された 4H-SiC(0001)1×1 構造であると予想される[22,23]．図 13(b) の挿入図は，本表面で得られた低速電子線回折像である．明瞭な回折スポットが観察されていることから，最表面においても SiC の結晶性が保たれていることが分かる．これは，Pt 触媒を用いたフッ酸溶液中での平坦化プロセスが機械的な除去加工では無く，化学反応を利用した加工機構に基づくことを示唆している．

　近年，SiC 表面はグラフェンを形成するための基板としても注目を集めている．グラフェンとは，C 原子が sp^2 結合により六角形の二次元ネットワーク構造を形成し，数原子層以内の厚みを持つシート状の物質である．グラフェンは，理論的なキャリア移動度がきわめて大きい（$2\times10^6 \mathrm{cm^2/Vs}$）等の優れた電気的・磁気的性質

を持ち，次世代の超高性能電子デバイスにおいて鍵とされる材料である．グラフェンを形成する手法としては，HOPG（Highly Oriented Pyrolytic Graphite）等のグラファイト表面から数層分を物理的に剥離する手法や，化学気相成長法により触媒となる金属基板上に形成する手法など，複数が報告されている．その中でも，SiC 表面上にグラフェンをエピタキシャル成長させる手法は，グラフェン形成後に別基板に転写する必要が無い等の利点を有しており，有望である．欠陥の少ない良質なグラフェンを SiC 上に成長させるためには，原子レベルで平坦な SiC 表面が必要である[24]．

図 14 は，図 13 で示した SiC 平坦化表面を超高真空中で 1150℃に加熱して得た表面の STM 像である．加熱により，SiC 最表面の Si 原子が優先的に昇華し，残った C 原子が二次元ネットワーク構造を形成することにより，グラフェンが得られ

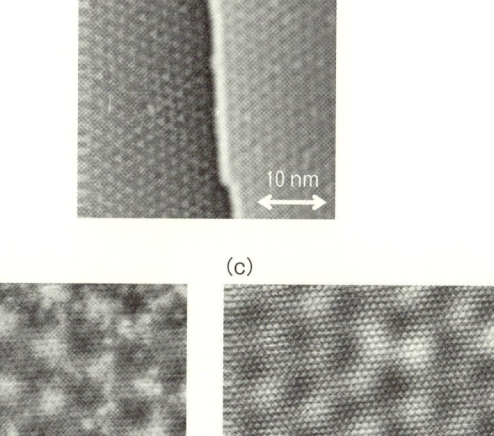

図14 平坦化された 4H-SiC(0001) 表面上に形成したグラフェンの STM 像
(a) 二つのドメインの境界領域を観察した画像．(b) (a) において，左側のグラフェンを拡大して観察した画像．単層グラフェンを表す．(c) (a) において，右側のグラフェンを拡大して観察した画像．二層グラフェンを表す．

る．図14(a)では，中央付近を境にして異なるドメインのグラフェンが隣り合う様子が分かる．いずれのドメインにおいても，正三角形の格子状の輝点配列が観察されるが，これはグラフェン／SiC界面に形成される緩衝層に由来している．図14(b)と図14(c)はそれぞれ，図14(a)において左側及び右側のドメインを拡大したSTM画像である．両図共に，周期が大きい緩衝層由来の輝点に加えて，グラフェンを表す原子スケールの細かい輝点群が観測される．ここで，図14(b)と図14(c)ではグラフェンの輝点群の見え方が異なる．すなわち，(b)では蜂の巣状，(c)では正三角形の格子状のパターンが観察されており，形成されたグラフェンの層数を反映している．具体的には，図14(b)では単層のグラフェンが，図14(c)は二層のグラフェンが形成されている．

3.6　湿式処理によるGeウエハ表面の不動態化

電子と正孔共にSiよりも高いキャリア移動度を持つゲルマニウム(Ge)は，高速・低消費電力動作が可能な次世代の電子デバイスにおけるチャネル材料として，注目を集めている．GeはSiと同じⅣ族に属する元素であるが，長年培われたSiデバイスの製造プロセスをそのままGeに転用することは出来ず，新たに開発すべき課題は多い．その中の一つが，ゲート絶縁膜形成前のGeウエハ表面の湿式洗浄プロセスである．特に，Geウエハ表面に自然酸化膜が残留すると，その後に形成される酸化物の電気特性に悪影響を与えることが知られている．そのため，Geウエハ表面を一様に不動態化できる湿式処理が求められている．HF溶液への浸漬によるH終端化は，Si表面においてはきわめて有効であるが，Ge表面においては時間的な安定性に問題があることが知られている．そこでこれまでに，HFに代わるさまざまなハロゲン化水素(HCl, HBr, HI)を用いたハロゲン原子(Cl, Br, I)による終端化や，硫化アンモニウム($(NH_4)_2S$)による硫黄(S)終端化に関する報告がある．しかし，Ge表面の一様かつ安定な不動態化処理に関して，確立された手法は未だ存在せず，不明な点も多い．

図15は，酸化膜により被覆されたGe(111)表面を塩酸(HCl)に浸漬する前後に得られたXPS測定結果である．酸化膜(GeO_2)は，酸素雰囲気下450℃でGe基板を加熱することにより形成し，厚さは約3 nmである．図15(a)はGe3dスペクトルであるが，29.6 eV付近のGeバルクに由来するピークの高エネルギー側(33.3 eV付近)に，GeO_2を表す大きなピークが観測される．この試料を塩酸に浸漬すると，溶解により酸化膜が減少する様子が明らかである．特に，浸漬を大気中では無く，

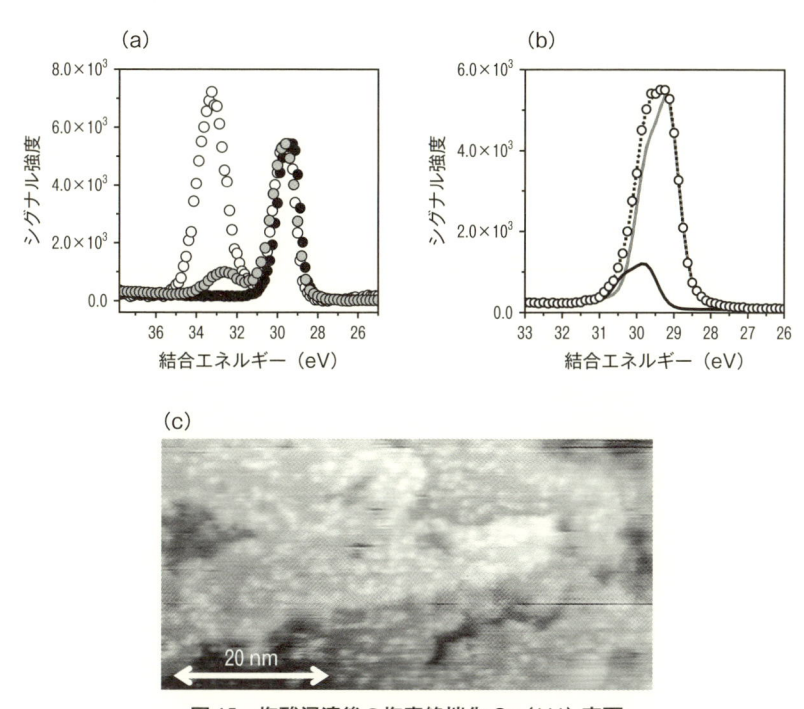

図 15　塩酸浸漬後の塩素終端化 Ge(111) 表面
(a) 浸漬前後での Ge3d スペクトル．浸漬前の熱酸化膜に覆われた表面（白丸），大気中に置いた塩酸溶液中に浸漬した表面（灰色丸），窒素ガス雰囲気中に置いた塩酸溶液中に浸漬した表面（黒丸）をそれぞれ表す．(b) 窒素ガス雰囲気中で塩酸に浸漬した表面で得た Ge3d スペクトルをピークフィッティングした結果．(c) (b) の表面における STM 観察結果．

窒素ガス雰囲気中で行うことにより，より完全に酸化物を除去できることが分かる．図 15(b) は，窒素ガス雰囲気での塩酸浸漬後に得られた Ge3d スペクトルをピーク分離した結果である．Ge バルク成分（灰色）に加えて，その高エネルギー側にピーク（黒）が存在している．これは Ge^{1+} 成分であり，最表面の Ge 原子が Cl 原子により終端化されていることを表す．図 15(c) は，この Cl 終端化 Ge(111) 表面上で取得した STM 像である．ステップ／テラス構造が観察され，かつテラス上には 0.1 nm 程度の微小な輝点が多く分布している．Cl 終端化されているテラス上での微小な輝点は，表面に残留する炭素原子や水分子を表すと予想される[25]．

3.7 むすび

　半導体を基板とした電子デバイスは多く存在するが，高い性能を有するデバイスを実現するためには，汚染（金属・有機物・微粒子）や自然酸化膜がなく，かつ原子のレベルで平坦な不動態化表面の形成が鍵となる．これには，湿式プロセスにおける溶液／半導体界面の化学反応を精密に制御すると共に，得られた不動態化表面の原子構造を正しく評価することが求められる．これは，将来新たな半導体材料が現れたとしても不変であり，電気化学・表面科学・精密工学の融合学問領域のさらなる発展が期待される．

第3章

大気圧気相プロセス

1. 大気圧エッチングプラズマの分光計測

1.1 はじめに

　完全表面の創成およびその応用展開に向けて，大気圧下での高周波（VHF帯）駆動による容量結合型プラズマを用いた超精密加工法であるプラズマCVM（Plasma Chemical Vaporization Machining），および薄膜形成技術である大気圧プラズマCVD（Atmospheric Plasma Chemical Vapor Deposition）の研究が進められている[1~3]．放射光用X線ミラーの加工やSOI（Silicon-on-Insulator）ウエハにおけるSOI層の薄膜化，大面積太陽電池形成技術等に応用展開されている．これらのプロセスでは大気圧・高周波プラズマを用い，プロセス応用に関して以下の利点を生かしている．すなわち，(1) 高密度の反応性ラジカルを試料表面近傍に生成することによる高い反応レートの実現，(2) 平均自由行程が短いため高エネルギーの荷電粒子衝突による表面へのダメージ防止，(3) プラズマが局所的に発生することによる高い空間分解能での表面加工や薄膜形成，等である．こうした大気圧・高周波プラズマプロセス研究では，プラズマ中の反応性ラジカル種の生成状態（ラジカル種，密度の時空間分布）とプロセス特性（加工性状，成膜状態）との相関を明らかにし，プロセスの物理化学機構を理解することが欠かせない．

　本節では，加工プロセスとしてのプラズマCVMについて，用いられているエッチングプラズマの分光計測の結果を概観する．プラズマCVMでは，150 MHzの高周波電力により駆動され，1 mm以下の狭ギャップ間の高速ガス流れ中に生成される，$He/CF_4/O_2$混合気体（トータルで大気圧）プラズマが用いられる．プラズマが占める空間が小さいため，非接触で擾乱の少ない診断法として，以下の三つの分光計測法で得られた，プラズマ構造や反応性ラジカル種の生成・空間分布に関する知見を見ていく．すなわち，空間分解発光分光によるラジカル粒子種の同定，空間分

解吸収分光によるラジカル密度の変動モニタリング，レーザー誘起蛍光分光によるラジカルの空間分布の可視化である．

1.2 プラズマ CVM

プラズマ CVM では，図 1 に示すように高圧力雰囲気中（主として大気圧の He）で空間に局在した高周波プラズマを発生させ，そのガス中に混合したエッチング加工用のガス分子を解離分解して，反応性の高い中性ラジカル（電気陰性度の大きいハロゲン原子など）を生成し，これを加工物表面原子と反応させて揮発性の物質に変えることにより除去する．加工現象が化学的であり，原子単位の加工であることから，幾何学的に優れた加工面が得られると同時に，結晶学的，原子構造的観点からも乱れのない加工を実現できる．

プラズマ CVM の開発過程では，プラズマ発生用電極として，ワイヤ，ブレード，平板，パイプ等，さまざまな形状が考案された．これらの電極は必要とされる空間分解能に応じて使い分けられ，ワイヤ電極を用いた太陽電池用アモルファスシリコン薄膜のパターニング，パイプ電極を用いた非球面光学素子の加工等に応用されている．

これらの例では，実用化に十分な加工特性が得られているが，電極の耐熱性および耐久性に乏しく，効率的な反応ガスの供給および反応ガスの排出による加工速度の向上を図るのが難しい等の問題が残ったが，大面積の基板を高能率に加工するために回転電極が開発された．電極を高速で回転させることにより，電極と加工物間の非常に狭い加工ギャップ（数百 μm）に対して，高効率な反応ガスの供給ならび

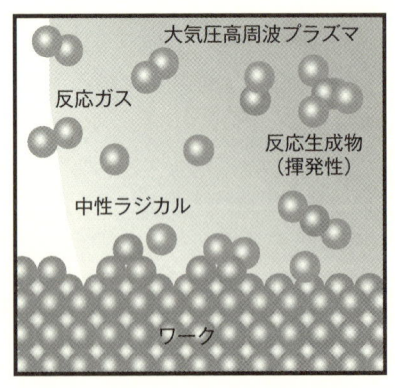

図1 プラズマ CVM の加工原理

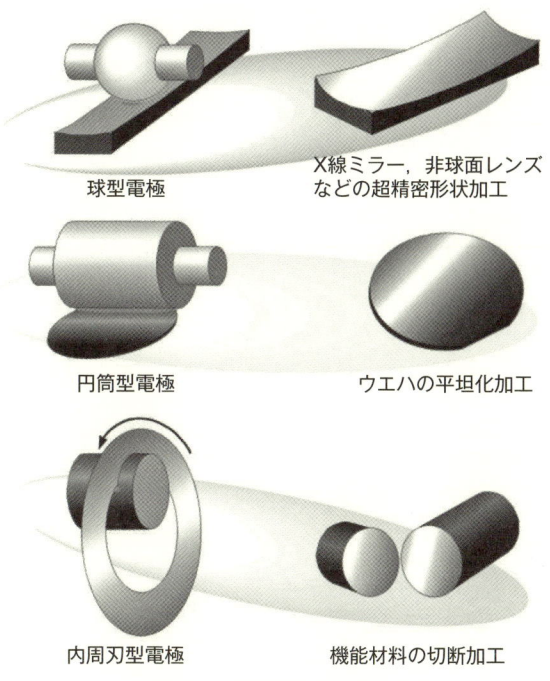

図 2　回転電極の応用例

に反応生成物の排出を行うことができる．また，プラズマはワークと対向した部分のみに局所的に発生し，残りの部分においては，雰囲気ガスとの相互作用により冷却されるため，大電力の投入が可能となり，加工能率を大幅に向上させることができた．つまり，回転電極を用いるということは，高圧力下で顕著となるガスの粘性を大いに利用するということであり，大気圧プラズマならではの方法である．

図 2 に回転電極の応用例を示す．目的に応じた電極形状の適用により，内周刃型電極を用いた切断加工，円筒型電極を用いた平坦化加工，球型電極を用いた形状加工等，機械加工と同様な加工形態を実現できる．また，円筒型電極および球型電極の表面には，プラズマ溶射によりアルミナの皮膜を形成することにより，二次電子放出によるアーク放電の防止を図り，低温で安定した大気圧プラズマを発生させることに成功している．

1.3 大気圧・高周波プラズマの基礎特性

CVM プラズマが大気圧プラズマであることと，150 MHz の高周波励起であることに注目して，プラズマ発光構造の分光計測結果について説明する[4]．

図3は，可視光ストリークカメラ（高速度の時間掃引カメラ）を用いて計測したプラズマ発光の時空間分解像である．CVM プラズマは，雰囲気ガスの大半を He が占めるので，その発光の時空間構造がプラズマ構造を良く反映する．図3では，横軸が電極間の位置に対応することから，プラズマ発光が電極表面近傍で周期的に，しかも電極が負電圧の場合に強められており，いわゆる負グロープラズマであることが分かる．また図4では，プラズマギャップサイズを変えた際の発光の空間分布の変化を見ているが，電極と共にシース部の負グロープラズマが移動し，バルク部には大きな変化は見られない．この結果は大気圧プラズマシミュレーションで明らかなように，プラズマバルク部に電界がほとんど印加されていないことに起因する．このように，大気圧プラズマは，電極表面近傍の薄い層のみが活性といえる．

図5は，図3の時空間分解計測をプラズマのガス圧力を変えて行った結果である．低圧力から高圧力への移行により，負グローのままで，シース部の発光幅が狭まることが分かり，電極もしくは試料の表面の極近傍に，集中したシースが存在してラジカル生成を司っていると考えられる．

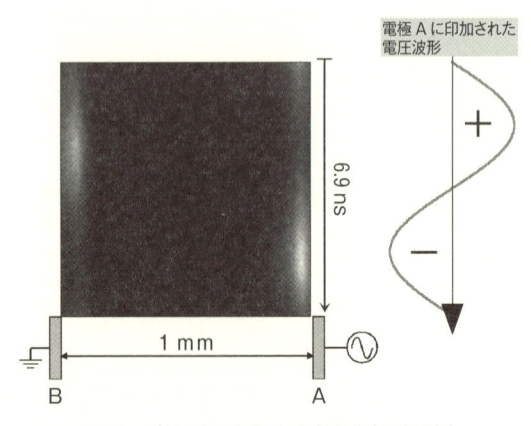

図3 プラズマ発光の時空間分解計測例
励起周波数 145 MHz，投入電力 80 W，投入ガス He 100 %，ガス圧力 1 atm，電極間隔 1 mm，電極＝銅，発光種 $3^3D \rightarrow 2^3P$（587.56 nm）

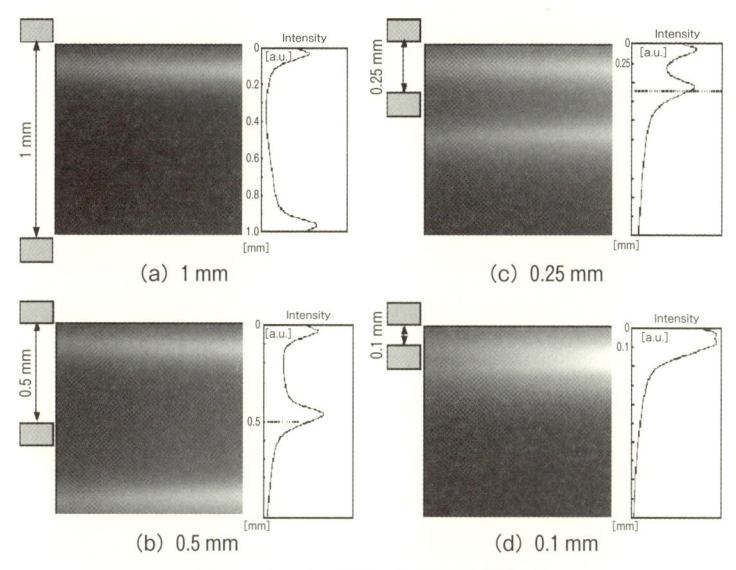

図4 プラズマ構造の電極間各依存性
励起周波数 145 MHz, 投入電力 80 W, 投入ガス He 100 %, ガス圧力 1 atm, 電極＝銅, 発光種 $3^3D \rightarrow 2^3P$ (587.56 nm)

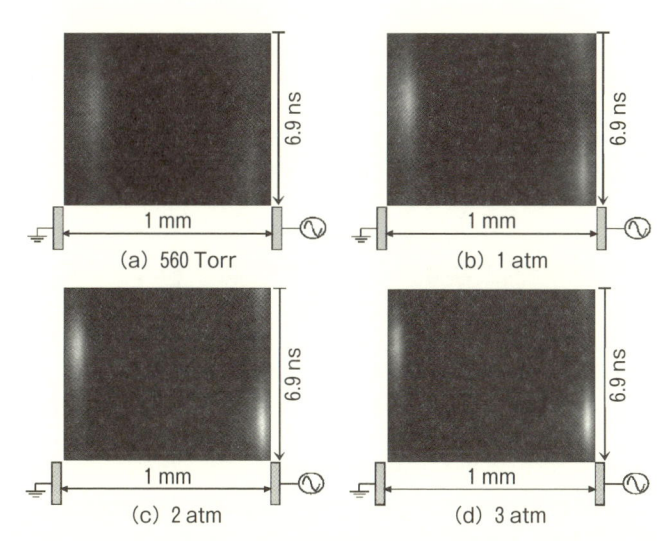

図5 ストリークカメラによるガス圧力に依存したプラズマ発光の時空間分解計測結果
励起周波数 145 MHz, 投入電力 80 W, 投入ガス He 100 %, ガス圧力 1 atm, 電極間隔 1 mm, 電極＝銅, 発光種 $3^3D \rightarrow 2^3P$ (587.56 nm)

1.4 大気圧・高周波 He/CF$_4$/O$_2$ プラズマのラジカル分光計測

CVM プラズマ中において支配的と思われるラジカル種の同定においての，空間分解発光分光の結果を解説する[5]．この計測では，凹面鏡を軸外し結像光学系に採用し，色収差のないプラズマ像を回折格子分光器の入射スリット上に結像して分光した．

光学系がレンズを含まず，観測スペクトルは色収差の影響を受けない利点が有り，分光器にトロイダル結像鏡を用いたため，スリットの縦方向に空間分解した分光スペクトルが観測できる．そこで，分光器の出射部に高感度冷却 CCD カメラを設置して，空間分解発光スペクトルを広い波長範囲で観測可能にし，スペクトル波長の較正には，水銀ランプおよび既知の原子線スペクトル（He, F, O）を参照した．図 6 に，CVM プラズマで観測された CF$_2$ ラジカルの紫外発光バンドスペクトルを示す．上下電極の位置を図中に実線で示している．多くの報告例がある現状の半導体プロセス用のエッチングプラズマとは異なり，CF$_2$ ラジカルのバンドスペクトルが長波長側へシフトした状態で観測された．

また O$_2$ の有無による，紫外−可視域の空間分解スペクトルの違いを図 7 に示す．O$_2$ の添加は，図 6 に示した紫外域の CF，CF$_2$ ラジカルのバンドスペクトルを消滅

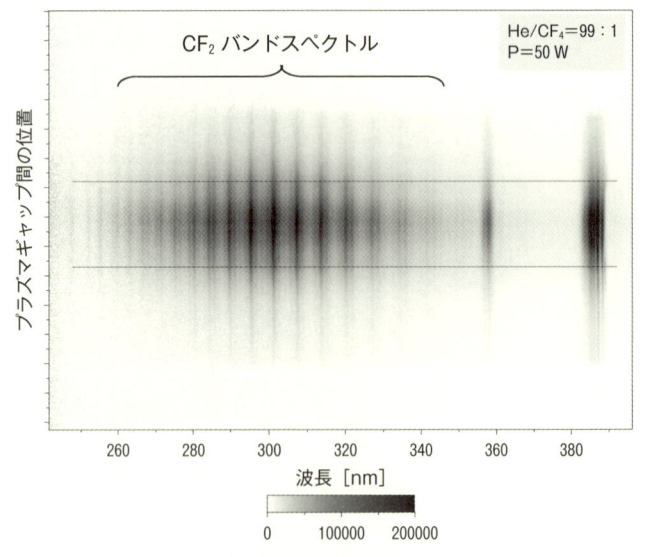

図 6　CF$_2$ の紫外域での発光バンドスペクトル

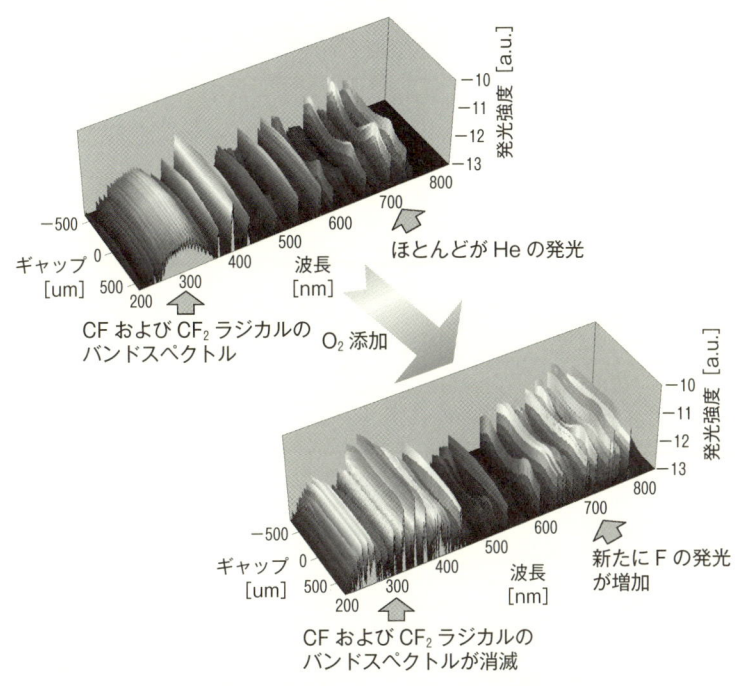

図7 CF$_2$の紫外域での発光バンドスペクトルの酸素添加による変化

させ,可視域に多数の線スペクトルを発生させる.この線スペクトルはほとんどがF原子によるもので,プラズマ中のCF$_x$ラジカルの解離が促進した結果を示唆している.図8は,CF$_2$バンドスペクトルの消滅の様子を,O$_2$濃度を変化させた観測結果を重畳描画して示している.これに対応して,可視域では図9のように多数のF原子スペクトルが観測される.さらに,図8では基底状態の各振動準位にかかわる一連のバンドスペクトルが観測されたので,ボルツマンプロットを用いてCF$_2$ラジカルの振動温度を評価すると2500〜3000 Kと見積もられ,大気圧プラズマにおける振動励起の激しさが伺える.

次に,このプラズマCVMについて,CF,CF$_2$ラジカルの空間分解紫外吸収分光について説明する[6].この計測は,ラジカル種の紫外線吸収量が数密度に依存してベールの法則により表現されることを利用しており,プラズマ発生状態に応じたラジカル生成量,すなわちプラズマの加工能力を考察することができる.吸収スペクトルを発光スペクトルと同様,空間分解して計測することで,プラズマギャップ間

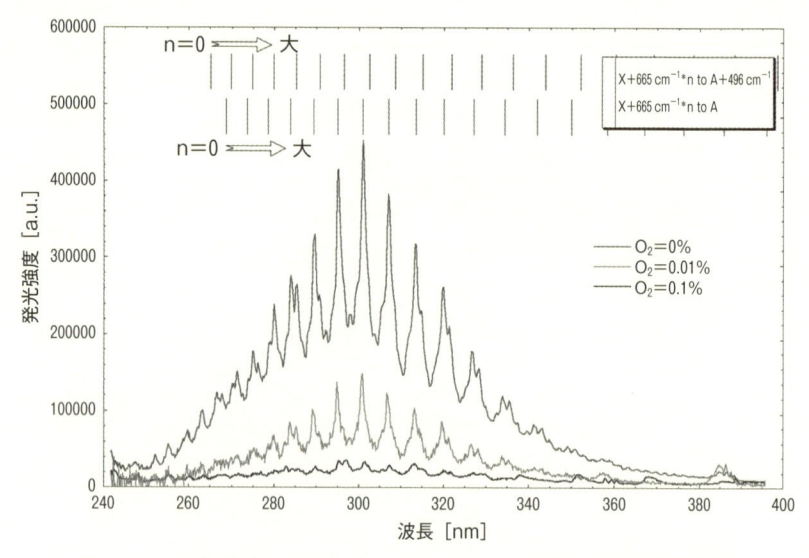

図8 CF$_2$の紫外域での発光バンドスペクトルの詳細と酸素濃度依存性

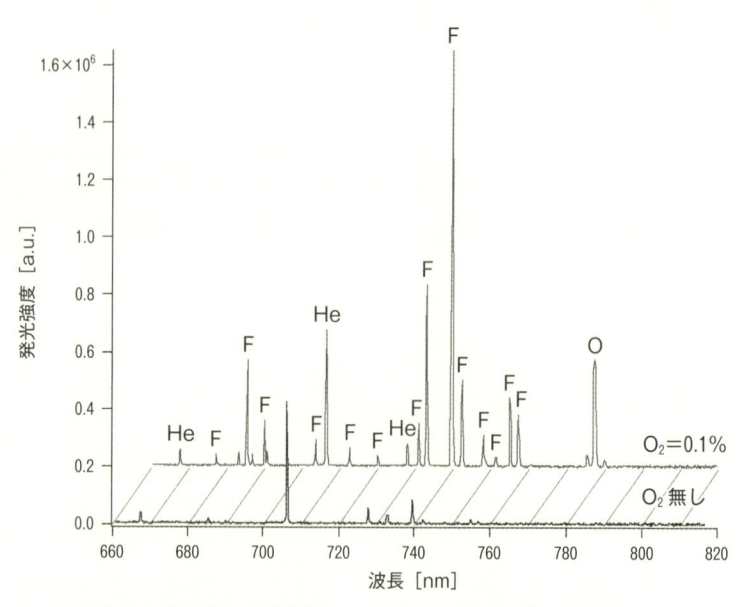

凡例: O$_2$=0%, O$_2$=0.01%, O$_2$=0.1%

X+665 cm^{-1}*n to A+496 cm^{-1}
X+665 cm^{-1}*n to A

n=0 ⟹ 大

図9 可視域での原子発光スペクトルの酸素添加による変化

O$_2$=0.1%
O$_2$無し

第3部第3章 大気圧気相プロセス

の密度分布が明らかとなり，プラズマガスの解離度，加工領域に滞在しているラジカル密度の相対変化がモニタできる．そのために，レンズを持たない分光観測系に加えて，背面照射された格子像をプラズマ中に結像することで，紫外光照明にも空間分解を持たせ，空間分解計測が可能となる．その計測装置の概略を図10に示す．計測データは図11のように記録・処理し，ラジカルの吸収スペクトルを求めた．図12が，CF_2ラジカルの紫外吸収スペクトルのガス圧力依存性である．混合ガ

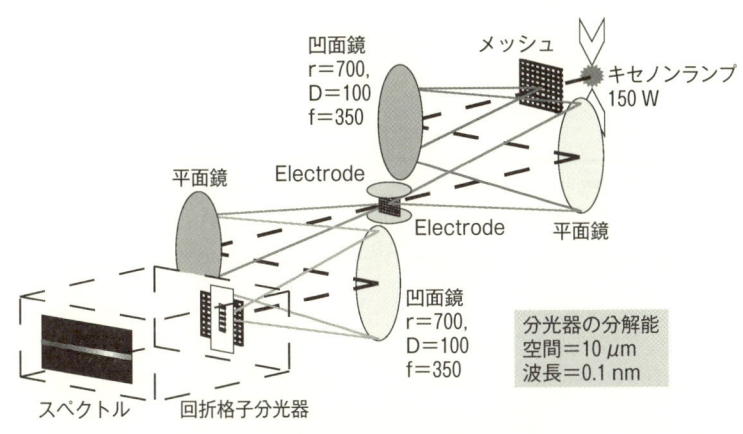

図10 紫外吸収分光計測の光学配置

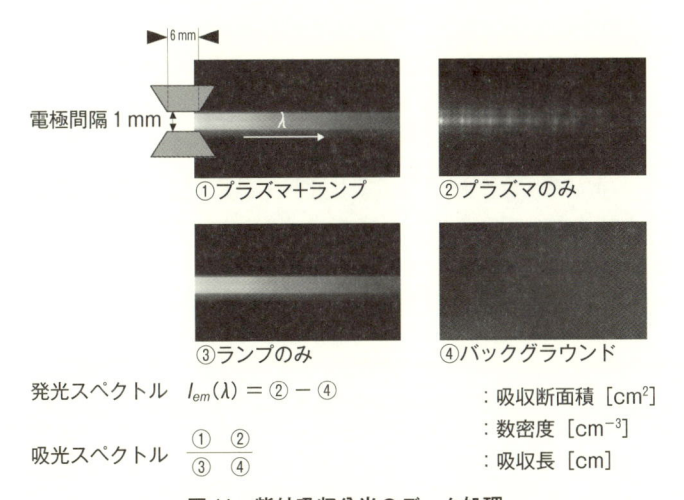

図11 紫外吸収分光のデータ処理

1. 大気圧エッチングプラズマの分光計測

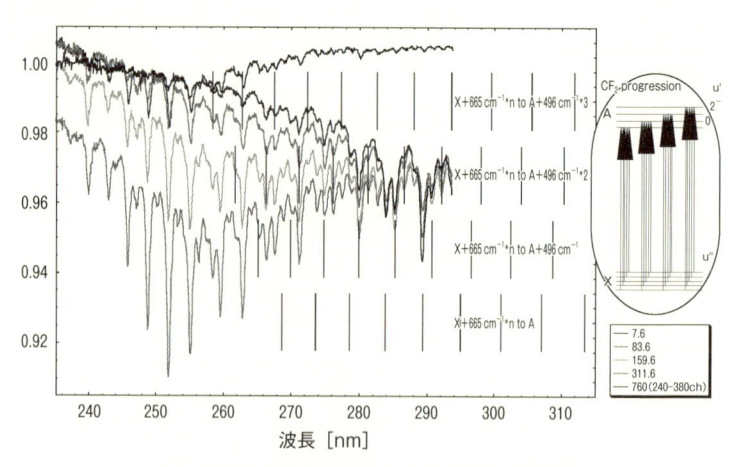

図12 CF$_2$紫外吸収スペクトルのガス圧依存性

組成は半導体プロセスのエッチング用の低圧プラズマに似ているが，Heにより大気圧まで希釈されたCVMプラズマでは，CF$_2$ラジカルの紫外吸収を引き起こす電子遷移が大きく異なっており，吸収スペクトル全体が長波長側にシフトしている．この吸収遷移の分析の結果，図12右に示すように，電子基底状態におけるさまざまな振動準位が関与しており，CVMプラズマ中では，ラジカル種が高密度ガス分子の激しい衝突を受けて，高い振動準位まで励起された状態にあることが分かる．

1.5 レーザー誘起蛍光分光法によるラジカル分光計測

CVMプラズマ発生条件に依存したCF，CF$_2$ラジカルの数密度の空間分布は，シートビームに整形したパルスレーザーを用いて，レーザー誘起蛍光（Laser Induced Fluorescence；LIF）分光によっても計測することができる[7]．LIF計測装置の概略を図13に示す．この計測では，観測される蛍光強度がレーザー励起されたラジカル分子の数密度に比例することを利用して，ラジカル分子の数密度の空間分布の可視化を可能とする．以下では，CF，CF$_2$ラジカルに対して，シート形状の紫外パルスレーザー光を照射することで，基底状態から電子励起状態への遷移を実現してLIF計測を行なった例を解説する．ラジカルの光励起に必要なレーザー光（3 mJ/pulse，3 nsFWHM，10 Hz）は，パルスOPOレーザー（Pulsed Optical Parametric Oscillation Laser）を用いて発生させた．CF，CF$_2$ラジカルを基底状態から第1電子励起状態へ励起するために，それぞれに対して232.66 nm，261.77 nmの

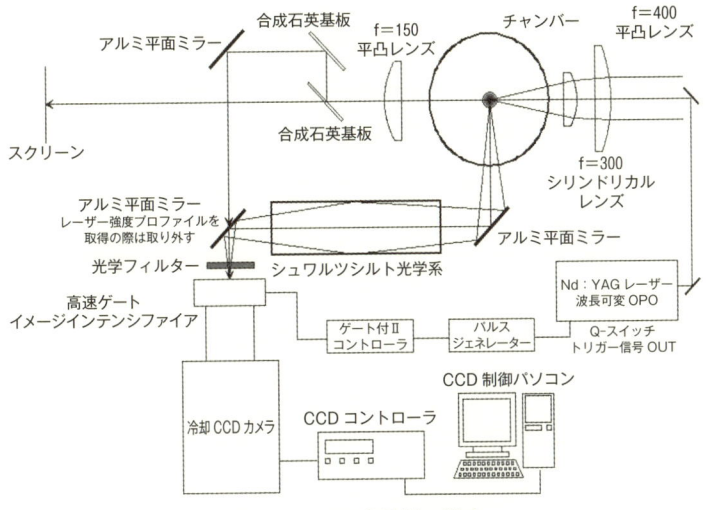

図13 LIF 分光計測の概略

励起波長：CF_2 ラジカル = 261.70 nm，CF ラジカル = 232.50 nm，
高速ゲート I. I. 開口時間＝レーザー通過直後から 50 ns

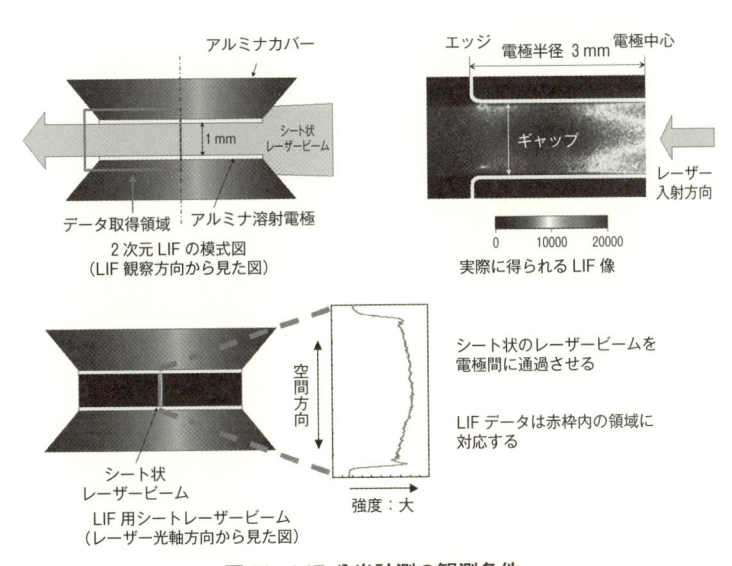

図14 LIF 分光計測の観測条件

1. 大気圧エッチングプラズマの分光計測　247

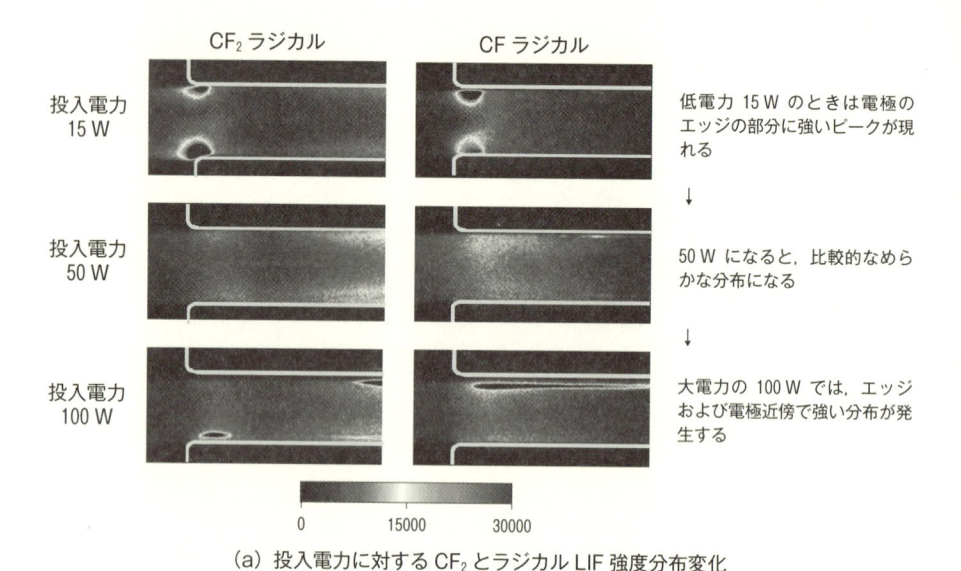

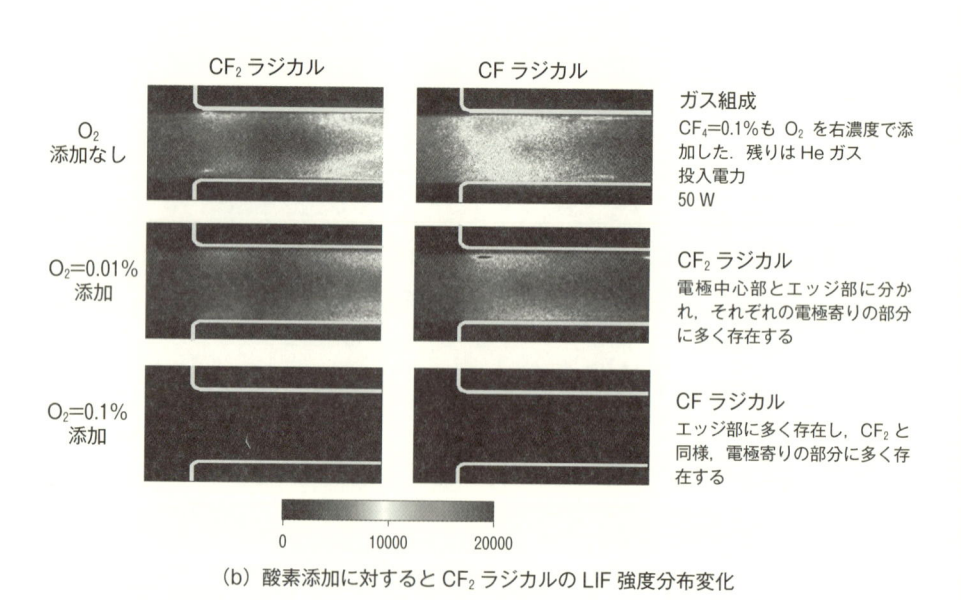

	CF$_2$ ラジカル	CF ラジカル	
投入電力 15 W			低電力 15 W のときは電極のエッジの部分に強いピークが現れる
投入電力 50 W			50 W になると，比較的なめらかな分布になる
投入電力 100 W			大電力の 100 W では，エッジおよび電極近傍で強い分布が発生する

0　　　15000　　　30000

(a) 投入電力に対する CF$_2$ とラジカル LIF 強度分布変化

	CF$_2$ ラジカル	CF ラジカル	
O$_2$ 添加なし			ガス組成 CF$_4$=0.1%も O$_2$ を右濃度で添加した．残りは He ガス 投入電力 50 W
O$_2$=0.01% 添加			CF$_2$ ラジカル 電極中心部とエッジ部に分かれ，それぞれの電極寄りの部分に多く存在する
O$_2$=0.1% 添加			CF ラジカル エッジ部に多く存在し，CF$_2$ と同様，電極寄りの部分に多く存在する

0　　　10000　　　20000

(b) 酸素添加に対すると CF$_2$ ラジカルの LIF 強度分布変化

図 15　CF，CF$_2$ ラジカルの LIF 分光計測による空間分布変化
(a) 電力依存性，(b) 酸素添加量依存性

レーザー波長を選択した．図14に，シートビームによるLIF分光計測の観測条件を示す．CFラジカルは235-305 nmの蛍光波長域を，CF_2ラジカルについては265-355 nmの波長域をLIF計測した．

図15に一連の計測結果を示す．電力依存性（a）については，投入電力に応じてプラズマ中の電子エネルギー分布が空間的に変化するためか，両ラジカルの空間分布が大きく変化する．O_2添加量依存性（b）については，ラジカルの空間分布の形に大きな変化を与えず，添加量の増加に伴ってラジカルの総量が減少する傾向にある．また基本的に，CF_2ラジカルは電極表面かつ電極の中心軸近傍に多く存在し，CFラジカルは電極の縁に多く存在する．CFラジカルは，CF_2ラジカルからさらにF原子を解離する仕事量が必要なため，電界強度の強い電極の縁付近において生成が盛んであると考えられる．

1.6 プラズマCVMプロセスにおけるラジカル分光計測

実際の加工プロセスでは，図2に示す回転電極表面と試料との間の加工ギャップに，ガスの粘性による高速流れによってガスを供給する．図16は，そうした条件

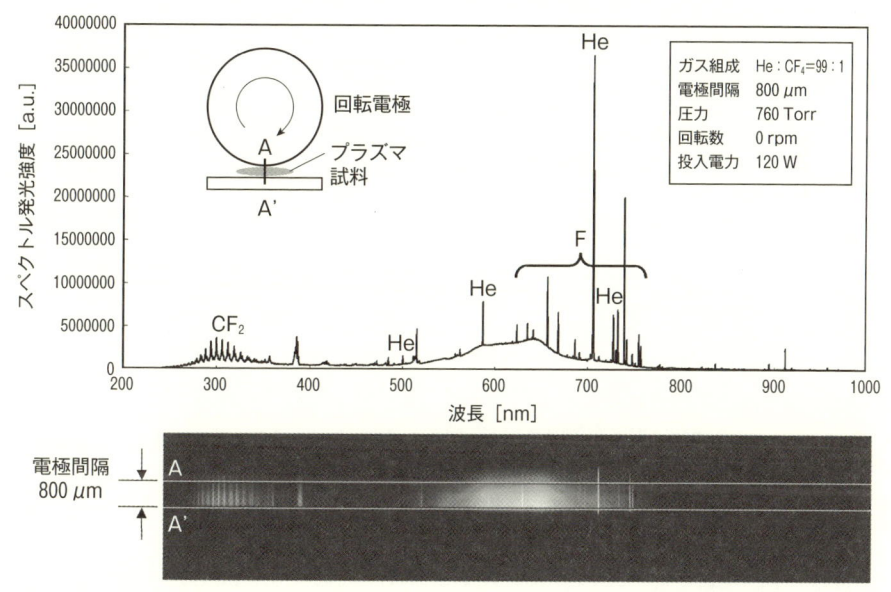

図16 CVMプロセスにおけるプラズマ発光スペクトルの空間分解計測例

230 rpm

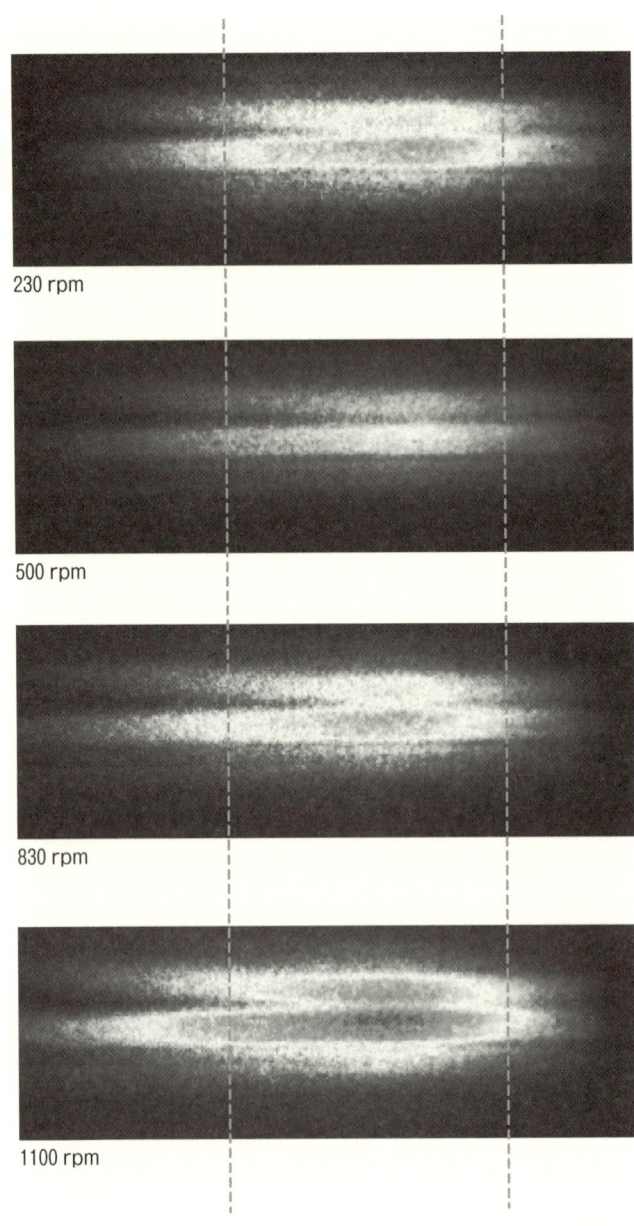

500 rpm

830 rpm

1100 rpm

図17　CVM プロセスにおけるガス流れ方向の CF_2 ラジカル LIF 空間分解計測
電極の回転数増加に伴ってガスは右から左へ高速で流れ，ラジカルの分布も下流域へ移動する．

下の CVM プラズマについて，加工ギャップから回転電極の軸方向への発光を空間分解分光した結果の一例である．分光器の逆分散と CCD 素子のサイズの都合上，短波長側から波長レンジ 150 nm 分のスペクトルを 5 回，分割計測してつなぎ合わせた．図中左上に示したように，電極と試料との間の A-A' 部の直線に当たる部分の発光を分光器スリットへ入射したので，スペクトルの下側が試料表面，上側が回転電極の側面であり，ギャップ間隔は 800 μm とした．O_2 添加無しなので，紫外域には図 6 で述べたように長波長側へシフトした CF_2 バンドスペクトル，可視域には He および若干の F の線スペクトルが観測される．ここで注目すべき点は，図 9 の発光分光結果と異なり，可視域（500-800 nm）にブロードなスペクトルが重畳することである．実施の加工プロセスではプラズマサイズが大きく発光量が増え，新たに検出された．このスペクトルの発光種は同定できていないが，一つの可能性として CF_3 ラジカルが挙げられる[8,9]．O_2 添加がない状態なので，CF_4 分子の解離が進まず，CF_3 ラジカルが多数存在する可能性がある．

図 17 は，CVM プロセスにおいて LIF 計測により，加工ギャップ間のガス流れ方向の CF_2 ラジカルの空間分布を可視化した例である．図中の縦の破線は，ラジカル空間分布の位置変化を視認しやすくするためのマーカーであり，4 つの回転数について比較している．ガスは像の右から左へ流れており，レーザー照射などの計測条件は図 13～15 とほぼ同様である．なお，各図において上下 2 つ見えている像のうち，上側の像は観測系に起因するゴーストであり，下側のより明るく横長の像がプラズマの真の LIF 像である．プラズマへの投入電力を一定とし，回転電極の回転速度を変化させることによる CF_2 ラジカルの空間分布の変化を観察したが，回転速度の増加に伴って，CF_2 ラジカルの空間分布はガス流れの下流方向に移動し，LIF 強度に見られるラジカル密度も回転数に応じて異なることが確認できた．

1.7 むすび

CVM プラズマの空間分解発光および吸収分光を実施し，紫外スペクトルにおいて CF，CF_2 の電子振動バンドスペクトルを観測し，以下の結論を得た．またパルス OPO レーザーを用いてレーザー誘起蛍光分光を実施した．

(1) ガス圧を増加させることにより，この電子スペクトルは CF_2 の基底状態の各振動準位に支配される．
(2) CF_2 スペクトルより，第 1 電子励起状態の振動準位の密度分布を評価し，

振動温度がおよそ 2500〜3000 K のボルツマン分布であることを示した．
(3) 吸収スペクトル強度より，プラズマ投入電力を増加させると CF_2 数密度は増加することが分かった．
(4) O_2 添加量を増やすと，CF_2 の発光・吸収スペクトルは弱まり，解離の促進および F 原子線スペクトルの増加が確認できた．この解離促進の結果，発光スペクトルからは，F ラジカルに加えて CO，CO^+ などの分子の生成も確認された．
(5) 空間分解・レーザー誘起蛍光分光を実施し，O_2 が CF，CF_2 ラジカル生成のための解離を促進することが分かった．
(6) O_2 添加量を CF_4 濃度と同量以上にすれば，電極間に存在する CF，CF_2 ラジカルは，ほぼ消滅することが分かった．
(7) O_2 添加の効果は，主に CF，CF_2 ラジカルの解離が促進することであり，ラジカルの電極間分布にはほとんど影響を与えない．
(8) また，プラズマへの投入電力の変化は，電極間に存在する CF，CF_2 ラジカルの電極間分布を大きく変化させることが分かった．

　本節では，大気圧エッチングプラズマにおいても，分光計測が重要かつ有用な診断手段であることを示した．大気圧プラズマは，構成粒子の数密度の総数が非常に大きいため，さまざまな衝突現象が頻繁に起こり，原子，分子の励起・脱励起や分子の解離・再結合といった，プラズマプロセスの反応メカニズムへの影響が顕著である．大気圧・高周波プラズマのエッチング加工の物理解明，さらなるプロセス改良においても，本節で述べた分光計測を援用することが必須である．

2. 半導体ウエハの超精密加工

2.1 はじめに

半導体ウエハは主として電子デバイス用基板として用いられるが，デバイス作製プロセスの一つであるリソグラフィー工程からの要求や，後で述べる SOI（Silicon on Insulator）ウエハにみられるように個々のデバイス特性のウエハ面内ばらつきを抑制するため，ウエハ全面にわたって高い寸法精度が要求されている．また，その表面は半導体としての物性を維持している必要があり，原子の配列に乱れがあってはならず，不純物原子の混入も避けなければならない．このような意味で半導体ウエハは，原子単位の物理・化学現象に基づく"現象精度型"の超精密生産技術，「原子制御製造プロセス」を適用するのに相応しいターゲットの一つと言える．本節では，半導体ウエハの超精密加工を念頭におき，大気圧プラズマを用いた超精密加工プロセスについて紹介する．

2.2 大気圧プラズマを用いた加工プロセス
2.2.1 大気圧プラズマを用いたプラズマエッチング

大気圧プラズマ中で生成された高密度の中性ラジカルと被加工物表面原子との化学反応を用いた高能率精密加工法として 1986 年頃に大阪大学の森らによってプラズマ CVM（Chemical Vaporization Machining）が考案された[1]．図 18 にその加工原理を示す．フッ素や塩素等を含むハロゲン化合物ガスとヘリウムやアルゴン等の不活性ガスの混合ガスを反応ガスとして加工装置内に充填し，被加工物と電極間に高周波電界を印加することでプラズマを発生させる．プラズマ中ではハロゲン化合物ガスから活性なハロゲン中性ラジカルが生成され，被加工物表面原子はこれらの中性ラジカルと化学結合することで揮発性物質となって表面から離脱し，加工が進行する．たとえば，被加工物としてシリコンを例にとると，ハロゲンを含むガスとして SF_6 や CF_4 といったガスを用いる．被加工物表面のシリコン原子は，プラズマ中において生成したフッ素ラジカルと化学結合し，常温で気体である SiF_4 となって，被加工物表面から離脱していく．このように加工原理そのものは，半導体製造プロセス等で用いられる低圧のプラズマエッチングと同様であるが，反応ガス圧力が大気圧という高圧力であることから，以下に述べる 3 つの特徴を有している．

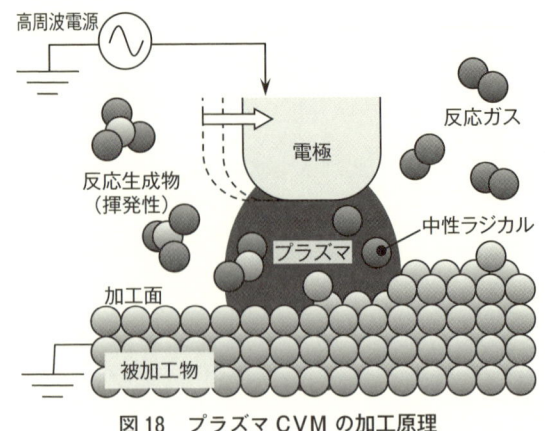

図18 プラズマCVMの加工原理

① 高い加工能率
　ガス密度が大きいためプラズマ中で生成される中性ラジカル密度が大きく，被加工物の材質によっては研削や研磨といった機械加工に匹敵する加工速度で無歪加工が可能である．たとえばシリコンで 94 μm/min，石英で 170 μm/min という大きな値が得られている（いずれも ϕ10 mm 換算）[2]．加工速度は主として，中性ラジカルと被加工物表面原子との反応性と反応生成物の揮発性に依存する．そのため，機械的強度の高いタングステンやモリブデンといった材質が比較的高速（～3 μm/min）に加工できる反面，鉄や銅，アルミニウムといった材質は，これらのハロゲン化物の蒸気圧が低いため，加工は困難である．

② 高い空間分解能
　反応ガスの平均自由行程が小さい（ヘリウム1気圧の場合で約 0.1 μm）ためプラズマは電界強度の大きい被加工物-電極間のみに局所的に発生させることが可能であり，機械加工に匹敵する高い空間分解能を得ることができる．プラズマの発生場所は電極の形状によって制御可能であるため，あたかもプラズマを機械加工における工具のように扱い，図19に示すような種々の加工形態が考案されている．半導体ウエハの加工に関しては，円筒型回転電極（図19(a)）を用いたウエハ全面加工，球型回転電極（図19(b)）やパイプ型電極（図19(c)）を用いた数値制御加工，等の応用研究が行われている．図19(a)(b)で示されている回転電極は，ガスの粘性を利用し，電極の回転によって反応ガスのプラズマ部への安定供給と反応生成物のプラズマ部からの安定排出を実現するとともに，冷却効果による大電力の投入を可能

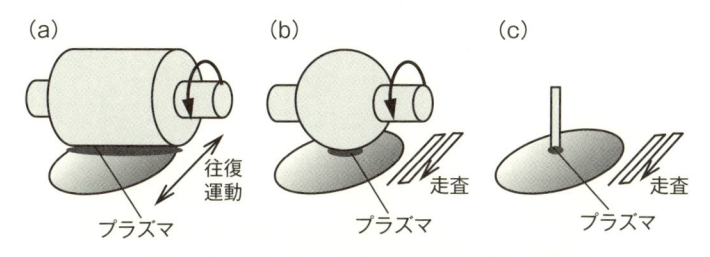

図19 大気圧プラズマ発生のための種々の電極
(a) 円筒型電極，(b) 球型電極，(c) パイプ電極

にするものであり，大気圧プラズマならではの電極形態と言える．また，パイプ型電極に代表される，反応ガスを電極内部から噴き出すような電極形態においては，加工開始前に装置内の空気を反応ガスに置換するプロセスが省略できる場合もあり，装置コストやスループットの面で，こちらも大気圧プラズマの特徴が活かされた加工形態と言える．

③ 被加工物表面の原子配列を乱さない

同じく平均自由行程が小さいため，プラズマ中の平均イオンエネルギーが小さく，被加工物表面に対するイオン損傷がきわめて小さい．原子配列の乱れに起因するシリコン単結晶バンドギャップ内の表面準位密度を表面光起電力スペクトロスコピーによって評価したところ，機械研磨面やアルゴンイオンスパッタ面に比べてプラズマCVM加工面の表面準位密度は桁違いに低く，ケミカルウェットエッチング面のそれと大差ないという結果が得られている．また，プラズマCVMによって加工したSiC単結晶基板表面を低速電子線回折によって観察した結果，結晶性が良好であることに起因する明瞭な回折スポットが観察されている[3]．プラズマCVMの加工現象は，反応性イオンエッチング（Reactive Ion Etching：RIE）のように運動エネルギーを有する粒子の衝突に起因するものではなく，中性ラジカルの拡散によるものが支配的であり，被加工物表面の結晶性が重要となるような半導体ウエハの加工に適していると言える．逆に，RIEのような異方性は有しておらず，微細回路パターンの形成等には適していない．

2.2.2 数値制御加工の原理

プラズマCVMを用いて数値制御加工を行う際，プラズマ照射時間を制御対象とする．実際には，局在化させたプラズマをウエハ全面に走査させるため，その走査速度をウエハ位置に応じて制御することで，ウエハ各位置の加工量を制御する．図

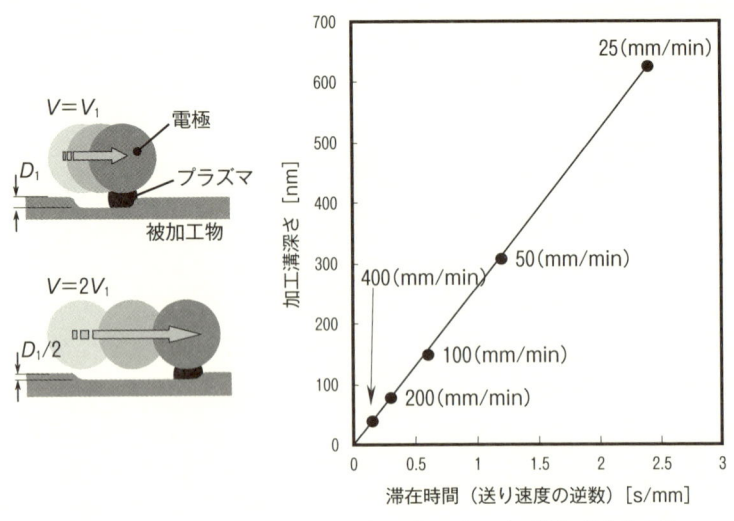

図20 プラズマCVMにおける加工量のプラズマ滞在時間依存性

20に走査速度を変化させた時のプラズマ滞在時間と加工深さの関係の例を示すが，両者は良い比例関係にあることが分かる．すなわち，走査速度を2倍にするとプラズマ滞在時間が半分になるため，加工深さが半分になる．適当なプラズマ発生条件を選択することで，ナノメートルレベルの加工精度も実現可能である．通常，機械加工においては，工具と被加工物表面は接触しており，加工精度は工作機械の精度や剛性に依存し，ナノメートルの精度を実現するのは容易ではない．本加工法においては，電極と被加工物表面間には数百マイクロメートルから1ミリメートル程度の距離が設けられており，加工装置の動作に伴う振動やプラズマの熱による熱変形に伴う変位の影響を受けにくい．このような外乱に対してプラズマを安定に維持可能であることから，装置の精度や剛性に律則されない高精度な加工が実現可能となる．

2.2.3 大気圧プラズマを用いた犠牲酸化

先述のプラズマCVMに対し，ハロゲン化合物ガスではなく酸素ガスやH_2Oガスといった酸素原子を含むガスをヘリウムやアルゴン等の不活性ガスに加えた反応ガス雰囲気において大気圧プラズマを発生させる．プラズマ中で生成した酸素ラジカルによる酸化反応によって被加工物表面を酸化させ，その後の酸化物溶解処理（被加工物がシリコンの場合はフッ化水素酸を用いる）によって表面酸化物を除去し，結

果として被加工物表面の加工が行われる．図19(b)(c)のような電極を用いることで，ウエハ面内の必要な場所を必要な厚さだけ酸化させることができ，半導体ウエハの超精密加工に用いることができる．酸化反応は被加工物表面と酸化膜の界面で起こるため，酸素ラジカルはその界面まで酸化膜中を拡散していかなくてはならず，取り代の厚い加工には向かないが，先述の2.2.1の②③に加えて下記のような3つの利点がある．

① 清浄な表面を形成可能

最終的な加工表面は被加工物と酸化膜の界面であるため，プラズマプロセス中は酸化膜が表面保護膜として存在しており，プロセス中の汚染に対して強いプロセスといえる．また，シリコン表面の犠牲酸化においては酸化膜除去後の表面粗さがある一定値まで改善することが知られていることもあり[4]，最終仕上げ加工として相応しい加工法といえる．

② 反応生成物（ガス）が生成しない

酸化は酸素原子が試料表面から内部に取り込まれることで行われるため，プラズマエッチングにおいて生成する反応生成物（ガス）が存在しない．したがって，酸化に使われた酸素を補充することさえ行えば常に雰囲気ガス組成を常に一定に保つことが可能になり，プラズマを常に安定状態に保つことができると考えられる．

③ ハロゲン化合物ガスを用いない

プラズマエッチングと異なり，プロセス中にハロゲンラジカルが発生しないため，電極や装置に用いる材料の制約が緩和されるとともに，排気系に高価なハロゲン化合物の除害設備が不要になる．

2.3 SOIウエハの超精密加工
2.3.1 SOIウエハの概要

SOIウエハは，シリコン基板上に埋込み酸化膜層を介してきわめて薄いシリコン層を有した構造をもつ，半導体集積回路用の基板である．表面の薄膜シリコン層に集積回路を形成することで，その集積回路は通常のシリコン基板に形成されたものよりも，高速動作・低消費電力動作が可能になる[5]．薄膜シリコン層の厚さとしては現在50 nm程度のものまでが生産されているが，集積回路のさらなる微細化とともにより薄いシリコン層が必要になり，近い将来，厚さ10 nm程度のシリコン層を有する超薄膜SOIウエハが必要になるとされている．さらに，形成されたトランジスタの特性ばらつきを抑制するために，シリコン層の厚さのウエハ面内ばら

つきは±5％以内に抑えることが必要とされている．現在，シリコン層の薄化には化学機械研磨（Chemical Mechanical Polishing：CMP）が用いられているが，CMPはスラリーと呼ばれる砥粒と薬液の混合物を加工液として用いており，特にウエハの口径が大きくなるにつれ，ウエハ全面を均一の加工速度で薄化していくことが困難になると考えられる．

2.3.2 大気圧プラズマエッチングによる超精密加工

プラズマCVMによって表面シリコン層の薄膜化を行うことで超薄膜SOIウエハを作製することを試みた．薄膜化前のSOIウエハとして，SOI層厚さが約100 nmの市販8インチSOIウエハを用いた．購入時のシリコン層厚さ分布を分光エリプソメトリによって計測し，その厚さが7 nmとなるように，ウエハ各位置におけるプラズマ滞在時間を算出し，走査速度分布を求め，数値制御加工を行った．加工前後のシリコン層厚さ分布を図21に示す．加工前に97.5±4.7 nmであった膜厚が加工後には7.5±1.5 nmにまで薄膜化・均一化できている[6]．また，未加工のシリコンウエハと加工後のシリコンウエハに同じトランジスタを形成して特性を比較したところ両者の特性は一致した[7]．これは，加工中のイオン衝突によるダメージが無視できるほど小さいこと，および金属汚染等のデバイスに悪影響を与える汚染が無かったことを示しており，大気圧プラズマを用いた本加工法が半導体デバイス用基板の超精密加工法として実用可能であることが確認された．

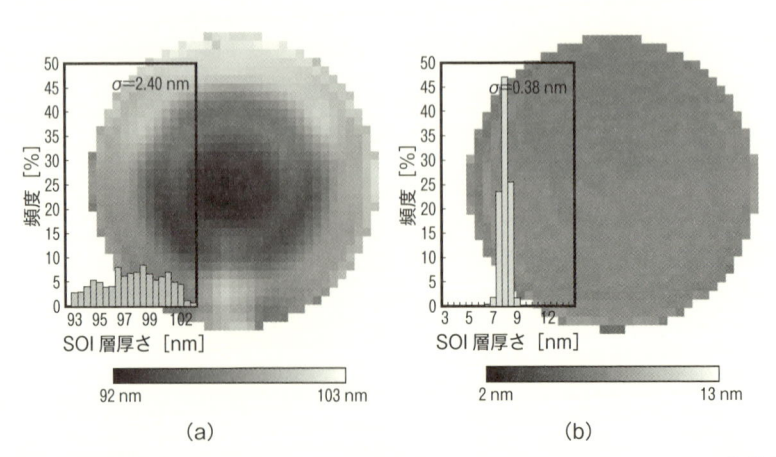

図21 数値制御プラズマCVMによる市販8インチSOIウエハのシリコン層薄膜化
(a) 加工前の厚さ分布，(b) 加工後の厚さ分布

2.3.3 大気圧プラズマ犠牲酸化による超精密加工

CMP による薄化後の厚さ均一化を行うことを想定し，数値制御大気圧プラズマ犠牲酸化によって市販 SOI ウエハのシリコン層厚さを均一化することを試みた．プロセスの概要を図 22 に示す．試料には市販の直径 300 mm SOI ウエハを用いた．プラズマ CVM の時と同様，あらかじめ計測したシリコン層の厚さ分布に基づき，ウエハ各場所のプラズマ滞在時間を算出し，走査速度分布を求めて数値制御加工（酸化）を行った．その結果，加工前にシリコン層厚さの PV 値は 2.4 nm から 0.9 nm へと，厚さの標準偏差も 0.334 nm から 0.136 nm へと改善し，厚さ均一性がきわめて高い SOI ウエハの試作に成功した[8]．また，半導体基板はその表面が清浄であることが不可欠であるため，均一化加工後の SOI ウエハに対して，パーティクル汚染，金属汚染等の各種評価を行ったが，いずれも問題となる値では無く，本加工法は半導体ウエハの最終表面処理法として適用可能であるといえる．

2.4 最新の成果

これまで大気圧プラズマを用いた数値制御加工は，加工物面内のプラズマ滞在時間を制御するため，電極もしくはワークテーブルの送り速度を制御しながら全面を走査する方法をとってきた図 23(a)．しかしながらこの方法では，全面を走査するのに時間を要するため，半導体基板のように大量生産が必要なものに対してスループットの改善が期待される．そこで，図 23(b) に示すような小型電極の集合から成るアレイ型の平行平板型電極を用い，各小型電極によって生成されるプラズマを個別に ON-OFF 制御することで，テーブルを走査することなく，面内各部のプラ

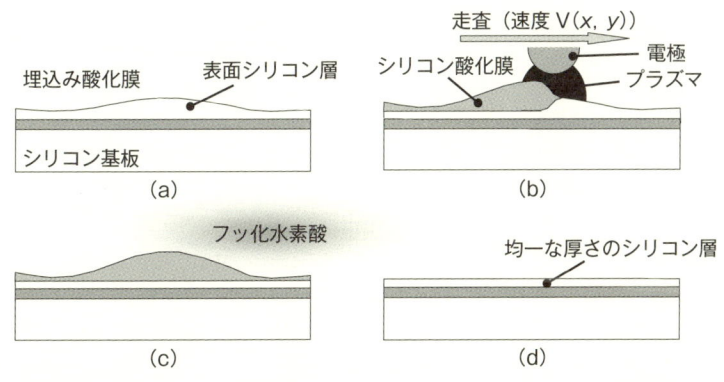

図 22 数値制御大気圧プラズマ犠牲酸化による SOI ウエハのシリコン層厚さ均一化手順

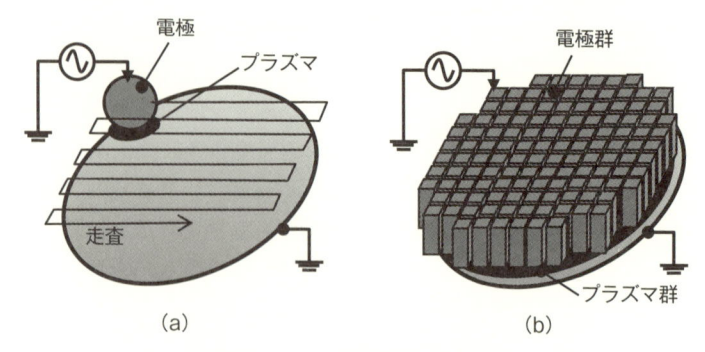

図23 アレイ型電極の概念図
(a) 単一電極の走査によるウエハ全面プラズマ処理，(b) アレイ型電極によるウエハ一括プラズマ処理

ズマ照射時間を制御することを検討した．

　市販SOIウエハのシリコン層厚さの面内分布データより，小型電極の大きさを対辺間距離14 mmの六角形と決定し，直径200 mmのウエハの1/6の領域をカバーできるだけの個数の電極を並べたアレイ型電極を試作した．各電極にはソレノイドアクチュエータが接続されており，PCからの信号によって通電することで，電極—被加工物間距離が広がり，電界強度を弱めることによってプラズマを消滅できる機構とした．試作した電極を用い，大気圧プラズマ犠牲酸化法によって数値制

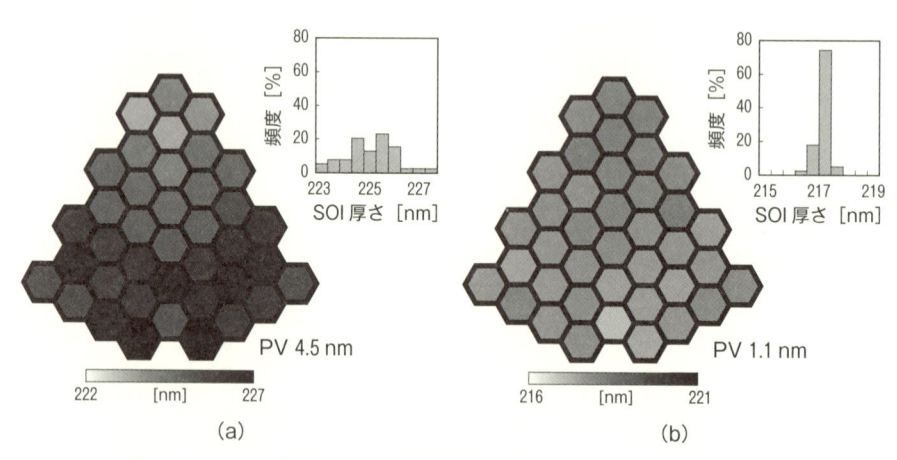

図24 アレイ型電極を用いた数値制御大気圧プラズマ犠牲酸化による SOIウエハのシリコン層厚さ均一化
(a) 加工前のシリコン層厚さ分布，(b) 加工後のシリコン層厚さ分布

御加工を行った結果を図24に示す．図中の六角形が各電極の位置を表し，電極の中央に対応する場所のシリコン層厚さ分布を計測し，厚さを均一化するよう，各電極のプラズマ発生時間を算出して数値制御加工（酸化）を行った．加工前に，厚さのPV値が4.5 nmであったものが，加工後にはPV 1.1 nmにまで均一化できており[9]，このような数値制御加工法が実現可能であることが実証され，今後の研究開発が期待される．

2.5 むすび

半導体ウエハの超精密加工を念頭におき，大気圧プラズマを用いた超精密加工プロセスについて紹介した．大気圧プラズマ中ではイオンのエネルギーが小さく，化学反応は主として中性ラジカルによって引き起こされる．このため，被加工物表面の原子配列を乱すことなく加工が可能であり，半導体表面の加工に適した加工法といえる．また，プラズマ発生用電極と被加工物表面間には数百マイクロメートルから1ミリメートル程度の間隙を設けるため，加工精度に対する加工装置自体の位置決め精度や剛性の影響は小さく，プラズマさえ安定に発生・維持していれば比較的容易にナノメートルレベルの加工精度を得ることができる．このような技術の実用化により高精度ウエハがリーズナブルな価格で市場に供給されることが期待される．なお，本節では超精密加工という観点から主にSOIウエハを対象とした適用例について紹介したが，近年，次世代パワー半導体材料として注目されているSiCに対しても大気圧プラズマを用いたエッチングは有効であり，ウエハの薄化や面取り加工への応用が検討されており[10,11]，今後の研究開発が期待される．

3. フッ素樹脂表面の高機能化

3.1 はじめに

近年,電子機器の小型化・高性能化に伴い,信号処理速度は高速化し,伝送信号の高周波化への要求が高まっており,機器に用いられる電子・電気部品やプリント配線基板には優れた高周波特性(高伝送速度,低伝送損失)が求められている.その中でもプリント配線基板に注目すると,伝送速度は基板材料の誘電率(ε)の平方根に反比例し,伝送損失 α は (1.1)式のように表される.

$$\alpha = \alpha_1 + \alpha_2 \tag{1.1}$$

ここで α_1 は導体損失,α_2 は誘電損失であり,それぞれ,

$$\alpha_1 \propto R(f) \cdot \sqrt{\varepsilon} \tag{1.2}$$

$$\alpha_2 \propto \sqrt{\varepsilon} \cdot \tan \delta \cdot f \tag{1.3}$$

$R(f)$:導体の表皮抵抗, ε:基板の誘電率
$\tan \delta$:基板の誘電正接, f:周波数

と表され,基板材料としては低誘電率,低誘電正接の材料が求められることが分かる.そのため,すべての高分子材料の中でもきわめて低い誘電率,誘電正接を有するとともに耐熱性にも優れるポリテトラフルオロエチレン (poly(tetrafluoroethylene):PTFE) に代表されるフッ素樹脂が,現在用いられているポリイミドやエポキシ樹脂に替わる次世代の高周波プリント配線基板材料として期待されている.しかし,その表面は化学的に不活性であり,そのままでは配線に用いる金属層と十分な密着強度で界面を接合できないため,高密着性をもつ導体層を積層するためには,なんらかの表面処理が必要となる.本節ではフッ素樹脂をプリント配線基板に用いるための高密着性金属化プロセスについて述べる.

3.2 プラズマ照射による脱フッ素化とグラフト重合による表面機能化

他のエンジニアリングプラスチックスと比較するとフッ素樹脂の場合,化学的な安定さゆえにそのままでは無電解めっき等による表面の金属化は困難であるため,さまざまな表面改質法が検討されている.無電解めっきを行うためにはフッ素樹脂

成形品の表面に対してめっき浴に対する十分な濡れ性を確保することは最低限に必要なことであるが，接着界面において van der Waals 力よりも強い水素結合，さらには共有結合を導入すれば十分な接着力が確保出来ると考えられる．接着対象は極性の高い金属が対象となることから，極性の高い官能基を表面に導入する方法が検討されており，主に湿式プロセスと乾式プロセスの二種類に大別される．

前者が一般的に用いられているナトリウム（Na）-ナフタレン錯体を用いた溶剤エッチング処理である[1]．W. L. Gore 社の"Tetra-Etch"で有名なこの方法は，当初，Na の液体 NH_3 溶液が用いられていたが，液体 NH_3 は取扱いが困難であることから，現在は，Na-ナフタレン錯体の THF 溶液やエーテル溶液等が市販されている．

Na-ナフタレン錯体を用いた金属化プロセスの概略を図 25 に示す．本プロセスでは，まず表面に付着している油脂を除去すると同時に，エッチング液による濡れ性を改善する目的で脱脂を行う．その後，金属 Na-ナフタレン錯体により表面のエッチングおよび親水化を行う．Na-ナフタレン錯体とフッ素樹脂の反応式を以下に示す．

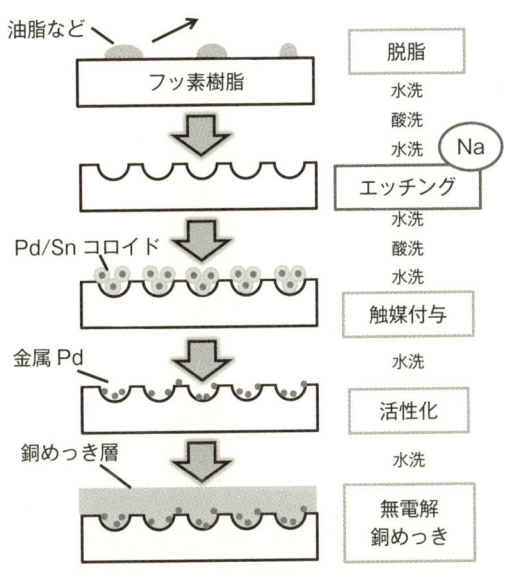

図 25 Na/ナフタレン溶剤処理を用いた PTFE の無電解銅めっきプロセスの概略図

$$(\mathrm{CF_2}) + \mathrm{NaC_{10}H_8} \rightarrow (\mathrm{CF\cdot}) + \mathrm{NaF} + \mathrm{NaOH} + \mathrm{C_{10}H_8} \tag{1.4}$$

金属 Na の強い還元力を利用して，フッ素樹脂表面の $-\mathrm{CF_2}-$ から F 原子を引き抜き，炭素ラジカルを発生させ，この炭素ラジカルと雰囲気中の水分子や酸素が反応して，C-OH，C=O などの極性を有する官能基が生成することにより，フッ素樹脂の表面自由エネルギーが高くなり，他材との接着が可能になると考えられている．さらに PTFE 表面は粗面化され，アンカー効果による密着強度の増大も期待できる．

しかしながら，高周波用配線基板として用いる場合，表皮効果を考慮し，導体と誘電体の界面は平滑であることが望ましい．表皮効果とは伝送周波数が高周波になると表面近傍の電流密度が高くなる現象のことで，電流値が表面電流の $1/e$ になる厚さを表皮厚さ（Skin depth）といい，次式で表される．

$$\delta = \sqrt{\frac{2}{\omega\mu\sigma}} \tag{1.5}$$

ω：角周波数（$=2\pi f$），μ：透磁率，σ：導電率

これより，高周波化するほど電流は表・界面に集中し，銅の場合 1 GHz では 2.0 μm，10 GHz では 0.62 μm の深さ領域を電流が流れることになる．そのため，従来のアンカー効果を利用した導体層の高密着化処理で高い密着性が得られたとしても，電子散乱により前項 (1.2) 式で表される導体損失が増大してしまう．以上のことから，分子レベルの平滑性を維持したまま，PTFE 基板上に，高い密着性をもつ無電解銅めっき層を形成する手法の開発が求められている．

これらの問題を解決するため，図 26 に示す大気圧プラズマの照射によるフッ素樹脂表面の表面改質プロセスと溶液浸漬による自己組織化プロセスを利用した，フッ素樹脂表面の高密着性銅メタライジングプロセスが開発されている[2,3]．

本プロセスでは，

（ⅰ）フッ素樹脂表面への大気圧ヘリウムプラズマの照射によるフッ素樹脂表面の脱フッ素化とそれに付随した過酸化物ラジカル基の導入

（ⅱ）過酸化物ラジカル基に対するウエットプロセスを用いたポリアクリルアミンのグラフト重合

（ⅲ）グラフト重合したポリアクリルアミン誘導体への Pd/Sn コロイドの吸着

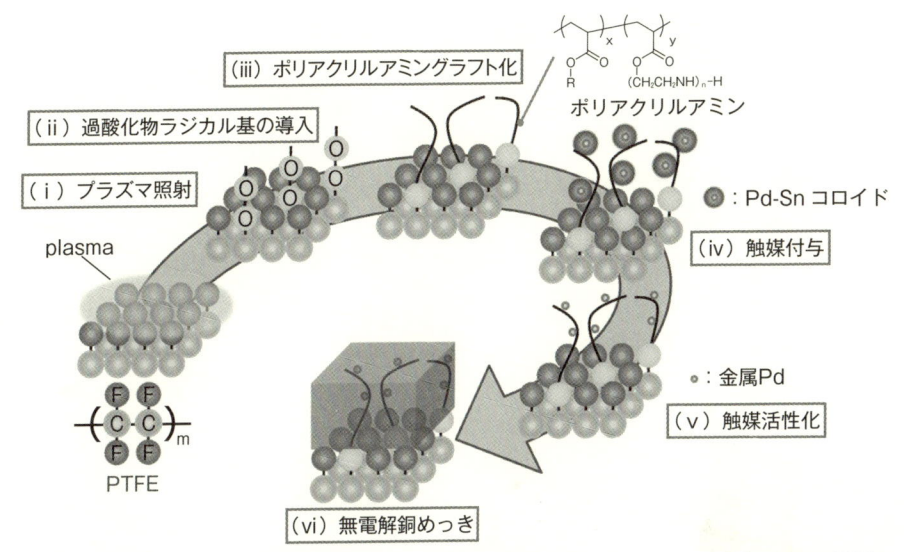

図26 大気圧プラズマ処理を適用したフッ素樹脂表面の銅メタライジングプロセスの概要

(無電解銅めっき触媒の前駆体であるPd/Snコロイドは,ポリアクリルアミン誘導体中のアミノ基のN原子と配位結合することで,フッ素樹脂表面に強固に担持される)
(iv) 触媒活性化溶液への浸漬による,フッ素樹脂表面のSnと金属Pd触媒核の活性化
(v) 生成した触媒核の金属Pdを起点とした無電解めっき浴中で銅の還元反応の開始

によりフッ素樹脂と化学的に結合した銅めっき層が形成する.本プロセスを用いることにより,無電解銅めっき層とフッ素樹脂がグラフト化した高分子を介して化学的に接着するため,高密着性の銅メタライジングを実現できる.また,従来のフッ素樹脂前処理において,大量に排出されていた金属ナトリウムの廃液が低減でき,リソグラフィなどのエッチング工程を必要とせず,マイクロコンタクトプリンティング法,インクジェット法によりめっきの前駆体となるグラフト溶液,触媒溶液を選択的に塗布することで銅配線を直接描画することが可能である.またプロセスのすべてを大気開放下で行うことができるため,工程の簡便化および製造コストの削減が期待される.

3.3 PTFE表面への高密着性銅メタライジング

前項で述べた銅メタライジングプロセスを，PTFE表面に対して行った例を示す．厚さ0.2 mmのPTFEシートを真空容器内に設置し，真空ポンプを用いて容器を10 Paまで排気した後にヘリウムガスを大気圧まで充填し，13.56 MHzの高周波電圧をPTFE上に設置した電極に印加することで大気圧のヘリウムプラズマを発生させて表面処理を行っている．図27は純水に対する静的接触角測定により評価した，プラズマ照射後のPTFEシート表面の濡れ性変化を表している．プラズマ照射前には約120°であった接触角が短時間のプラズマ照射により急激に降下し，30秒間の照射により40°まで減少している．大気圧ヘリウムプラズマ処理により，PTFE表面の脱フッ素化と親水性官能基の導入が起こったと考えられる．

この表面構造の変化を詳細に解析するため，X線光電子分光（X-ray Photoelectron Spectroscopy：XPS）測定を行った．図28は未処理および投入電力23 W，プラズマ照射時間30秒の条件で処理を行ったPTFEシート表面におけるXPSのC1sスペクトルを示している．未処理基板に見られる$-CF_2$由来のピーク（292.0 eV）が大気圧ヘリウムプラズマ照射後には劇的に減少し，$-CF$（290.0 eV），$-C=O$（288.5 eV），$-C-O$（286.2 eV），$-C-C-$または$-CH_2$（284.6 eV）などに由来するスペクトルが出現している．この結果から，大気圧ヘリウムプラズマ処理によってPTFE表面の脱フッ素化が進行し，形成されたダングリングボンド上に空気中の酸素が作用した結果，酸素を含む親水性の官能基が形成されたと考えられる．プラズマ照射処理後に形成されるラジカル基は電子スピン共鳴（Electron Spin Resonance：ESR）によって酸

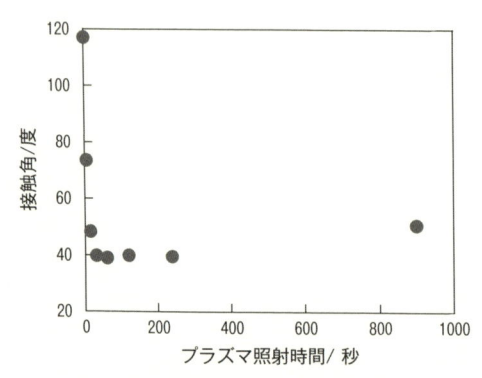

図27 大気圧プラズマ照射時間に対するPTFEシート表面の純水に対する静的接触角の変化

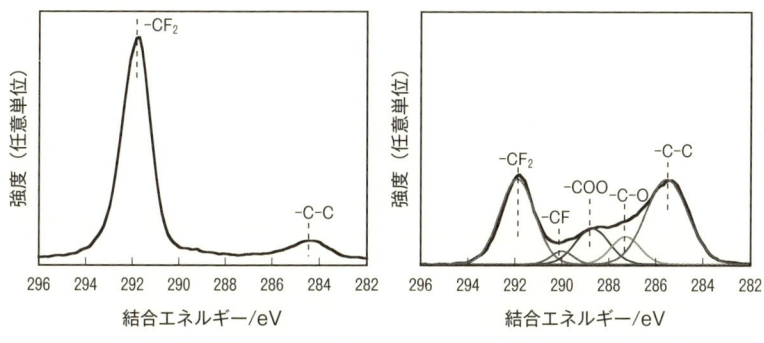

図 28 大気圧プラズマ照射後の PTFE シート表面の XPS-C1s スペクトル
(a) 未処理, (b) プラズマ照射後 (23 W, 30 sec)

素に不対電子が局在する過酸化物ラジカル (-COO・) であると同定されている.

図 29 はプラズマ照射時間と過酸化物ラジカル密度の関係を示しているが, 照射時間の増加に伴ってラジカル密度は増大し, 照射時間が 160 秒を超えると飽和する. 表面に過酸化物ラジカルを形成した後に, PTFE シート上にポリアクリルアミン水溶液をスピンコートで均一に塗布することによってグラフト重合処理を行うが, グラフト処理後の XPS-C1s スペクトルを図 30 に示している. プラズマ処理後の C1s スペクトル (図 28(b)) と比べて, ポリアクリルアミンをグラフト化することにより 284.6 eV に中心をもつブロードなピーク強度の増強が見られる. ピーク分離を行ったところ, アルキレン基 (-CH$_2$) および -C-N に帰属することが分かっ

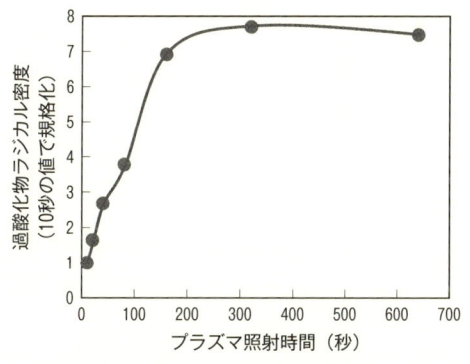

図 29 ESR で測定したプラズマ照射時間に対する過酸化物ラジカル密度の変化

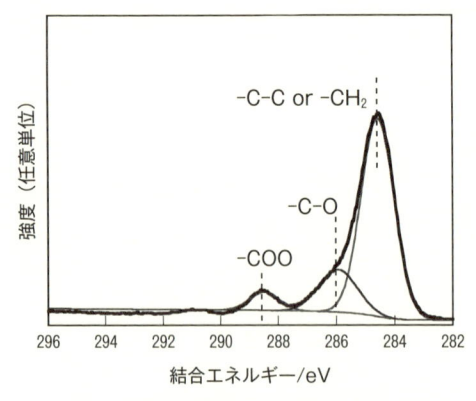

図30 ポリアクリルアミンを重合した後の XPS-C1s スペクトル

た．またプラズマ処理後には観測されていた $-CF_2$ に由来する由来ピークが消失している．これらの結果より，プラズマ照射により活性化された PTFE 表面に対し，ポリアクリルアミンがグラフト化することが分かる．

グラフト処理後の表面に対して無電解銅めっきを行い，図31に示すJISK6854-1に基づく 90°剥離試験法によって，無電解銅めっき層/PTFE 界面の密着強度を測定する．図32は剥離試験によって得られたプラズマ照射時間に対する銅めっき膜の平均密着強度変化を示すが，プラズマ照射時間の増大に伴い銅めっき膜の平均密着強度が上昇している．照射時間が160秒を超えると，過酸化物ラジカル基の形成と表面のエッチングが同時に起こり，平衡状態になったために飽和したものと考え

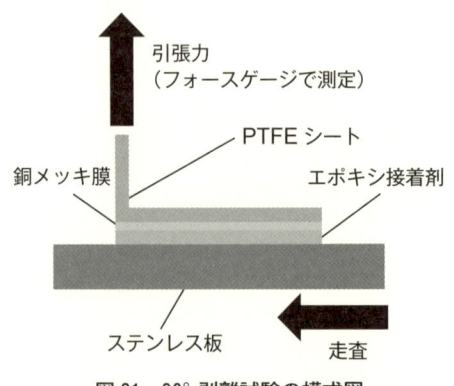

図31 90°剥離試験の模式図

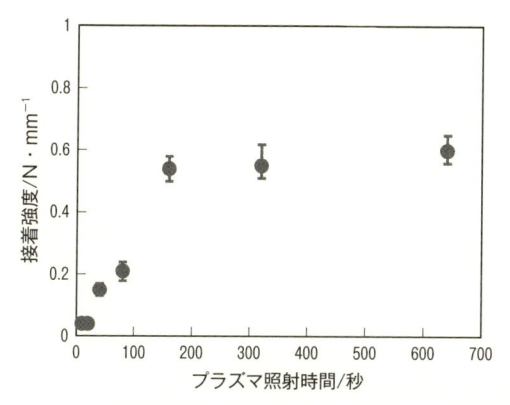

図32 プラズマ照射時間に対する銅めっき膜の平均密着強度

られる．以上の結果より，ESR測定から見積もった過酸化物ラジカルの密度と銅めっき膜の密着強度には相関が見られる．

3.4 最新の成果

前項で示したプロセスを用いてプリント配線基板を作製するには，基板上に選択的に配線パターンを形成する必要がある．従来，パターニングを行う方法にはフォトリソグラフィ法が用いられてきた．しかしフォトリソグラフィ法は工程数が多く，廃液の処理や真空プロセスが必要とされるなど高コストかつ環境負荷が大きな方法であるため，代替パターニング技術として，必要な所にのみ材料を付加していくプロセスが提案されている．なかでも，インクジェット法はオンデマンド印刷が可能であるため，材料の利用効率が高く，最も産業利用に適している手法であると考えられる．本項では表面改質を行ったPTFE表面にインクジェット法を用いて無電解銅めっきにおける前駆体であるPd/Snナノコロイド触媒粒子を含んだインク材料を塗布し，その後，無電解銅めっきを行うことでダイレクトに微細な銅配線パターンを形成するプロセスについて述べる．

基板は実際のプリント配線基板にも用いられているフッ素樹脂を含浸したガラスクロス基板であり，プラズマ処理ならびにグラフト重合処理による基板表面の前処理は前項と同じである．インクジェットヘッドは吐出口の直径が$15\mu m$で，ピエゾ方式によりインク滴を吐出している．ピエゾ方式は図33に示すように圧電素子が電圧の印加によって微小に伸縮するため，均一かつ球型のインクジェット液滴

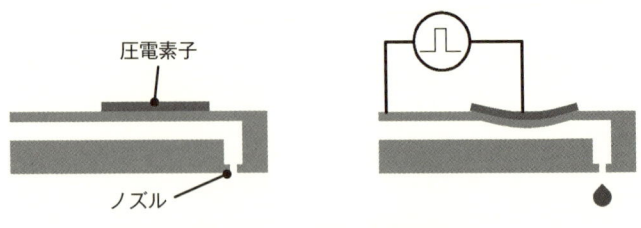

図33 ピエゾ方式の概念図

正確に吐出できることに特徴があり，インク選択性の自由度が大きいことから，工業生産用途への取り組みがなされている．

　基板表面に着弾した液滴の最終的な直径は，液滴の基板表面に対する接触角と，着弾直前の液滴直径によって決定され，着弾直前の液滴直径に比例することが知られている[4]．また，インクジェット法を用いて形成するパターンは，ドットをつなぎ合わせることで配線を描画するため，配線の微細化を行うためには，描画速度，吐出周波数等の条件を検討することでインクの塗布量を最適化する必要がある[5]．図34はピエゾ素子に印加する電圧を最適化することで吐出中の液滴径を最小化するとともに，1ドットあたりの吐出液滴数を1滴，ドット間隙を $30\,\mu m$ とすることでライン状のパターンを描画し，無電解銅めっきを行うことで形成した銅配線の光学顕微鏡像である．本例では線幅約 $59\,\mu m$ の微細配線が形成できている．また，

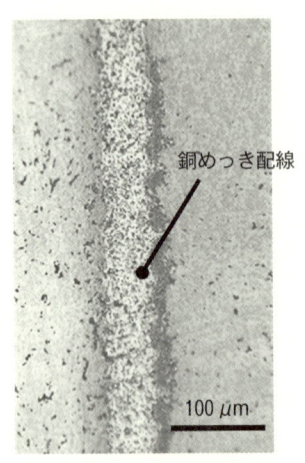

図34 インクジェット法を適用して形成した微細銅配線の光学顕微鏡像

形成した銅配線に対して,JIS H8504に基づくテープ試験により密着強度を評価したところ剥離は見られないため,本配線は 0.32 N/mm 以上の密着強度を有する.

3.5 むすび

大気圧プラズマの照射による脱フッ素化と触媒担持高分子のグラフト重合処理を行うことで,化学的に不活性なフッ素樹脂に表面を粗面化することなく密着力の高い銅めっき膜を形成することができる.また,インクジェット法による触媒粒子含有インクの塗布を組み合わせると,高密着性の微細銅配線パターンをダイレクトに形成でき,材料利用効率が高く低環境負荷な回路パターン形成プロセスの実現が期待される.

参考文献

1章1節

1) 大堺利行 他『ベーシック電気化学』化学同人, 2009.
2) 喜多英明, 魚崎浩平『電気化学を志す人へ 電気化学の基礎』技報堂出版, 2002.
3) Li X. and Bohn PW., "Metal-Assisted Chemical Etching in HF/H_2O_2 Produces Porous Silicon," *Appl. Phys. Lett.* **77**, 2572 (2000).
4) Tsujino K. and Matsumura M., "Boring Deep Cylindrical Nanoholes in Silicon Using Silver Nanoparticles as a Catalyst," *Adv. Mat.* **17**, 1045 (2005).
5) Chartier C. *et al.* "Metal-Assisted Chemical Etching of Silicon in $HF-H_2O_2$," *Electrochim. Acta* **53**, 5509 (2008).
6) Kawase T. *et al.*, "Catalytic Behavior of Metallic Particles in Anisotropic Etching of Ge(100) Surfaces in Water Mediated by Dissolved Oxygen," *J. Appl. Phys.* **111**, 126102 (2012).
7) Charlot G. *et al.*, *Electrochemical Reactions*, Elsevier, Amsterdam, 1962.
8) Kawase T. *et al.*, "Metal-Assisted Chemical Etching of Ge(100) Surfaces in Water Toward Nanoscale Patterning," *Nanoscale Res. Lett.* **8** (2013) in press.
9) Ogletree D. F. *et al.*, "A Differentially Pumped Electrostatic Lens System for Photoemission Studies in the Millibar Range," *Rev. Sci. Instrum.* **73**, 3872 (2002).
10) Bluhm H. *et al.*, "In Situ X-Ray Photoelectron Spectroscopy Studies of Gas-Solid Interfaces at Near-Ambient Conditions," *MRS Bull.* **32**, 1022 (2007).
11) Salmeron M. and Schlögl R., "Ambient Pressure Photoelectron Spectroscopy: A New Tool for Surface Science and Nanotechnology," *Surf. Sci. Rep.* **63**, 169 (2008).
12) Verdaguer A. *et al.*, "Growth and Structure of Water on SiO_2 Films on Si Investigated by Kelvin Probe Microscopy and *In Situ* X-Ray Spectroscopies," *Langmuir* **23**, 9699 (2007).
13) Arima K. *et al.*, "Water Adsorption, Solvation, and Deliquescence of Potassium Bromide Thin Films on SiO_2 Studied by Ambient-Pressure X-Ray Photoelectron Spectroscopy," *J. Phys. Chem. C* **114**, 14900 (2010).
14) Mura A. *et al.*, "Water Growth on GeO_2/Ge(100) Stack and Its Effect on the Electronic Properties of GeO_2," *J. Phys. Chem. C* **117**, 165 (2013).

1章2節

1) Yamamura K., "Development of Numerically Controlled Local Wet Etching," *Sci. Tech. Adv. Mater.* **8**, 158 (2007).
2) Yamamura K., "Fabrication of Ultra Precision Optics by Numerically Controlled Local Wet Etching," *Annals. CIRP* **56**, 541 (2007).
3) 山村和也, ローカルウエットエッチング法による光学素子の高精度加工, 『ウエットエッ

チングのメカニズムと処理パラメータの最適化』サイエンス&テクノロジー，p. 139, 2008. から一部転載

4) Giguere P. A. and Turrell S., "The Nature of Hydrofluoric Acid. A Spectroscopic Study of the Proton-Transfer Complex $H_3O^+-F^-$," *J. Am. Chem. Soc.* **102**, 5473 (1980).
5) Jones L. H. and Penneman R. A., "Infrared Absorption Spectra of Aqueous HF_2^-, DF_2^-, and HF," *J. Chem. Phys.* **22**, 781 (1954).
6) Hyman H. H. *et al.*, "The Hammett Acidity Function Ho for Hydrofluoric Acid Solutions," *J. Am. Chem. Soc.* **79**, 3668 (1957).
7) 大見忠弘『ウェットサイエンスが拓くプロダクトイノベーション』サイペック，1995.
8) O'Donnell T. A., *Fluorine, Comprehensive Inorganic Chemistry*, Pergamon, New York, p. 1009 (1973).
9) Hino M. *et al.*, "Recent Development of Multilayer Neutron Mirror at KURRI," *Nucl. Instr. and Meth. A* **529**, 54 (2004).
10) Maruyama R. *et al.*, "Development of Neutron Supermirror with Large-Scale Ion-Beam Sputtering Instrument," *Physica B* **385-386**, 1256 (2006).
11) Wood J. L., "Status of Supermirror Research at OSMC," *Proc. SPIE* **1738**, 22 (1992).
12) Vidal B. *et al.* "Reflectivity Improvements for Neutron Mirrors and Supermirrors," *Proc. SPIE* **1738**, 30 (1992).
13) Majkrzak C. and Ankner J., "Supermirror Neutron Guide Coatings," *Proc. SPIE* **1738**, 150 (1992).
14) Maruyama R. *et al.*, "Effect of Interfacial Roughness Correlation on Diffuse Scattering Intensity in a Neutron Supermirror," *J. Appl. Phys.* **105**, 083527 (2009).
15) Nagano M. *et al.* "Improvement of Thickness Uniformity of Bulk Silicon Wafer by Numerically Controlled Local Wet Etching," *J. Cryst. Growth* **311**, 2560 (2009).
16) Yamamura K. and Mitani T. "Etching Characteristics of Local Wet Etching of Silicon in HF/HNO_3 Mixtures," *Surf. Interface Anal.* **40**, 1011 (2008).

1章3節

1) Yamauchi K. *et al.*, "Figuring with Subnanometer-Level Accuracy by Numerically Controlled Elastic Emission Machining," *Rev. Sci. Instrum.* **73**, 4028 (2002).
2) 三村秀和，EEM（Elastic Emission Machining）による超精密加工に関する研究，学位論文，大阪大学（2001）.
3) Yamauchi K. *et al.*, "Microstitching Interferometry for X-Ray Reflective Optics," *Rev. Sci. Instrum.* **74**, 2894 (2003).
4) Mimura H. *et al.*, "Relative Angle Determinable Stitching Interferometry for Hard X-Ray Reflective Optics," *Rev. Sci. Instrum.* **76**, 045102 (2005).

5) Matsuyama S. et al., "Development of Scanning X-Ray Fluorescence Microscope with Spatial Resolution of 30nm Using K-B Mirrors Optics," *Rev. Sci. Instrum.* **77**, 103102 (2006).
6) Matsuyama S. et al., "Trace Element Mapping of a Single Cell Using a Hard X-Ray Nanobeam Focused by a Kirkpatrick-Baez Mirror System," *X-Ray Spectrometry* **38**, 89 (2009).
7) 大橋治彦,平野馨一 編『放射光ビームライン光学技術入門』放射光学会,2008.
8) Mimura H. et al., "Breaking the 10 Nanometer Barrier in Hard X-Ray Focusing," *Nature Phys.* **6**, 122 (2010).

2章1節

1) 土肥俊郎『諸説・半導体CMP技術』工業調査会,2001.
2) Hara H. et al., "Novel Abrasive-Free Planarization of 4H-SiC (0001) Using Catalyst," *J. Electron. Mater.* **35**, L11 *(2006)*.
3) Arima K. et al., "Atomic-Scale Flattening of SiC Surfaces by Electroless Chemical Etching in HF Solution with Pt Catalyst," *Appl. Phys. Lett.* **90**, 202106 (2007).
4) Hara H. et al., "Damage-Free Planarization of 4H-SiC (0001) by Catalyst-Referred Etching," *Mater. Sci. Forum* **556-557**, 749 (2007).
5) Okamoto T. et al., "Dependence of Process Characteristics on Atomic-Step Density in Catalyst-Referred Etching of 4H-SiC(0001) Surface," *J. Nanosci. and Nanotech.* **11** (2011) 2928.
6) Inagaki K. et al., "First-Principles Analysis of Dissociative Absorption of HF Molecule at SiC Surface Step Edge," *Mater. Sci. Forum*, **717-720** (2012) 581-584K.
7) Hara H. et al., "Termination Dependence of Surface Stacking at 4H-SiC (0001)-1 × 1: Density Functional Theory Calculations," *Phys. Rev.* B **79**, 153306 (2009).
8) Sadakuni S. et al., "TEM Observation of 8 Deg Off-Axis 4H-SiC (0001) Surfaces Planarized by Catalyst-Referred Etching," *Mater. Sci. Forum* **679**, 489 (2011)
9) Okamoto T. et al., "Improvement of Removal Rate in Abrasive-Free Planarization of 4H-SiC Substrates Using Catalytic Platinum and Hydrofluoric Acid," *Jpn. J. Appl. Phys.* **51**, 046501 (2012).
10) 大上まり 他,第一原理計算によるGaN表面エッチング現象の解明 ―表面終端構造とエッチング初期過程の解析―,2011年度秋季第72回応用物理学会学術講演会予稿集,31p-A-2, 2011.
11) Murata J. et al., "Atomically Smooth Gallium Nitride Surfaces Prepared by Chemical Etching with Platinum Catalyst in Water," *J. Electrochem. Soc.* **159**, H417 (2012).

2章2節

1) Tsukamoto K. et al., "Photoetching of Silicon by N-Fluoropyridinium Salt," Electrochem. Solid-State Lett. 13, D80 (2010).
2) Tsukamoto K. et al., "Characterization of Si Etching with N-fluoropyridinium Salt," Curr. Appl. Phys. 12, Suppl. 3, S29 (2012).
3) Umemoto T. and Tomita K., "N-Fluoropyridinium Triflate and its Analogs, the First Stable 1:1 Salts of Pyridine Nucleus and Halogen Atom," Tetrahedron Lett. 27, 3271 (1986).
4) Umemoto T. et al., "Power and Structure-Variable Fluorinating Agents. The N-Fluoropyridinium Salt System," J. Am. Chem. Soc. 112, 8563 (1990).

2章3節

1) Kern W. and Puotinen D. A., "Cleaning Solutions Based on Hydrogen Peroxide for Use in Silicon Semiconductor Technology," RCA Rev. 31, 187 (1970).
2) Ohmi T., "Total Room Temperature Wet Cleaning for Si Substrate Surface," J. Electrochem. Soc. 143, 2957 (1996).
3) 大見忠弘『ウルトラクリーン ULSI 技術』培風館, 1997.
4) Chabal Y. J. et al., "Hydrogen Chemisorption on $Si(111)-(7\times7)$ and (1×1) Surfaces. A Comparative Infrared Study," Phys. Rev. B 28, 4472 (1983).
5) Becker R. S. et al., "Atomic Scale Conversion of Clean $Si(111):H-1\times1$ to $Si(111)-2\times1$ by Electron-Stimulated Desorption," Phys. Rev. Lett. 65, 1917 (1990).
6) Morita Y. et al., "Atomic Structure of Hydrogen-Terminated $Si(111)$ Surfaces by Hydrofluoric Acid Treatments," Jpn. J. Appl. Phys. 30, 3570 (1991).
7) Nakagawa Y. et al., "Scanning Tunneling Microscopy of Silicon Surfaces in Air: Observation of Atomic Images," J. Vac. Sci. Technol. A 8, 262 (1990).
8) Arima K. et al., "Atomically Resolved Scanning Tunneling Microscopy of Hydrogen-Terminated $Si(001)$ Surfaces after HF Cleaning," Appl. Phys. Lett. 76, 463 (2000).
9) Endo K. et al., "Atomic Structures of Hydrogen-Terminated $Si(001)$ Surfaces after Wet Cleaning by Scanning Tunneling Microscopy," Appl. Phys. Lett. 73, 1853 (1998).
10) Arima K. et al., "Scanning Tunneling Microscopy Study of Hydrogen-Terminated $Si(001)$ Surfaces after Wet Cleaning," Surf. Sci. 446, 128 (2000).
11) Endo K. et al., "Atomic Image of Hydrogen-Terminated $Si(001)$ Surfaces after Wet Cleaning and Its First-Principles Study," J. Appl. Phys. 91, 4065 (2002).
12) Sato T. et al., "Mobility Anisotropy of Electrons in Inversion Layers on Oxidized Silicon Surfaces," Phys. Rev. B 4, 1950 (1971).
13) Teramoto A. et al., "Very High Carrier Mobility for High-Performance CMOS on a $Si(110)$ Surface," IEEE Trans. Electron Dev. 54, 1438 (2007).

14) Yamamoto Y., "Study of a Si(110) Surface by Using Reflection High-Energy Electron-Diffraction Total-Reflection Angle X-Ray Spectroscopy and High-Temperature Scanning-Tunneling-Microscopy," *Surf. Sci.* **313**, 155 (1994).

15) Jakob P. et al., "Monohydride Structures on Chemically Prepared Silicon Surfaces," *Surf. Sci.* **302**, 49 (1994).

16) Watanabe S., "Vibrational Study on Si(110) Surface Hydrogenated in Solutions," *Surf. Sci.* **351**, 149 (1996).

17) Ye J. H. et al., "Atomic-Scale Elucidation of the Anisotropic Etching of (110) N-Si in Aqueous NH_4F: Studies by *In Situ* Scanning Tunneling Microscopy," *J. Electrochem. Soc.* **143**, 4012 (1996).

18) Arima K. et al., "Atomic-Scale Analysis of Hydrogen-Terminated Si(110) Surfaces after Wet Cleaning," *Appl. Phys. Lett.* **85**, 6254 (2004).

19) Arima K. et al., "Hydrogen Termination of Si(110) Surfaces upon Wet Cleaning Revealed by Highly Resolved Scanning Tunneling Microscopy," *J. Appl. Phys.* **98**, 103525 (2005).

20) Hara H. et al., "Novel Abrasive-Free Planarization of 4H-SiC(0001) Using Catalyst," *J. Electron. Mat.* **35**, L11 (2006).

21) Hara H. et al., "Termination Dependence of Surface Stacking at 4H-SiC(0001)-1×1: Density Functional Theory Calculations," *Phys. Rev. B* **79**, 153306 (2009).

22) Arima K. et al., "Atomic-Scale Flattening of SiC Surfaces by Electroless Chemical Etching in HF Solution with Pt Catalyst," *Appl. Phys. Lett.* **90**, 202106 (2007).

23) Arima K. et al., "Mechanism of Atomic-Scale Passivation and Flattening of Semiconductor Surfaces by Wet-Chemical Preparations," *J. Phys.: Cond. Matt.* **23**, 394202 (2011).

24) Hattori A. N. et al., "Formation of Wide and Atomically Flat Graphene Layers on Ultraprecision-Figured 4H-SiC(0001) Surfaces," *Surf. Sci.* **605**, 597 (2011).

25) Dei K. et al., "Characterization of Terraces and Steps on Cl-Terminated Ge(111) Surfaces after HCl Treatment in N_2 Ambient," *J. Nanosci. Nanotech.* **11**, 2968 (2011).

3章1節

1) 森勇藏 他,プラズマCVMの開発,精密工学会誌 **66**,1280 (2000).
2) 森勇藏 他,大気圧プラズマCVD法によるアモルファスSiの高速成膜に関する研究(第1報)―回転電極型大気圧プラズマCVD装置の設計・試作―,精密工学会誌 **65**,1600 (1999).
3) 森勇藏 他,数値制御プラズマCVM (Chemical Vaporization Machining) によるSOIの薄膜化―加工装置の開発と超薄膜SOIウエハの試作―,精密工学会誌 **68**,1590 (2002).
4) Endo K. et al., "Characteristics of VHF Helium Plasma at Atmospheric Pressure," in *Proc. 3rd Int. Conf. Ractive Plasmas/14th Symp. Plasma Processing,* Kyoto, p. 363 (1997).

5) Oshikane Y. et al., "CF$_x$ Radicals and Electric Field Measurement in Capacitive VHF Plasma at Atmosphere by Laser Induced Fluorescence and Optical Emission Spectroscopy," in *Proc. XXV Int. Conf. Phenomena in Ionized Gases*, Nagoya, p. 181 (2001).
6) Oshikane Y. et al., "The Dependence of CF, CF$_2$ density on VHF Power and Gas Concentration in CVM Plasma Studied by Ultraviolet Absorption Spectroscopy," in *Proc. 20th Symp. Plasma Processing*, Nagaoka, p. 65 (2003).
7) Oshikane Y. et al., "O$_2$ Concentration- and VHF Electric Power- Dependent Changes in 2D Distribution of CF and CF$_2$ Radicals in Atmospheric Capacitive Plasma for Chemical Vaporization Machining (CVM) Process Studied by Laser Induced Fluorescence (LIF) Spectroscopy," in *Proc. 16th European Conf. Atomic & Molecular Physics of Ionized Gases and 5th Int. Conf. Reactive Plasmas*, Grenoble **1**, p. 329 (2002).
8) Ohoyama H. et al., "Chemiluminescence of CF$_3$ in the Visible Region from the Crossed Beam Reaction of Ar(^{3}P$_{2,0}$) with CF$_3$H," *Chem. Phys. Lett.* **131**, 20 (1986).
9) Flamm D. L., "Mechanisms of Radical Production in Radiofrequency Discharges of CF$_3$Cl, CF$_3$Br, and Certain Other Plasma Etchants: Spectrum of a Transient Species," *J. Appl. Phys.* **51**, 5688 (1980).

3章2節

1) 森勇藏, 山内和人, ラジカル反応による無歪精密加工方法, 特許第2521127号（優先権主張1987年6月26日）
2) 森勇藏 他, プラズマCVMの開発, 精密工学会誌 **66**, 1280 (2000).
3) Sano Y. et al., "Polishing characteristics of silicon carbide by plasma chemical vaporization machining," *Jpn. J. Appl. Phys.* **45**, 8277 (2006).
4) Niwa M. et al. "Atomic-Order Planarization of Ultra-Thin SiO$_2$/Si(001) Interfaces," *Jpn. J. Appl. Phys.* **33**, 388 (1994).
5) 大見忠弘, 新田雄久 監修『SOIの科学』リアライズ社, 2000.
6) Sano Y. et al. "Fabrication of Ultrathin and Highly Uniform Silicon on Insulator by Numerically Controlled Plasma Chemical Vaporization Machining," *Rev. Sci. Instrum.* **78**, 086102 (2007).
7) 森勇藏 他, 数値制御プラズマCVM (Chemical Vaporization Machining) によるSOIの薄膜化—デバイス用基板としての加工面の評価—, 精密工学会誌 **69**, 721 (2003).
8) Sano Y. et al. "Improvement of Thickness Uniformity of SOI by Numerically Controlled Sacrificial Oxidation Using Atmospheric-Pressure Plasma," in *2008 IEEE Int. SOI Conf. Proc.*, p. 165 (2008).
9) Takei H. et al. "Improving the Accuracy of Numerically Controlled Sacrificial Plasma Oxidation Using Array of Electrodes to Improve the Thickness Uniformity of SOI," in *2012*

IEEE Int. SOI Conf. Proc., 6404382 (2012).
10) Sano Y. *et al.* "Beveling of Silicon Carbide Wafer by Plasma Etching Using Atmospheric-Pressure Plasma," *Jpn. J. Appl. Phys.* **49**, 08JJ04 (2010).
11) Sano Y. *et al.* "Thinning of SiC Wafer by Plasma Chemical Vaporization Machining," *Mater. Sci. Forum* **645-648**, 857 (2010).

3章3節

1) 村上知之, 上森一好, フッ素樹脂に対する表面改質技術の最先端, 日東技報 **34**, 60 (1996).
2) Yamamoto Y. *et al.*, "Nanometer-Level Self-Aggregation and Three-Dimensional Growth of Copper Nanoparticles under Dielectric Barrier Discharge at Atmospheric Pressure," *Curr. Appl. Phys.* **12**, Suppl. 3, S63 (2012).
3) Hara Y. *et al.* "Correlation of the Peroxide Radical on the Plasma Treated PFA Surface and the Adhesion Strength of PFA/Electroless Copper Plating Film," *Curr. Appl. Phys.* **12**, Suppl. 3, S38, (2012).
4) 田崎裕人 編『インクジェット技術における微小液滴の吐出・衝突・乾燥』技術情報協会, 2009.
5) 遠藤聡人, 明渡純, レーザー援用インクジェット技術の開発―高スループットとファイン化の両立を目指した配線技術―, Synthesiology **4**, 1 (2011).

第4部

表面計測の新手法

第1章

形状計測

1. 表面計測法の基礎

1.1 はじめに

　表面の計測法には，幾何学的構造や原子構造，組成分析，電子状態の計測がある．これまで，表面の原子構造と電子状態の計測については，第2部第1章1.1において述べた．表面組成分析に関する著書は多数出版されているため，それら[1~3]を参考にしていただきたい．ここでは，表面の幾何学的構造の計測法について述べる．

1.2 表面の幾何学的構造の空間波長・空間周波数

　第三世代放射光やX線自由電子レーザー，波長13.5 nmの極紫外光リソグラフィー（Extreme Ultra-Violet Lithography：EUVL）等に必要な高精度光学素子（レンズ，ミラー），および超高集積化半導体電子デバイス用基板等の実現には，その機能に応じて表面の幾何学的構造が要求される．表面の幾何学的構造を議論する場合，空間波長・空間周波数の概念が重要である．表面構造の空間的な周期の成分を空間波長と呼び，長さの単位を持つ．また，空間周波数は，1 m当たりの周期のことである．

　表面幾何学的構造の計測の観点から整理すると，空間波長1 mm以上を表面形状，1 mm～0.5 μm を表面粗さ・うねり，可視光の回折限界0.5 μm 以下をマイクロラフネスと定義することができる．それゆえ，表面幾何学的構造の計測法は，図1に示すように，縦分解能と形状の空間波長に関連する横分解能を考慮して分類することができる．

　また，空間周波数は，EUVLに使う光学素子の加工ために，光学性能であるミラーの収差，コントラスト，反射率への寄与に応じて，表1に示すように空間周波数で区分された三領域に規定される．すなわち，最も空間周波数の低い領域は表面

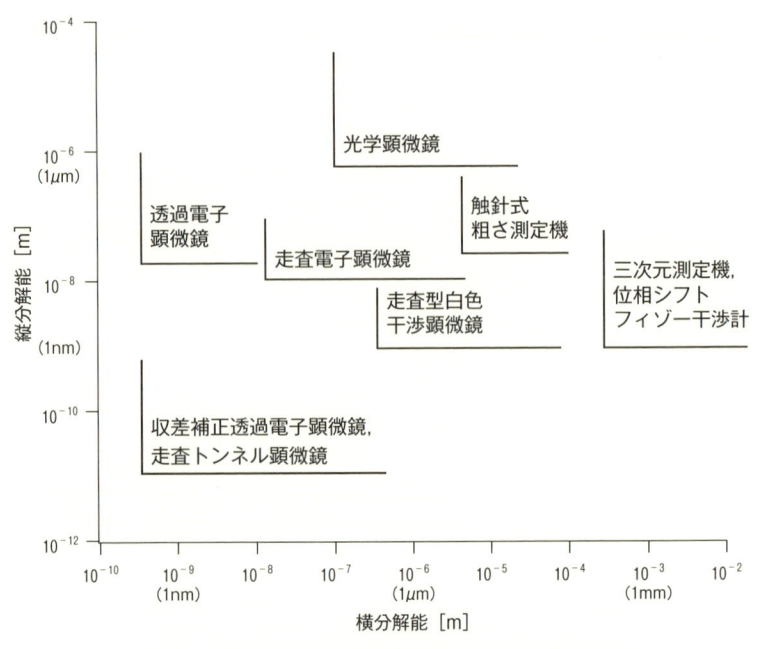

図1 表面幾何学的構造計測の縦分解能と横分解能

表1 表面幾何学的構造の空間周波数

表面粗さ	うねり	表面形状
HSFR	MSFR	LSFR
$1\,\mu m$ 以下	$1\,\mu m \sim 1\,mm$	$1\,mm$ 以上

形状（Low Spatial Frequency Roughness：LSFR），中間の領域はうねり（Mid Spatial Frequency Roughness：MSFR），最も高い領域は表面粗さ（High Spatial Frequency Roughness：HSFR）と呼ばれる．さらに，必要な空間波長領域で定量的に表面構造を評価するためには，パワースペクトル密度（Power Spectral Density：PSD）が用いられる．例として，図2に市販のSiウエハ表面のPSDを示す．

表面の幾何学的構造の計測は，図1の分類にしたがえば，以下の節で解説する1.3 表面形状計測と1.4 表面粗さ計測，1.5 マイクロラフネス計測の三つに分けられる．前述のように，表面形状計測は，横分解能が1 mm程度の測定機による計測と考えれば良い．次の表面粗さ計測は，触針式表面粗さ測定機に代表される横分解

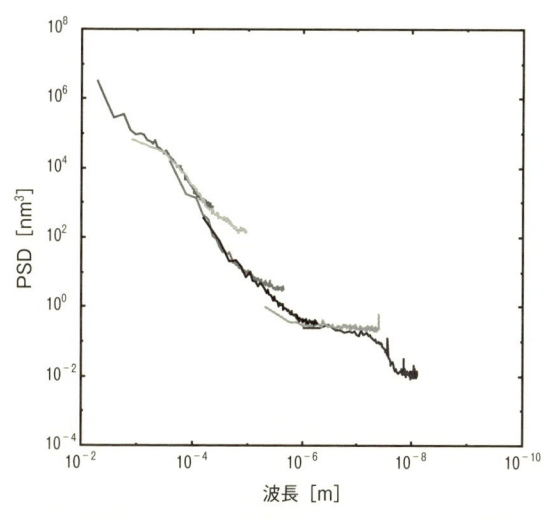

図2 市販のSiウエハ表面のパワースペクトル密度

能が1mmから可視光の回折限界0.5μm以下の計測，最後のマイクロラフネスは，横分解能0.5μm以上の範囲の計測として分類できる．

1.3 表面形状計測

表面形状を測定する代表的な方法が，位相シフトフィゾー干渉計と三次元測定機である．

位相シフトフィゾー干渉計[4]は，レーザーを光源とする干渉計で，単純な構成で高精度な平面や球面の形状測定ができる．図3に示すように，光源から出射されたレーザー光は，小径の発散レンズで可干渉光として拡げられる．拡がった光は，ビームスプリッター，コリメーターレンズを透過して平行光になり，高精度な平面または球面の参照面に到達する．一部の光は参照面を反射し，参照光としてビームスプリッターに戻る．残りの光は被測定面に到達して反射し，参照光と同様にビームスプリッターに戻る．そして，参照光と被測定面からの反射光が，ビームスプリッターからCCDカメラへ導かれ，重ね合わせられて干渉縞画像が得られる．このとき，被測定面は，干渉縞の数が少なくなるように参照面に平行に配置する．参照光と被測定面からの反射光は，参照面と被測定面の間には空気間隙以外は共通光路である．したがって，参照面と被測定面の形状差による光路差から干渉縞が生じ

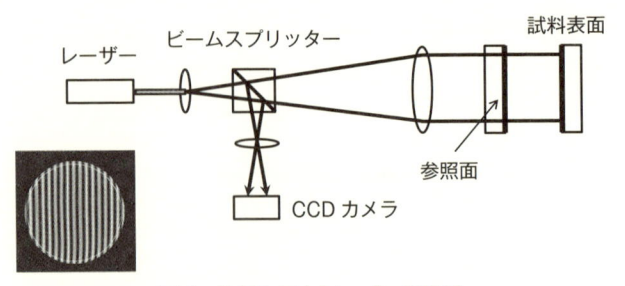

図3 位相シフトフィゾー干渉計

ることになる.なお,フィゾー干渉計は,参照光と被測定面から反射光がコモンパス(共通光路)となるため,振動に強く,コンパクトに構成できる.また,ピエゾ素子により参照面を光軸方向に明暗1周期の位相シフトを起こせば,この光強度の変化は,参照面と被測定面の形状差に相当する初期位相差を持つ.そして,初期位相差 $\phi(x, y)$ から形状差 $Z(x, y)$ に変換でき,試料の表面形状が求まる.干渉計は,参照面との比較測定であるため,形状測定結果は,参照面の形状に依存する.また,参照面が必要であるため,平面・球面以外の非球面,自由曲面の形状測定が困難である.さらに,参照面の形状精度の限界や位相シフト誤差,環境ゆらぎのため,非常に良い条件で平面を測定した場合でも,測定の不確かさは 10 nm 程度である.

三次元測定機(Coordinate Measuring Machine:CMM)は,X,Y,Z 軸ステージに搭載された接触プローブによって,被測定物表面の三次元の座標を検出し,表面の形状を求める.図4にパナソニック㈱が開発した UA3P を示す[5].この装置は,原子間力プローブを用いた三次元測定機である.プローブを試料表面に対して原子間斥力の作用する領域まで接近させ,この原子間力を常に一定に保つように Z 軸を制御し,試料表面を走査する.形状測定時の XY ステージおよび Z 軸ステージの変位量を,He-Ne レーザーと XYZ に配置された三つの高精度平面ミラーを用いたレーザー干渉計で測定する.したがって,XYZ 座標を 10 nm オーダの精度で測定できる.最高測定形状精度 10 nm,最大傾斜 75 deg(形状測定精度 300 nm),最大測定範囲 $500 \times 500 \times 120$ mm^3,測定時間 0.01~20 mm/sec の測定が可能である.走査型であるため,測定時間は長い.また,測定圧は 15 mgf と小さいが,接触式のため試料表面にダメージを与える.トレーサビリティ確保のための校正も重要な課題である.

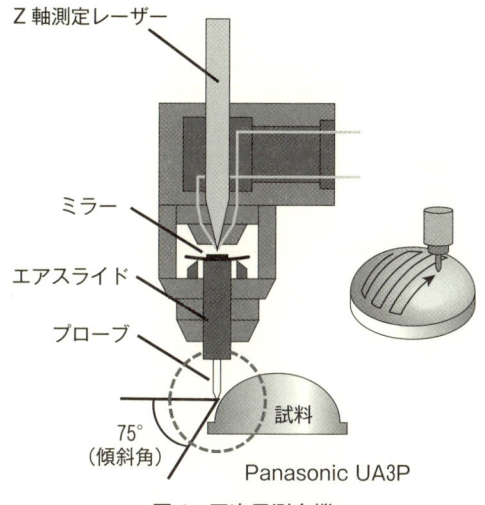

図4 三次元測定機

1.4 表面粗さ計測

　触針式表面粗さ測定機は，図5に示すように，試料表面をダイヤモンドの触針でトレースし，表面の凹凸を触針の上下の運動に変換し，差動トランスによって検出される．その後のデータ処理によって，表面粗さやうねりを数値化する．触針式粗さ測定機は，接触によって試料表面に損傷を与える欠点があるが，直接試料表面に接触していることから信頼性が高い．ただし，横分解能が触針の先端曲率半径（0.1μmが限界）に依存することには注意を要する．縦分解能の限界は，0.5 nmPV

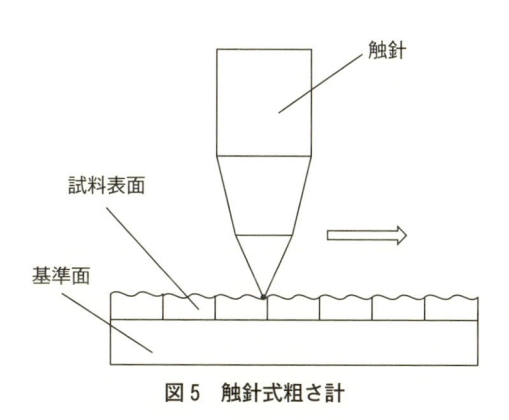

図5 触針式粗さ計

1. 表面計測法の基礎

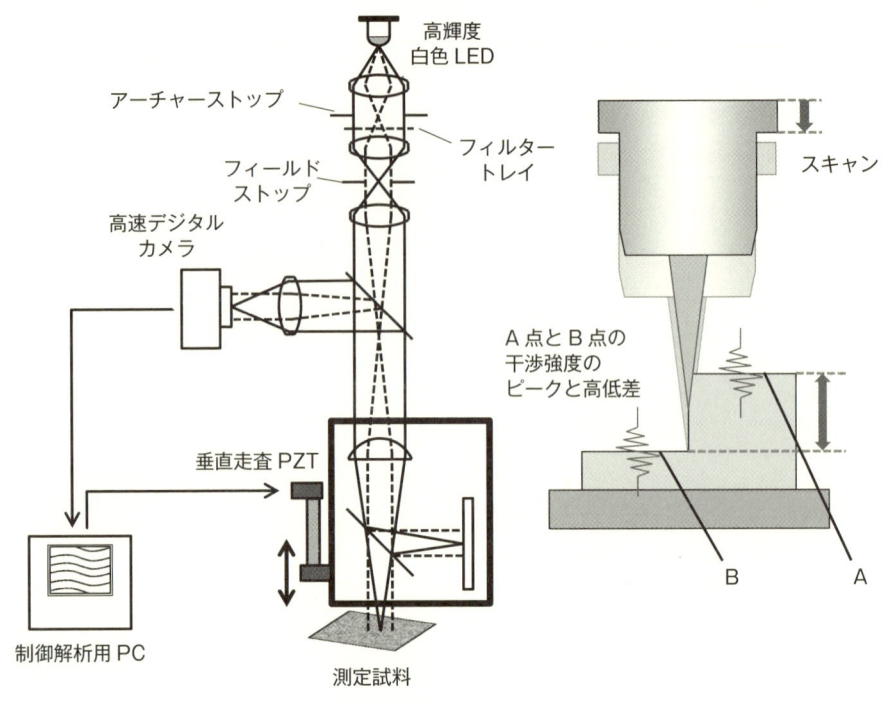

図6 走査型白色干渉顕微鏡

程度である．JIS B 0651では，「触針式表面粗さ測定機」と呼ばれ，触針を用いて試料表面の断面曲線や粗さ曲線，中心線平均粗さの記録，もしくは中心線粗さの直示のいずれかを行える形式として規定されている．ここに，断面曲線とは，試料表面に直角な平面で試料面を切断した時，その切り口に現れる輪郭であり，断面曲線とは，試料の表面幾何学的構造そのものである．粗さ曲線とは，断面曲線にハイパスフィルタをかけてうねり成分を除いたものである．なお，表面粗さの構造を定量的に議論するためには，空間波長の概念を用いる必要がある．

走査型白色干渉計（Scanning White Light Interferometer：SWLI）[6]は，可干渉性の少ない白色光を光源として，ミラウ型やマイケルソン型などの等光路干渉計を利用する．単色光を用いた干渉計では，干渉縞は単色光の明暗の縞である．しかし，白色光を光源にした場合，干渉による明暗は波長によって異なり，違う色の干渉縞がずれて重なり合い，色の付いた干渉縞になる．ただし，光路差が零になった場合は，すべての波長の光が強め合って重なり合い白色になる．そこで，走査型白色干渉計

は，試料表面に対応するCCDカメラ各画素によって等光路位置，すなわち干渉強度が最大になる位置を，干渉計対物レンズを垂直走査して見つける方法である．図6に示すように，干渉計対物レンズ内のビームスプリッターで二分割された光束は，参照面と試料面から反射して，再び干渉計対物レンズ内部で結合して干渉縞が生じる．干渉計対物レンズを垂直走査した時に，CCDカメラ各画素の白色干渉計強度が最大になる光路差零のポイントを求めることから表面形状が計測できる．干渉強度が最大になる等，光路長の位置を探索する手法はいくつかある．この干渉計を顕微鏡に組込んだのが，走査型白色干渉顕微鏡である．縦分解能は，1 nm PV 以上あるが，横分解能は，光を用いているため，回折限界 $0.5\,\mu m$ に支配される．

1.5 マイクロラフネス計測

マイクロラフネスとは，空間波長が光学的方法の限界 $0.5\,\mu m$ 以下の $0.1 \sim 100$ nm の表面粗さと定義できる．計測方法としては，ほとんどが走査型トンネル顕微鏡 (Scanning Tunneling Microscopy : STM) または原子間力顕微鏡 (Atomic Force Microscope : AFM)[7] である．ところで，AFMは，STMと異なり，試料が電気伝導性を持つ必要がなく，また計測環境に制約がなく，大気中，真空中，液体中で計測が可能である．したがって，マイクロラフネスの多くは，AFMによって計測される．

AFMの原理について図7を用いて説明する．接近する二つの物体間には必ず力が働く．したがって，板ばね状のカンチレバー（片持ち梁）の先端にある探針を試料表面に近づけると，探針―試料表面の原子間力によって，カンチレバーは変形する．変形量は，光てこ方式によって検出される．図7のように，レーザーをカンチレバーの背面に照射し，反射光の変位を上下2分割または4分割フォトダイオードで計測する．AFMでは，この変形量が一定になるように試料をZ方向に制御しながら，試料表面のX，Y方向に走査することによって，表面のマイクロラフネスが計測できる．

また，非接触モードのAFMでは，探針を試料表面の極近傍すなわち数 nm 程度まで近づけると，探針と試料表面の原子間力によって，カンチレバーが自励振動を始める．このとき，探針と試料表面間の距離によって，振動の振幅，周波数が変化する．これらが一定になるように，探針と試料間距離を保つZ方向のフィードバック制御し，試料表面をX，Y方向に走査すれば，非接触でAFM観察できる．この場合，非常に高い空間分解能が実現でき，測定環境を選べば原子像の観察も可能で

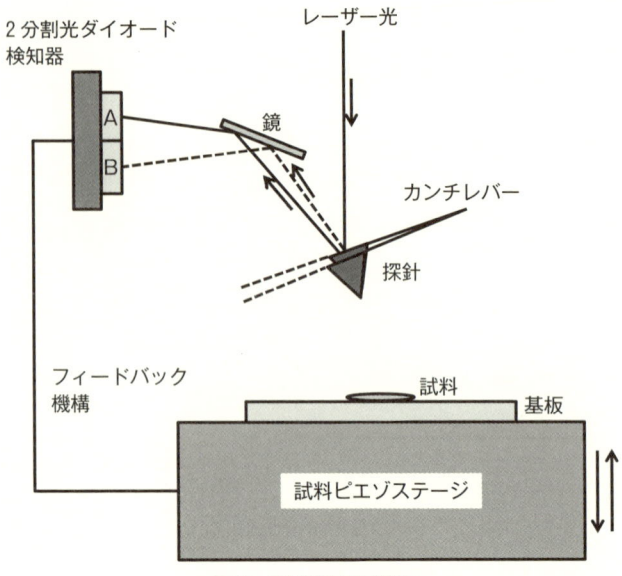

図7 原子間力顕微鏡

ある.

AFMによるマイクロラフネスの計測の場合,横分解能は 0.5 nm PV を上回り,縦分解能は 0.01～0.02 nm 程度である.また,標準試料による縦と横の不確かさの校正が必要である.

1.6 むすび

表面の幾何学的構造の計測法は,必要な空間波長・空間周波数を考慮して選ぶ必要がある.また,いずれの計測法でも,トレーサビリティを保証し,不確かさを明確にする校正が不可欠である.

2. 高速ナノ形状測定法

2.1 はじめに

波長 13.5 nm の極紫外光を用いた EUVL や第三世代放射光施設，X 線自由電子レーザー（X-ray Free Electron Laser：XFEL）が稼働している．これらの光源をナノメートルサイズの空間分解能を持たせてその特徴を充分に発揮させるには，硬 X 線，EUV の集光および結像光学系の非球面ミラーに対して，回折限界に迫る分解能が必要とされている．また，可視光においても，多くのデジタル映像機器から，10 mm 以下の平均曲率半径の高精度非球面ミラー・レンズが求められている．このような次世代超高精度ミラー・レンズ製作のためには，超精密加工技術と超高精度計測技術の大幅な進展が不可欠であり，計測技術は加工技術に対して 1 桁以上高い精度が必要である．空間波長 1 mm 以下の表面粗さやうねりの計測技術は，原子スケールの分解能をもつ走査型トンネル顕微鏡や原子間力顕微鏡，走査型白色干渉顕微鏡等があり，現状でも要求精度を満たしている．一方，空間波長 1 mm 以上の形状測定技術には，位相シフトフィゾー干渉計やスティッチング干渉計，三次元測定機等があるが，必ず基準面や基準となる直線運動機構が必要であり，要求される自由曲面で 1 nm PV の形状測定精度を満たしていない．このように，次世代高精度ミラー製作に不可欠な自由曲面で形状精度 1 nm PV を測定できる計測法は現時点では皆無である．

そこで，これら次世代高精度光学素子を製作するために，平面から平均曲率半径 10 mm 以下の非球面，自由曲面の形状を，測定精度 1 nm PV 以上，スロープエラー 0.1 μrad 以下，測定時間 5 min/sample 以下で測定できる高速ナノ形状測定法の開発[1~9]について述べる．本測定法は，広く一般に用いられている干渉法と異なり，基準面を必要としない絶対形状測定法である．

2.2 高速ナノ形状測定の原理

EUVL や XFEL から要請される最大サイズ 500 mm×300 mm（EUVL の場合 φ300 mm）の次世代高精度ミラーや民生用の平均曲率半径 10 mm 以下の高精度レンズの形状誤差を 1 nm PV の精度でさまざまな大きさの非球面，自由曲面の形状を測定できる方法を確立しなければならない．

そこで，図 8 に示すような自由曲面の形状を測定する法線ベクトル追跡による高

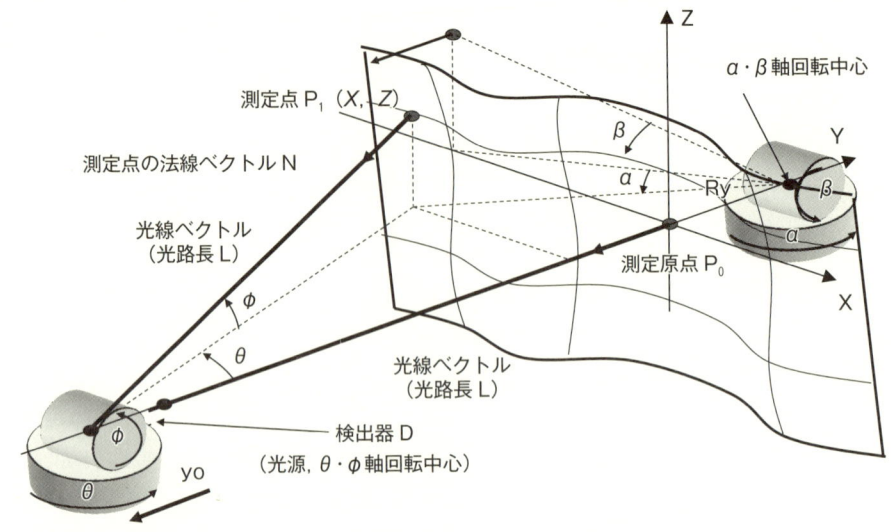

図8 法線ベクトル追跡による高速ナノ形状測定法の原理

速ナノ形状測定法を提案した．本形状測定法は，レーザーの直進性を活用し，並進運動より高精度な回転運動を用いることによって，ミラーの法線ベクトルとその測定点座標を測定することから形状を求める．光源から出射されたレーザー光がミラー面で反射され，光源と光学的に同等の位置にある検出器4分割フォトダイオード（Quadrant Photo Diode：QPD）の中心に反射光が戻るように，2軸2組のゴニオメータを調整すれば，その点での法線ベクトルが求まる．また，同時にy方向の並進ステージで，光路長Lが一定になるように調整すれば，結果的に測定点座標（X_p, Z_p）が求まる．光源とQPDで構成された光学ヘッドと2軸ゴニオメータと並進1軸からなるステージを光学系，試料が保持される2軸ゴニオメータを試料系と呼ぶ．このとき，測定時間を短縮するために，試料系2軸ゴニオメータを数値制御で測定点座標を変えるとともに，光学系の2組のゴニオメータを用いて法線ベクトルを追跡し，またY軸を光路長Lが一定になるように，常にフィードバック制御する．このような5軸同時制御によって，測定時間5 min/sample を達成する．本測定法は，基準面を用いることなく，原理的に測定形状に制限がない，自由曲面の形状測定が可能である．

　また，測定点座標と法線ベクトルから形状を求める必要がある．測定した測定点座標と法線ベクトルから形状を導出する方法は，法線ベクトルが形状の傾きそのも

のであることを考えれば，傾きを積分すれば形状が求まる．しかし，そのような傾斜角積分法では測定点数が増大するにつれ形状の誤差が蓄積する．そのため，測定した法線ベクトルを，フーリエ級数よる形状のモデル関数の微分にフィッティングすることで形状を復元する．本アルゴリズムをフーリエ級数最小二乗法と称している．

2.3 高速ナノ形状測定装置

法線ベクトル追跡型高速ナノ形状測定装置の概要を図9に示す．本装置は光学系2軸ゴニオメータと光路長調整用並進1軸ステージ，試料系2軸ゴニオメータの計5軸構成である．光学系には，独立した方向に回転する2軸のゴニオメータ (θ, ϕ) と，1軸の並進ステージ (y) がある．光学系に搭載される光学ヘッドは，光源のレーザーと，それと光学的に等価な位置にある検出器QPDから構成される．そして，2軸の回転中心にレーザーとQPDが配置される．試料系には，独立した方向に回転する2軸のゴニオメータ (α, β) がある．ロータリーエンコーダは，正確度 $\pm 0.12\,\mu\mathrm{rad}$ で国家標準器によって校正されており，並進ステージの位置決め精度は，1 nmである．法線ベクトルは，レーザー光を試料表面に入射させ，試料系2軸ゴニオメータを数値制御し，その反射光がQPDに返ってくるように光学系2軸ゴニオメータをフィードバック制御する．同時に，レーザーの光路長Lが一定と

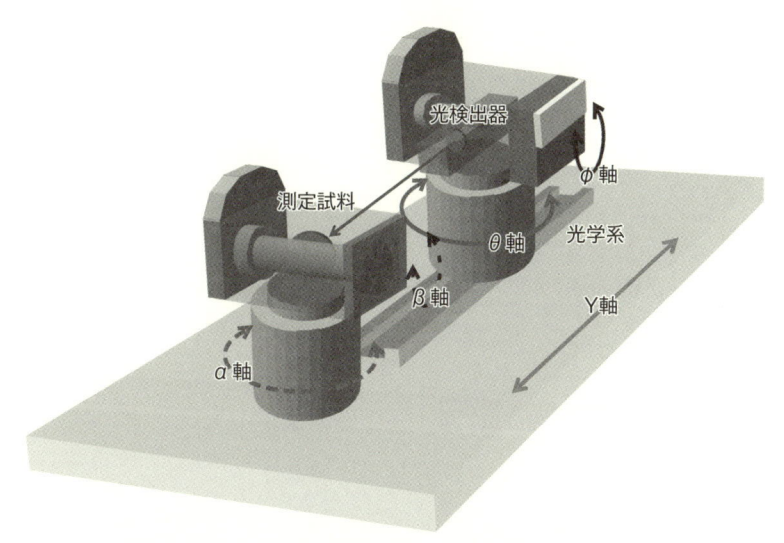

図9 法線ベクトル追跡型高速ナノ形状測定装置の概要図

なるように，1軸の並進ステージをフィードバック制御する．この時，ゴニオメータの回転角（$\theta, \phi, \alpha, \beta$）とQPDの出力値から法線ベクトルが算出できる．また，その座標は，各ゴニオメータの回転角と並進ステージの変位量を読取り，光路長Lを決定することから求まる．また，4軸のロータリーエンコーダと1軸のリニアエンコーダ，光検出器であるQPDの出力を同期して取込む，データテイキングシステムを構築している．本測定法では，エンコーダおよびQPD出力を同時に取得することによって，5軸制御システムの定常偏差の影響を受けることなく，法線ベクトルとその測定点座標が決まる．図10に5軸同時制御システムのブロック線図を示す．

図11に法線ベクトルを検出する光学ヘッドの概要図を示す．レーザー光源として，波長670 nmの横単一モード半導体レーザーを用いる．レーザー光は，オプティカルファイバーを通過した後，ファイバー端に取り付けられたコリメーターレンズによって平行光となり出射される．出射されたレーザーは，集光レンズ1によって集光される．集光後に再び広がった光は，偏光ビームスプリッターによって進行方向を90°曲げられる．その後，λ/4波長板によって直線偏光を円偏光に変換された光は，集光レンズ2を通過後，試料表面上に$\phi = 0.3$ mmのスポットとして入射する．入射したレーザー光は試料によって反射され，再度集光レンズ2，λ/4波長板を通過した後，偏光ビームスプリッターを直進し，光検出器QPD上に集光

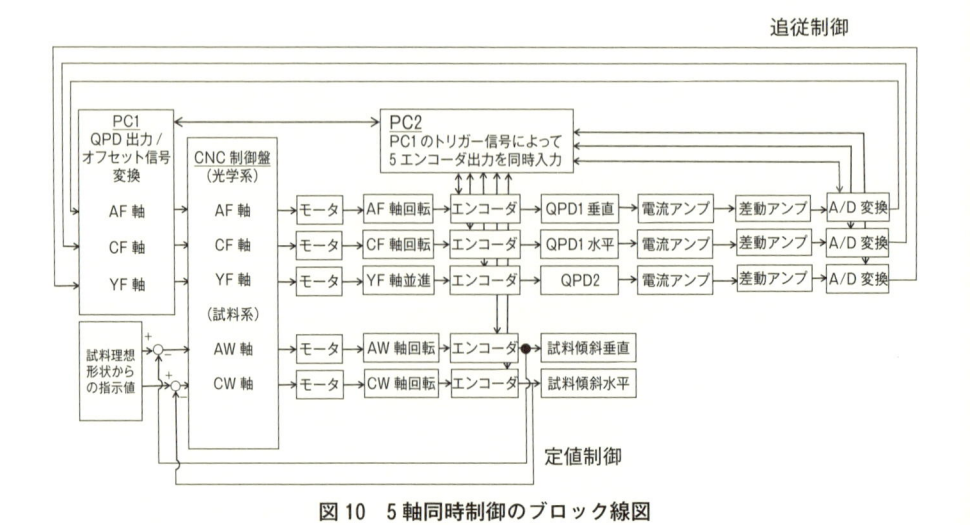

図10 5軸同時制御のブロック線図

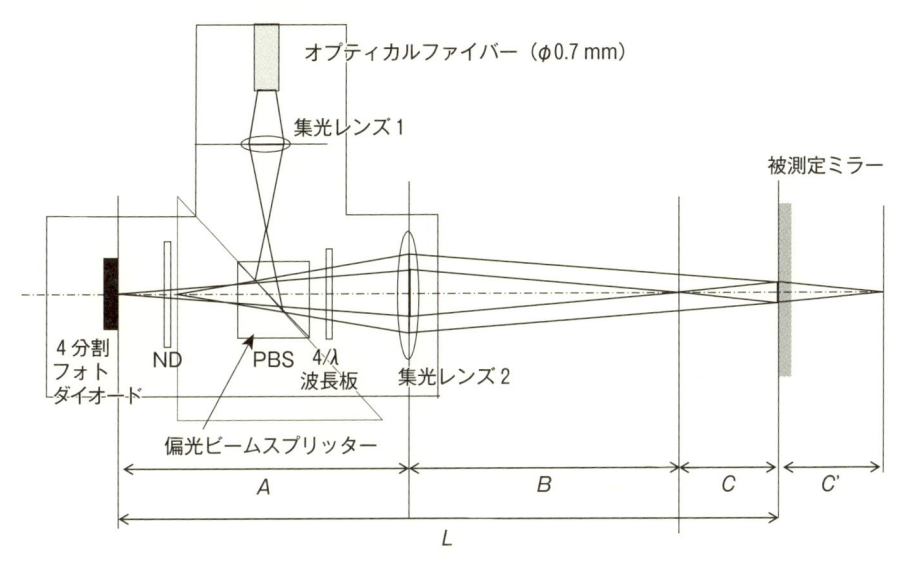

図11 光学ヘッドの概要図

される.このとき,本光学素子の配置では,試料ミラーの傾き θ に対して,QPD上のレーザースポットの移動量 x は AC/B によって求まる.なお,現在の光学ヘッドは曲率半径 R = 400 mm 凹球面ミラーの法線ベクトルが 0.1 μrad 変化した時に,QPD 上での集光位置が 10 nm 変位する光学配置である.このように,レーザー各光学素子配置については,使用する光学素子の焦点距離,光学的な関係から一意に決定できる.

なお,形状測定装置が設置されるウルトラクリーン実験施設(清浄度:クラス 1,微振動:0.1 gal 以下)では,温度変化 ±0.1 ℃ になるように温度制御されている.そこで,精度 1 nm PV の形状測定を実現するために,ウルトラクリーン実験施設内に,さらに温度の変化が ±0.01 ℃ になる恒温チャンバーを設計・製作し,形状測定装置を設置した.このように,5 軸同時制御,同時データ取得によって,法線ベクトルとその測定点座標が求まり,フーリエ級数最小二乗法によって形状を導出することができる.

2.4 凹球面と平面のナノ形状測定

凹球面ミラーと平面ミラーを高速ナノ形状測定法によって形状測定した結果について述べる．

超精密切削にて製作した曲率半径 R＝400 mm の凹球面金属ミラー（東芝機械製）の形状を測定した．$20×20\ mm^2$ の測定範囲をラスタースキャン方式で3回測定し，得られた法線ベクトルと座標から，フーリエ級数展開最小二乗法を用いて形状を導出した．曲率半径 R＝400 mm の凹球面金属ミラーの理想形状からの3回分の形状誤差の平均を図12 に示す．形状誤差の平均は，70.5 nm PV である．次に，形状誤差の平均からの差を求めることから，本測定装置の再現性を評価する．その結果を図13 に示す．1回目は 0.81 nm PV，2回目は 0.71 nm PV，3回目は 0.85 nm PV であり，形状測定の標準偏差は 0.97 nm となり，1 nm PV 以上の再現性を達成している．

次に，高速ナノ形状測定装置による形状測定結果の妥当性を検証するため，位相シフトフィゾー干渉計による形状測定結果と比較する．図14 に本装置とフィゾー干渉計との三次元形状結果の比較を示す．また，図15 に二次元形状結果の比較を示す．本測定装置と位相シフトフィゾー干渉計の三次元形状誤差は，それぞれ 70.5 nm PV，70 nm PV である．また，二次元形状誤差は，それぞれ 40 nm PV，49 nm PV となる．二つの結果が違う要因として，高速ナノ形状測定装置とフィゾー干渉計が持つ，それぞれの測定装置の 10 nm 程度と推察される系統誤差がある．このように測定結果は，それぞれの測定装置の系統誤差範囲内で一致している．

次に，面精度が $\lambda/10$ のアルミ平面ミラー（シグマ光機製）の形状を測定した．

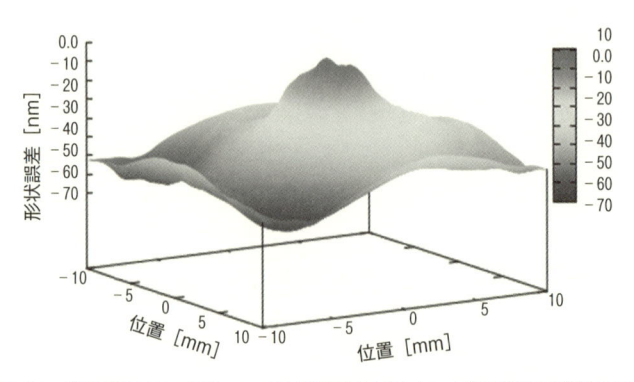

図12　曲率半径 R＝400 mm の凹球面金属ミラー形状誤差の測定結果

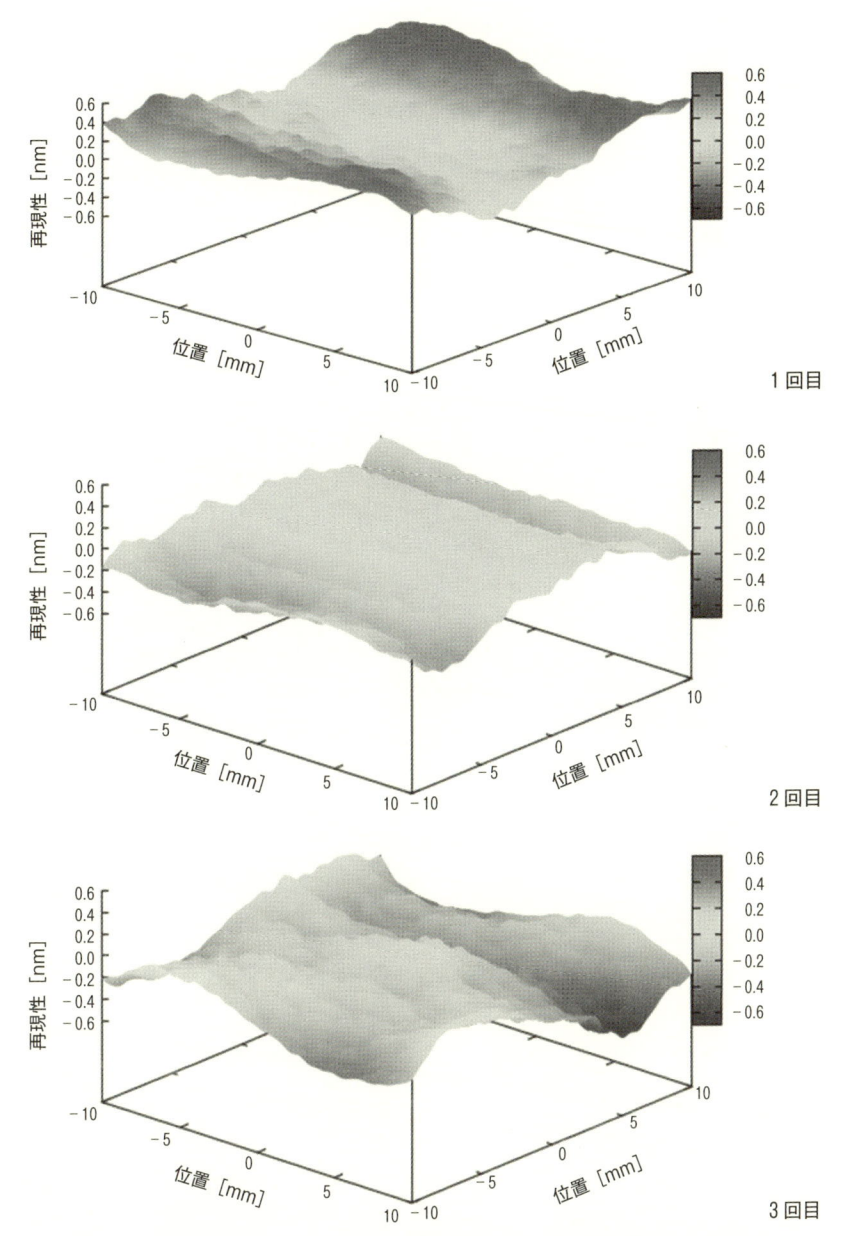

図13 曲率半径 R＝400 mm の凹球面金属ミラー形状誤差測定の再現性

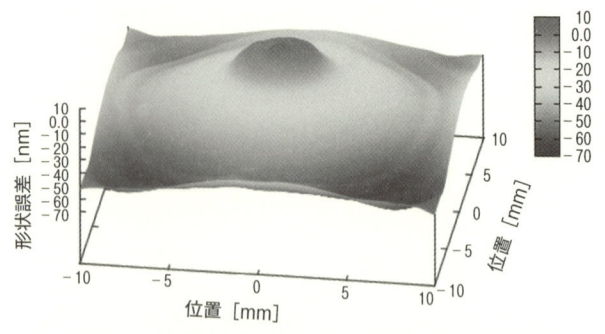

高速ナノ形状測定法：70.5 nm PV

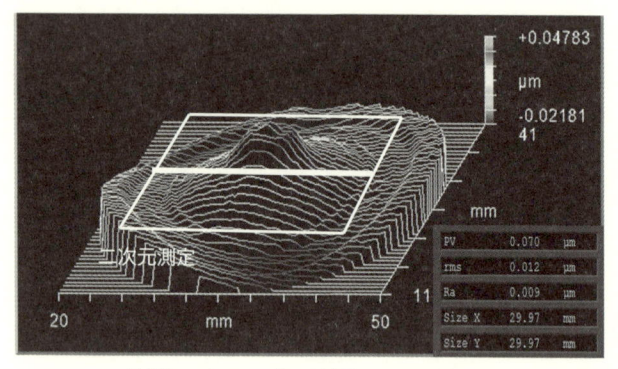

位相シフトフィゾー干渉計：70.0 nm PV

図14　高速ナノ形状測定法と位相シフトフィゾー干渉計との三次元形状測定結果の比較

$16 \times 16 \text{ mm}^2$ の測定範囲で，曲率半径 R = 400 mm の凹球面金属ミラーと同様の形状測定を 3 回行ったところ，形状誤差は 20.4 nm PV である．今回使用した平面ミラーの面精度が $\lambda/10$ であることから，この結果は妥当である．また，各回の再現性を評価すると，1 回目は 1.08 nm PV，2 回目は 1.26 nm PV，3 回目は 1.25 nm PV であり，測定標準偏差は 1.47 nm となり，測定再現性 1 nm PV を達成出来ていない．その要因は図 16 で明らかなように，測定走査ライン毎の誤差が関係していると考えられる．これは測定各回において，ラスタースキャン時に測定点がずれているために生じる．したがって，測定点を安定させるために測定環境の温度や気流をさらに制御することと，光学ヘッドの動剛性を上げること，装置走査時の加減速を緩やかにすることによって，再現性を向上することが期待できる．

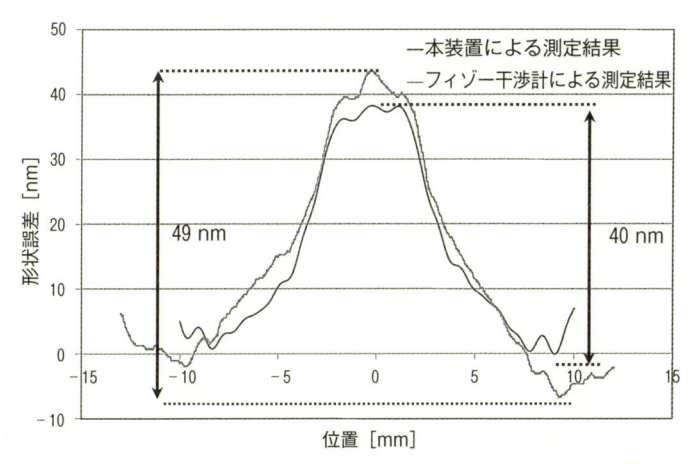

図15 高速ナノ形状測定法と位相シフトフィゾー干渉計との二次元形状測定結果の比較

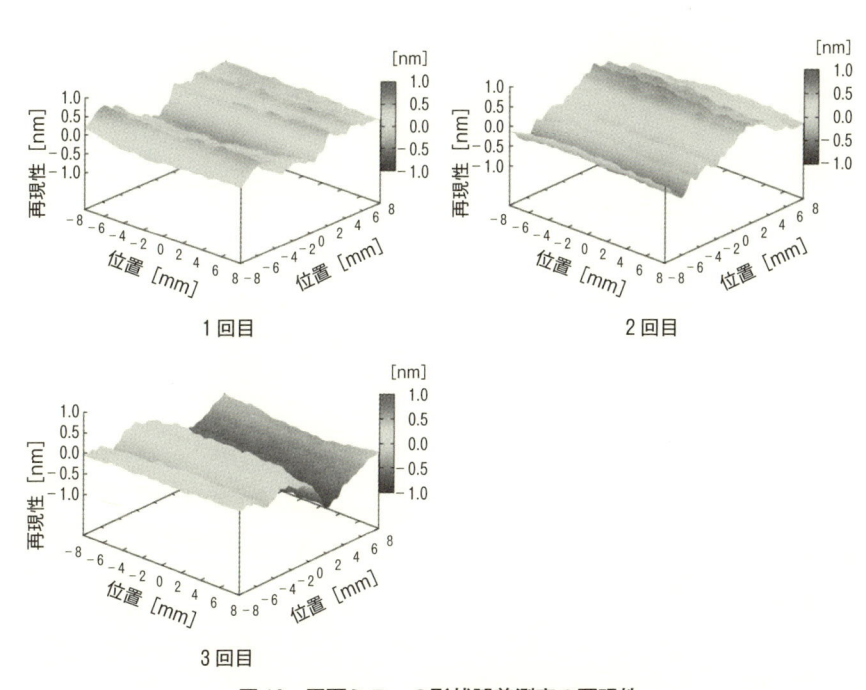

1回目

2回目

3回目

図16 平面ミラーの形状誤差測定の再現性

2.5 むすび

次世代のナノメーター精度の非球面,自由曲面のミラーやレンズを製作するためには,ナノメーターの精度で非接触,高速三次元形状測定が求められる.提案した法線ベクトル追跡による高速ナノ形状測定法は,放射光施設やXFELのX線光源,人工衛星搭載イメージャー,各種デジタル映像機器に非球面光学系が使われるようになるため,将来を期待される形状測定技術に成り得る.

3. 点光源回折球面波干渉計

3.1 はじめに

先端的な科学技術，たとえば，極端紫外光リソグラフィーや，X線顕微鏡，重力波検出装置などにおいて，大面積にわたってサブナノメートルオーダーの形状誤差しか許されない超高精度ミラーを必要とする領域が拡大しつつある[1~3]．超高精度ミラーを実現するには，原子単位での加工法の開発とともに，原子オーダーで大面積の表面形状を計測する技術が必要となる．しかし，一般に普及しているフィゾー干渉計に代表されるような実体基準面との比較による干渉計測では，基準面の加工形状精度により制限され，絶対精度は可視光波長λの1/50（約10ナノメートル）に留まる．そこで，微小開口からの回折波面が真球面に近いことを利用して，この球面波を計測の絶対基準とする光干渉計，すなわち，点光源回折干渉計（Point Diffraction Interferometer：PDI）が開発された．

回折球面波の真球面度は，実体基準面より遥かに高い精度を有し，PDIは原理的にフィゾー干渉計などの従来法を凌駕する計測法に成り得る．さらに，位相シフト（Phase-Shifting：PS）法を併用することで，ミラーの各計測点の位相差を高精度に求められ，これらを組み合わせた位相シフト型点光源回折干渉計（PS/PDI）は，ミラーの法線方向に対してサブナノメートルオーダーの分解能を実現できる．

これまでに開発されたPS/PDI装置は，微小開口としてピンホールを用いるタイプと，シングルモード光ファイバ1本を用いるタイプに分けられる．ピンホールタイプでは㈱ニコンにおいて可視光を用いた球面，非球面ミラーの計測が報告されている[3]．一方，光ファイバ1本タイプはアメリカのLLNL（Lawrence Livermore National Laboratory）における計測結果が報告されている[1]．しかし，これらのPS/PDIでは1つの微小開口で発生した回折球面波が，被検波面と参照波面を兼ねているため，回折球面波の半分の面積に相当するミラーまでしか計測できない．そこで，より大面積での計測を行うため，シングルモード光ファイバ2本を用いるPS/PDIが新たに開発された．

ここでは，2つの光ファイバ出射球面波で被検波面と参照波面を分離した位相シフト干渉計について解説し，サブナノメートルオーダーの分解能と絶対形状の計測精度が実現できることを紹介する[4~8]．

3.2　2本の光ファイバコアから出射した球面波の真球度

図17にシングルモード光ファイバ2本を用いるPS/PDI光学系を示す．2つの光ファイバコア微小開口から出射した球面波の一方が被検ミラーで反射され，その波面と他方の点光源回折球面波を参照波面として干渉させることで，超高精度の計測が実現できる．

微小開口から出射した光の回折による波面の複素振幅は，Huygens–Fresnelの原理の数式による表現であるHelmholtz–Kirchhoffの積分定理を，開口による回折に適用したFresnel–Kirchhoffの回折積分式より求めることができる．出射端の光ファイバコア微小開口上の複素振幅が，ガウシアン状の分布を持つと仮定して計算した結果を図18(a)に示す．回折波面の強度に関する角度分布は，開口上の強度分布を反映し，ほぼガウシアン状の出射パターンになっている．また，ピンホールタイプのように微小開口上の複素振幅を一様と仮定して計算される中心の明るい部分（Airy Disk）の大きさと比較してより広い角度領域で明るく，光ファイバコア微小開口は，ピンホールタイプに比べてより大きな開口を用いることができる．コア直径 $4\,\mu m$ の可視光シングルモードファイバに波長 $\lambda=632.8\,nm$ のHe–Neレーザーを導入した場合について計算すると，コアから出射した回折球面波は約20°以内が明るい放射特性を持ち，波面の真球面からのずれは左図中の実線で示されたとおり，$10^{-5}\lambda$ 以下と高精度な絶対基準となり得ることが分かる．

図17に示した光ファイバ2本タイプのPS/PDIの場合，出射光をすべて被検ミラーに入射させて計測できるので，曲率半径 $1.5\,m$ の球面ミラーの場合，直径 $0.5\,m$ 程度の大面積を評価できることになる．図17の光学系では，2つの球面波を逆向きに出射するように光ファイバコアを配置するとともに，被検ミラーからの反

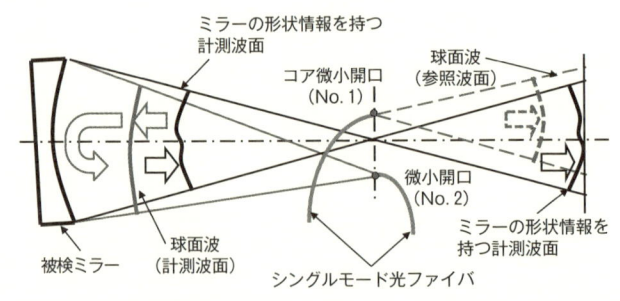

図17　シングルモード光ファイバ2本のコア微小開口から出射する2つの球面波を用いたPDI光学系

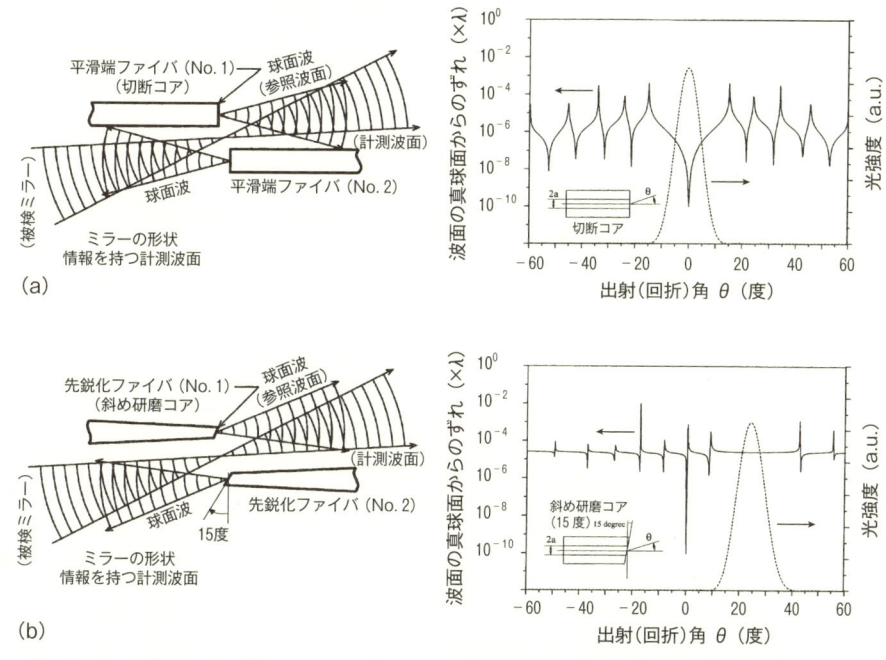

図18 シングルモード光ファイバ2本のコア微小開口から出射した球面波(左図)および
回折積分式で計算した波面の光強度(右図点線)と位相分布(右図実線)
(a) ファイバ切断のみのコアから出射した波面, (b) 斜め研磨したコアから出射した波面

射波の集光点を2本の光ファイバの間に位置するように調整しなければならない. 超高精度計測を実現するためには，生じる干渉縞の本数を少なくする必要があり，ファイバ2本の端面距離を可能な限り, 近接させたい. そこで, クラッド直径 $125\mu m$ のシングルモード光ファイバを先鋭化エッチングした後, クラッド層が $5\mu m$ 程度残る先端部を約 $15°$ 斜めに研磨して微小開口を形成することで, コア間を $30\mu m$ 程度まで接近させて計測できるように工夫されている. 図18(b)に斜め研磨した先鋭化ファイバ2本のコア微小開口から出射した球面波(左図)および回折積分式で計算した波面の光強度(右図点線)と位相分布(右図実線)を示す. Fresnel-Kirchhoff の回折積分式より $15°$ 傾斜した微小開口から出射した球面波を求めた結果は, NA 0.2 以上の範囲で回折球面波の真球面からのずれ量が $10^{-5}\lambda$ 程度と見積もられる. したがって, この球面波を計測の絶対基準とした位相シフトPDIは, サブナノメートルオーダーの超高精度な形状計測が可能である.

3.3 光ファイバ2本タイプのPS/PDI計測装置構成

図19に，計測球面波と参照球面波を出射する点光源として2本の光ファイバコアを用いたPS/PDI装置の構成を示す．安定した環境で計測するため，装置全体は恒温室内の防振台上に構築される．さらに，恒温室内での空気の流れによる光路の屈折率分布の変化が，計測のランダムノイズとして現れるため，熱源となる光源以外は遮風/断熱ボックスによって覆われている．光源には，波長632.8 nmの直線偏光He-Neレーザーが用いられた．この光学系では光アイソレータを用いて戻り光を除くことでレーザー強度の変動が抑制されている．まず，半波長板によって偏光方向を調整し，偏光ビームスプリッターによりレーザー光を2つに分岐させる．次に，図中の2つの対物レンズを用いてコア径4 μmのシングルモード光ファイバ2本に導入され，ファイバ他端から計測波面と参照波面とを独立して出射させている．

計測対象のミラーで反射された被検波面と参照波面の干渉縞は，被検ミラーの形状情報のみを持つ．この干渉縞を位相シフト法により解析するため，ガラスレスCCDを用いて光強度データが取得される．ここで，位相をシフトするために偏光ビームスプリッターにより分岐した計測波面側の光路上に平面ミラーを設置して，そのミラーをマウントした1軸ピエゾステージをCCDカメラと連動させて0～3π

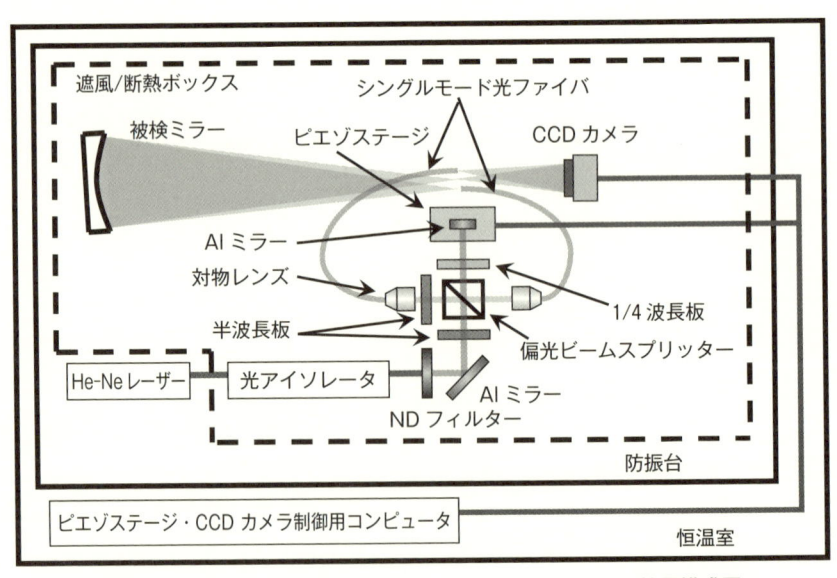

図19 シングルモード光ファイバ2本タイプのPS/PDI装置構成図

の範囲で位相シフトし，π/2毎に7枚撮影した干渉縞から初期位相分布が算出できる．また，空気のゆらぎ等によるランダムノイズを除去するため，初期位相分布は100回の平均値として取得されている．

3.4 凹面ミラーの計測結果と精度

直径200 mm，曲率半径1500 mmの球面形状の凹面ミラーを計測対象とし，PS/PDI装置を用いて計測した結果が図20である．図20(a)は，片方の光ファイバコアから出射させた計測波面を被検ミラーで反射させた被検波面の光強度分布をCCDで計測した結果であり，ガウシアン状に分布している．図20(b)は(a)の被検波面と他方の光ファイバコアから出射させた参照波面との干渉縞であり，図20(c)はCCD上の初期位相を100回平均で算出した結果である．計測対象の凹面ミラーで反射された被検波面はその波面形状を変えながら伝播するため，厳密にはCCD上で計測された波面と計測対象ミラーの表面形状とは一致しない．そこで，CCD上で得られた被検波面の図(c)に示した位相分布と図(a)の強度分布を基に，計測対象ミラー上での波面がHelmholtz-Kirchhoff積分を用いたデジタルホログラフィ解析法[6]によって復元される．

被検ミラー上での波面を復元するには，復元する位置である被検ミラーの座標を決める必要がある．この座標に関して，曲率中心を干渉縞解析で求めた被検波面の集光点とし，曲率半径が設計値の1500 mmとしてデジタルホログラフィ解析法で復元が行われた．その結果，得られた計測対象の凹面ミラーの絶対形状が設計球面からの差として図20(d)に示されている．

次に，被検ミラーの計測精度を評価するため，同じセッティングを保ったままで複数回の計測が行われ，その再現性が評価された．室内の温度を一定にするため，実験のセッティングを終えてから5時間後に1回目の計測を行い，その後6時間の間隔をおいて計測した結果との差で評価されたところ，空気の揺らぎによる誤差が重畳している状況において，その精度はPV値で0.5 nm，rms値で0.12 nmの一致が得られている．

さらに，被検ミラーを一度計測してから光軸回りに約90°回転して再セッティングし，その回転前後の計測結果の差で絶対形状の計測精度が評価された．図21(a)は回転前，図(b)は回転後の復元計算結果，そして，図(c)は回転前後の差を計算した結果である．各図中の3箇所の〇印の中心が，被検ミラーの設置角度を決定するために貼付された丸印の位置である．図21(c)から，被検ミラーの支持点と

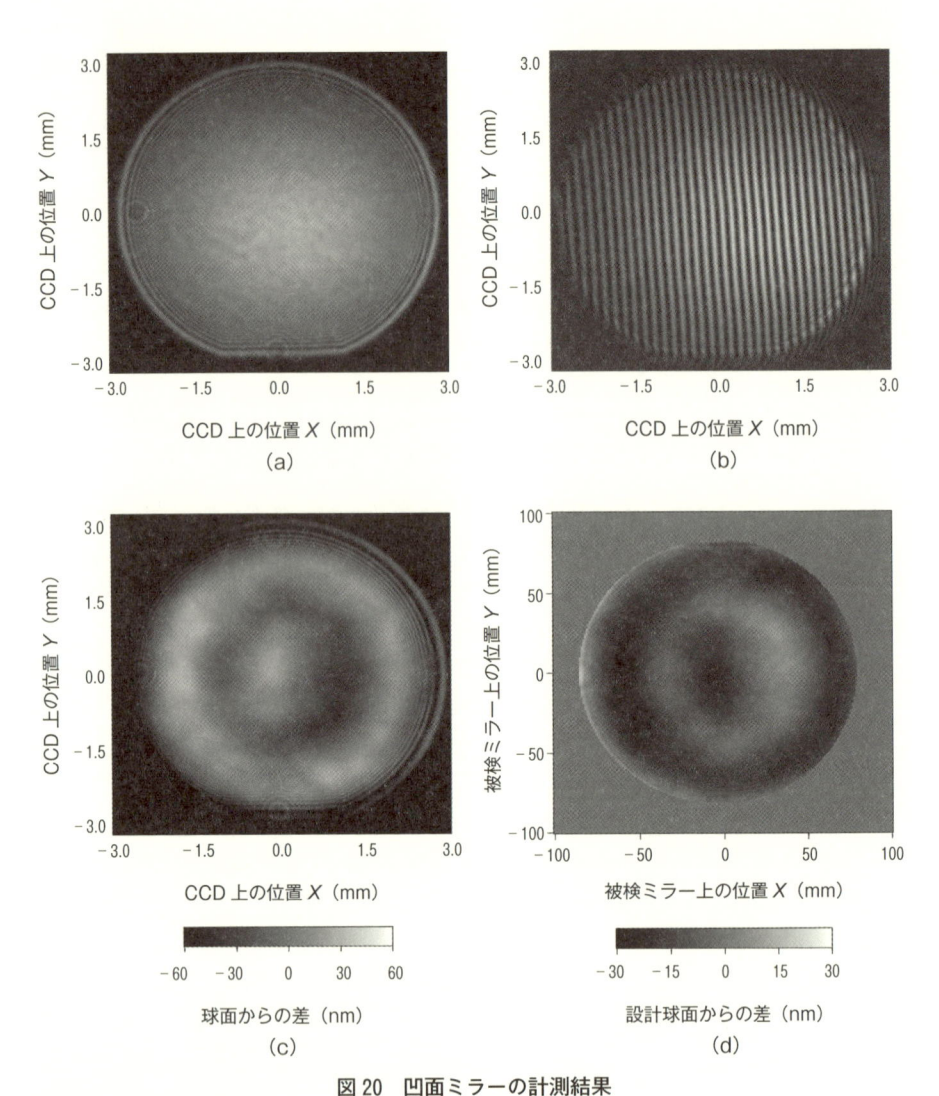

図20 凹面ミラーの計測結果
(a) 被検ミラー反射光強度分布, (b) 参照光との干渉縞, (c) CCD 上の初期位相を 100 回平均で算出した結果, (d) デジタルホログラフィにより復元解析した被検ミラー形状

姿勢の変化に伴う弾性変形の影響や復元計算に伴う誤差の重畳は考えられるが, 被検ミラー回転前後の絶対形状が, PV 値で 2.0 nm, rms 値で 0.85 nm の精度で一致していることが分かる.

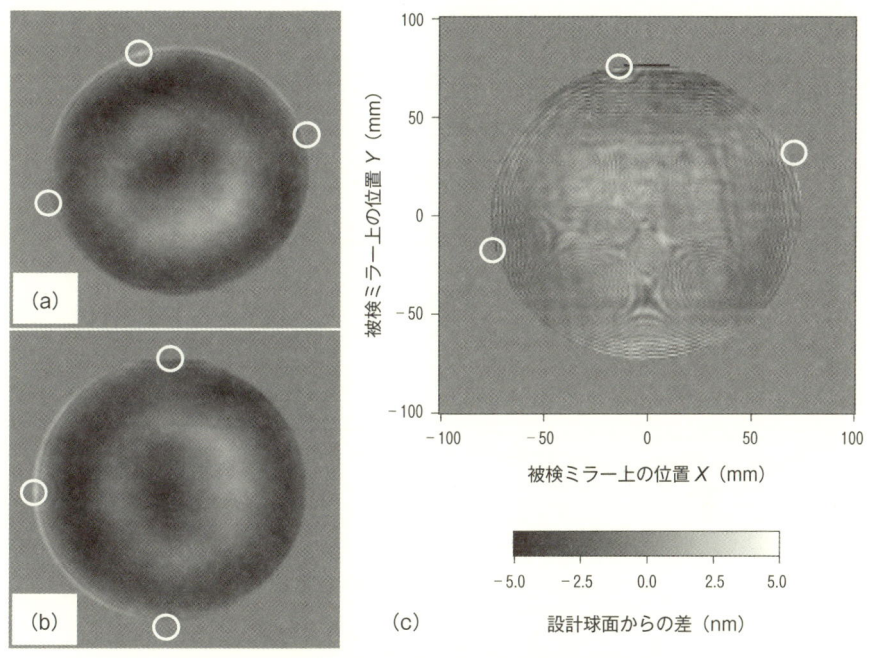

図 21 被検ミラー回転前後の再現性精度 rms 0.85 nm
(a) 回転前, (b) 回転後, (c) 回転前後の差

3.5 むすび

ここでは,2本のシングルモード光ファイバから出射した回折球面波を絶対基準とする PS/PDI について解説した.実体基準面を用いない位相シフト点光源回折干渉計により,凹面ミラーの絶対形状をサブナノメートルの超高精度で計測できる.この方法は,球面ミラーのみならず非球面ミラーの超高精度計測へ応用展開することが可能であろう.すなわち,非球面の形状計測の場合,被検面の形状に応じて2本の光ファイバコア出射端の設置位置を工夫することにより,ガラスレス CCD で分解可能な干渉縞を得て,デジタルホログラフィで復元解析するために必要な2本の光ファイバコア端面の位置情報の計測結果と合わせれば,回折球面波を絶対基準とする非球面形状の PS/PDI 計測が可能になる.今後,さまざまな科学技術の発展へ寄与できる高性能なミラー加工のための超高精度計測法として応用展開が期待される.

第 2 章

光プローブによる高機能計測

1. 放射光 X 線トポグラフィによる次世代半導体ウエハ評価

1.1 はじめに

　X 線トポグラフィは比較的幅広い X 線を用い，結晶で回折された X 線を X 線フィルムや CCD などの 2 次元検出器で測定することにより，結晶の格子欠陥や格子歪みなどの空間分布を観察する手法であり，単結晶の結晶性評価法として重要な役割を果たしてきた[1]．特に転位密度が $10^4/cm^2$ 以下の比較的結晶性の良い大きな結晶でその威力を発揮している．X 線トポグラフィの特徴は，その高い格子歪み感度として捉えることができる．X 線トポグラフィの空間分解能は通常 2 次元検出器の分解能で制限されるため $1\mu m$ 程度である．そのため，転位などにおける原子レベルでの構造を直接観察することはできない．しかし，その高い歪み感度により，転位の周りに広がる歪み場を数 μm 以上の大きさの'転位'として観察することができる．転位の周りに広がる結晶が完全結晶に近ければ，得られたトポグラフのコントラストから歪み場を解析でき，転位による原子変位を見積もることができる．

　X 線トポグラフィの特徴である高い歪み感度はブラッグ反射の急峻な回折条件によっている．結晶がブラッグ回折条件を満足しているとき，局所領域でのわずかな格子歪みは回折条件からのずれを生じ，回折 X 線強度が大幅に減少する．結晶全体がブラッグ条件からわずかにずれている場合はブラック条件を満足する歪み領域のみからの回折 X 線が観測される．どちらの場合もトポグラフ中での明瞭なコントラストとして観測される．

　しかしながらこの X 線トポグラフィを結晶表面・界面，薄膜に適用する場合には回折条件の緩和による格子歪み感度の低下が問題となる．この場合，回折条件は，その表面法線方向に緩和されるため，局所的なわずかな格子歪みによる回折条件からのずれがあったとしても回折 X 線の強度変化は小さい．

一方でX線は物質との相互作用が格段に小さいため，電子，光，イオンなどを用いた他の構造評価手法と比べ，特筆すべき特徴を持っている．すなわち，解析には一回散乱だけを考えるだけで良い，運動学的回折理論を用いることが可能であり，定量的な解析を容易に行うことができる[2]．また，吸収が少ないことから埋もれた界面の情報を試料を破壊することなく得ることができる．そのため，不確定な要因が少ない，非常に信頼性の高い結果を得ることができる．

本節ではこのようなX線トポグラフィを新規な半導体ウエハである歪Siウエハに適用した場合を例にとり，広領域X線トポグラフィとロッキングカーブX線トポグラフィについて示す．

1.2 Si-LSI用歪みSiウエハ

Si-LSI（large scale integration）のさらなる高性能化のために，さまざまな手法が検討されているが，電子や正孔が走行する領域にSiに代わり歪みSiを用いる手法がある．Siに格子歪みを印加することにより，キャリアの移動度を向上させる手法である[3]．この技術を実現するために各種の歪みSiウエハが開発されてきたが，ここではSC-sSOI（super critical thickness strained Si on insulator）ウエハ[4]と呼ばれる歪みSiウエハの測定結果について示す．

図1にその構造を示す．Si基板上にアモルファス構造のSiO$_2$層を挟んで約70 nm厚の歪みSi層を形成している．ここで示す測定結果はデモンストレーション品としてウエハメーカーより市販されている直径300 mmのウエハによって得られたものである．歪みSi層は平均的には面内に約0.75%の引張り歪みを有している．また，透過電子顕微鏡（TEM）の測定結果は，歪みSi層が格子欠陥のない良好な結晶性を有していることを示しており，少なくともTEMでは観察が困難な程の低い欠陥密度であるということができる．

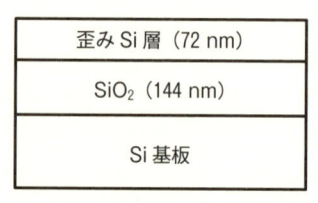

歪みSi層 (72 nm)
SiO$_2$ (144 nm)
Si基板

図1　SC-sSOIウエハの模式図

1.3 広領域X線トポグラフィ

SPring-8のBL20B2は偏向電磁石(bending magnet)を光源とする中尺ビームラインで光源から測定位置まで約200 m離れている[5]．そのため，試料位置で最大で横幅300 mmのX線を利用することができる．直径300 mmのウエハでも試料を走査することなく一回の露出によりウエハ全面の測定を行うことが可能である．ウエハ全面の結晶性の均一性を議論する際に有効である[6]．

図2(a)と(b)は測定に用いた配置図を示している[7]．X線の試料表面への入射角とブラッグ条件の調整を独立して行える配置である．極薄膜からのX線トポグラフを測定する場合，X線の入射角はX線の全反射臨界角よりわずかに大きいときが測定の効率が良い．臨界角よりも小さいと試料に入射するX線の強度が減

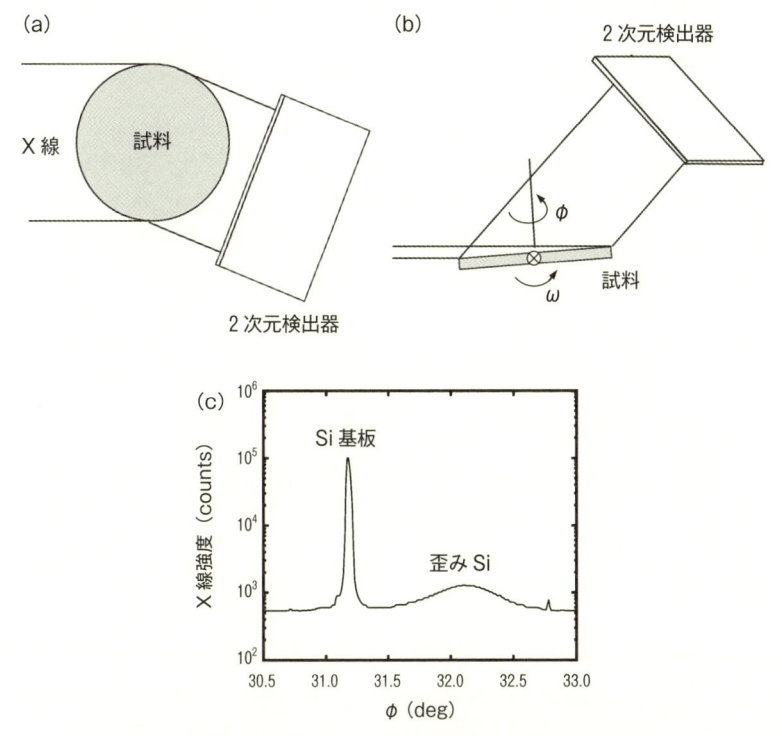

図2 広領域X線トポグラフィの実験配置とロッキングカーブ
(a) 上面図，(b) 側面図，(c) SC-sSOIウエハの113ブラッグ反射近傍のφスキャンの強度分布

少するため回折 X 線の強度も弱い．また，極近傍では表面のわずかなうねりで X 線の試料への侵入長が大きく変わってしまうため，表面のうねりのコントラストが重畳されてしまう．さらに，ここで示すような歪み Si 層と下地 Si 基板を貼り合せて作製した場合は，基板の方位と薄膜結晶の方位の間に意図しないわずかなずれが存在するため，実際の測定においてこの配置はさらに有効となる．

　図 2（c）に X 線の波長を 0.071 nm とし，入射角（ω）を臨界角（0.1°）よりわずかに大きい 0.12° に固定したときの 113 ブラッグ反射近傍の ϕ スキャンの強度分布を示す．このような条件でも歪み Si 層からの反射は基板の反射よりも 2 桁程度弱く，また，その回折ピークが大きく広がっていることが分かる．しかしながら，2 つの反射は完全に分離しており，歪み Si 層の反射を用いて X 線トポグラフを撮影すれば，基板とは完全に分離して歪み Si 層のみの評価を行うことができる．基板表面に薄膜がある場合だけでなく，薄膜が埋め込まれた多層膜の場合でも，X 線の反射を分離して測定することができればその層のみの情報を非破壊で得ることができる．これは X 線を用いたときの大きな長所である[8]．

　図 3（a）にこの歪み Si 層の反射を用いて撮影した X 線トポグラフを示す．測定された実際の像は楕円状であるが，真円になるように修正している．斜め方向に伸びている帯状のコントラストは試料固定用具の陰によるものである．さまざまなコントラストが観測されているが，これらは歪み Si 層の結晶不均一性を示しており，

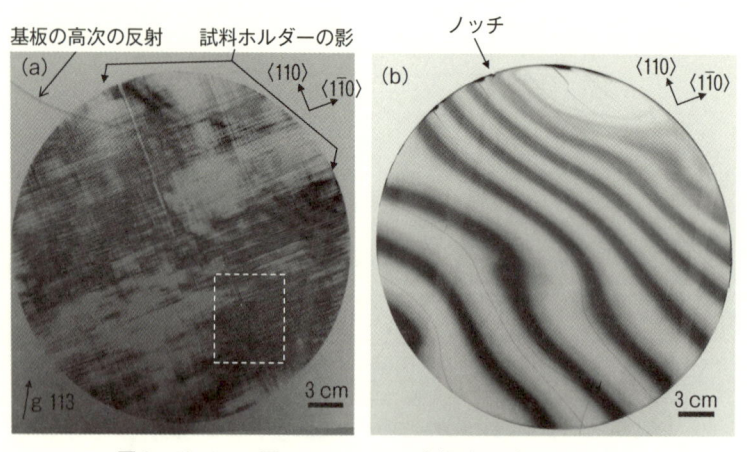

図 3　12 インチ歪み Si ウエハの広領域 X 線トポグラフ
(a) 歪み Si 層，(b) Si 基板，(b) は多重露出によって得られた

X線トポグラフによってはじめて観測された分布である．図3(b)は，ウエハをφ軸周りに0.05°ずつ回転させながら基板の反射を用いて多重露光した像である．基板の反射は回折条件が厳しいため，ウエハのわずかな反りにより，1回の露出では帯状の部分しかブラッグ条件を満たさない．多重露光によって得られた縞状のパターンはウエハの反りの状態を示している．像の上部で縞模様が消え白く抜けた部分があるが，これはこの部分で急激にウエハが曲がっていることを示している．その影響は，歪みSi層にも見られており，その部分で濃いコントラストとして観察されている．

Si基板には通常その面内の結晶方位を示すためノッチ（notch）と呼ばれる切り欠きが外周部に造られている．このウエハでは像の上方左側にノッチがあり[110]方向を示している（図3(b))．対応するところを歪みSi層の像で見るとノッチ部から中心に向かって比較的強いコントラストの白い筋が走っている．これはノッチ自体が欠陥の発生の原因となっている可能性を示唆している．

図4(a)はφ軸周りにさらに0.5°ウエハを回転させたときの歪みSi層の上半面中央部についての像である．図3(a)と比較するとその濃淡が反転していることがわかる．つまり，歪みSi層の像で見られる数cm程度の大きさのまだら模様は，構造の非晶質化や劣化等を示しているのではなく，何らかの要因で回折条件がずれていることを示している．

図3(a)で最も特徴的なのがウエハ全面に観測されているクロスハッチパターンである．図4(b)は図3(a)の点線の枠内の拡大図であるが，[110]方向に沿って

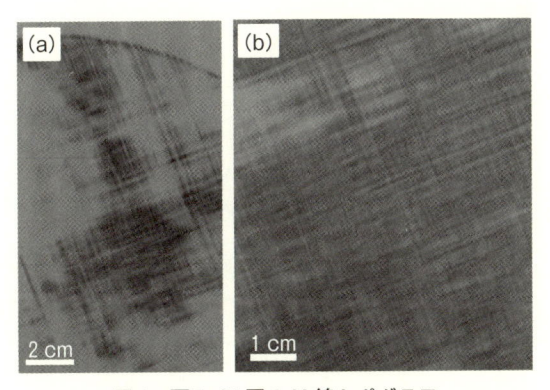

図4 歪みSi層のX線トポグラフ
(a) 図3(a)の条件からφ軸周りに0.5°だけ回転した位置で撮影された．(b) 点線内の拡大図

微細なパターンが確認できる．詳細は 1.4 で述べるが，像の分解能をさらに上げると数百 μm 間隔のクロスハッチパターンまで確認することができる．このクロスハッチパターンの要因は，パターンの類似性から歪み Si 層形成時の下地 SiGe 層によると考えられる．格子不整合による欠陥の発生をできるだけ減らすために，SiGe 層は Si 基板上に Ge 組成を徐々に増加させながら成膜されるが，格子不整合起因のミスフィット（misfit）転位の発生は避けられない．このミスフィット転位は直交する[110]方向に走るクロスハッチパターンを形成することが知られており[8]，歪み Si 層のパターンの要因であると考えられる．しかしながら，SC-sSOI 構造の場合，SiGe 層とはすでに分離されており，その後のプロセスを経て，歪み Si 層のどのような構造がこのようなクロスハッチパターンを形成するかを明らかにする必要がある．

1.4　ロッキングカーブ X 線トポグラフィ[9]

歪み Si 層の場合，クロスハッチパターンの要因として，歪みの不均一分布と格子面の傾斜分布を挙げることができる．このときの逆空間上での様子を模式的に図 5（a）に示した．歪みの揺らぎでは[001]軸を対称に反射位置が移動し，格子面の傾きの場合は原点を中心とする回転方向への変位となる．これらの変位をそれぞれの反射のロッキングカーブにおけるピーク位置でみると，歪みの揺らぎは同じ方向

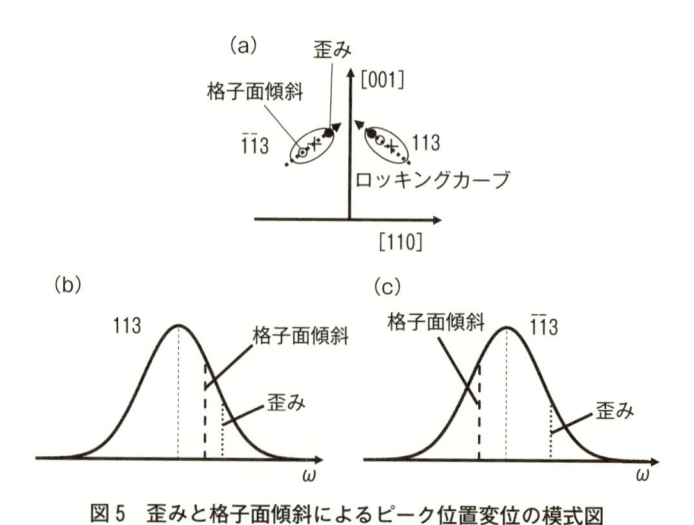

図 5　歪みと格子面傾斜によるピーク位置変位の模式図
（a）逆空間．（b）と（c）はそれぞれ 113 と $\overline{1}13$ のロッキングカーブ

の変位として観測され，一方，格子面の傾きは反対方向の変位として観測されることになる（図6(b)，(c)）．[001]軸について180°反転する対称な2つの反射について微小領域からのロッキングカーブを測定し，ピーク位置の和の半分が歪みによるピーク位置の移動量を示し，差の半分が格子面傾斜によるものとなる．歪み及び格子面傾斜の揺らぎの分布を取得するために，2次元検出器にCCDを用いた一連のトポグラフ測定をすることにより試料の各微小領域からのロッキングカーブを得た．

測定はPhoton FactoryのBL15Cで行った．この測定では180°反転する対称な2つの格子面がω軸と平行になるようにϕ軸を調整し，ロッキングカーブの角度範囲において入射角が全反射臨界角より小さくならないように波長を選択した．検出器にはピクセルサイズが23 μm角のCCD検出器を用い，ω軸周りで試料を回転させながら各位置でのX線トポグラフを取得した．試料のω軸周りでの回転によりgベクトル方向の像の縮尺が変化する．また，試料をϕ軸周りで180°回転させたとき，像が十分な精度で一致するとは限らない．ここではX線回折実験の前に測定領域の四隅にマーキングをしておき，トポグラフを撮影後位置の補正を行った．像の合わせ精度は50 μm以下に抑えた．

図6に取得したトポグラフの一例を示す．数百μm間隔のクロスハッチパターンが明瞭に観察されていることがわかる．画素毎にロッキングカーブを算出し，そのピーク位置，半値幅，積分強度をそれぞれの画素の値として画像化したものを図7に示す．トポグラフでは明瞭なクロスハッチパターンが観測されていたにもかかわらず，それぞれの画像はgベクトルに垂直または平行なコントラストのみが強調された画像になっている．

同様の測定を$\overline{11}3$反射についても行い，ピーク位置の2つの画像について各画素の和と差の半分を画像化したものを図8に示す．図8(a)が歪みの成分を示して

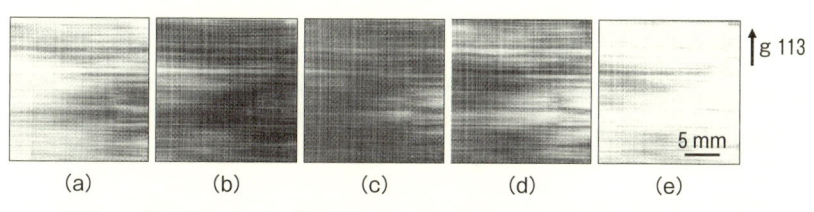

(a)　　　(b)　　　(c)　　　(d)　　　(e)

図6　ω軸周りに0.02°ずつ回転しながら測定したX線トポグラフの一部
(a)から(e)にかけてωが増加

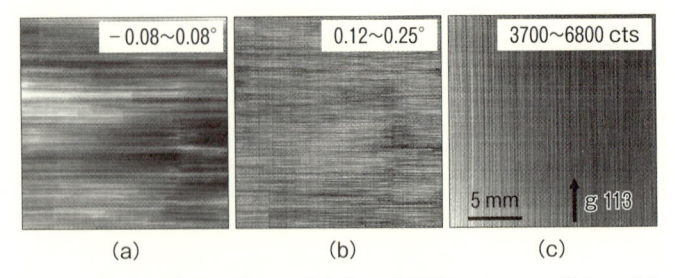

図7 一連のX線トポグラフ（図6）の各画素のロッキングカーブを解析して得られたパターン

(a), (b), (c) はそれぞれロッキングカーブのピーク位置, 半値幅, 積分強度を画像化したもの. 図中の値はグレースケールの範囲を示している.

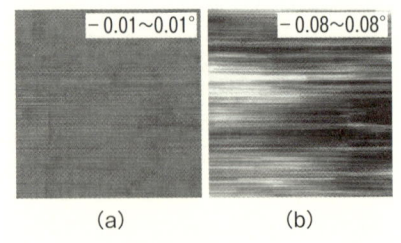

図8 一連のX線トポグラフを解析して得られた格子歪みと格子面傾斜分布

113 反射から得られたピーク位置分布（図7(a)）と, $\overline{1}13$ 反射から得られた分布の和の半分が格子歪み分布（a）を, 差の半分が格子面傾斜分布（b）を示す. 図中の値はグレースケールの範囲を示している.

おり, 格子面傾斜の成分と比較するとほとんど濃淡のない像となっている. 歪みSi 層の歪み量の平均値は, 面内方向への 0.75% の引張り歪みだが, この測定領域内の歪みの揺らぎは 0.75±0.02% 以下と見積もることができる. 一方, 格子面傾斜成分の像は図7(a) のピーク位置分布の像と酷似しており, クロスハッチパターンの要因が ±0.08° の範囲の格子面の傾斜分布であることがわかる.

クロスハッチパターンが直交する2方向への格子面傾斜揺らぎによるものとすると, 図7に示した3つの像において g ベクトルに垂直または平行なコントラストのみが強調される理由は次のように考えることができる. ω 軸を回転軸とする格子面傾斜があれば, その傾斜角度だけピーク位置が移動する. しかし, それに直交する微小な傾斜成分ではロッキングカーブのピーク位置はほとんど変化しない. そのため, ピーク位置の像（図7(a)）では ω 軸を回転軸とする格子面傾斜成分だけが強調されている. 半値幅の像についても基本的には同じで ω 軸を中心とする格子

面傾斜成分においてその変化量が大きいところで半値幅が増加する．一方，ω 軸を回転軸とする格子面傾斜はそのピーク位置を移動するものの基本的には積分強度には変化を与えない．しかし，直交する傾斜は回折 X 線の方向をわずかに反らし，本来計測されるべき画素とは異なる画素で検出されることになる．2 次元検出器の画素と試料の位置の 1 対 1 の関係がずれ，ある画素ではより広い領域からの X 線が計測される一方で，狭い領域からの X 線しか計測しない画素もでてくる．この回折 X 線の方向のずれは，ω 軸周りのロッキングカーブ測定の間ほとんど変わらないので，積分強度の強さにそのまま反映される．これが積分強度の像において g ベクトルに平行なパターンが強調される理由である．

1.5 むすび

歴史的に見れば半導体デバイス用の Si 結晶の結晶性向上と X 線トポグラフィとには密接な関係がある．産業上の理由により Si 結晶には大口径でかつ高い結晶品質が望まれてきたが，その評価手法として X 線トポグラフィは結晶品質の向上に貢献してきた[10]．Si 結晶が完全結晶に近づき，結晶内の X 線波動場を取り扱う動力学的回折理論の研究や放射光利用による平面波を用いた実験的研究が盛んになった．動力学的回折理論の進展は結晶のわずかな歪み場の解析法や結晶を用いた X 線光学素子の開発へと発展していった．半導体デバイスメーカーの経済状況は新聞等でいろいろ取りざたされているが，日系のウエハメーカーの Si ウエハの世界シェアは現在でも 60% 程度を維持している．

Si デバイスだけに限らず，結晶材料の品質向上がその分野の発展のカギを握る場合がある．X 線トポグラフィの歴史は長いが，材料系が変わればそこには材料科学や回折現象としての新しい物理がある．X 線トポグラフィは結晶評価手法として他にない特徴をもっており，今後も結晶品質の向上に貢献していくものと考えている．

2. 高分解能コヒーレントX線回折イメージング

2.1 はじめに

　X線イメージング技術はX線が高い透過力を有することから，物体の内部構造を非破壊で観察する方法として広く用いられている．医療診断，空港の手荷物検査におけるX線写真はその代表的な例である．X線は高い透過力に加え，オングストローム程の波長をもった電磁波としての性質も有し，原理的に高い空間分解能を備えた顕微鏡を構築することが可能である．近年の放射光源技術ならびにX線集光技術の発展により，X線顕微鏡の性能は飛躍的に向上し，比較的容易に数10 nmの空間分解能を達成できるようになってきた．

　顕微鏡を開発する研究者にとって，その空間分解能，視野，感度等の性能向上を追求する事は常であるが，現状のX線顕微鏡の性能は，レンズやX線光源の性能によって制限されている．空間分解能に関して言えば，一般にX線顕微鏡にはフレネルゾーンプレートと呼ばれる光学素子を用いるが，10 nmより優れた分解能を有するフレネルゾーンプレートを製作することは技術的に難しいとされる．この問題を回避して，X線イメージングで高い空間分解能を達成するのがコヒーレントX線回折イメージングである．

　コヒーレントX線回折イメージングは，試料にコヒーレントなX線を照射し，遠方で観測される回折パターンに位相回復計算を実行することで，試料像を得る．すなわち，像を結像するためのレンズを必要とせず，代わりに位相回復計算を必要とする．コヒーレントX線回折イメージングは，1952年にSayreが位相問題を解決する一つの方法論としてオーバーサンプリング位相回復法の可能性を説いたことに始まる[1]．そして，1999年にMiaoらが軟X線を用いた実証実験に成功し[2]，これが契機となって多くの放射光施設で研究が行われるようになった．現在，多くの放射光施設でその手法開発に関する基礎研究ならびに材料[3]・バイオイメージング[4]に関する応用研究が展開されている．また，近年では，新たなX線光源としてX線自由電子レーザーがアメリカのLCLS（Linac Coherent Light Source）および日本のSACLA（SPring-8 Angstrom Compact Free Electron Laser）で利用可能となった．X線自由電子レーザーは，空間的にほぼ完全にコヒーレントな，大ピーク強度，超短パルスX線であり，これを用いたコヒーレントX線回折イメージングの研究も報告されている．本節では，コヒーレントX線回折イメージングの原理について簡

単に述べた後,コヒーレントX線回折イメージングの高分解能化ならびにその応用に関する研究について紹介する.

2.2 コヒーレントX線回折イメージングの原理

コヒーレントX線回折イメージングは,その測定系の観点からいくつかに分類される.現在,主流となっているのは,図9に示す平面波照明型コヒーレントX線回折イメージングと走査型コヒーレントX線回折イメージング(通称:X線タイコグラフィー)である.両手法には,試料の小角散乱強度測定に基づく方法とブラッグ回折強度測定に基づく方法が存在する.小角散乱強度測定に基づく方法では,試料の電子密度コントラスト(位相コントラスト)が得られるのに対し,ブラッグ回折強度測定に基づく方法では,試料は良質な単結晶に限られるが,電子密度分布に加えて,歪分布が得られる[5]のが特徴である.ここでは,小角散乱強度測定に基づく平面波照明型コヒーレントX線回折イメージングとX線タイコグラフィーの原理について簡単に説明する.

2.2.1 平面波照明型コヒーレントX線回折イメージング

物体に単色平面波X線を照射する.この時,物体によるX線の吸収が無視できるほど小さく,1回散乱近似を満足する場合,十分遠方で観測される回折強度は,物体の電子密度分布$\rho(x, y, z)$のFourier変換で記述される構造因子の二乗に比例する.コヒーレントX線回折イメージングでは,CCD等の二次元検出器によって回折パターンを取得するが,これは逆空間で,Ewald球と交差する断面上の強度に対応している.位相問題として良く知られているように,回折強度パターンには構造因子の位相が欠如している.しかしながら,回折強度パターンを細かくサンプリ

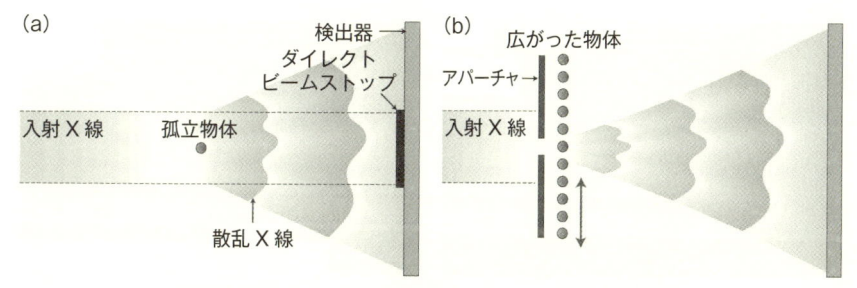

図9 コヒーレントX線回折イメージングの実験配置
(a) 平面波照明型コヒーレントX線回折イメージング,
(b) 走査型コヒーレントX線回折イメージング(X線タイコグラフィー).

ングし，計算機上で位相回復計算を実行することで，試料電子密度分布を再構成できることが経験的に知られている．この手法は，オーバーサンプリング位相回復法として知られ，一般的に位相回復計算には，Fineup の考案した Hybrid-Input-Output（HIO）アルゴリズム[6]が用いられる．

図 10(a) に位相回復計算の概念図を示す．ランダムな電子密度分布から出発し，Fourier 変換と逆 Fourier 変換を繰り返す．そして，各反復において実空間および逆空間で既知の情報を補う．逆空間では，X 線回折強度の実験データを補う．実空間では，物体周辺では真空であるという事実に基づいて電子密度がゼロになることが拘束条件として課される．HIO アルゴリズムでは，局所解に陥るのを防ぐために，実空間拘束において電子密度にゼロを代入するのではなく，徐々にゼロに収束させる工夫が施されている．位相回復アルゴリズムからも分かるように，平面波照明型コヒーレント X 線回折イメージングでは，試料は孤立物体に限定される．また，その最大サイズは X 線の空間コヒーレンス長によって制限される．これに加えて，オーバーサンプリング条件[7]を満たすために，二次元検出器の空間分解能やカメラ長を最適化する必要があり，これも試料の最大サイズを制限する要因となっている．

上記の理由により，X 線領域における平面波照明型コヒーレント X 線回折イメージング実験では，数 μm 以下の孤立試料を用いる場合が多い．また，試料や使用する X 線エネルギーによっては，物体による X 線吸収や多重散乱を無視できない．この場合，投影近似を適用し，試料像を複素透過関数として扱う．ここで複素透過関数 $T(x, y)$ は次式で与えられる．

$$T(x, y) = \exp\left(\frac{2\pi i}{\lambda}\int \delta(r) + i\beta(r)\mathrm{d}z\right). \tag{2.1}$$

ここで，λ は X 線波長，δ および β は屈折率の位相および吸収項である．物質が単一元素から構成される場合，δ および β は次のように表せる．

$$\delta = \frac{N\lambda^2 r_e(Z + f')}{2\pi} \tag{2.2}$$

$$\beta = -\frac{N\lambda^2 r_e f''}{2\pi} \tag{2.3}$$

ここで，N は単位体積中の電子数，r_e は古典電子半径，Z は原子番号，f' および f''

は原子散乱因子の異常分散項の実部および虚部である．複素透過関数の大きさおよび位相は，それぞれ試料によるＸ線の吸収および位相シフトに対応している．ここで，複素透過関数を用いて試料像を記述することは，試料内部での回折波の広がりを考慮しないことと等価であることに注意しなければならない．すなわち，空間分解能がＸ線波長に加えて試料厚さによっても制限されることを意味する．

2.2.2 Ｘ線タイコグラフィー

　平面波照明型コヒーレントＸ線回折イメージングでは，試料が孤立物体に限定されるため，観察対象が限られるという実用的な問題があった．Ｘ線タイコグラフィーはこの問題を解決するコヒーレントＸ線回折イメージングの一手法である．1969 年に Hoppe がタイコグラフィーの基礎となる方法論を提案し[8]，2007 年に Rodenburg らがＸ線タイコグラフィーの実証実験に初めて成功した[9]．

　タイコグラフィー（ptychography）のタイコ（ptycho）とはギリシャ語で重なり（$\pi\tau\nu\xi$ = fold）を意味する．すなわち，Ｘ線タイコグラフィーでは，Ｘ線照射領域が重なり合うように試料をステップ走査し，走査各点でコヒーレントＸ線回折パターンを取得する．また，試料への平面波照明を仮定しないため，遠方で観測される回折波複素振幅は，入射Ｘ線の波面を表現した照射関数 $P(x, y)$ と複素透過関数 $T(x, y)$ との積で表される物体背面の波動場 $\Phi(x, y)$ の Fourier 変換として記述される．

　位相回復計算では，図 10(b) に示すように，Ｘ線照射の重なり領域を等しいとする実空間拘束，回折強度を逆空間拘束として Fourier 変換と逆 Fourier 変換の反復計算を行うことで試料像を再構成する．よって，試料像を導出するためには，予め照射関数を決定しておくか，あるいは位相回復計算の過程で試料像再構成と並行

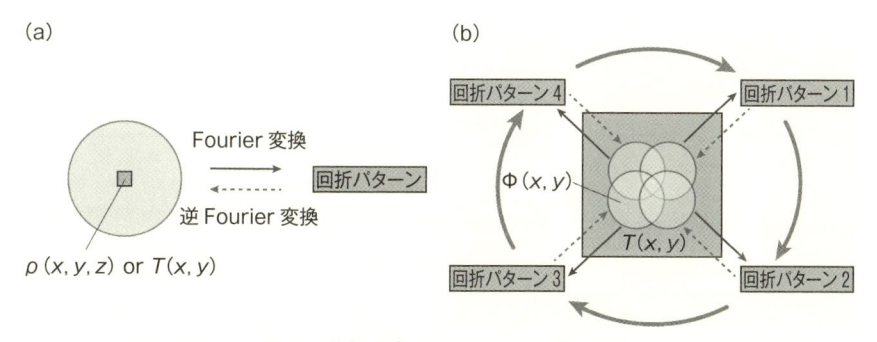

図10　位相回復アルゴリズムの模式図
（a）平面波照明型コヒーレントＸ線回折イメージング，（b）Ｘ線タイコグラフィー．

して照射関数を再構成する必要がある．また，位相シフトが小さく，物体による X 線吸収が無視できるほど小さい場合には，複素透過関数は，近似的に次のように表すことができる．

$$T(x, y) \approx 1 + \frac{2\pi i}{\lambda} \int \delta(r) \mathrm{d}z. \tag{2.4}$$

この近似により，複素透過関数の虚部のみが未知数として扱われるため，位相回復計算の収束性は向上する．

2.3 高分解能コヒーレント X 線回折イメージング

コヒーレント X 線回折イメージングは，原理的に X 線波長や試料厚さによって空間分解能が制限される．しかしながら，実験的に高分解能を達成することは容易でない．コヒーレント X 線回折イメージングで高分解能化を達成するには，高 Q 領域まで回折強度データを取得することが不可欠である．小角散乱プロファイルの一般的な特徴として，散乱強度は波数のベキ乗に比例して減衰することが知られている．よって，高い信号対雑音比（S/N 比）で高 Q 回折強度を測定するためには，高強度なコヒーレント X 線が不可欠である．

2.3.1 全反射集光鏡を用いた平面波照明型高分解能コヒーレント X 線回折イメージング

高橋らは X 線全反射集光光学系を用いた高分解能コヒーレント X 線回折イメージングの実現可能性を波動光学計算により検討し，高精度楕円面鏡を駆使することで，SPring-8 のコヒーレント X 線のフラックス密度を 100 倍以上上昇可能であることを報告した[10]．高橋らは，この計算結果に基づき，X 線集光鏡を設計・製作し，高分解能コヒーレント X 線回折イメージング装置を SPring-8 の BL29XUL に構築した．図 11 に装置の外観写真を示す．Kirkpatrick–Baez 配置された二枚の楕円面鏡によって〜10 keV の X 線が半値幅〜1 μm に集光される．この時，フラックスは〜1×10^{10} photons/s であり，集光点におけるフラックス密度は，楕円面鏡の上流約 48 m の位置の仮想光源でのフラックス密度と比べて 100 程度大きい．このことは，集光径より十分小さい〜200 nm 以下のサイズの孤立物体であれば，平面波照明を満足しつつ，従来よりも 100 倍程度明るい X 線を試料に照射できることを意味する[11]．高橋らは，全反射集光鏡を搭載した高分解能コヒーレント X 線回折イメージングの実証実験を行った．試料には，ポリオール還元法によって合成された

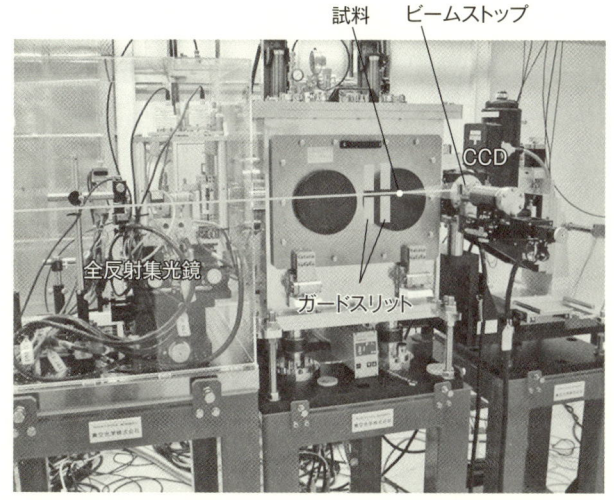

図11 SPring-8のBL29XULに構築された高分解能コヒーレント
X線回折イメージング装置の外観写真

銀ナノキューブ粒子を用いた．この銀ナノ粒子は一辺〜100 nmの立方体形状の単結晶ナノ粒子であり，粒子表面は(100)面のファセットを形成している．図12(a)に得られた銀ナノキューブからの回折パターンを示す．矩形開口のフラウンホーファー回折図形に類似したパターンが形成されているのが分かる．この回折パターンにHIOアルゴリズムを計算機上で実行すると，図12(b) に示す再構成像が得られた．この再構成像は，銀ナノキューブ粒子の電子密度分布の投影に相当する．再構成像の断面プロファイルから，銀ナノキューブの端が2 nmで分解できており，本顕微法がきわめて高い空間分解能を有していることが分かる[12]．

2.3.2 高分解能・高感度X線タイコグラフィー

高密度X線プローブはX線タイコグラフィーの高分解能化にも活用することができる．X線タイコグラフィーで高分解能化を達成するには，平面波照明型と同様に高Q領域の回折強度を高い信号対雑音比で測定することが要求される．これに加えて，X線照射の位置の精度によっても空間分解能が制限されるため，試料上の正確な位置にX線を照射することが要求される．高橋らは，X線照射位置エラーの原因となる装置系の熱膨張・収縮を抑えるために，恒温化システムを開発し，光学系の温度変化〜0.01℃/日まで抑えることに成功した．また，暗視野ナイフエッ

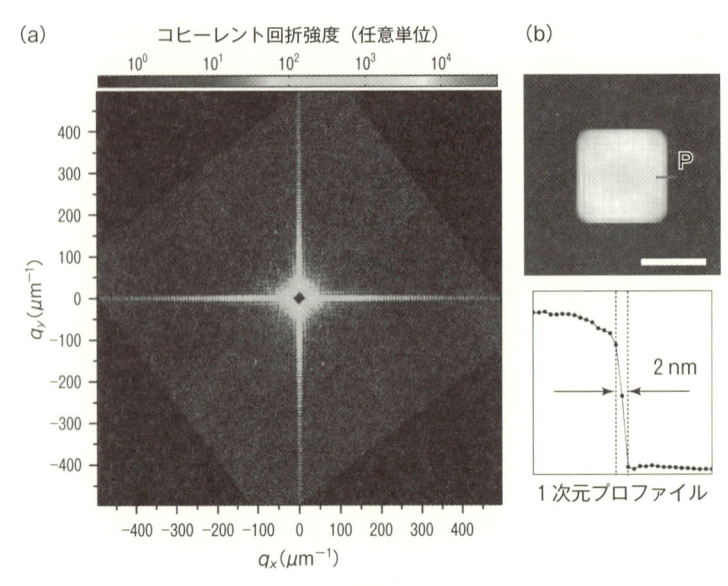

図12 コヒーレントX線回折パターンと再構成像
(a) 銀ナノキューブ粒子のコヒーレントX線回折パターン．(b) 回折パターンに位相回復計算を実行することによって再構成された銀ナノキューブ粒子の投影像とその断面．

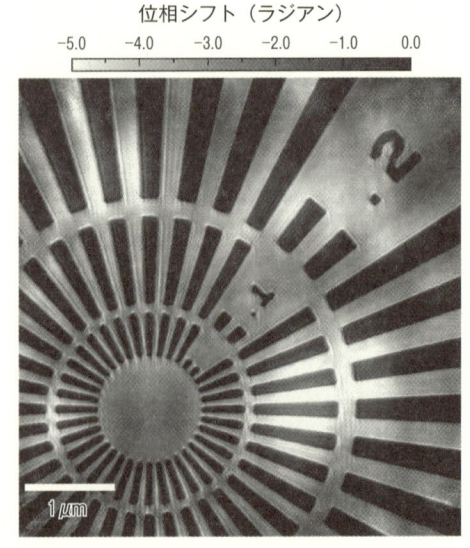

図13 高分解能X線タイコグラフィーによって得られたテスト物体の位相分布

ジ走査法を応用したX線照射位置修正法を開発し,ナノメートルオーダーの位置精度でのX線照射を実現した.この装置を用いて,200 nm厚さのタンタル製のテストチャートを入射X線エネルギー11.8 keVで測定したところ,図13に示す再構成像が得られ,5 μm以上の視野を10 nmより優れた空間分解能で観察することに成功した[13].

X線タイコグラフィーは,平面波照明型のコヒーレントX線回折イメージングと比較して,弱い散乱体の観察が難しいことが知られている.これは,照明光学系に由来する散乱X線がバックグラウンドとなり,試料からの散乱X線強度のS/N比を低下させるからである.高橋らは,矩形型スリットで構成される空間フィルターとX線集光鏡を組み合わせた照明光学系を開発し,X線集光鏡に由来する散乱X線の一部をカットし,試料からの散乱X線強度を高いS/N比で取得することを可能にした.これにより,〜$\lambda/320$の微弱な位相変化を観測することが可能となり,高分解能かつ高感度なX線位相コントラストイメージング法としてX線タイコグラフィーが確立された[14].

2.4 むすび

本節では,コヒーレントX線回折イメージングの原理および全反射集光鏡を用いた高分解能コヒーレントX線回折イメージングの開発に関する研究について紹介した.コヒーレントX線回折イメージングでは,装置系の高い安定性が要求され,その背景には測定時間の長さが挙げられる.現状では,高分解能X線タイコグラフィーで$5 \times 5 \mu m^2$視野,10 nm分解能を得るのに,10時間以上の測定時間を要する.現在,議論されているSPring-8IIやERLのような次世代のリング型光源では,現状のSPring-8の放射光よりコヒーレントフラックスが1000倍程度増加することが見込まれ,測定時間が大幅な短縮が期待され,表面科学を含む広範囲な科学分野への応用研究がさらに進展すると期待される.

3. Talbot–Lau 干渉計による X 線位相イメージング

3.1 X 線位相イメージング

X 線は物体を透過する際，物体との相互作用により，振幅の減衰及び位相シフトを生ずる（図14）．振幅の減衰から物体の像を得るものを X 線吸収イメージングといい，医療におけるレントゲン検査や製品の非破壊検査の多くはこの吸収コントラストに基づいている．これに対し位相シフトに基づくコントラストから物体の像を得るものを X 線位相イメージングという．食品や医薬品，生体組織等の原子番号の小さい軽元素からなる密度の小さい被写体では，高エネルギーの硬X線はほとんど透過してしまうため，吸収イメージングでその分布を得ることが難しい．しかし，位相イメージングはこれらの被写体において 2-3 桁程高感度な撮影が可能であることから注目を集めている[1]．

X 線の位相シフトを検出する手法としてシリコンなどの完全結晶を用いて参照波を形成し，再び，物体を透過した X 線と干渉させることによりその位相シフトを検出する手法がある（X線干渉計）（図15）[2]．この手法は高感度ではあるがブラッグ回折を利用しているため，入射 X 線には非常に高い単色性と平行性が要求され，主に放射光を用いて行われる．

被写体に屈折率分布がある場合は，その微分値に対応する角度でX線は屈折する．そのわずかに屈折したX線をコントラスト形成に用いて位相シフトを検出する手法がいくつか提案されている．物体の下流に結晶を配置し，透過した像をブラッグ反射させる場合は，ブラッグ条件を満たすX線だけを選択的に像形成に用いることができる．屈折したX線のコントラストを増強することから，DEI（Diffraction Enhanced Imaging）と呼ばれている（図16(a)）[3]．この手法も，ブラッグ回折を用いるので入射X線には単色性と平行性が必要であり，放射光を用いて行

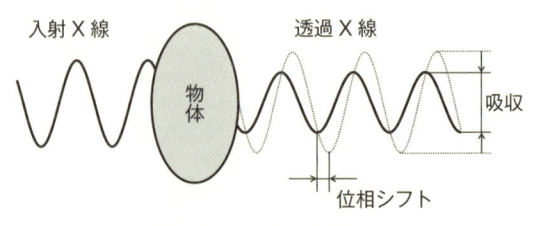

図14 物体による X 線の吸収と位相シフト

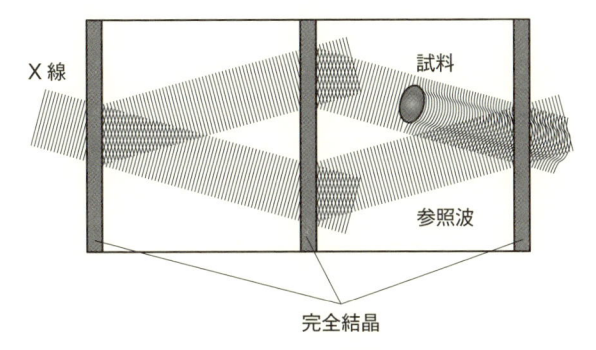

図 15　X 線干渉計による X 線位相イメージング

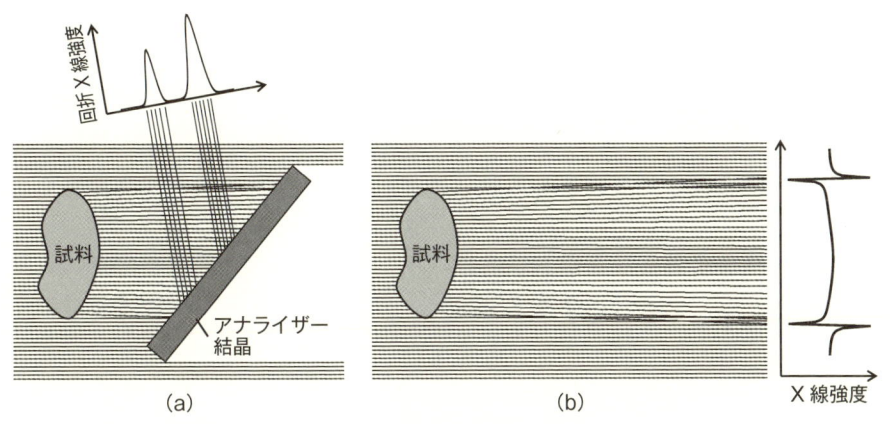

図 16　結晶のブラッグ回折と X 線の伝搬を利用する X 線位相イメージング
(a) DEI 法，(b) X 線の伝搬を利用する方法

われている．

　被写体と検出器を離すことによっても位相シフトに起因したコントラストを得ることができる（図 16(b)）[4]．屈折した X 線がその近傍の X 線と干渉することを利用する手法である．屈折率の微分値は通常，被写体のエッジで大きな値をとることから被写体のエッジが強調された像になる．この手法は結晶のブラッグ反射を用いないので入射 X 線に対して高い単色性と平行性は必要ない．しかし，エッジ近傍のX線が干渉するためには，数 μm 程度の空間的可干渉性（コヒーレンス）が求められる．空間可干渉距離 ξ_s は，X 線の波長 λ と，光源の大きさ w，光源までの距離 L を用いて $\xi_s = \lambda L/w$ と表される．波長 0.1 nm，光源までの距離を 1 m としても，

3. Talbot-Lau 干渉計による X 線位相イメージング

10 μm の可干渉距離を得ようとすると 1 μm の光源サイズが必要となる．また，一般的な材料に対し X 線の屈折率は 1 から 10^{-5} 程度小さいだけなので屈折角も 10^{-5} rad 程度である．そのため，試料によって屈折した X 線が元の光路から 10 μm シフトするためには，試料と検出器間距離を 1 m 離さなければならない．マイクロフォーカスの X 線源を用いれば放射光を用いずに実験室系の装置で測定が可能であるが，マイクロフォーカスの X 線源は出力をあまり上げられないことに加え，光源から検出器までの距離を離さなければならないため実効的な X 線強度が十分ではない．

この他に回折格子による X 線の干渉効果を利用する手法として X 線 Talbot 干渉計がある[5]．詳細は後述するが実験室系の光源としてはマイクロフォーカスの X 線源を必要とすることからその応用展開は限られたものになっていた．

一方で X 線 Talbot–Lau 干渉計は，そのサイズが 100 μm を超える大きな X 線光源を用いても X 線位相イメージングを可能にすることから，近年注目を集めている[6]．X 線位相イメージングの多くは，用いる X 線に高い平行性・単色性が求められるため，放射光などの特殊な施設下での撮影やマイクロフォーカス X 線源の利用に限定されてしまうが，この方法では通常の数 100 μm の大きさの光源を使用して実験室レベルでの撮影が可能である．さらに，X 線の吸収像，位相微分像（位相シフト），暗視野像（小角散乱）といった異なる情報を持つ像を同時に取得することもできる[7]．そのため X 線 Talbot–Lau 干渉計は次世代の高感度 X 線撮影法として期待されており，医療・産業での実用化を目指して研究開発が盛んに行われている．

3.2 X 線 Talbot 干渉計

X 線 Talbot 干渉計は，回折格子による X 線の干渉効果を利用した位相計測の手法である．図 17 にマクロフォーカス X 線源を用いたときの X 線 Talbot 干渉計の模式図を示す．回折格子に入射する X 線の空間的可干渉距離が位相格子（G_1）のピッチ（p_1）よりも大きければその下流で回折波が生じる．このとき回折格子からある特定距離（Z_T）だけ離れた位置に，回折格子通過直後と相似な強度分布を有する自己像（G_1'）を形成することが知られており，この現象は Talbot 効果と呼ばれている[8]．周期長 p_1 の格子により自己像が現れる距離 Z_T は，平面波の場合，$Z_T = m \dfrac{p_1^2}{\lambda}$ で与えられる．G_1 の位置に開口率 0.5，開口部と非開口部の透過率が 100% と 0% の振幅型回折格子を設置した場合は m は整数である．また，非開口部

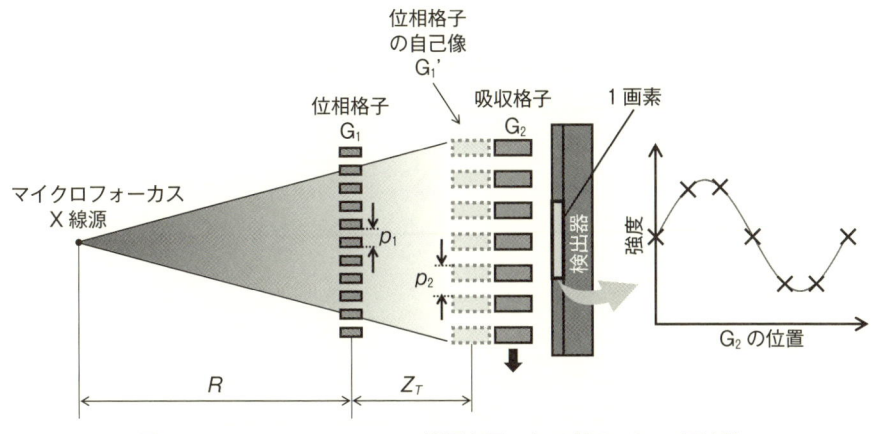

図17 マイクロフォーカスX線源を用いたX線Talbot干渉計

で位相が$\pi/2$だけシフトする$\pi/2$位相格子では$m = 1/2, 3/2, 5/2, \cdots$である．$\pi$位相格子の場合は特殊であり，1/8の奇数倍になる．球面波の場合，自己像のピッチp_2はp_1の$(R+Z_T)/R$倍になり，$Z_T = m\dfrac{p_1 p_2}{\lambda}$となる．

回折格子直前に試料を配置した場合，試料内部の位相シフトによってX線が屈折し，それに伴い自己像がわずかに変形する．通常，自己像のピッチは数μmでX線の2次元検出器の画素サイズより小さいので，自己像を検出器で直接検出することはできない．そこで自己像の位置に吸収格子（G_2）を重ね合わせることで，自己像の変形をモアレ縞の変形として検出することができる[5]．さらに，吸収格子を並進させながら複数枚のモアレパターンを測定することにより位相情報を定量的に得ることができる（縞走査法）．一つの画素についてみると吸収格子を少しずつ並進させながら観測される強度分布は吸収格子のピッチを周期とする正弦波曲線で近似できる．試料を配置する前後で2回測定を行い，それぞれの曲線の振幅（A_r, A_s），平均値（C_r, C_s）とその間の位相差（$\Delta\phi$）から次式でT, α, Vを算出することができる（図18）．

$$T = \dfrac{C_s}{C_r}, \quad \alpha = \dfrac{2\pi}{\lambda}\dfrac{\Delta\phi}{Z_T}, \quad V = \dfrac{A_s/C_s}{A_r/C_r}$$

T, α, Vで画像を形成したものは吸収像，位相微分像，暗視野像になる．

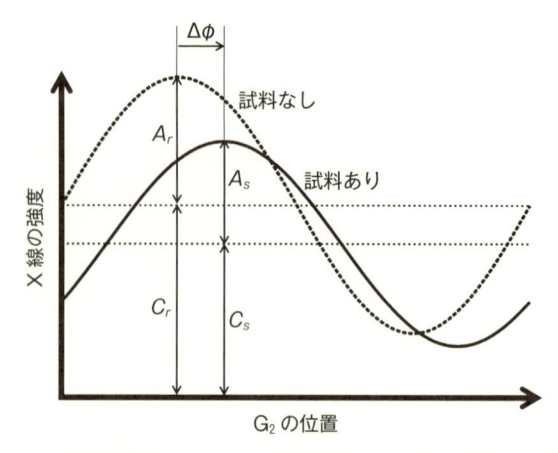

図18 縞走査法において1つの画素で得られる強度分布の例

　暗視野像は，試料内部でのX線の小角散乱を画像化したものと考えることができる．試料内部に数ミクロンから数十ミクロンの細かい構造体が多数存在していると，それらによりX線はわずかに散乱される．そのため，自己像の最大値と最小値の差が縮まり，ビジビリティ（A/C）が低下する．暗視野像はX線の吸収像，位相（微分）像にない特徴を有しており，新たなコントラスト形成法として注目されている．

　縞走査法では，吸収格子を走査しながら複数枚の画像を取得する必要があるが，フーリエ変換法を用いると一度の露出で3種類の画像を取得することができる（図19）[9,10]．吸収格子を光軸を中心に大きく傾けることによりモアレ縞を検出器で解像できる限界まで細かくすることができる．このモアレ縞をフーリエ変換するとフーリエ変換像にはその周期に対応した位置にピークが検出される．原点周辺だけを切り取り，逆フーリエ変換し，試料を配置する前後の像で絶対値の比をとったものが吸収像に相当する．位相微分像は，モアレ縞の周期に対応したピークの周辺をフーリエ変換像の原点に移動し，逆フーリエ変換をし，試料を配置する前後の像で偏角の差をとったものが位相微分像に相当する．モアレ縞に対応するピークの周辺と原点の周辺をそれぞれ逆変換して絶対値の比をとったものがビジビリティになり，試料を配置する前後でビジビリティの比をとったものが暗視野像になる．フーリエ変換法は，1枚のモアレ画像から3種類の像を取得できるという特徴があり，被曝量の低減，撮影時間の短縮という面で有利である．しかし，空間分解能がモアレの周

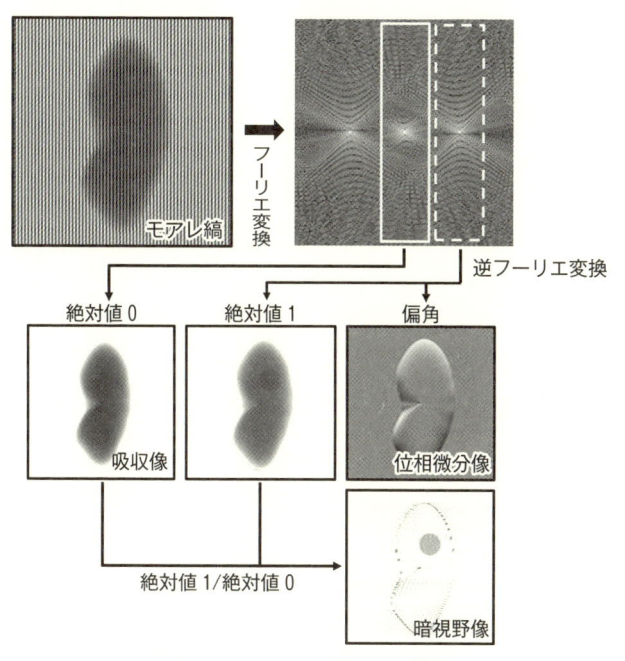

図19 フーリエ変換法の概要
実際には試料を配置前の像との差分や比をとる必要がある

期長で制限されるという欠点があり，使い分けが大切である．

3.3　X線 Talbot-Lau 干渉計

　X線 Talbot-Lau 干渉計の基本原理は X線 Talbot 干渉計とほぼ同じである．しかし，位相格子，吸収格子に加え，光源格子をこれらの格子と光源の間に配置することにより，サイズの大きな光源でも X線位相イメージングを可能にしている点に特徴がある[6,7]．

　図20のように周期 p_0 で開口を持つ光源格子（G_0）について考える．ひとつの開口についてみると開口幅が十分小さければ位相格子（G_1）の位置でその周期 p_1 より大きな可干渉性を実現できる．その結果，位相格子の下流でその自己像（G_1'）が形成される．このとき，$p_0:p_2=R:Z_t$ の関係が成り立つように p_0 を設定すれば，光源格子の各開口からの自己像が p_2 の整数倍ずつずれて重なりあうことになる．この場合，光源の大きさにかかわらず，鮮明な自己像を形成するため，Talbot 干

図20 X線Talbot-Lau干渉計における自己像の重ね合わせ

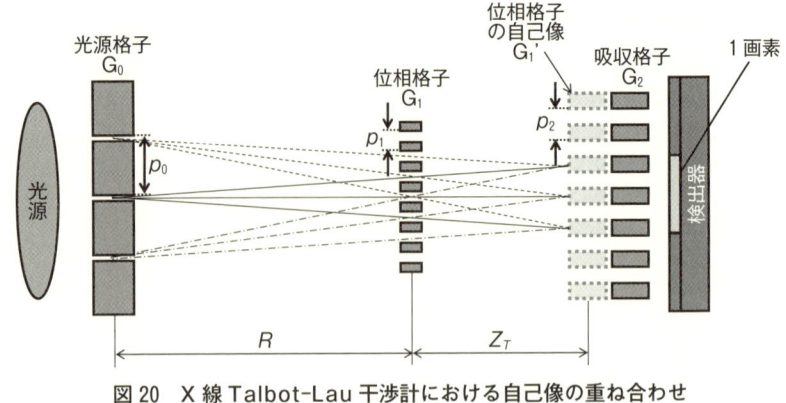

渉計と同様に吸収像，微分位相像，暗視野像を取得することが可能である．光源サイズが大きくなる分，空間分解能を犠牲にしなければならないが，複数のライン状光源の重ね合わせで像を形成するため，実効的X線強度はその数に比例して強くなり，X線の位相計測における実効的X線強度不足を解消することが可能となる．

3.4 むすび

X線の位相イメージングは1960年代にすでに行われておりその有用性は認識されていたが，放射光を用いなければ実用的な時間での測定はできなかった．しかし，Talbot-Lau干渉計が提案されてその状況は一変している．特に乳がんや軟骨の診断を目指した医療応用への取り組みが精力的に行われており，日本でも指関節の軟骨診断のボランティアによる臨床試験が進められている．

Talbot-Lau干渉計のさらなる発展には微細加工技術の進展が必須である．光源格子や吸収格子は透過力の高いX線を遮蔽するとともに狭い開口を形成する必要があるため，非常にアスペクト比の高い構造が必要である．さらに吸収格子は視野を決定するため，医療用を考えると数10 cm角の領域が必要となってくる．加工技術の進化が本手法のさらなる発展の鍵を握っている．

第3章

ナノプローブによる高機能計測

1. マルチ探針走査トンネル顕微鏡法

1.1 はじめに

　エレクトロニクスの分野においては，導電性の評価は最も基本的な問題である．21世紀初頭，その評価すべき領域がマイクロメートルやナノメートルに達したのには，情報社会の急速な発展に伴う半導体の微細化が関係している．すなわち，半導体の微細化に伴って，個々の電気伝導を担う領域が，今やサブミクロンの領域に達しているのである．一方で，測定技術の進歩によって固体内部だけでなく，固体表面のさまざまな物性をナノメートル領域で評価できる技術が発展してきたことも，導電性評価の信頼性向上の一因であることは言うまでもない．物性の観点からいうと，表面領域では，マイクロメートルからナノメートルの領域で，固体内部の電子状態とは異なる電気伝導効果が支配的となるといった物理的な背景も，その評価の重要性を増加させる要因となっている．また分子エレクトロニクスの発展に伴い，無機半導体にとどまらず，有機半導体素子，究極は分子1個単位での電気伝導特性の精密な評価が求められている．

　本節では，固体表面および分子薄膜の電気伝導測定に関して従来の研究手法を紹介しつつ，特にマルチ探針走査トンネル顕微鏡法（multi-tip scanning tunneling microscopy：MT-STM）を用いた，マイクロメートルからナノメートル領域の電気伝導評価の現状について説明する．それぞれの探針を電極として，その原子サイズに尖った先端を試料表面に接触させて電気伝導特性評価を行うMT-SPM法は，電極である金属探針が試料表面上を自由に移動できること，ナノ構造の電気伝導をその構造を壊さずにそのままの形で評価することができるという大きな特長を持つ．この手法は，特に日本が世界を先導している状況にあり，マイクロメートル，あるいはサブミクロンスケールの電気伝導特性評価が可能である．本節では，本手法を用

いた研究例をいくつか紹介したのち，有機薄膜の電気伝導計測について詳細に解説していく．

1.2　電気伝導の次元性

独立駆動 MT-STM システムにおける測定では，電極となる探針と薄膜の接触状態から，二つの円筒型電極による有限の厚みを持った薄膜の抵抗値測定に近似することができる．円筒型電極を用いた場合，抵抗値に対する電極間距離の関係は，被測定物の次元に依存する．ここでは，電気伝導特性の実験結果に先立ち，本研究に関係のある1次元及び2次元物質の電気伝導について基本的な性質を取り上げる．

今，電極と試料間の接触抵抗を無視すると，1次元物質の場合には，電極間の抵抗値 R は電極間の距離 d を用いて，次の式で表される．

$$R = \rho \cdot \frac{d}{S} \tag{1.1}$$

ここで，ρ は物質の抵抗率，S は電極と被測定物の接触面積である．この場合の接触面積は，測定方向に垂直な円筒の断面積である．たとえば，有機薄膜の電気伝導測定において，有機薄膜を平板電極で挟んだ形（サンドイッチ構造）で電気特性を測定する場合は，1次元電気伝導と考えることができ，(1.1)式が適用される．この式は我々が日頃使っているオームの法則そのものである．

円筒電極による測定において，2次元物質を測定する場合には，抵抗値と電極間距離の関係は以下の過程により求められる．

2次元物質では，図1に示すように，抵抗率 ρ，厚さ t の無限平面板上に半径 a，b の2つの円筒型電極が間隔 d で置かれているとき，両電極間の合成抵抗を求めることによって抵抗値と電極間距離の関係を求める．

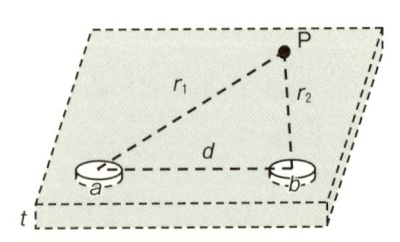

図1　円筒電極による2次元物質測定における抵抗値の計算

一方の電極によって，円筒中心から距離 r のところの幅 dr の円環半径方向の抵抗は，

$$dR = \rho \frac{dr}{2\pi \cdot r \cdot t} \tag{1.2}$$

で書くことができる．したがって，片方の電極表面から半径 r の同心円までの全抵抗は，

$$R = \int_a^r \rho \frac{dr}{2\pi \cdot r \cdot t} = \frac{\rho}{2\pi \cdot t} \log \frac{r}{a} \tag{1.3}$$

となる．電極表面の電位を V_0 とし，円筒形電極表面から電流 I が流れるとすると，この電極による円筒中心から距離 r の板上の点での電位 V は，

$$V = V_0 - RI = V_0 - \frac{\rho I}{2\pi \cdot t} \log \frac{r}{a} \tag{1.4}$$

と表される．これを用いると，それぞれの電極から距離 r_1, r_2 離れた点 P での電位 V は，それぞれの電極での電位を V_1, V_2 とすると，

$$V = V_1 + V_2 + \frac{\rho I}{2\pi \cdot t} \log \frac{ar_2}{br_1} \tag{1.5}$$

となる．両電極表面では，$r_1 = a$, $r_2 = d - a$ で $V = V_1$, $r_1 = d - b$, $r_2 = b$ で $V = V_2$ であるから，

$$V_1 - V_2 = \frac{\rho I}{2\pi \cdot t} \log \frac{(d-a)(d-b)}{ab}$$

$$R = \frac{V_1 - V_2}{I} = \frac{\rho}{2\pi \cdot t} \log \frac{(d-a)(d-b)}{ab} \tag{1.6}$$

となり，抵抗値は電極間距離と対数関係にある．
　一方，半無限の3次元物質を仮定した場合，点接触間の抵抗は，2点間の距離に依存せず，一定値となる．詳細は省略するが，読者にはそうなることを各自確認してほしい．

以上の1次元物質の場合および2次元物質の場合の抵抗値と電極間距離の関係を図で表したものが図2である。独立駆動 MT-STM システムを用いた測定においては，被測定物の次元によって抵抗値と探針間距離の関係が変わることが予想され，被測定物内の電気伝導の次元を判断することができる．

1.3 半導体表面や表面ナノ構造の電気伝導計測

固体表面の電気伝導は，最近になってようやくその詳細な評価ができるようになってきた．結晶最表面には表面超構造と呼ばれる特殊な規則構造が表面数層の領域で形成されるが，その電子状態は結晶内部の電子状態とまったく異なり，その電気伝導も大きく異なることが容易に想像できる．こうした表面物性に関しては，長年議論されてきたが，1983 年の STM の発明[1]によって大幅に研究が進んだ．

表面の電気伝導特性評価においては，表面層は原子数層分の厚さしかないため，そこからの寄与のみを抽出することは非常に困難であった．Hasegawa らや，Nakayama らのグループは，MT-STM システムを用いることによってその測定を可能にした[2~6]．独立駆動4端針 STM システムによる表面の電気伝導測定方法は，半導体表面で一般的に用いられる4端子法[7]と同じであるが，その探針間距離を 1 μm 以下まで小さくできること，測定位置を2次元的に自由に選べることが特徴である．測定装置が真空中で稼動可能であると，電子線を用いた測定法を同時に使用することが可能であり，各プローブ間距離の評価に走査型電子顕微鏡（SEM）が

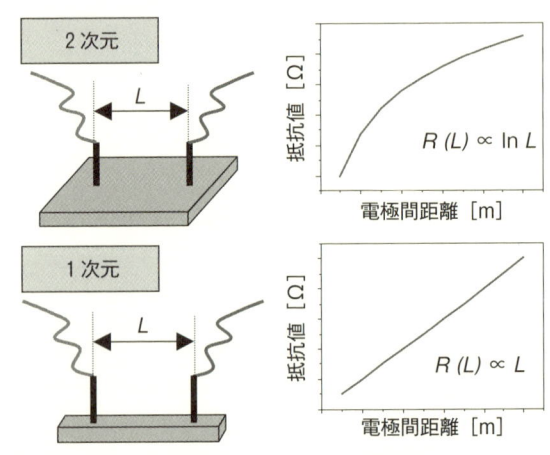

図2 円筒電極を用いた電気伝導測定における電極間距離と抵抗値の関係

利用できる．

　表面電気伝導計測について，Si(111)7×7再構成表面における電気伝導測定および Si(111)$\sqrt{3}\times\sqrt{3}$-Ag 表面電気伝導測定[4]を題材に，少し詳しく紹介してみよう．この2つの表面の原子配列と電子状態は，すでによく分かっており，後者の表面では，最表面の銀原子層が金属的な表面電子状態を形成するのに対し，Si(111)7×7再構成表面では金属的ではあるが局在した表面電子状態（ダングリングボンド状態）を持つ[4]．

　Si(111)7×7再構成表面の測定では，100 μm から 10 μm までの範囲では，結晶内部の電気伝導から予測される抵抗値と同じ値が観測されている．この領域では，測定電流は主に結晶内部を通過する，すなわち表面の影響が無視できるため，測定値は結晶の抵抗率でそのまま説明できる．一方で，プローブ間距離が 100 μm 以上のときには，ウエハの厚みが薄いため電流分布が試料裏面まで到達し，その結果電流密度が歪められ，見かけ上の抵抗値上昇が起こる．興味深いのは，プローブ間距離を 10 μm から小さくした場合である．この場合，抵抗値は結晶内部を通過する場合を考えた値から明らかに高抵抗側にずれる．これは，表面空間電荷層の厚み（この試料では～1 μm）とプローブ間距離が同程度になることから，測定電流は主に表面空間電荷層のみを流れて下地の結晶内部にはあまり流れなくなることに起因すると考えられる．Si(111)7×7再構成表面ではダングリングボンドの準位がバルクのバンドギャップのちょうど真ん中に存在して，フェルミ準位をピン止めしていることが知られており[8]，表面空間電荷層はバルクのフェルミ準位の位置にかかわらず空乏層となっていることがその原因である．

　$\sqrt{3}\times\sqrt{3}$-Ag 再構成表面上での電気伝導測定結果は，Si(111)7×7再構成表面の測定結果とまったく異なっている．これは探針間を流れる電流が，結晶内部に比べて抵抗の低い表面層を主に通過することに起因している．$\sqrt{3}\times\sqrt{3}$-Ag 再構成表面の電気伝導測定結果は二次元抵抗体の場合に近い．この表面の場合，伝導度の高い二次元自由電子的な表面電子バンドを持ち，さらに表面空間電荷層がホール蓄積層になっているため，バルク内部の電気伝導度に比べて表面近傍の伝導度の方がはるかに高いからである[9]．

　Hasegawa らのグループでは，その他，表面水平方向に異方性を持つ表面電気伝導の測定[10,11]など，2次元的に自由に駆動可能な探針を有効に利用した成果を挙げている．一方，Nakayama[6] らのグループでは Si(100) 表面に形成されたエルビウムシリサイド（ErSi$_2$）原子ワイヤーや，カーボンナノチューブや C$_{60}$ 薄膜の電気抵

抗測定など，表面に形成された1次元や2次元の低次元ナノ構造に関する電荷輸送特性評価を行っている．興味深いことに，ナノ領域における電荷輸送特性においては，理論予測よりもはるかに大きな電気伝導や，はるかに長いバリスティック伝導の平均自由行程を直接計測しており，ナノ材料の今後のデバイス応用の可能性に関して，有意義な情報を提供している．

このように，プローブ間隔をサブマイクロメートルスケールで変化させて半導体表面あるいは半導体表面上のナノ構造の抵抗値を測定することによって，表面・ナノ構造特有の電気伝導を評価することが可能となった．この研究は，1970年代から検出が試みられてきた低次元電気伝導，ナノスケール電気伝導に関して，はじめて決定的な実験がなされたという理由から大変意義深い．前述したとおり，表面電子状態は表面数層に局在しているため，ナノメートルスケールの典型的な電子系であり，結晶内部の電子状態にはない特異な電子輸送特性が期待される．独立駆動MT-STMシステムによる表面状態伝導の直接観察は，その研究の糸口をつかんだことになった．

1.4 有機薄膜・有機分子の電気伝導計測

分子エレクトロニクスにおいて，単一分子の電気伝導測定は重要な機能計測の1つである．また，単一分子の電気伝導測定は，基礎物理学などの学術的な側面からも非常に興味深い．単一分子レベルの電気伝導測定方法はいくつか考えられているが，これまでに試みられてきた方法としては主に次の6つの方法が挙げられる．

 i) 高周波吸収を用いた方法
 ii) 単一分子膜を用いた電気化学的方法
 iii) 単一分子膜を用いた接合形成による方法
 iv) ブレイクジャンクションを用いた方法
 v) 微細加工電極を用いた方法
 vi) SPMを用いた方法

これらの手法中，ⅰ)〜ⅳ)とⅴ)，ⅵ)には本質的な違いがある．ⅰ)〜ⅳ)は多数の分子を対象としており，被測定物であるそれら複数の分子の電気伝導度の平均が得られる．ⅳ)では個々の分子の電気伝導を評価しているが，基本的には統計的なデータを提供する．非常に多くの分子を測定対象としているため，真の意味での

単一分子物性測定とは言えない.

これに対して，v) の微細加工電極を用いた測定は，電極間が分子そのものの大きさと同程度であるという特徴がある．この場合の電極作製では，電子線描画装置と分子量分散の少ないレジストを用い，数10～数100 nm のギャップをもつ電極構造の作製が可能となっている．このナノギャップ電極のギャップ幅は，合成可能な巨大分子の大きさに対応しているため，電極間に数個もしくは1個の分子を配置することが可能である．vi) の SPM を用いる測定法では，SPM 探針と導電性基板をそれぞれ対向電極として用いることで，単一分子電気伝導度を測定する．以下に，個々の測定方法とこれまでの研究結果について紹介する．

i) 高周波吸収を用いた方法

微小な試料に対する高周波吸収を感度よく検出するために，空洞共振器の利用が可能なマイクロ波領域の波長を利用する．共振器に試料を導入したときの Q 値の低下から高周波エネルギーのロスを求めて，電気伝導度を見積もる．この手法は再現性・信頼性共に高い方法であり，電極を作製する必要がない．逆に，分子エレクトロニクスで重要になる分子と電極の接合点での電子移動や電極界面での分子の構造変化の影響などの情報はまったく得られない．

ii) 単一分子膜を用いた電気化学的方法

LB 法や分子の自己組織化現象を利用して，金属基板上に単分子膜を作製する．こうして作製した単分子膜の膜厚方向における電気伝導度や整流作用を電気化学的測定法で測定し，単一分子の電気伝導性を議論する研究が進められている．一例では，直鎖アルカンの末端にチオール基とフェロセン基を持つ分子の自己組織化膜について，高速サイクリックボルタメトリーを行って，アルカンの分子鎖に沿った指数関数的減衰項の大きさ（β 値）を求めた例がある[12]．また，ドナー D とアクセプタ A が σ 結合を介して結合された系 D-σ-A は，Aviram や Ratner[13] に提唱されたように整流作用を持つが，これを利用して，LB 法で D-σ_1-S-σ_2-A 型（S はセパレータ）分子の単層膜を作り，電気化学セルを構築した研究がある[14]．この研究では，ドナーであるピレンを紫外光で励起することによって，フォトダイオードとしての動作が確認されている．そのほかにも，LB 法で作製した膜を用いて分子整流作用に関する電気化学的研究が数多く行われている[15]．

iii) 単一分子膜を用いた接合形成による方法

この方法は，LB 法や分子の自己組織化現象を利用して導電性固体基板上に単一分子膜を作製し，その上に金属電極を蒸着して固体単分子層デバイスを作製する方

法である．1971年，金属電極に挟まれた直鎖アルカン分子の電気伝導特性を評価する最初の研究が行われた[16]．これは，LB法を用いて，脂肪酸カドミウム塩（$(CH_3(CH_2)_{n-2}COO)_2Cd$）薄膜を電極上に配列（アルキル鎖を表面垂直方向に）した形で作製し，その後金属を蒸着してサンドイッチ構造を形成することにより，電極間を流れるトンネル電流から，分子1層のバリスティックな電気伝導を評価している．また，このような固体サンドイッチ型デバイスで膜の整流作用が確認されている[17,18]．この測定法では，デバイス自体の作製の精度が，正確な測定ができるかどうかの鍵を握る．サンドイッチ型デバイスを作製する際に生じる問題点としては，下部電極の平坦さが十分でない，微小パーティクルが混在する，単一分子膜が不完全である，上部電極を蒸着する際に有機分子が劣化する，などが考えられる．

前2つの問題点は，作製前に下部電極の粗さを確認し，また，試料作製時にできるだけクリーンな環境で行うことで防ぐことが可能であるが，後2つの問題点である，単一分子膜の均質性，一様性を保つことに関してはかなり難しい．対策として，膜作製の面積を小さくすることが考えられ，これを改善してデバイスの作製に成功した例もある[19]．また，上部電極材料によってその電気伝導が著しく変化するという報告もあり[20]，基板に対する分子の構造制御や電極材料の適切な選択が大変重要である．

iv）ブレイクジャンクションを用いた方法

近年，急速に発展してきた手法の一つで，適切な測定環境を準備すれば，単分子の電気伝導特性が評価できるようになってきた[21,22]．特定の官能基を持つ分子は，金表面のような特定の表面に非常に安定に吸着する．こうした分子には，ブレイクジャンクション法が有効である．もともとマイクロメートル程度の太さのブリッジでつながっている金属を折り曲げることによりブリッジを一部切断し，わずかな隙間を作る．そこへ目的分子の溶液を滴下し，表面に分子を吸着させる．電極間間隔は接触位置から数ナノメートルの間で制御可能で，作製された金属-分子-金属の接合により電気電導を計測する．分子を電極間のトンネル障壁として捉え，分子の種類によりトンネル確率が変わる，すなわち指数関数的減衰項の大きさβ値等が計測される．この方法は，大規模な装置を必要としないので，分子合成の現場で行われるのに最適であるが，上述のように現状では特殊な分子しか使えないため，デバイス環境での分子の電気伝導評価は難しい．

v）微細加工電極を用いた方法

電子ビーム露光装置を用いて，ナノスケールの大きさを持つギャップを電極間に

作製し，ここに分子1個または数個を架橋することも試みられている．リソグラフィー技術によって作製できる最小ギャップのサイズ（10～50 nm程度）は，大部分の分子よりも大きいので，ナノギャップ電極による分子の測定は，カーボンナノチューブ[23]をはじめとしてデオキシリボ核酸（DNA）分子のような鎖状分子に対して試みられている．この方法の多くは，はじめに電極パターンを作製しておき，その上に分子試料を吸着させる方法や，反対に，たとえばカーボンナノチューブを最初に表面上に分散しておき，その後測定電極パターンを適切な位置に作製する方法もある．後者の場合のほうがより確実な金属-分子間のコンタクトが可能である．

電極の作製方法は，通常のリソグラフィー技術を用いるものと，AFM探針による陽極酸化やAFM探針からの電子放出によるレジスト反応などのAFMリソグラフィーを用いるものがある．これらの方法は，多くの場合，試料損傷を伴うため，今のところ化学的に安定で強いカーボンナノチューブに対して適用され，その電気伝導評価に成功している．しかし，カーボンナノチューブでさえ，電極部分では蒸着による劣化が起こり電気伝導が劣化する．ギャップ電極を用いて単一DNA分子の電気伝導を求める研究も盛んに行われている．あらかじめ作製したギャップ電極に交流磁場をかけて，分散したDNA分子を伸展し電極上にトラップする[24]など，さまざまな方法が試みられている．しかし，現状では，測定結果は実験により大きなばらつきがあり，完全に絶縁体[25]のものから，半導体[24]，金属[26]まで抵抗率にして10^{10}オーダーのひらきがある．

vi) SPMを用いた方法

SPMは，探針と試料の間隔が数 nm以下であることから，探針と試料の間に分子を配置することができれば，多様な分子に対して電気伝導測定を行うことができる[27]．この方法を用いて，分子を流れる電流の流れやすさを表す指標である減衰定数βの値が求められている．自己組織化膜とSPMを利用して分子のβ値を求めるこの方法は非常に強力であるが，自己組織化膜が周辺にあるために，目的分子だけを通過している電流を厳密に測定できていない可能性がある上に，すべての分子に適用できるわけではないという問題点もある．

基板に平行に配置された分子の電気伝導測定もSPMを用いて測定することができる．これは，微細加工電極を一方の電極として，SPM探針をもう一方の電極として使用する方法である．微細加工電極では，電極間距離を変化させることができないが，SPM探針を片方の電極に用いることによって，電極間距離を変化させることができる．この方法でカーボンナノチューブの電気伝導測定を行った例がある[28]．

電気伝導測定を行うための電極をすべて SPM 探針にする方法もある．この方法は，SPM 探針を複数本組み合わせて，テスターのように測定を行う方法である．1.3 項で記述した半導体表面上の電気伝導計測は，主にこの方法で行われた[2-6]．この測定法は，電気伝導測定のために改めて電極を作製する必要がなく，また目的とする構造に直接 2 つの電極を能動的にアプローチして測定できるという長所がある．本項の目的は，この MT-STM とよばれる独立駆動可能な複数の探針を用いた手法を詳しく紹介することにある．次項以降は，この MT-STM についてその動作概念と，それによる分子薄膜の局所電気伝導計測結果について述べていくことにする．

1.5 マルチ探針走査型トンネル顕微鏡システム

一般的に，マルチ探針 SPM（scanning probe microscope）法は，2 探針以上の複数の STM もしくは AFM を組み合わせた手法である．本手法は，固体表面もしくは固体表面上に構築された構造物におけるナノメートルからマイクロメートルの電気伝導特性評価に利用されている．先ほど述べたように，これまでに特に国内のいくつかのグループによって 2 探針もしくは 4 探針 STM システムが構築・実証されており，国内外の STM メーカーにおいても製品化されている．いずれの装置においても複数の探針がナノメートルからマイクロメートルスケールで接近することが必要であり，そのために各探針の配置や駆動方法に工夫が凝らされている．また，清浄な固体表面観察を実現するため，真空環境で動作する装置が多い．真空中での測定は，大気中に存在する水分など不純物の影響が無い状態で測定が可能であることや，電子線等を用いた表面観察技術の併用が可能であることなど，よく規定された条件での測定を行うことができる．よって，得られた結果の再現性，信頼性に優れていると言える．

一方，多探針 SPM 法の応用展開を考慮すると，実用デバイス，特に分子・有機デバイスはその動作雰囲気に性能が大きく左右されるため，使用する雰囲気中での電気伝導を測定・評価することも重要である．ここでは，最も単純な構造である，2 探針 STM システムを紹介する．図 3 にシステムの探針・試料周辺の模式図と写真を示す[29]．このシステムは，2 台の独立した STM を組み合わせた構造をとっており，2 本の探針を測定したい構造物の両端に位置させ，両探針間に電位差を加えることによって，2 探針間の電流を測定する．室温，大気中で動作することも，このシステムの特長である．2 本の探針が互いの探針を容易に見つけることができる

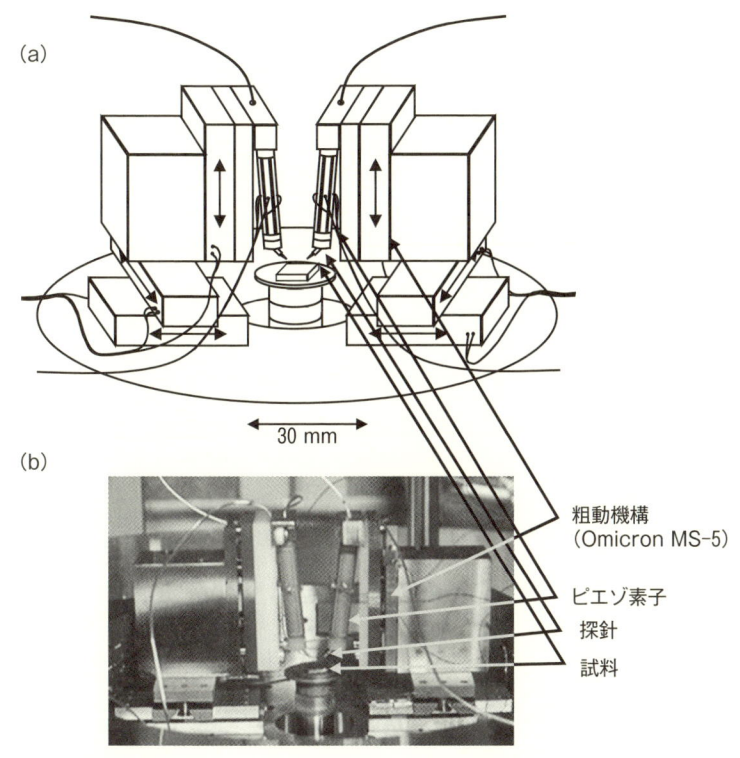

図3 独立駆動二探針 STM システムにおける探針試料周辺の模式図 (a) と写真 (b)

ように通常の STM と比較してピエゾ素子の可動範囲を大きくする方が望ましい．また，2本の探針を接近させた際の2探針間の干渉を軽減させるため，ピエゾ素子と探針ホルダーに傾きを持たせており，本装置では試料表面と探針のなす角度は約45°である．室温大気中で動作するため，本体周辺の構築に関しては，特に STM 測定で重要となるノイズ除去に重点が置かれている．

このシステムにおいて，それぞれの STM ユニットは原子分解能を持つ．2本の探針の間隔をナノメートルからマイクロメートルに保ちながら探針を試料表面にアプローチすることが可能で，また STM としても正常に機能することから，STM 観察と組み合わせた導電性計測も可能である．

1. マルチ探針走査トンネル顕微鏡法　*341*

1.6 分子薄膜の電気伝導測定

　機能性有機分子は，シリコンなど従来のデバイス材料に比べて柔軟であることや機能を持つ素子1つの大きさを分子1個単位まで小さくできることなどから，非常に有効なデバイス材料である．特に固体表面上の自己組織化分子膜は，機能を持つ有機分子が規則的に配列していることから，さまざまな回路の作製や集積化に大変有利である．ここでは，ポリジアセチレン（polydiacetylene：PDA）と呼ばれる高分子を例に挙げて分子薄膜の電気伝導の様子を見ていこう．PDAは，シリコンをベースとした半導体技術におけるサイズ制限を克服すると考えられているp共役系の導電性高分子であり[30]，デバイス間をつなぐ分子ワイヤーの材料として注目されている．PDA膜は，ラングミュア・ブロジェット（LB）法による作製が多数報告されている[31]．自己組織化単分子膜上で，STM探針の電気的刺激による局所重合反応を制御してPDA単一分子鎖を作製することや，その電子状態や電荷注入プロセス，分子エレクトロニクスにおける分子配線としての可能性などが研究されている[32]．

　一方で，PDAの導電率は結晶や薄膜において測定されているが，ドーピングを行っていないPDAの導電率は非常に低く，実験から得られた導電率は，結晶でおよそ10^{-10} S/cm[33]，薄膜でおよそ10^{-11} S/cm[34]である．しかし，過去の実験結果においては，その測定方法に問題がある．PDAの結晶や薄膜は，最大約100 μm四方の大きさを持つドメイン構造をとる[35]にもかかわらず，1つのドメインの大きさより広い電極間隔で導電性評価を行っており，この場合，測定する領域に必ずドメイン境界を含むことになるため，PDAの正確な導電率を測定できているとは言い難い．また，導電性高分子としてよく知られているポリアセチレンは，その主鎖が構造的にも電子的にもPDAとよく似ているが，その導電率はドープをしていない状態で10^{-6} S/cmとPDAに比べて5桁も高い値である[36,37]．これは，ポリアセチレンが，主鎖が絡まりあった膜を形成しておりドメイン構造を持たないための結果であると考えられる．

　以上のことから，PDAの本来の電気伝導特性を得るためには，薄膜内の単一ドメインの内部での電気伝導特性評価が必要である．以下に，独立駆動二探針STMを用いたマイクロメートルスケールでのPDA膜の導電率測定を行った結果について示す．この研究においては，10,12-ノナコサジイン酸（$CH_3(CH_2)_{15}C\equiv CC\equiv C(CH_2)_8COOH$，）をジアセチレン（diacetylene：DA）分子として使用し，へき開した天然マイカ上にLB法にて5層程度の膜を作製した．このDA薄膜に紫外線を照射

することで，PDA の重合鎖を膜内に作製する．この連鎖重合反応はトポケミカル反応と呼ばれ，PDA の重合鎖は一次元方向に伸長することから，ドメイン内では一方向のみに PDA の重合鎖が形成される．測定にはブルーフェイズと呼ばれる，比較的ドメイン内の亀裂が少なく重合鎖が長く伸びている PDA 薄膜について測定を行っている．

　紫外線照射前後の DA 膜の電気伝導計測では，図 4 に示すように，電流値はすべての探針間距離で，検出限界以下（<0.1 pA）の値であった．しかし，紫外線照射を 5 分行った PDA 膜においては，探針電極間隔を減少させた際に，ある探針間距離において顕著な電流増加が見られた．図 4 の例では，$12\,\mu m$ 付近にこの電流増加が見られている．ブルーフェイズ PDA 膜の AFM による表面形状観察結果では，$2 \sim 20\,\mu m$ 程度のドメイン構造をとっていることが確認されており，この結果は PDA の 1 つのドメイン内に両方の探針が入ることによって，初めて有意な電流が測定できたためだと考えられる．

　さらに，電流変化の観察される領域での電気伝導特性について詳しく調べた（図 5）．グラフ中の点は 2 カ所での測定結果を示すが，同一箇所での抵抗—距離の関係は，明らかに比例関係にあることがわかる．直線は測定結果を最小二乗法でフィッティングしたものである．図において抵抗値 $8000\,G\Omega$ に示した破線は，装置の測定限界値を示しており，重合前の DA 膜は検出限界値以上の抵抗値を示した．また，探針間距離を 0 に外装した場合でも両探針間の抵抗値は 0 にはならない．これは，電極である探針と PDA 薄膜との間に無視できない接触抵抗があることを示唆

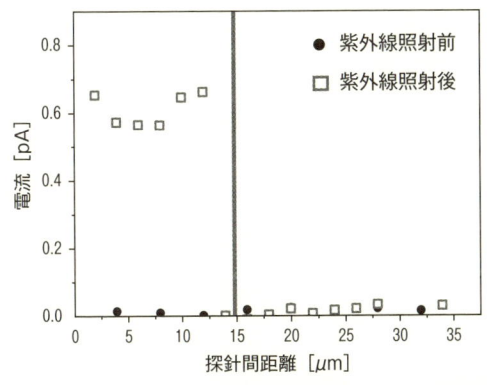

図 4　ジアセチレン膜における紫外線照射前後での導電性評価

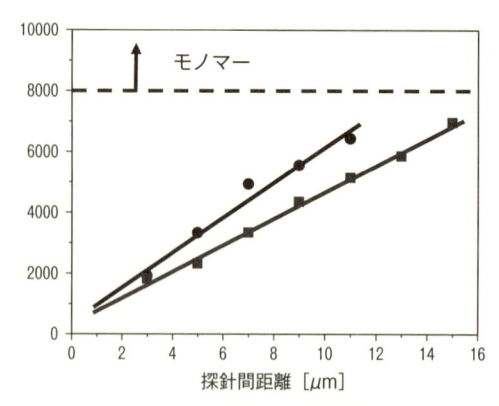

図5 ブルーフェイズポリジアセチレン膜の抵抗値と探針間距離の関係

している.

　ここで，1.2項から，PDA膜に見られた抵抗値と探針間距離の比例関係は1次元電気伝導を示していると考えられる．さらに，この1次元電気伝導特性を確認するために，一方の探針を固定し，探針間距離 $5\,\mu m$ に保ちながら同心円上にもう一方の探針を動かして抵抗値を測定し，薄膜の電気伝導度の方向依存性を観察した．その結果，図6に見られるように，1つの方向に対して急激な電流上昇が見られた．これは，測定する2つの探針を結ぶ方向がポリジアセチレンの主鎖と一致したときに，電流増加が起こるためと考えられる．

　さて，ポリジアセチレン膜の電気伝導特性との比較を行うために，ポリ(3-オク

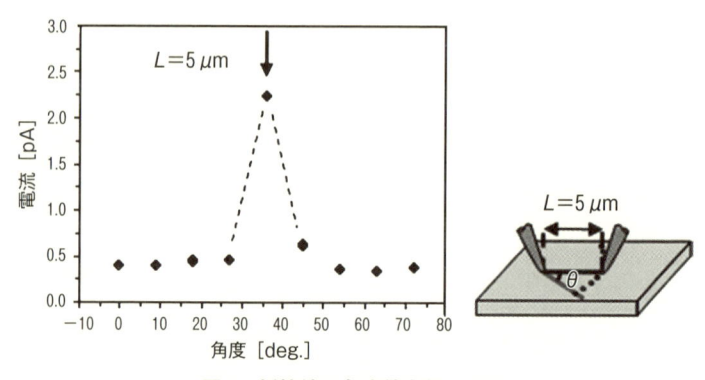

図6 抵抗値の角度依存性の測定

チルチオフェン) 膜の抵抗値と探針間距離の関係について測定を行った. ポリ (3-オクチルチオフェン) 膜はスピンコーティングにより作製する. 一般的にポリチオフェンはランダムな凝集を起こし, 作製された薄膜は2次元的に均質な薄膜であると考えられている. 実際にポリ (3-オクチルチオフェン) 膜を独立駆動二探針STM システムによって測定すると, 探針間の抵抗値が探針間距離に対して対数関係になり, 1.2 項の予測とよく一致している. すなわち, 測定結果は, 被測定物の電気伝導が2次元的であることを表しており, 明らかにPDA薄膜の測定で得られたものとは異なる. このポリ (3-オクチルチオフェン) 膜との比較からも, ポリジアセチレン膜の電気伝導がポリジアセチレン重合鎖の1次元性に起因するものであると考えてよい.

ブルーフェイズPDA薄膜における抵抗値の距離依存性測定結果 (図5) から, その導電率と接触抵抗を求めてみよう. まず, 横軸の探針間距離はそれぞれの探針中心からの距離であることから, 探針と膜の接触部分の直径が$1\mu m$とすると (AFMの観察で測定可能である), 接触抵抗は探針間距離$1\mu m$のときの抵抗値であり, 図5からおよそ$600 \sim 800\, G\Omega$と見積もられる. この大きな接触抵抗の原因として, 探針と膜の接触部分付近では, 接触によるポリジアセチレン膜の破壊など膜の乱れが生じており, 探針とPDA主鎖はトンネルギャップのようなギャップを介して接合されていると考えるべきである.

PDA膜の導電率σは1次元電気伝導の場合, 次の式によって求められる.

$$\sigma = \frac{1}{R} \cdot \frac{L}{S} \tag{1.7}$$

ここで, R, L, Sは, それぞれ測定された抵抗値とその際の探針間距離, および探針と薄膜の接触断面積である. 断面積は, ポリジアセチレン膜の膜厚と接触部分の直径の積で求めることができる (この場合は$7.5\times 10^{-3}\,\mu m^2$). これを用いて, ポリジアセチレン膜の導電率を計算すると, $(3\sim 5)\times 10^{-5}$ S/cmとなった. 驚くべきことに, この値はこれまでに報告されているPDAの導電率[34]よりも5桁程度大きい. この実験で得られたポリジアセチレンの導電率は, 導電性高分子としてよく知られているポリアセチレンの導電率[36,37]と同程度の値であり, 導電性高分子の中では比較的高い導電率である. このように, $2\sim 20\,\mu m$のミクロな大きさを持つドメイン内で一方向に配列したPDA主鎖の本来の電気伝導特性評価を可能にしたことは, 独立駆動2探針STMという手法の優位性を示すのに十分であろう.

1.7 むすび

以上，独立駆動 MT-STM システムが微小領域の導電性評価に有効な手法であることを，有機薄膜を例に挙げて概説した．本手法の特長を再掲すると，①独立に駆動する2つ以上の探針を用いて，意図した場所に電極である探針を接近・接触できることから，局所電気伝導の2次元的な描像が得られること，②各探針が STM や AFM として原子分解能を有しており，移動距離や位置制御が原子スケールで行えることから，オームの法則にしたがう散乱的な電子移動から，量子力学によって記述されるようなバリスティック伝導領域までのさまざまな電荷移動現象を評価できること，また，③原理的に，超高真空から室温大気中，溶液中などほとんどすべての環境下で稼働でき，特に各種デバイスのその場測定が行えるなど，応用面においても期待が大きいことなどが挙げられる．一方で，2探針間距離の最小値は，探針先端の曲率半径で制限される（通常の STM 探針の曲率半径は 50〜100 nm）という欠点もあるが，より微細な領域での電気伝導特性評価に対応するために，カーボンナノチューブや針状結晶などが先端についた曲率半径の小さい探針による測定なども試みられている．いずれにしろ，MT-STM 法は，我が国が世界を先導するナノ計測手法であり，究極の表面ナノ計測法の一つとして今後も注目すべきである．

2. 放射光走査トンネル顕微鏡

2.1 はじめに

科学・技術の発展にともない，昨今では実空間においてナノスケールはおろか，原子分解能で像を得ることもごく普通に行われる（対象の系を選ぶ必要はあるが）．むしろ我々の科学は，ピコサイエンスを標榜する局面に入っている[1]．こうした状況を受け，今や原子レベルの構造評価法は，その重要性をますます増している．しかし「原子像を得た」からといって，対象の情報がつぶさに捉えられたかと言えば，それにはほど遠い状況である．たとえば，その見ている原子群の成分（元素）は何か．これには原子分解能の化学分析が必要である．

ところが化学分析で原子分解能まで有する一般的な手法は，ごく限られた環境や系を除けば「無い」と言わざるを得ない．この点，走査トンネル顕微鏡（STM）は原子分解能をもつ実空間観察法として確立され，すでに高い汎用性を有し，上記の一般的手法を実現するための有力候補である．実際，普及度を考えるとSTMに化学分析能力を付与することのインパクトは非常に大きい．しかし，半導体を主とするナノ科学およびナノテクノロジーに大きく貢献してきたSTMも，こと元素分析については，観察対象となる電子準位が浅いため，元素識別が難しいという原理的困難がある（つまり，元素の特徴が顕著に表れる深い準位（内殻）の情報が得られない）．

そこでより直接的な方向は，内殻励起の利用である（主にX線による）．内殻準位は元素間で大きく異なるため明瞭な識別ができ，一般の元素分析でも標準的な戦略である．原子分解能を得るには，微量な物質でも励起できる高輝度X線を要するが，それにはシンクロトロン放射（SR）がある．輝度だけでなく，実験室系の線源と異なりエネルギー可変という大きな長所を持つSRは，すでに強力な微量化学分析手段として各所で有効利用されている．SRによる化学分析では，空間分解能は数十nmに達しており（主に近年のトレンド・XPEEM（X線光電子顕微鏡）による），他にも有力な手法が多数，出てきている．ただし，分解能1 nm以下に踏み込むにはブレークスルーが必要である．

2.2 従来の高空間分解能元素分析

まずSTM主体の元素分析では，上記の通りSTMの原理上，フェルミ準位近くの電子状態の差を利用することになる．そこでたとえば，定電流下でSTM形状像

の電圧依存性から識別したり，特定電位下のトンネル電流分布から差異を画像化する，等といった元素識別の例は古くからある（詳細は文献に譲る[2]）．いずれもトンネルスペクトル（STS）等の分光データを手掛かりに，系に固有な識別しやすい準位に注目し，主に電圧制御で準位を選別したものである．ほかに，探針による電圧パルス刺激下の光放出（探針直下の電子構造を反映する）の利用例もある[3]．しかしいずれも系に識別容易な電子構造があれば，という前提で，いまだ一般的な方法論は確立されていない．

　原子分解能の元素分析は広範囲で切望されるだけに，STM 以外でも，これまでさまざまな試みがなされ，過去に成功例が報告されている．たとえば TEM（透過型電子顕微鏡）-EELS（電子エネルギー損失分光法）では[4]，カーボンナノチューブ内の単一原子分析で複数の大きな成功を収めている（一方，TEM に由来する試料環境の制限は否めない）．また AFM による元素識別・原子操作[5] も顕著な成功例であり，脚光を浴びている（一方，検出原理が最表面原子—探針間の原子間力であり，内殻に依拠する通常の分光や，STM のような電子状態とは物理量や含まれる情報が異なる）．そこで試料・環境の制限や，物理量の違いを考えると，やはり元素固有の明瞭な「内殻」に基づく一般的な分光学的手法，つまり広範かつ標準的な「X線による分光」はきわめて重要であり，手法開発の意義は深い．

2.3　放射光 STM の基本概念

　そこで筆者らは STM にこれまで欠けていた内殻情報を付与する目的で，放射光 STM の開発を 2001 年から行ってきた（基礎評価・設計期間を含む）．具体的には特定エネルギーの単色・高輝度 X 線を STM 観察点に入射し，原子の内殻を元素選択的に励起し，トンネル電流変化から表面の組成・電子状態分析を原子分解能で行う試みである（図7）．さらに分析のみならず，高輝度 X 線による内殻励起を STM 探針の局所刺激と組み合わせ，局所的な原子レベル反応制御に応用することも目的である．

　ここで重要なのは，「探針で放出電子を集めるのではない」点である（放出電子だと，広範囲の照射域からの放出で空間分解能を損う）．STM 本来の局所性を保つには，やはりトンネル電流に依拠するのが正しいと考えられる．よって「高空間分解の放射光 STM」の要諦は，内殻励起に続いて生じるフェルミ準位近傍の状態変化を，「トンネル電流の変調」として捉えることにある．高輝度 X 線による内殻励起と STM の組み合せは，文献だけでもわれわれ以外に国内外を含めて複数存在する．しかし手法は筆者らと異なり，ごく一部を除いて STM 探針を放出電子コレクタに

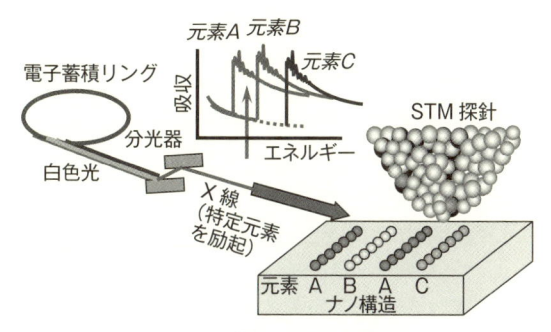

図7 放射光 STM の概念

用いる．この電子から入射X線エネルギーに応じたスペクトルは得られるが，上記の理由で空間分解能には制限がある．(ただし近年報告された空間分解能は 14 nm に達する[6]．ここでは電子放出用に試料厚が 20 nm など，表面敏感性の課題が残るかもしれない)．これら原理的困難は国外でも同様である．

一方，筆者らは単原子層で分解能 1 nm を得ているが，高分解能を得るには「低い励起効率，短い励起寿命」を克服する高輝度を実現しつつ，光電子や熱ドリフト等の大きな擾乱を防ぐ必要がある．このためまず高輝度では，リング光源の最高輝度をもつ SPring-8 の 27 m アンジュレータ (BL19LXU) からの硬 X 線で K-B 鏡の 2 次元集光を行った．一方，余計な励起を極力減らし高 S/N 比を得るため，入射光を軸合わせの許す最小サイズ ($\phi 10 \mu m$) に絞り，チョッパーによるロックイン検出系を用いている．限られたマシンタイムで高精度の，正確・高速な軸合わせを実現するには，STM ステージ全体の駆動機構に加え，モニタ系にも工夫を凝らした[7,8]．本手法は原理的に，エネルギー可変の X 線で元素の選択励起が可能なため多くの系に敷衍でき，従来と異なるナノスケール実空間での化学情報が得られる (現在，半導体―金属界面，半導体ヘテロ界面という異なる系で元素識別データを得ている[2,7〜10])．以下，紙幅の関係で装置・計測系の詳細は文献に譲り，具体的な結果を中心に紹介する．

2.4 元素コントラスト

本手法は，従来の STM 形状像 (定電流を保って基板からの探針高さをフィードバック制御し，探針を走査して得る) と同時に，上記の工夫した計測系により，内殻励起に因るトンネル電流変化を記録する (この電流変化の記録にもとづく像をビーム誘起電流

像と呼び，元素コントラストに相当する)．以後一対の図では原則として左に形状像，右にビーム誘起電流像を示す．図8(a)-(d)はSi(111)清浄面上Geナノアイランドの例で，上下はGe-K吸収端上下の違いを示す．左側(a)(c)の形状像に入射エネルギー依存性はないが，右の(b)(d)では励起下でのみコントラストが見える．また，図8(e)(f)はGe(111)清浄面上Cuナノアイランドで Cu-K吸収端上のみを示したが，元素コントラストの断面形状から空間分解能は2.5 nmと見積もれる．(b)(f)いずれも島上で電流が減少するため，コントラスト要因は励起放出電子ではない．重要なのは，複数の希薄吸着系(二例とも蒸着量約0.3原子層．一方は半導体ヘテロ界面，他方は金属—半導体界面)で，元素識別を示すナノスケール実空間像が得られることである．また，形状像と類似の形が見えることから「コントラストは形状像と同様，探針の上下動の影響か」と疑われることもあるが，単一元素のステップ上下の高さではコントラストが出ないことを確認している(図9：Si(111)の例)．図9では，ステップ上での探針駆動の影響は若干残るが(探針の動きが大きいため)，上下のテラス間で一定面積内(白い三角形の内部)の平均電流値はまったく違いが無い．

2008年までは左右1組の像取得に約30分かかり，かつ高輝度光照射下での安定

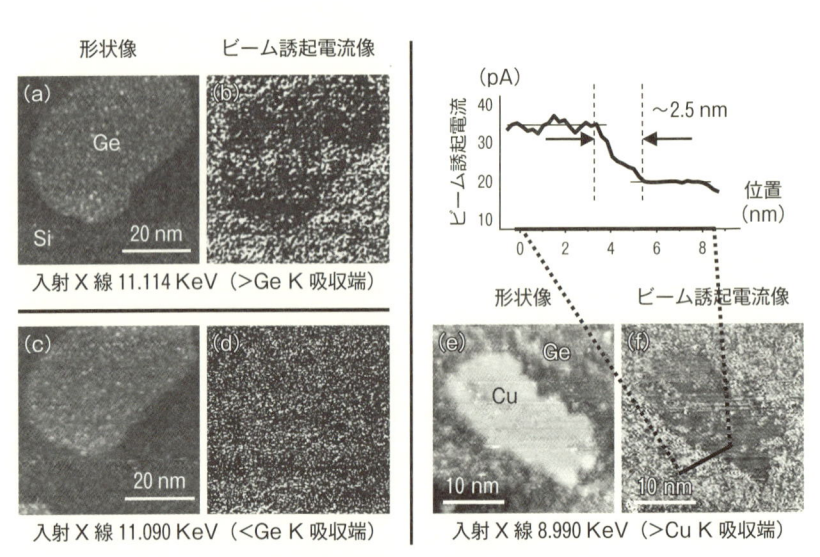

図8 放射光STMによる元素分析の例
　(a)-(d) Si(111)上Geナノアイランドの入射エネルギー依存性(上下)．
　　　試料電圧 Vs = -2V，トンネル設定電流 I_t = 0.5 nA．
　(e)(f) Ge(111)上Cuナノアイランドの空間分解能 (Vs = -2 V, I_t = 1.0 nA)

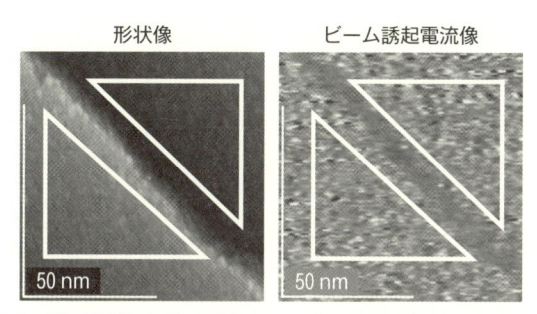

図9 単一元素（Si）表面ステップ上下の元素コントラスト
（Vs＝－2V, I_t＝0.5nA）

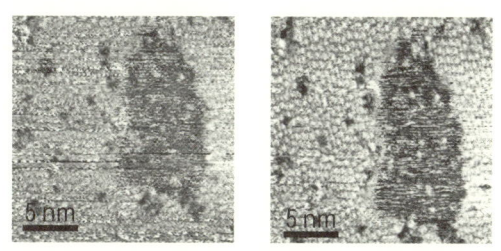

図10 元素コントラスト（ビーム誘起電流）像の入射光子密度依存性
（左）光子密度：7×10^{14} （右）3.6×10^{15} [photon/sec/mm^2] （2.0V, 1.0nA）

測定は困難をきわめ，データ取得効率はマシンタイム4日間で数枚であった．しかし探針の絶縁皮膜（集束イオンビームによるナノ加工[9]）・入射光・信号系に改良を加え，像取得は現在8分に短縮している．この効果は走査途中の不具合による像廃棄を激減させるため時間比以上に大きく，画像取得効率は2桁向上し，当初不可能だった「探針・試料とも安定」かつ「同一場所」で「5～8組」程度の連続測定が可能になった．その結果，元素コントラストの各物理的パラメータ依存性など，系統立てたデータ取得が可能になりつつある．図10は光子密度依存性の一例で（Ge(111)清浄面上Cuナノアイランド．左右ともビーム誘起電流像），元素コントラストの光子密度依存性が見て取れる．この変化は光子密度に対し比例すると分かっており，ここからコントラスト原理として電荷トラップやチャージアップによる「局所電位変化」は否定される（トンネル電流は局所電位に対し指数関数を描くため）．その結果，残る可能性として冒頭で述べた「局所電子状態密度」がコントラスト原理の有力候補として挙げられる．こうして，当初は定性的考察のみだった元素コントラスト原理について理解が深まりつつある．さらに安定化の効果は分解能向上にも寄与し，

分解能 1 nm を得ている (図 10).

2.5 実用性と世界動向

性能向上の結果,より実用的な「従来の形状像で見えない構造が,元素コントラストで初めてわかる」例も多く得られるようになってきた.たとえば上述したGe(111)上 Cu では,通常 Cu が長周期超構造(単位格子の 5 倍周期)を作ることが知られており,理想的には形状像から Ge と Cu の間でドメインの違いが判別できる(Ge(111)-Cu 5×5 構造:図 11(a)).しかし一般的に,同一テラス上に Ge と Cu のドメインが共存しながら,表面が荒く境界が殆ど判別できない場合も多い(図 11(b)).一方,右図(c)では鮮明に判別できる.このように通常の STM 像で判別困難な組成の違いが鮮明なコントラストで明示される例が増えており,本手法の実用的な側面が再現性とともに確認されつつある[10].

また汎用性の点で,本手法が金属基板にも適用可能であると最近分かってきた.従来は作製の簡便さと,何より良く規定された表面という点で半導体基板のみ検証してきたが,元素コントラストが光起電力など半導体固有の挙動に因る懸念や,電子移動の速い金属基板での検出可能性など,一般性に疑問があった.ゆえに金属基板でコントラストが確認された意義は大きい(図 12:Au(111)清浄面上 Co ナノアイランド).さらに,X 線照射下の走査トンネル分光(STS)測定も最近,可能になってきた(擾乱による不安定さゆえ長らく測定困難だった).これにより,より直接的な電子準位の情報獲得が期待される.

ここで,本分野の世界動向について少し整理しておきたい.まず X 線と STM の組み合わせは,大阪市立大の辻幸一らによる初期の試みにさかのぼる[11](当初は SR

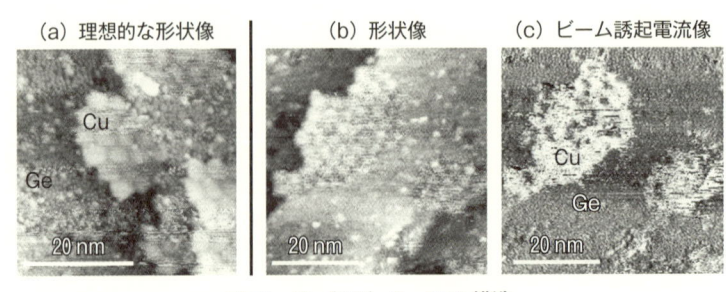

図 11 Ge(111)-Cu 5×5 構造
(a) ドメイン境界の鮮明な形状像,(b) 境界が不鮮明な場合,
(c)(b) の元素コントラスト (3.0 V,0.3 nA)

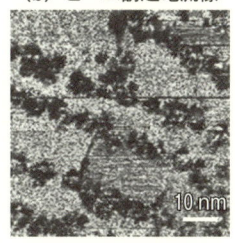

図12 Au(111)-Co ナノアイランドの結果
(0.6 V, 0.5 nA) (入射X線 7.74 KeV>Co-K 吸収端)

でなく実験室光源を用いた）．その後，今世紀に入り，東大物性研グループ[6]，筆者らのグループ（上述）が新たな試みとともに進展を続けてきた．その間，海外では提案自身には多くの研究者が魅力を感じつつも，実現性に大きな難点を抱く見方が主流で，目立った展開はなかった．しかし2005～2006年以降，上述のとおり世界各国の放射光施設を中心に，EU[12]，米[13]，スイス[14]，台湾[15]，など各国で放射光STMの研究が独立して始まり，盛んになってきた．そして多くの困難をかかえつつも，各国で独自な工夫が試みられ，分野としてようやく緒についたところと言える．観察試料も無機系（半導体，金属）が主流ながら，有機系への展開も始まっており，放射光に有利な偏光を用いた磁区観察への可能性など[14]，今後，幅広く有益な知見が得られると期待できる．

2.6 「光照射による原子移動」の直接観察

分析だけでなく，放射光STMのもう1つの目的として，STMにX線励起を援用した「局所制御」がある．つまりSTMの局所電圧印加に際し，光励起による反応や（脱離・拡散などの元になる）状態変化を援用する試みである．しかしそれらとは若干違う形で本システムが独自の威力を発揮する例が見出された．筆者らは元素分析の研究過程で，入射光子密度の増加にともなう表面原子の移動を見出し，詳細を調べてきた[16]．その結果，X線照射のみで原子移動が生じることが分かった．さらに，移動は原子の脱離でなく拡散であること，かつSTM像でその原子拡散の軌跡が直接，可視化できること（図13），が分かった．原子移動の過程を考察するため熱的効果を見積もると，熱量計算による局所的な表面温度上昇を考慮しても，通常の（X線照射のない）昇温過程による原子移動とは挙動が大きく異なること（移動の局所性，異方性など）が分かっている[17]．

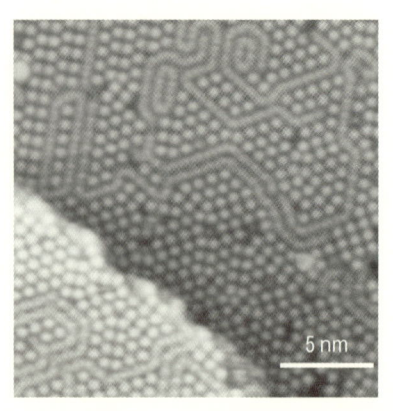

図13 Ge(111)清浄面上のX線照射による原子移動の軌跡
（図中の線状構造）（2.0V, 0.3nA）

　超高輝度X線を入射した際，クーロン爆発による構造破壊の問題はつとに知られるが[18]，遥かに小さなピーク輝度でも（ただし蓄積リング光源で現在得られる最高輝度を集光ミラーで2次元集光後），硬X線領域ですでにこうした現象が見える事は，多くの示唆を含む．たとえばナノ表面・低次元系など希薄系の構造解析において高輝度X線は強力な武器であるが，連続照射測定は物質や使用波長によっては早々に困難が生じる可能性がある．しかし逆に，ナノビームを用いた選択励起によるナノ加工など新たな応用の可能性も秘めている．さらに直近の現実的応用として，XFELを代表とする新世代の高輝度光源の開始にあたり[19]，ミラーや分光器など光学素子の損傷について，初期過程の研究手段として本手法は役立つ（XFELでは，熱損傷は現在，重要な課題である）．

　上で述べた観察例はまだ制御そのものには至らないが，光刺激，特に選択的内殻励起に基づく局所制御，という点ではその萌芽的現象をとらえたものである．こうした原子レベルの直接観察は放射光施設の「その場観察STM」ならではの成果であることを強調したい．

2.7　むすび

　放射光STMでは高輝度X線と表面原子の相互作用について，「高空間分解」「その場観察」という他にない情報が得られるため，今後さらに独自の長所を生かしたさまざまな手段への展開・応用が可能であり，実際に試みてゆく予定である．

3. プラズモン共鳴の高機能フィルタへの応用

3.1 はじめに

本節では可視光通信への応用に向けて考案したアクティブ光学フィルタについて述べる．このフィルタは積層薄膜構造を有して，表面プラズモン共鳴に基づく特異な分光反射特性を利用する．以下，フィルタの作製・制御の基礎について，実験結果を踏まえてその実現可能性について解説し，特徴的な構造についての有限要素法に基づく電磁場シミュレーション結果を併せて示す．

3.2 白色 LED 照明のスペクトル変調による可視光通信

筆者らは可視光通信の高速化にむけて，白色 LED 照明のブロードな発光スペクトルに対応できる高速光変調素子を考案し，特定波長の高速光変調デバイスの実現に向けて，金属/誘電体/金属（MIM：Metal-Insulator-Metal）構造からなる光学フィルタについて研究開発している[1,2]．このフィルタの波長変調動作は，表面プラズモンを励起することであり，外部信号によって高速に変化させる技術に基づいている．

金属表面に照射された光（横波）は，ある条件下で金属内部の自由電子と効率的に相互作用を起こし，表面電荷の集団疎密波（縦波）である表面プラズモンを励起する．このとき入射光エネルギーが表面プラズモンポラリトン（Surface Plasmon Polariton：SPP）へ効率よく変換される結果として，光反射率が著しく低下する表面プラズモン共鳴（Surface Plasmon Resonance：SPR）が観測されることになる．後述するように，この SPR 現象が，MIM 構造においては，入射角度や偏光への依存性が小さい現象へと様変わりすることから，光変調フィルタとしての可能性に着目した．

現状では，可視光通信の伝送速度は光源の点滅動作（On-Off-Keying：OOK）に基づいている．特に白色 LED 照明は，スペクトルの大部分が蛍光現象により発せられるため，点滅速度 100 Mbps 程度が限界とされている．LED の点滅動作の高速化にむけた取り組みもあるが，ここでは LED の高速スイッチングではなく，特定波長に対して高速スイッチとして機能する光変調素子の可能性について論じる．図 14 は本節で扱うアクティブ光フィルタによる通信方式を示している．白色 LED 照明のブロードな連続スペクトルのうち，特定波長をフィルタの吸収ディップ（dip）

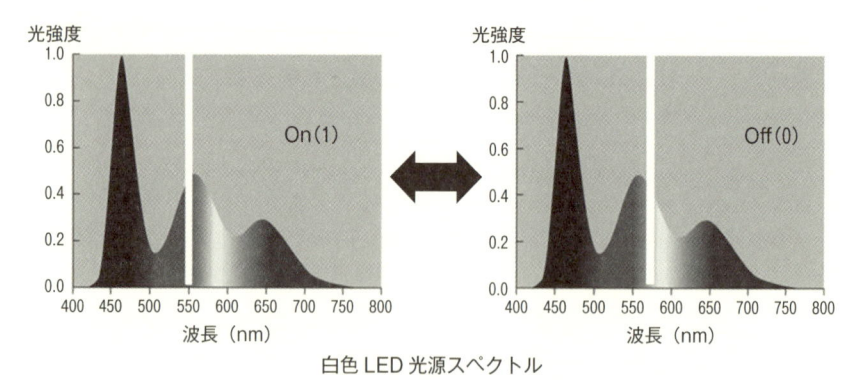

図14 アクティブ光フィルタによる白色LEDスペクトルの制御概念

によりカットし，この吸収ディップの波長を変動させることでディップ波長の光に対してのみOn/Off制御が可能となる．

吸収ディップの生成だけなら誘電体層に特筆すべき条件は無いが，ディップ波長を変動させるにはディップ波長の発生条件を可逆的に変えなければならない．そこでフィルタの基幹構造であるMIM積層膜において，両金属層（M1層，M2層）に電位差を与えて誘電体層（I層）に高電界を印加することで，I層の屈折率変化を誘発し，それをもって吸収ディップの発生波長を可逆的に変化できると考えている．表面プラズモンの寿命は数10フェムト秒程度と非常に短いので，I層の屈折率変化の速度次第で高速スイッチングが実現できることになる．

3.3 MIM構造における光と薄膜との相互作用
3.3.1 有限要素法によるMIM構造の電磁場シミュレーション

図15にガラス/金属薄膜/空気構造，いわゆるKretschmann配置型のSPR発生について，有限要素法シミュレーション結果を示す．ここでは石英ガラスの表面に厚み45 nmの金属薄膜を設け，この金属層が空気に露出している．左上から入射する平面波はP偏光で，SPR励起条件となる角度（この場合は46.85度）で照明光を入射すると，図のように金属膜の表面に表面プラズモンが励起される．図15(a)は磁場分布であり，石英ガラス内は反射がほとんど無いために光干渉が起こらず，入射波の分布が見える．図15(b)，(c)はそれぞれ，反射率の入射角依存性と波長依存性である．SPR発生のための金属薄膜/空気界面での位相整合条件が，入射角や波長（屈折率）に敏感であるため，急峻な吸収ディップ特性が表れている．

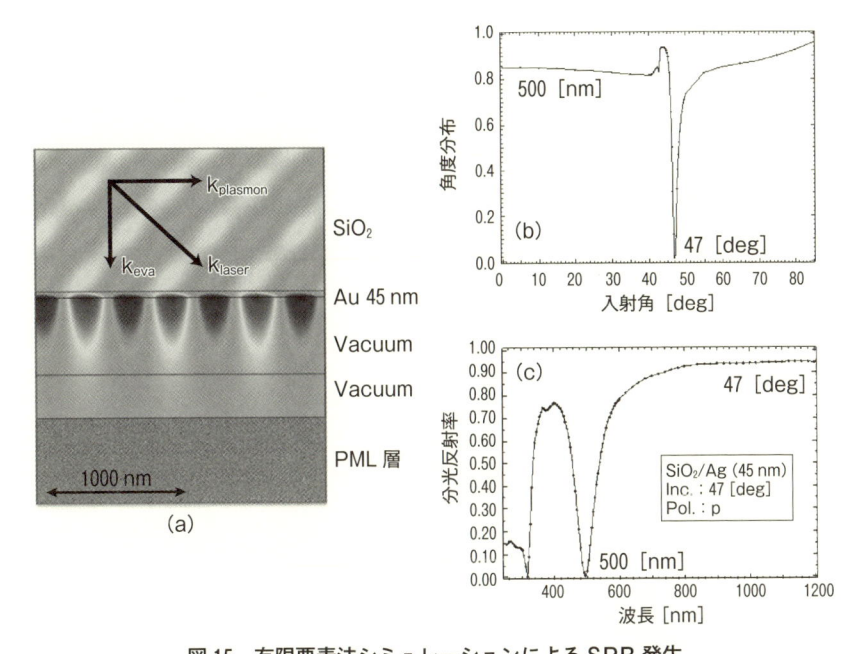

図15 有限要素法シミュレーションによる SPR 発生
(a) SPR 発生時の磁場分布, (b) 入射角度に依存した反射率, (c) 入射波長に依存した反射率.

　この構造の金属膜上へ, さらに誘電体薄膜→金属薄膜の順で積層することでMIM 構造を作製する. このように金属と誘電体とが交互に積層された多層構造では, 各境界が SPP の導波と維持の可能性を有し, 境界同士の距離が SPP の空間広がりと同程度以下の場合には, SPP 同士の相互作用によって結合伝搬モードが発生する.

　MIM 構造の分光反射特性の解析は, 有限要素法ベースの電磁場解析ソフトウェア (COMSOL Multiphysics 4.3a + RF Module) により行い[3], MIM の各層(薄い M 層(= M1 層)/I 層/厚い M 層(= M2 層)の計 3 層)とこれらを保持するガラス基板, M2 層と接する空気層, モデル内での反射, 干渉をさけるための完全整合層を 2 次元モデル化して計算できる. 光の平面波はガラス (SiO_2) 層から入射し, 反射光は同層へ伝搬する. M1 層の材料には銀 (Ag) を設定し, I 層には試作に適当な MgF_2 を設定した. これらの材料の波長依存の光学特性は, Palik の著書[4]を参照して与える. アクティブ MIM フィルタとするためには, I 層に電気光学材料を用いる必要があるので I 層に PLZT ($PbLaZrTiO_3$)[5]を設定した計算も行う. また, フロケの定理に

基づいて，空間上の位相差を考慮した境界条件をモデル左右の境界に設定したシミュレーションでは，照明波長，入射角，偏光をパラメータとしてモデル内の電磁場分布，ガラス基板側へのパワー反射率を計算した．

3.3.2　M1層およびI層の厚みに対する依存性

まずI層を 150 nm，M2層を 200 nm に固定し，MIM構造の吸収ディップ特性に対する M1層の厚みの影響を調べると吸収ディップは狭帯域で落ち込みが鋭いほど，ディップ波長の光に対して良好な on/off スイッチとなり得る．図 16(a) がその計算結果で，M1層の厚みを 25 nm から 50 nm まで変化させている．この図より，M1層の厚みは 40nm 近辺が最適であることが分かる．また，40 nm 以上では吸収ディップの深さは浅くなるが，ディップの半値全幅は狭くなり，閾値の設定次第では OOK 方式が可能とも考えられる．

M1層の厚み変化は吸収ディップ波長をほとんど変化させないため，フィルタリ

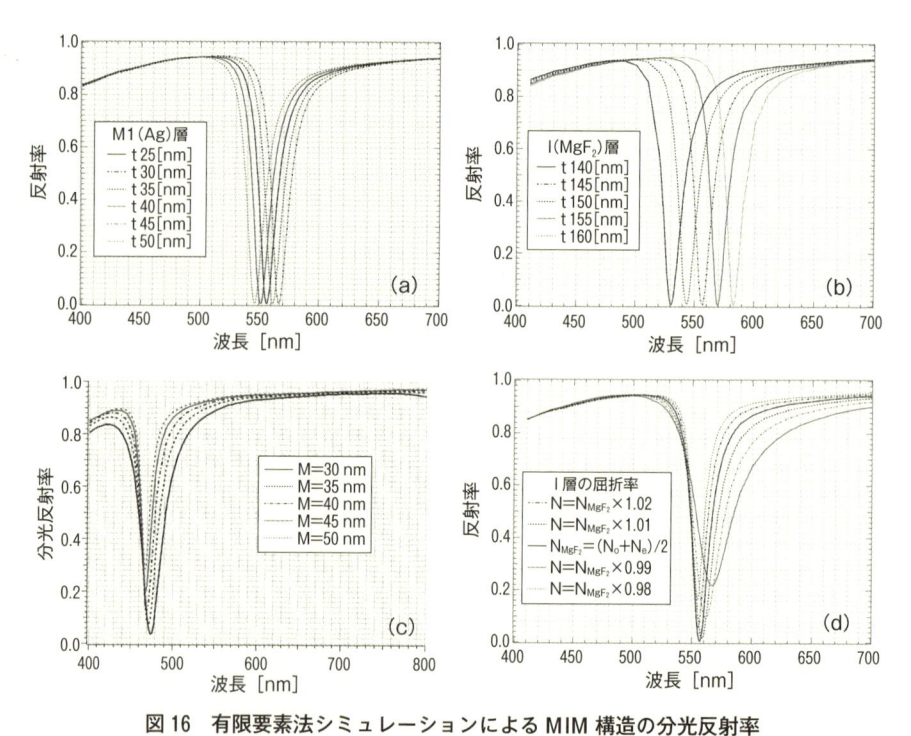

図 16　有限要素法シミュレーションによる MIM 構造の分光反射率
(a) M1層の厚み依存性，(b) I層の厚み依存性，(c) M2層の厚み依存性，(d) I層の屈折率依存性．

ング波長の設定には I 層の厚み変化が必要と考えられる．この確認のために行ったシミュレーション結果が図 16(b) である．この図のとおり，I 層の厚みを減じると吸収ディップ波長はブルーシフトし，I 層の厚み変化のおよそ 2.5 倍のシフト量である．このため実際の MIM フィルタの製作においては，吸収ディップの半値全幅から考えて，I 層膜厚の nm オーダーでの再現性と制御とが必須である．さらに，吸収ディップの最小反射率が I 層の厚みに依存しないことも分かる．

3.3.3 M2 層の厚みおよび I 層材質に対する依存性

試作研究の段階では MIM 構造による反射型フィルタを想定し M2 層を厚くしているが，参考までに M2 層を薄くした計算結果を図 16(c) に示す．この図は垂直入射の分光反射率を示しており，図 16(a) などとは大差ないように見えるが，吸収ディップにおいては最大で 10 数％の透過光が得られる．透過型フィルタは実用化しやすいが，白色 LED 光の環境照明としての特性を著しく損なうため，我々の目的には合致しない．こうして MIM 構造では，フィルタの分光反射特性を大きく左右する項目は I 層の材質（＝屈折率）に絞られ，今後の研究ではこの I 層に，電界印加により高速で大きな屈折率変化が見込める材料を組み込む必要がある．

試作で用いた MgF_2 の屈折率を，人工的に ±1～2％変化させた際の吸収ディップの波長シフトを図 16(d) に示す．およそ ±10 nm 程度のシフトが見込める結果となった．これに対して，アクティブ化の候補である PLZT (9/65/35) を I 層に設定した結果が図 17(a) である．PLZT の屈折率は MgF_2 に比べてだいぶ大きく，吸収ディップ波長が短波長側へ 100 nm 近くシフトした（図 16(a) 参照）．PLZT の屈折率を人工的に 1％変えると図 17(b) に示すような反射率カーブの変化が期待できた．この図で分かるように，吸収ディップ波長は 4 nm 程度シフトし，470 nm の光に対してはディップシフト後に，反射率がほぼ 2 倍に上がり，OOK 方式による送信の可能性が見えてくる．ここでの PLZT の屈折率の絶対値変化は $\Delta n \sim 0.023$ 程度で，膜厚は 150 nm 程度を想定しているため，0.15 V 程度を I 層の PLZT に加えればよいことになり，PLZT 薄膜が実装できれば，あながち不可能な値ではない．

3.4 真空蒸着法による MIM 構造の試作と吸収 dip 特性の実際
3.4.1 成膜装置と評価手法

MIM 構造の試作はスライドガラス基板を用いて，真空蒸着法により行う．6 V，100 A 仕様のヒーター電源×2 からなる抵抗加熱方式で蒸着源に Ta ボートヒータを使用し，M 層材料として Au 粒あるいは Ag 粒，I 層材料として CaF_2 粒あるいは

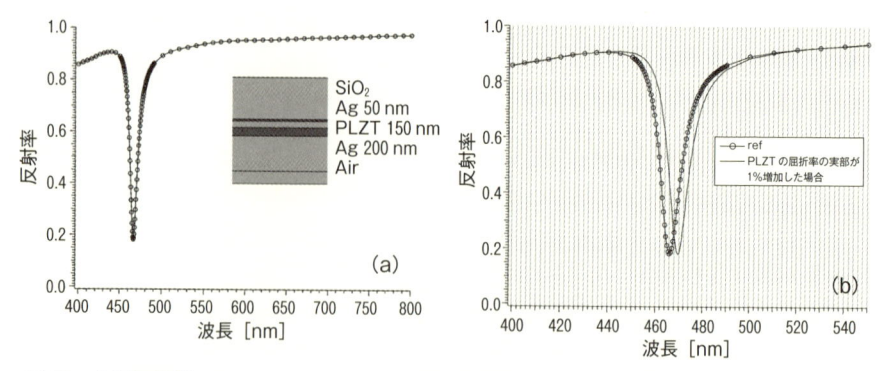

図17 有限要素法シミュレーションにいる MIM 構造（I層＝PLZT）の（a）分光反射率，（b）I層の屈折率が1%変化した際の吸収ディップの変化

MgF$_2$ 粒を使用する．3層の成膜プロセスすべてが高真空下で行われ，排気システムはターボ分子ポンプと油回転ポンプとからなる．ベーキング後の真空到達度は約 1.5×10^{-4} Pa とする．各層の成膜モニタには，共振周波数 5 MHz の水晶振動子式膜厚計を用い，材料密度と Z 比から算出される膜厚値を監視し，電磁シャッタとヒーター電流値とにより膜厚制御できる．

試作した MIM 構造の分光反射特性は，D$_2$ ランプと WI ランプとを光源とする分光光度計でこの装置の試料室内に入射角5度で測定可能な試料ホルダーをセットし，可視光用偏光フィルターを通した診断光を用いて，偏光依存の分光反射率を測定し，評価した．同装置内蔵のモノクロメータスリット幅の調整により，波長分解能は 1 nm とした．診断光はガラス基板側から入射させており，測定データにはスライドガラスの端面反射の影響が含まれている．

3.4.2 膜材質，膜厚測定の重要性

まず，Au（M1層，M2層）と CaF$_2$（I層）の蒸着によって，Au（44 nm）/CaF$_2$（150 nm）/Au（200 nm）の MIM 構造を試作し，分光反射特性を測定する．吸収ディップが実験的に観測されるが，計算予測のディップ波長とは著しい乖離を見せる．考察の結果，I層である CaF$_2$ 膜の充填率が 0.5 程度と小さいことが SEM 測定により明らかになり，この充填率によって屈折率や膜厚に補正を施すと，実験結果を計算により説明することができた．このことから，水晶振動子膜厚計によって得られる膜厚（重量膜厚）だけでは膜厚と屈折率を推定するには十分でないという教訓が得られ，この後，充填率が 1 に近い MgF$_2$ 膜を I 層に採用して，この問題が解決された．こ

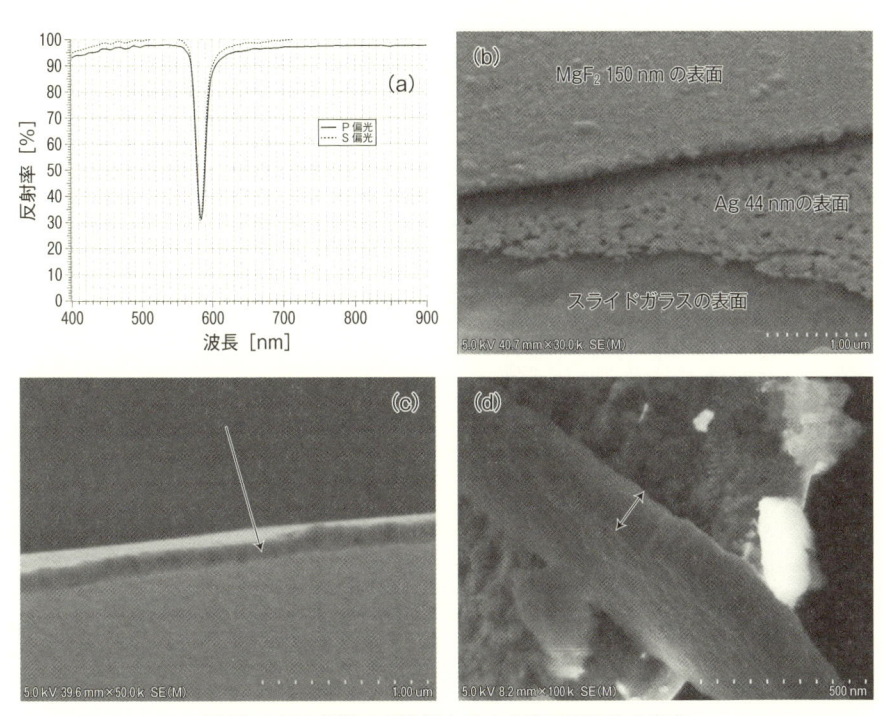

図 18 MIM 構造の試作例とその分光反射特性の測定

(a) 試作した MIM 構造（Ag（43 nm）/MgF$_2$（147.2 nm）/Ag（200 nm））の入射角 5°での分光反射率（膜厚値は膜厚計の表示値），MIM 構造の剥離部分の SEM 画像，(b) ガラス基板と M1 層＆I 層，(c) M2 層と I 層との界面，(d) I 層（矢印の厚みが 150 nm 程度）．

れ以降，Ag（M1 層，M2 層）および MgF$_2$（I 層）の蒸発によって，Ag（44 nm）/MgF$_2$（150 nm）/Ag（200 nm）の MIM 構造を試作し，分光反射特性を測定し（図18(a)），詳細に各層の膜質や膜厚を調べるために同サンプルの SEM 観察を行った．図 18(b)，(c)，(d) はこの時の MIM 構造の剥離部分の SEM 画像である．MgF$_2$ は充填率が高い膜であることが分かる．図 18(d) より I 層の厚みは 150〜180 nm 程度であることが分かり，重量膜厚と形状膜厚が非常に近いことが確認された．Ag 膜表面に 10 nm 程度の凸凹や，スライドガラスとの界面においてピンホールが点在し，膜質向上が課題となった．

3.4.3 M 層の成膜レート向上による分光反射率特性の変化

3.4.2 で述べた通り，I 層として MgF$_2$ を用いることで，MIM 構造の吸収ディップ特性の基礎が実験的に押さえられた．膜厚の制御性や膜の平坦度を良くするため

に，低い蒸着レート（0.1 nm/s）での成膜を実施していたが，特に Ag 膜の成膜については，(1) 酸化抑制，(2) 結晶粒塊の結晶性の向上，(3) 大きな粒塊ドメイン群による平坦度の高い膜形成，のために非常に高い成膜レート（～10 nm/s）が有効であることが分かった．これらの知見については，Ag (40 nm)/MgF$_2$ (150 nm)/Ag (200 nm) の MIM 構造を低速成膜（0.1 nm/s）および高速成膜（10 nm/s）で試作し，分光反射率や SEM 観察像を比較することで確かめられた．図 19(a) は M 層の成膜レートの違いによる分光反射率であり，高速レートではディップ幅が狭くなっている．図 19(b)～(e) は成膜レートによる各層の SEM 画像であり，(b), (c) は低速成膜時，

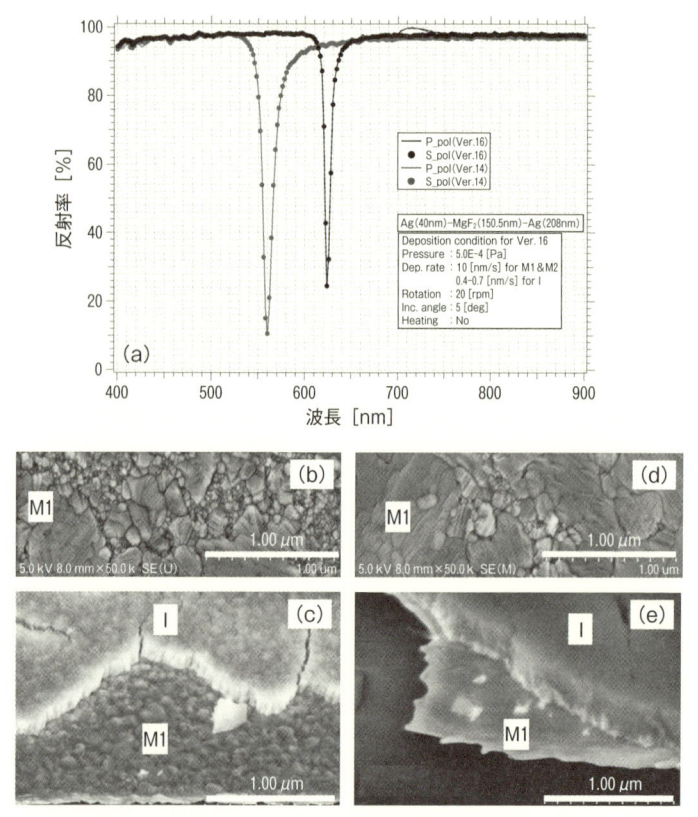

図 19 MIM 構造（Ag/MgF$_2$/Ag）の成膜速度を調整した際の分光反射率の違い
(a) M 層の成膜レートに依存した分光反射率，(b)(c) 低成膜レート時の SEM 画像，
(d)(e) 高成膜レート時の SEM 画像．

(d), (e) は高速成膜時を示している. 高速レートでは, 電子チャネリングコントラスト像として鮮明に観察できており, 凸凹が少なく組成が一様で均質平坦な膜であることが示唆される. 均質で平坦な膜が形成され膜質が向上したことにより, 金属中を伝搬する自由電子が受ける損失が少なくなり, 吸収ディップの波長幅が狭くなったものと考えられる. こうした MIM 構造各部の膜質の向上が, 図19(a) におけるディップ幅減少の原因となった. MIM フィルタを実用化し動作させた際には, LED 照明光の可視領域の連続スペクトルの一部をカットするが, 照明性能 (明るさ, 色合い) の劣化を極力抑えるために吸収ディップ幅はできる限り狭いほうが良い. この点で M 層成膜への高速レートの採用は大きな前進となった. しかし, 図19(a) のカーブは本来, 同一のディップ波長に現れるべきである. これは, 吸収ディップの発生波長が I 層の厚みに敏感でありながら, 膜厚制御が不十分であったことを意味する.

3.4.4 I 層の厚みに依存した分光反射率特性

図20に I 層の厚みを 20 nm ずつ変化させて試作した, Ag (40 nm)/MgF$_2$ (X nm)/Ag (200 nm) 構造の分光反射率を示す. この結果より, 両偏光において吸収 dip が表れ, I 層の厚みが増加するにつれて理論値と同様に吸収ディップの発生波長はレッドシフトすることが分かる. また計算と同様, I 層の厚みが 20 nm 変化するごとにディップ波長が約 50 nm 変化した. なお, この図のディップ波長より算出される推定膜厚は, 膜厚計が表示した膜厚値よりも約 10〜20 nm 程大きく, 膜厚計の校正がチャンバ内の設定位置において不十分であったことが考えられる.

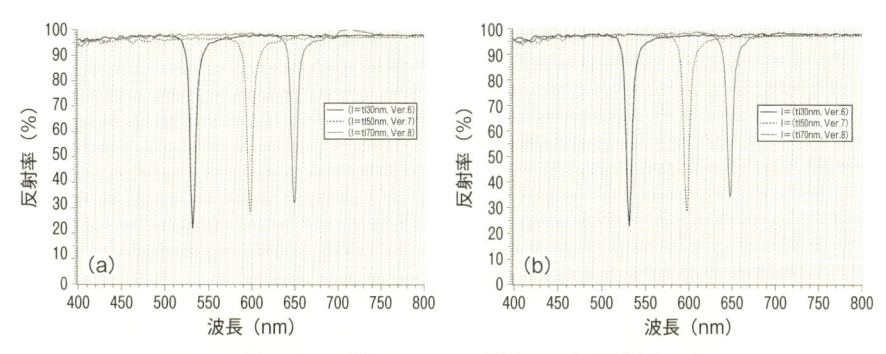

図20 I 層の厚みに依存した MIM 構造の分光反射特性の変化
真空度 4×10^{-4} [Pa] において, M 層を 8〜10 [nm/s], I 層を 0.4〜0.8 [nm/s] で蒸着し, 入射角 5°で測定した分光反射率. (a) P 偏光, (b) S 偏光.

3.4.5 蒸着プロセスの自動化によるMIM構造の再現性

M層の蒸着レートの高速化とI層の厚み制御とにより，試作MIM構造の分光反射特性は理論予測に非常に近づいた．しかし，高い蒸着レートによる薄いM1層の成膜は，膜厚誤差が小さくなく，最小反射率が改善されなかったため，蒸着装置内に高速開閉の電磁シャッターを導入し，蒸着ヒーターの制御，リアルタイム膜厚モニタリングも含めて，アナログ信号やデジタル信号による自動化を進めた．まず低速成膜レートでの再現性を見るためにAg（40 nm）/MgF_2（150 nm）/Ag（200 nm）構造を3つ試作して，分光反射率を比較した．その結果，図21の通りディップ波長の高い再現性と，約10%前後の最小反射率とを有する良好な反射特性とが得られた．

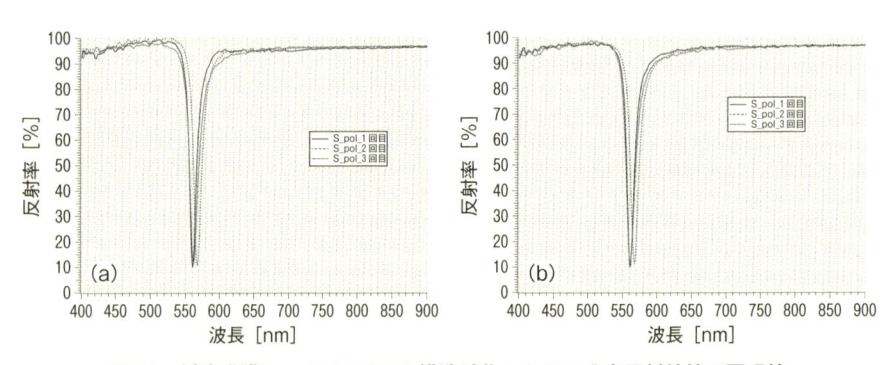

このように自動化により，同構造の膜厚構成でMIM構造が非常に再現性良く試作できたことが確認された．そこで高速成膜レートでも自動製作したところ，Ag（40 nm）/MgF_2（150 nm）/Ag（200 nm）構造を3つ試作し，図22の結果を得た．低速成膜と同様に，最小値が約10%前後と良好で，両偏光に対する反射特性において高い再現性を維持できており，良く膜厚を制御できていることが確認された．図23は自動化後の高速成膜時と低速成膜時のP偏光に対する吸収ディップ形状を比較しているが，やはり低速成膜→高速成膜によってその半値全幅が14 nmから10 nmに改善されている．このように，高速成膜においても自動シャッタによる膜厚制御によって良好で正確なM1層の成膜が実現でき，再現性の良いMIM構造の製作が可能となる．

図21 低速成膜レートでのMIM構造試作における分光反射特性の再現性
真空度$2×10^{-3}$ [Pa] において，M層を0.1～0.6 [nm/s]，I層を0.6～1.0 [nm/s] で蒸着し，入射角5°で測定した分光反射率．(a) P偏光，(b) S偏光．

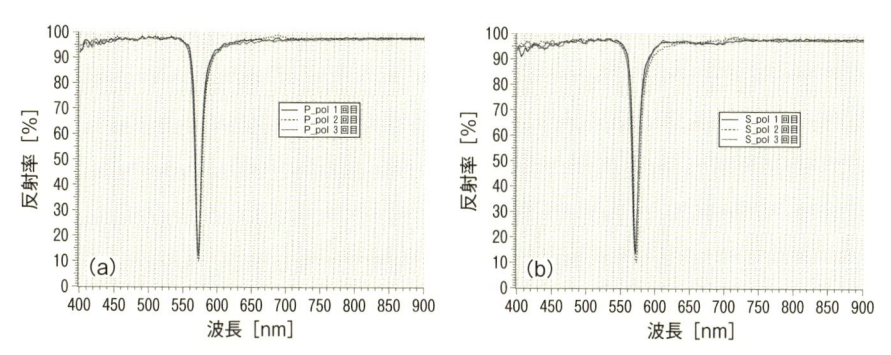

図22 高速成膜レートでのMIM構造試作における分光反射特性の再現性
真空度 1.7×10^{-3} [Pa] において,M層を2〜7 [nm/s],I層を0.1〜1.0 [nm/s] で蒸着し,入射角5°で測定した分光反射率.(a) P偏光,(b) S偏光.

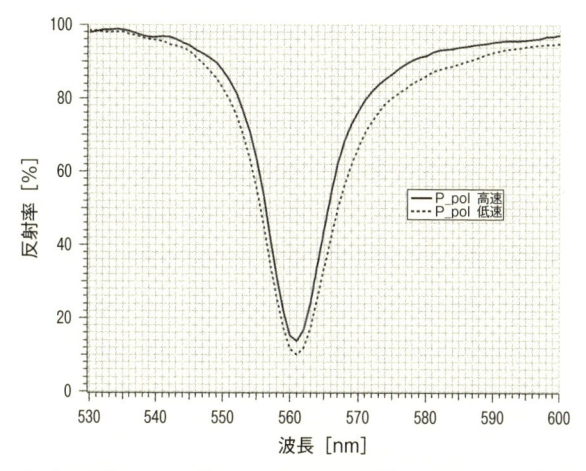

図23 M層の成膜レートの違いによるMIM構造の吸収ディップ形状の変化

3.4.6 膜厚モニタリングの必要性

MIM型光学フィルタの特性は,各層の屈折率と膜厚に大きく依存する.特にディップ波長は,誘電体薄膜(I層)の屈折率と膜厚によって決まる.たとえばI層が MgF_2 薄膜の場合には図18の変化を呈し,MgF_2 薄膜の膜厚が1 nm変化すると,ディップ波長が2.6 nm変化する.このためディップ波長を1 nmの精度で制御するには,膜厚を0.4 nmの変化に収める必要がある.MgF_2 薄膜の充填率が変化すると,ディップ波長にもズレが生じるので,膜質変化を抑えて成膜を制御しな

ければならない．

3.5 アクティブ波長フィルタリングにむけて
3.5.1 電気光学材料の利用

　MIM 構造によるアクティブ波長フィルタリングに向けては，金属層にサンドイッチされた I 層に電気光学材料を使用し，電圧印加による屈折率変化を利用してディップ波長の変化を起こす必要がある．フィルタリングには数％程度の屈折率変化が必要であることがわかっている．このような屈折率変化を起こす電気光学材料としては，酸化物系や有機物系を検討している．たとえば，酸化物系の電気光学材料として PLZT に期待している．しかしながら，酸化物系の電気光学材料は結晶性を発現するために高い焼結温度が必要であり，この高温処理が他に影響を与えることが懸念されている．たとえば，PLZT と基板との熱膨張率差によって亀裂を生じやすい．また金属薄膜は，融点よりも低い温度（300℃程度）でも凝集を始め，連続膜から島状膜へと形状変化して SPR の特性を損なう結果となる．これらのことから，プロセスの低温化に向けた低温材料の探索が期待されており，近年材料設計や製造技術が進展している有機電気光学材料（EOP：Electro-Optic Polymer）に期待しているところである．しかしながら，MIM 構造において各層の膜厚制御はサブナノメーターの精度が必要であるにもかかわらず，成膜プロセスによっては先述の真空蒸着時の膜厚モニタを利用できないという問題が発生する．そこで，表面プラズモン共鳴を直接測定して膜厚制御に利用する新しい膜厚モニタシステムの開発が必要となる．

3.5.2 SPR 現象のリアルタイムモニタリング

　真空蒸着において水晶振動子膜厚計で測定できる膜厚は重量膜厚であり，充填率など膜質も含めた膜厚のリアルタイム測定は困難である．しかしながら，SPR 現象の研究開発では数 nm 程度の膜厚精度が要求され，波長特性に顕著な影響を与える．このことは，前述の MIM 構造において CaF_2 を I 層に利用した際に充填率によって補正しなくては吸収ディップを計算できないという実験結果からも明らかである．

　筆者は，表面プラズモン共鳴の差異を波長および角度依存性として評価できることを明らかにしてきた．SPR 現象は全反射領域において特異な吸収を示すが，角度や波長に依存している．このことを利用して，波長と角度を分離して 2 次元画像（以後，分光 ATR（Attenuated Total Reflection）画像と呼ぶ）として評価することができ

るはずである．そこで，膜厚 50 nm の金薄膜について分光 ATR 画像を理論的に予測し，金薄膜の吸収スペクトルを回転ステージを利用して角度毎に測定し，つなぎ合わせて 2 次元画像化したところ，理論的に予測した分光 ATR 画像に近い画像として評価することができた．また，最適な膜厚より薄かったり，基板温度が高く島状薄膜であると，実験の分光 ATR 画像は異なることを見い出した[6]．

このように，表面プラズモンに関して膜厚モニタだけよりも詳細な成膜評価ができることになったが，このような回転ステージを用いた計測は成膜モニタには利用しにくい．そこで，図 24 のように分光器と 2 次元検出器である CCD（Charge Coupled Device）とを組み合わせ，この分光 ATR 画像を計測するシステムを考案した．この光学システムを用いて，（角度範囲は制限を受けるが）CCD 上に 2 次元画像として分光 ATR 画像を直接測定できることを明らかにしている[7]．

3.5.3 MIM 製造におけるリアルタイムモニタリング

本節の MIM 型光学フィルタでは，全反射領域のみならず広い入射角の範囲でのスペクトル反射率の評価が必要になるため，この評価法では分解能が不十分になってしまう問題がある．上述のように，I 層の膜厚がディップ波長の制御に特に重要であることが分かっているので，特定の角度のみのスペクトル反射率をモニタリングするべきである．図 25 は，MI 型において I 層のモニタリングが可能であるか検証する実験の結果である．MI 型では吸収は全反射領域であり，基板への入射角は 60 度になるようにした．実験結果は，I 層の膜厚が増加するにつれて，P 偏光の反

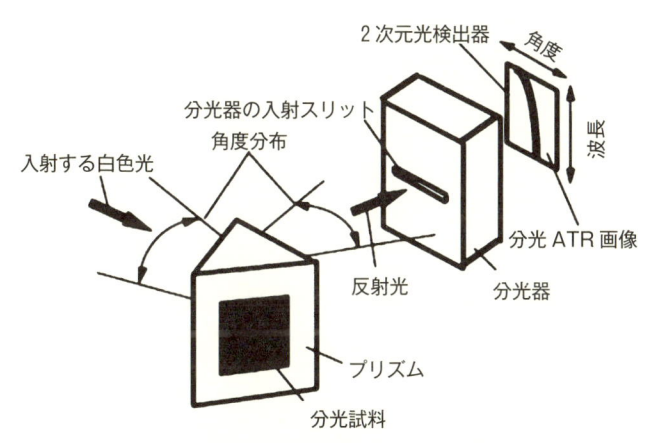

図 24 分光 ATR 画像計測システムの模式図[7〜9]

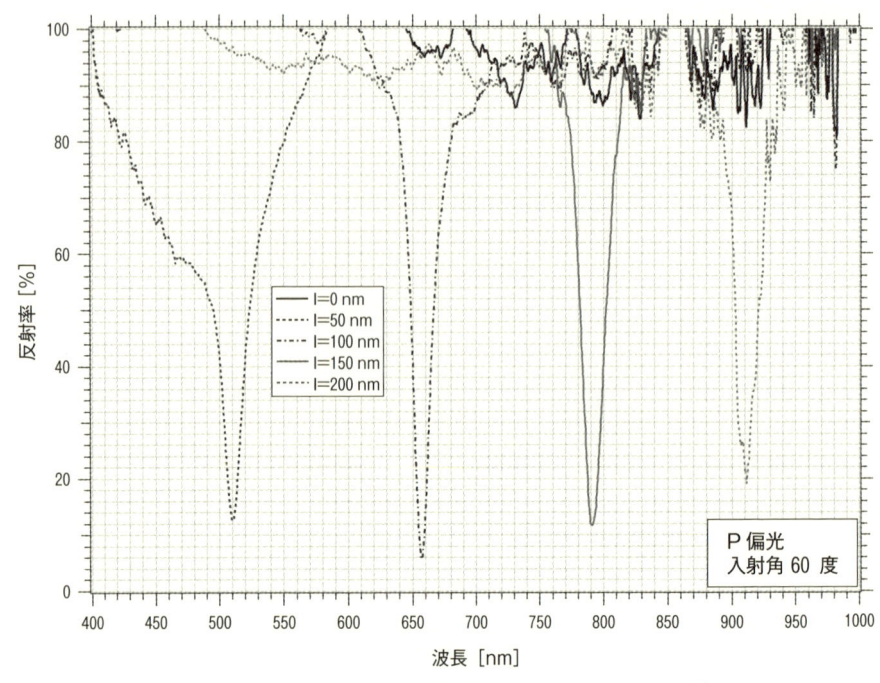

図25 MI型における分光反射率の変化（入射光60度）[10]

射スペクトルのみがディップ波長が変化していることがわかる．理論的予測に実験結果を重ねて表示したものであり，実験結果が理論的予測とよい一致を示しており，この方式がI層の成膜モニタリングとして利用できることが明らかにしている[10]．

3.6 むすび

シミュレーション予測と試作実験とにより，プラズモン共鳴の高機能光フィルタへの応用の可能性を見い出した．また，成膜プロセスにおける自動化と膜厚モニタリングの重要性を明らかにした．顕著な電気光学効果を有する誘電体層の薄膜積層化が実現すれば，可視光通信への実用化に向けて大きく道が開けると考えている．

参考文献

1章1節

1) 小間篤, 他 編『表面物性工学ハンドブック』丸善, 1987.
2) 青野正和 編『表面組成分析』丸善, 1999.
3) 大西孝治 編『固体表面分析Ⅰ, Ⅱ』講談社, 1995.
4) Fairman P. S. *et al.*, "300-mm-Aperture Phase-Shifting Fizeau Interferometer," *Opt. Eng.* **38**, 1371 (1999).
5) Tsutsumi H. *et al.*, "Development of Ultrahigh Accurate 3-Dimensional Profilometer," *Optronics* No. 256, 184 (2003).
6) Deck L. and Groot P. de, "High-Speed Noncontact Profiler Based on Scanning White-Light Interferometry," *Appl. Optics* **33**, 7334 (1994).
7) Binnig G. *et al.*, "Atomic Force Microscope," *Phys. Rev. Lett.* **56**, 930 (1986).

1章2節

1) Higashi Y. *et al.*, "Surface Gradient Integrated Profiler for X-ray and EUV Optics," *Sci. Technol. Adv. Mater.* **8**, 177 (2007).
2) Higashi Y. *et al.*, "Development of Surface Gradient Integrated Profiler: Precise Coordinate Determination of Normal Vector Measured Points by Self-Calibration Method and New Data Analysis from Normal Vector to Surface Profile," *Proc. SPIE* **7077** (2008).
3) Ueno T. *et al.*, "High-Precision Profile Measurement of a Small Radius Lens by Surface Gradient Integrated Profiler," *Proc. SPIE* **7448** (2009).
4) Kitayama T. *et al.*, "Development of a High-Speed Nanoprofiler Using Normal Vector Tracing," *Key Eng. Mater.* **516**, 606 (2012).
5) Matsumura H. *et al.*, "Effects of a Laser Beam Profile to Measure an Aspheric Mirror on a High-Speed Nanoprofiler Using Normal Vector Tracing Method," *Curr. Appl. Phys.* **12**, Suppl. 3, S47 (2012).
6) Kojima T. *et al.*, "Absolute Calibration of the Rotary Encoder Considering the Influence on-Machine for Development of High-Speed Nanoprofiler," *Key Eng. Mater.* **523-524**, 842 (2012).
7) Kitayama T. *et al.*, "Development of a High-Speed Nanoprofiler Using Normal Vector Tracing," *Proc. SPIE* **8501** (2012).
8) Usuki K. *et al.*, "Development of a Nanoprofiler Using the Follow-up Normal Vector to the Surface for Next-Generation Ultraprecise Mirrors," *Proc. SPIE* **8550** (2012).
9) Matsumura H. *et al.*, "High-Speed Surface Slope Measuring Profiler for Aspheric Shapes," *Proc. SPIE* **8550** (2012).

1章3節

1) Sommargen G. E., "Phase Shifting diffraction interferometry for measuring extreme ultraviolet optics" in *Extreme Ultraviolet Lithography* (Kubiak G. D. and Kania D. R. eds.), Optical Society of America, Washington DC, p. 108, 1996.
2) Goldberg K. A. *et al.*, "High-Accuracy Interferometry of Extreme Ultraviolet Lithographic Optical Systems," *J. Vac. Sci. Technol. B* **16**, 3435 (1998).
3) Otaki K. *et al.*, "Development of the Point Diffraction Interferometer for Extreme Ultraviolet Lithography: Design, Fabrication, and Evaluation," *J. Vac. Sci. Technol. B* **20**, 2449 (2002).
4) 押鐘寧 他，光ファイバからの点光源回折球面波を計測の絶対基準とした位相シフト光干渉計の開発，精密工学会誌 **69**，678（2003）.
5) Matsuura T. *et al.*, "Measurement Accuracy in Phase-Shifting Point Diffraction Interferometer with Two Optical Fibers," *Opt. Rev.* **14**, 401 (2007).
6) Matsuura T. *et al.*, "Numerical Reconstruction of Wavefront in Phase-Shifting Point Diffraction Interferometer by Digital Holography," *Surf. Interface Anal.* **40**, 1028 (2008).
7) Matsuura T. *et al.*, "Spherical Concave Mirror Measurement by Phase-Shifting Point Diffraction Interferometer with Two Optical Fibers," *Nucl. Inst. Meth. Phys. Res. A* **616**, 233 (2010).
8) Oshikane Y. *et al.*, "Phase-Shifting Point Diffraction Interferometer Having Two Point Light Sources of Single-Mode Optical Fibers," in *Selected Topics on Optical Fiber Technology* (Yasin M. *et al.*, eds.), InTech, Croatia, p. 355, 2012.

2章1節

1) Tanner B. K., *X-ray Diffraction Topography*, Pergamon Press, Oxford, 1976.
2) Robinson I. K., "Surface Crystallography" *Handbook on Synchrotron Radiation*, Vol. 3 (Brown G. and Moncton D. E. eds.) North-Holland, Amsterdam, p. 221, 1991.
3) Lee M. L. *et al.*, "Strained Si, SiGe, and Ge Channels for High-Mobility Metal-Oxide-Semiconductor Field-Effect Transistors," *J. Appl. Phys.* **97**, 011101 (2005).
4) Thean A. V. Y. *et al.*, "Performance of Super-Critical Strained-Si Directly On Insulator (SC-SSOI) CMOS Based on High-Performance PD-SOI Technology," *VLSI Tech. Dig.* 134 (2005).
5) Goto S. *et al.*, "Construction and Commissioning of a 215-m-Long Beamline at SPring-8," *Nucl. Instr. and Meth. A* **467-468**, 682 (2001).
6) Fukuda K. *et al.*, "Large-Area X-Ray Topographs of Lattice Undulation of Bonded Silicon-On-Insulator Wafers," *Jpn. J. Appl. Phys.* **42**, L117 (2003).
7) Shimura T. *et al.*, "Characterization of SOI Wafers by Synchrotron X-Ray Topography," *Eur. Phys. J. Appl. Phys.* **27**, 439 (2004).

8) Shimura T. et al., "Characterization of strained Si wafers by X-ray diffraction techniques," *J. Mater. Sci.: Mater. Electron.* **19**, 189 (2008).
9) Shimura T. et al., "Synchrotron X-Ray Topography of Supercritical-Thickness Strained Silicon-on-Insulator Wafers for Crystalline Quality Evaluation and Electrical Characterization Using Back-Gate Transistors," *Curr. Appl. Phys.* **12**, Suppl. 3, S69 (2012).
10) 阿部孝夫『シリコン』培風館, 1994.

2章2節

1) Sayre D. "Some Implications of a Theorem due to Shannon," *Acta Cryst.* **5**, 843 (1952).
2) Miao J. et al., "Extending the Methodology of X-Ray Crystallography to Allow Imaging of Micrometre-Sized Non-Crystalline Specimens," *Nature* **400**, 342 (1999).
3) Takahashi Y. et al., "Approach for Three-Dimensional Observation of Mesoscopic Precipitates in Alloys by Coherent X-Ray Diffraction Microscopy," *Appl. Phys. Lett.* **90**, 184105 (2007).
4) Nishino Y. et al., "Three-Dimensional Visualization of a Human Chromosome Using Coherent X-Ray Diffraction," *Phys. Rev. Lett.* **102**, 018101 (2009).
5) Pfeifer M. A. et al., "Three-Dimensional Mapping of a Deformation Field Inside a Nanocrystal," *Nature* **442**, 63 (2006).
6) Fienup J. R., "Phase Retrieval Algorithm: A Comparison," *Appl. Opt.* **21**, 2758 (1982).
7) Miao J. et al., "Phase Retrieval of Diffraction Patterns from Noncrystalline Samples Using the Oversampling Method," *Phys. Rev. B* **67**, 174104 (2003).
8) Hoppe W., "Beugung im inhomogenen Primärstrahlwellenfeld. III. Amplituden- und Phasenbestimmung bei unperiodischen Objekten," *Acta Cryst.* A **25**, 508 (1969).
9) Rodenburg J. M. et al., "Hard-X-Ray Lensless Imaging of Extended Objects," *Phys. Rev. Lett.* **98**, 034801 (2007).
10) Takahashi Y. et al., "Feasibility Study of High-Resolution Coherent Diffraction Microscopy Using Synchrotron X Rays Focused by Kirkpatrick-Baez Mirrors," *J. Appl. Phys.* **105**, 083106 (2009).
11) Takahashi Y. et al., "High-Resolution Diffraction Microscopy Using the Plane-Wave Field of a Nearly Diffraction Limited Focused X-Ray Beam," *Phys. Rev. B* **80**, 054103 (2009).
12) Takahashi Y. et al., "High-Resolution Projection Image Reconstruction of Thick Objects by Hard X-Ray Diffraction Microscopy," *Phys. Rev. B* **82**, 214102 (2010).
13) Takahashi Y. et al., "Towards High-Resolution Ptychographic X-Ray Diffraction Microscopy," *Phys. Rev. B* **83**, 214109 (2011).
14) Takahashi Y. et al., "High-Resolution and High-Sensitivity Phase-Contrast Imaging by Focused Hard X-Ray Ptychography with a Spatial Filter," *Appl. Phys. Lett.* **102**, 094102

(2013).

2章3節

1) Momose A., "Recent Advances in X-ray Phase Imaging," *Jpn. J. Appl. Phys.* **44**, 6355 (2005).
2) Bonse U. and Hart M., "An X-Ray Interferometer with Long Separated Interfering Beam Paths," *Appl. Phys. Lett.* **7**, 99 (1965).
3) Chapman D. *et al.*, "Diffraction Enhanced X-Ray Imaging," *Phys. Med. Biol.* **42**, 2015 (1997).
4) Wilkins S. W. *et al.*, "Phase-Contrast Imaging Using Polychromatic Hard X-Rays", *Nature* **384**, 335 (1996).
5) Momose A. *et al.*, "Demonstration of X-Ray Talbot Interferometry," *Jpn. J. App. Phys.* **42**, L866 (2003).
6) Pfeiffer F. *et al.*, "Phase Retrieval and Differential Phase-Contrast Imaging with Low-Brilliance X-Ray Sources," *Nature Phys.* **2**, 258 (2006).
7) Pfeiffer F. *et al.*, "Hard-X-Ray Dark-Field Imaging Using a Grating Interferometer," *Nature Mater.* **7**, 134 (2008).
8) Talbot H.F., "Facts Relating to Optical Science. No. IV," *Phil. Mag.* **9**, 401 (1836).
9) Takeda M. *et al.*, "Fourier-Transform Method of Fringe-Pattern Analysis for Computer-Based Topography and Interferometry," *J. Opt. Soc. Am.* **72**, 156 (1982).
10) Bevins N. *et al.*, "Multicontrast X-Ray Computed Tomography Imaging Using Talbot-Lau Interferometry without Phase Stepping," *Med. Phys.* **39**, 424 (2012).

3章1節

1) Binnig G. *et al.*, "Surface Studies by Scanning Tunneling Microscopy," *Phys. Rev. Lett.* **49**, 57 (1983).
2) Shiraki I. *et al.*, "Independently Driven Four-Tip Probes for Conductivity Measurements in Ultrahigh Vacuum," *Surf. Sci.* **493**, 633 (2001).
3) Hasegawa S. *et al.*, "Transport at Surface Nanostructures Measured by Four-Tip STM," *Curr. Appl. Phys.* **2**, 465 (2002).
4) 長谷川修司 他, 4探針STMの開発と表面電子輸送の測定, 電子顕微鏡 **38**, 36 (2003).
5) 青野正和 他, 低次元ナノ構造の電気伝導度, 応用物理 **75**, 285 (2006).
6) Nakayama T. *et al.*, "Development and Application of Multiple-Probe Scanning Probe Microscopes", *Adv. Mater.* **24**, 1675 (2012).
7) 小林俊一, 大塚洋一 編『丸善実験物理学講座11　輸送現象測定』丸善, 1999.
8) Viernow J. *et al.*, "Unoccupied Surface States on Si(111) $\sqrt{3} \times \sqrt{3}$-Ag," *Phys. Rev.* B **57**, 2321 (1998).
9) Hasegawa S. *et al.*, "Electrical conduction via surface-state bands," *Surf. Sci.* **386**, 322

(1997).
10) Kanagawa T. et al., "Anisotropy in Conductance of a Quasi-One-Dimensional Metallic Surface State Measured by a Square Micro-Four-Point Probe Method," *Phys. Rev. Lett.* **91**, 036805 (2003).
11) Okino H. et al., "Nonmetallic Transport of a Quasi-One-Dimensional Metallic Si(557)-Au Surface," *Phys. Rev. B* **70**, 113404 (2004).
12) Weber K. et al., "Long-Range Electronic Coupling between Ferrocene and Gold in Alkanethiolate-Based Monolayers on Electrodes," *J. Phys. Chem. B* **101**, 8286 (1997).
13) Aviram A. et al., "Molecular Rectifiers," *Chem. Phys. Lett.* **29**, 277 (1974).
14) Fujihira M. et al., "Photoelectrochemical Responses of Optically Transparent Electrodes Modified with Langmuir-Blodgett Films Consisting of Surfactant Derivatives of Electron Donor, Acceptor and Sensitizer Molecules," *Thin Solid Films* **132**, 77 (1985).
15) Metzger R. M., "The Unimolecular Rectifier: Unimolecular Electronic Devices are coming ...," *J. Mater. Chem.* **9**, 2027 (1999).
16) Mann B. et al., "Tunneling through Fatty Acid Salt Monolayers," *J. Appl. Phys.* **42**, 4398 (1971).
17) Geddes N. J. et al., "Fabrication and Investigation of Asymmetric Current-Voltage Characteristics of a Metal/Langmuir-Blodgett Monolayer/Metal Structure," *Appl. Phys. Lett.* **56**, 1916 (1990).
18) Metzger R. M. et al., "Unimolecular Electrical Rectification in Hexadecylquinolinium Tricyanoquinodimethanide," *J. Am. Chem. Soc.* **119**, 10455 (1997).
19) Chen J. et al., "Large On-Off Ratios and Negative Differential Resistance in a Molecular Electronic Device," *Science* **286**, 1550 (1999).
20) Zhou C. et al., "Nanoscale Metal/Self-Assembled Monolayer/Metal Heterostructures," *Appl. Phys. Lett.* **71**, 611 (1997).
21) Reed M. A. et al., "Conductance of a Molecular Junction," *Science* **278**, 252 (1997).
22) Xu B. et al., "Measurement of Single-Molecule Resistance by Repeated Formation of Molecular Junctions," *Science* **301**, 1221 (2003).
23) Tans S. J. et al., "Individual Single-Wall Carbon Nanotubes as Quantum Wires," *Nature* **386**, 474 (1997).
24) Porath D. et al., "Direct Measurement of Electrical Transport through DNA Molecules," *Nature* **403**, 635 (2000).
25) Pablo P. J. de et al., "Absence of DC-Conductivity in λ-DNA," *Phys. Rev. Lett.* **85**, 4992 (2000).
26) Fink H. W. et al., "Electrical Conduction through DNA Molecules," *Nature* **398**, 407 (1999).
27) Weiss P. S. et al., "Probing Electronic Properties of Conjugated and Saturated Molecules in

Self-Assembled Monolayers," *Ann. N. Y. Acad. Sci.* **852**, 145 (1998).

28) Otsuka Y. *et al.*, "A Nano Tester: A New Technique for Nanoscale Electrical Characterization by Point-Contact Current-Imaging Atomic Force Microscopy," *Jpn. J. Appl. Phys.* **41**, L742 (2002).

29) Takami K. *et al.*, "Construction of Independently Driven Double-Tip Scanning Tunneling Microscope," *Jpn. J. Appl. Phys.* **44**, L120 (2005).

30) Nalwa H. S. (ed.) *Handbook of Organic Conductive Molecules and Polymers*, John Wiley, New York, 1998.

31) Grim P. C. M. *et al.*, "Submolecularly Resolved Polymerization of Diacetylene Molecules on the Graphite Surface Observed with Scanning Tunneling Microscopy," *Angew. Chem. Int. Ed. Engl.* **36**, 2601 (1997).

32) Okawa Y. *et al.*, "Controlled Chain Polymerisation and Chemical Soldering for Single-Molecule Electronics," *Nanoscale* **4**, 3013 (2012).

33) Shimada S. *et al.*, "Molecular Architecture of Regularly Mixed π-Conjugated Systems Using Diacetylene Solid-State Polymerization," *Mol. Cryst. Liq. Cryst.* **315**, 83 (1998).

34) Day D. R. *et al.*, "Conduction in polydiacetylene bilayers," *J. Appl. Polym. Sci.* **26**, 1605 (1981).

35) Day D. *et al.*, "Morphology of Crystalline Diacetylene Monolayers Polymerized at the Gas-Water Interface," *Macromolecules* **13**, 1478 (1980).

36) Shirakawa H. *et al.*, "Electrical Properties of Polyacetylene with Various Cis-Trans Compositions," *Makromol. Chem.* **179** (1978) 1565.

37) Hatano M. *et al.*, "Paramagnetic and Electric Properties of Polyacetylene," *J. Polym. Sci. A* **51**, S26 (1961).

3章2節

1) Sattler K.D. (ed.) *Fundamentals of Picoscience*, CRC Press, Boca Raton, p. 864, 2013.
2) 齋藤彰，青野正和，STMによる元素分析，(小間篤 他 編)『表面物性工学ハンドブック 第2版』丸善，p. 961, 2007.
3) Grafström S. "Photoassisted Scanning Tunneling Microscopy," *J. Appl. Phys.* **91**, 1717 (2002).
4) Suenaga K. *et al.*, "Element-Selective Single Atom Imaging," *Science* **290**, 2280 (2000).
5) Sugimoto Y. *et al.*, "Chemical Identification of Individual Surface Atoms by Atomic Force Microscopy," *Nature* **446**, 64 (2007).
6) Okuda T. *et al.*, "Nanoscale Chemical Imaging by Scanning Tunneling Microscopy Assisted by Synchrotron Radiation," *Phys. Rev. Lett.* **102**, 105503 (2009)
7) Saito A. *et al.*, "Development of Scanning Tunneling Microscope for In-situ Experiments

with Synchrotron Radiation Hard-X-ray Microbeam," *J. Shynchrotron Rad.* **13**, 216 (2006).
8) Saito A. *et al.*, "Scanning Tunneling Microscope Combined with Hard X-Ray Micro-Beam of High Brilliance from Synchrotron Radiation Source," *Jpn. J. Appl. Phys.* **45**, 1913 (2006).
9) Saito A. *et al.*, "Study for Noise Reduction in Synchrotron Radiation Based Scanning Tunneling Microscopy by Developing Insulator-Coat Tip," *Surf. Sci.* **601**, 5294 (2007).
10) Saito A. *et al.*, "Nanoscale Elemental Identification by Synchrotron-Radiation based Scanning Tunneling Microscopy," *Surf. Int. Anal.* **40**, 1033 (2008) ;
齋藤彰 他, 放射光走査型トンネル顕微鏡によるナノスケールでの表面元素分析, 『ナノイメージング』NTS, p. 78, 2008.
Saito A. *et al.*, "Verification of Thermal Effect Produced by Irradiation for Scanning Tunneling Microscope Combined with Brilliant Hard X-rays from Synchrotron Radiation," *Curr. Appl. Phys.* **12**, Suppl. 3, S52 (2012).
11) Tsuji K. and Hirokawa K. "X-Ray Excited Current Detected with Scanning Tunneling Microscope Equipment," *Jpn. J. Appl. Phys.* **34**, L1506 (1995).
12) http://www.esrf.eu/news/spotlight/spotlight63/spotlight63/. Accessed 2013 May. 25
13) Rose V. *et al.*, "Synchrotron X-ray Nano-Tomography Characterization of the Sintering of Multilayered Systems," *Appl. Phys. Lett.* **99**, 173102 (2011).
14) Schmid I. *et al.*, "Coaxial Arrangement of a Scanning Probe and an X-ray Microscope as a Novel Tool for Nanoscience," *Ultramicroscopy* **110**, 1267 (2010).
15) Chiu C-Y. *et al.*, "Collecting Photoelectrons with a Scanning Tunneling Microscope Nanotip," *Appl. Phys. Lett.* **92**, 103101 (2008)
16) Saito A. *et al.*, "Direct Observation of X-Rray Induced Atomic Motion Using STM Combined with Synchrotron Radiation," *J. Nanosci. Nanotechnol.* **11**, 2873 (2011).
17) Saito A., "Direct Observation of the X-Ray-Induced Atomic Motion" in *Fundamentals of Picoscience* (Sattler K.D. ed.), CRC Press, New York, p. 585, 2013.
18) Neutze R. *et al.*, "Potential for Biomolecular Imaging with Femtosecond X-ray Pulses," *Nature* **406**, 752 (2000).
19) Ishikawa T. *et al.*, "A Compact X-Ray Free-Electron Laser Emitting in the Sub-Ångström Region," *Nature Photonics* **6**, 540 (2012).

3章3節

1) Oshikane Y. *et al.*, "Plasmonic Active Spectral Filter in VIS-NIR Region Using Metal-Insulator-Metal (MIM) Structure on Glass Plate," *Proc. SPIE* **8463** (2012).
2) 押鐘寧 他, 金属―誘電体―金属構造における表面プラズモン共鳴を利用した可視域アクティブフィルタの開発, 2012年度精密工学会秋季大会学術講演会講演論文集, J69.
3) http://www.comsol.com/ および http://www.kesco.co.jp/comsol/

4) Palik E. D. (ed.), *Handbook of Optical Constants of Solids,* Academic Press, New York, 1985.
5) Tunaboylu B. *et al.*, "Characterization of Dielectric and Electro-Optic Properties of PLZT 9/65/35 Films on Sapphire for Electro-Optic Applications," *IEEE Trans. Ultrason. Ferroelect. Freq. Contr.* **45**, 1105 (1998).
6) 村井健介 他，ダブルプリズム ATR 光学系による表面プラズモン信号の計測，第 58 回応用物理学会学術講演会 (1997).
7) 村井健介 他，分光 ATR 法による表面プラズモン画像の計測と評価，第 47 回応用物理学関係連合講演会 (2000).
8) Murai K. *et al.*, "Real-Time Visualization Method of Surface Plasmon Resonance with Spectroscopic Attenuated Total Reflection," *MRS Symp. Proc.* **1182**, 3 (2009).
9) 村井健介，塚本雅裕，測定試料の光学的評価方法およびその装置，特許第 3765036 号，2006/02/03 登録.
10) Murai K. *et al.*, "Design and Fabrication of Active Spectral Filter with Metal-Insulator-Metal Structure for Visible Light Communication," *Proc. SPIE* **8632** (2013).

索　引

A–Z

CARE　61,211
CMD ワークショップ　17
EEM　57,200
EOT　140
GaN　37,61,210,214,220
Ge/Si(105) 面　33
GGA　14,15
HIO アルゴリズム　318,321
Hohenberg-Kohn の定理　8
Kohn-Sham 方程式　11
LDA　13,15
MEMS　114,125
MIM 構造　355-364,366
Moore の法則　136,154
MOSFET　136,147
MT-STM　331
Na フラックス法　37
NC-LWE　188
N-representable　10
PDI　299
Phase-Shifting　299
PTFE　262
RSPACE　26
Scanning Tunneling Microscopy　71,201,212,228,287
Si　26,33,57,71,83,93,102,114,129,136,145,183,191,205,211,220,227,237,282,308,335,350,357
SiC　102,110,118,123,145,211,217,220,231,255
SiO_2/SiC 界面　149
SOI ウエハ　253,257
SPP　355
SR　347
STATE　38
STM　34,71,201,212,228,287,334,347
Stranski-Krastanov　33
Surface Plasmon Polariton　355
Talbot-Lau 干渉計　324
ULSI　136
v-representable　10
X 線イメージング技術　316
X 線顕微鏡　206,299,316
X 線タイコグラフィー　317
X 線トポグラフィ　307
X 線ミラー　198,237

あ　行

アクティブ光学フィルタ　355
アレニウスプロット　115
暗視野像　326
位相イメージング　324
位相微分像　326
一般化密度勾配近似　13
異方性エッチング　76,129,132,183,228
インクジェット法　161,265,269
エクセス・グランド・ポテンシャル　39

か　行

回折球面波　299
回転電極　103,238,254
界面欠陥　26,149
化学エッチング　201,209
過酸化物ラジカル基　264,268
加水分解　214,217
干渉計　192,204,222,283,289,294,299,324
幾何学的構造　281

377

犠牲酸化　76, 256
気相 FTIR　119
キャリア輸送　136, 155
局所状態密度　27, 39, 56, 72
局所密度近似　13
金属/誘電体/金属構造　355
金属電極　95, 137, 156, 164, 337
空間波長　199, 281, 289
空間分解発光分光　237, 242
クープマンスの定理　12
グラフェン　185, 231
グラフト重合　262
グロー放電　94, 96, 97, 118
計算機シミュレーション　3, 17, 32
形状測定　283, 289
結合エネルギー　12, 14, 55, 58
決定論的加工プロセス　199
原子移動　353
原子構造　26, 34, 55, 71, 228, 238, 281
原子分解能　341, 347
元素分析　196, 347
交換相関エネルギー　11
高精度非球面ミラー　289
高速ナノ形状測定　289
高誘電率ゲート絶縁膜　140, 151
広領域 X 線トポグラフィ　308
コヒーレント X 線回折イメージング　316

さ 行

三次元形状　94, 219, 294
三体反応　117
紫外吸収分光　243
自己エネルギー　23
シュレーディンガー方程式　7
触媒表面基準エッチング法　209
シリコン　5, 83, 93, 136, 145, 155, 183, 199, 219, 227, 238, 253, 324, 342
シリコンカーバイド　102, 110, 145, 185, 220, 231
シンクロトロン放射　347
水素終端化　73, 222, 228
水素終端化 Si(001) ウエハ表面　72

数値制御加工　189, 199, 255, 258
数値制御ローカルウエットエッチング法　188
スーパーコンピューター　3, 38
スーパーミラー　194
スケーリング技術　144
ステップ・テラス構造　215
ストランスキー・クラスタノフ成長　33
絶対形状測定　289
相関エネルギー　13, 42
走査型トンネル顕微鏡　71, 201, 212, 228, 287, 289, 340
走査トンネル顕微鏡　347

た 行

第一原理　4, 7, 17, 19, 29, 33, 55, 57, 72, 213
第一原理分子動力学　38, 55, 71, 214
大気圧プラズマ　88, 93, 102, 114, 237, 253, 264
大気圧プラズマ酸化　88
ダイソン方程式　23
太陽電池　83, 93, 105, 114, 123, 183, 223, 237
楕円面ミラー　194
多孔質カーボン電極　103
多体系　42
脱フッ素化　262
単一分子の電気伝導　336
断熱接続公式　15
窒素溶解度　37
超々大規模集積回路　136
デジタルホログラフィ解析法　303
電界効果パッシベーション　88
電気化学　130, 181, 230, 336
電気伝導　19, 26, 165, 287, 332, 334
電気伝導の次元性　332
電子散乱　26, 264
電子状態　5, 7, 19, 26, 39, 42, 55, 71, 212, 281, 331, 347
電子状態計算　5, 8, 19, 42
電子状態密度　56, 351
等価酸化膜厚　140
導電性高分子　163, 342
トンネル効果　26, 139

な 行

ナノインプリント 127
濡れ性 184,263,266
ネルンスト式 181

は 行

ハートリー・フォック近似 7,14
ハイブリッド汎関数 14
薄膜 92,102,114,142,155,185,194,237,257,
　307,332,355
薄膜形成 102,114,237
薄膜作製技術 93,160
発光バンドスペクトル 242
パッシェン則 118
波動関数理論 7
バトラー・ボルマー式 182
パルス OPO レーザー 246,251
パワーデバイス 37,145,231
半導体 14,19,26,33,71,83,93,102,114,125,
　136,145,154,183,188,209,219,227,253,281,
　292,307,331,347
半導体表面 26,33,83,183,219,227,334
反応活性化障壁 57
光エッチング 219
光ファイバコア 300
非直交基底 43
非平衡グリーン関数法 22
表面粗さ 55,192,198,211,257,281,289
表面形状 192,222,281,299,343
表面再結合速度 84
表面準位 83,255
表面の電気伝導 334
表面プラズモン共鳴 355
表面プラズモンポラリトン 355
フィックの法則 117
フェルミレベルピニング 142
フォトマスク基板 190
フォトリソグラフィ 125,219,269
フッ素化剤 219
不動態化 227

プラズマ 88,93,102,114,132,201,237,253,
　262
プラズマ CVM 237,255
プレッシャー・ギャップ 37
分子薄膜の電気伝導 331
平坦度 190,209,361
平坦ナノ電極 159
平面波照明型コヒーレント X 線回折イメージ
　ング 317
変分原理 8,43
放射光 185,194,237,281,289,307,316,324,
　347
法線ベクトル 289
ポピュレーション解析 56
ポリテトラフルオロエチレン 262

ま 行

マイクロラフネス 76,184,281
マルチ探針走査トンネル顕微鏡法 331
密度汎関数理論 6,7,19,26,42
メムス 125

や 行

ヤナックの定理 13
有機ナノ FET 162
有機薄膜 160,332
有限要素法 355
誘電体バリア放電 94,102

ら 行

ランダウアーの公式 19,21
リーク電流 26,139,151
レーザー誘起蛍光分光法 246
ロッキングカーブ X 線トポグラフィ 312

わ 行

ワイドギャップ半導体 209,231

超精密加工と表面科学
―原子レベルの生産技術―

2014 年 3 月 19 日　初版第 1 刷発行　　　　　　[検印廃止]

　編　者　大阪大学グローバル COE プログラム
　　　　　高機能化原子制御製造プロセス教育研究拠点／
　　　　　精密工学会超精密加工専門委員会

　発行所　大 阪 大 学 出 版 会
　　　　　代表者　三成 賢次

　　　　　〒565-0871　大阪府吹田市山田丘 2-7
　　　　　　　　　　　大阪大学ウエストフロント
　　　　　TEL 06-6877-1614
　　　　　FAX 06-6877-1617
　　　　　URL：http://www.osaka-up.or.jp

　印刷・製本　　尼崎印刷株式会社

ⒸOsaka University Global COE Program "Center of Excellence for Atomically Controlled Fabrication Technology" / The Technical Committee on Ultra Precision Machining of JSPE (The JapanSociety for Precision Engineering) 2014

Printed in Japan

ISBN 978-4-87259-465-2 C3053

Ⓡ〈日本複製権センター委託出版物〉

本書を無断で複写複製（コピー）することは、著作権法上の例外を除き、禁じられています。本書をコピーされる場合は、事前に日本複製権センター（JRRC）の許諾を受けてください。
JRRC〈http://www.jrrc.or.jp　e メール：info@jrrc.or.jp　電話：03-3401-2382〉